21世纪高等教育网络工程规划教材
21st Century University Planned Textbooks of Network Engineering

网络系统集成与综合布线（第2版）

Network System Integration and Cabling (2nd Edition)

刘天华 孙阳 陈枭◎编著

人民邮电出版社
北　京

图书在版编目（ＣＩＰ）数据

网络系统集成与综合布线 / 刘天华，孙阳，陈枭编著. —— 2版. —— 北京：人民邮电出版社，2016.8
21世纪高等教育网络工程规划教材
ISBN 978-7-115-42128-9

Ⅰ. ①网… Ⅱ. ①刘… ②孙… ③陈… Ⅲ. ①计算机网络－网络系统－高等学校－教材②计算机网络－布线－技术－高等学校－教材 Ⅳ. ①TP393

中国版本图书馆CIP数据核字(2016)第077012号

内 容 提 要

本书以计算机网络系统集成和综合布线工程技术领域中所必需的专业知识和实践能力为主线，系统完整地介绍了网络系统集成的基本理论、系统需求分析与设计、网络系统集成中使用的主要设备及选型策略、网络管理与网络安全、综合布线工程的设计与实施、工程监理和行业典型实例等内容。

全书内容层次清楚，所含知识点既相互联系又相对独立，并且根据教学的特点和工程建设思路，精心编排，方便读者根据需要选择阅读。

本书既可作为高等院校网络工程、计算机科学与技术等相关专业教材，也可供网络工程领域的工程技术人员自学参考。

◆ 编　著　刘天华　孙　阳　陈　枭
　　责任编辑　武恩玉
　　责任印制　沈　蓉　彭志环
◆ 人民邮电出版社出版发行　　北京市丰台区成寿寺路 11 号
　　邮编 100164　电子邮件 315@ptpress.com.cn
　　网址 http://www.ptpress.com.cn
　　固安县铭成印刷有限公司印刷
◆ 开本：787×1092　1/16
　　印张：25.75　　　　　　　　2016 年 8 月第 2 版
　　字数：648 千字　　　　　　2025 年 1 月河北第 20 次印刷

定价：59.80 元
读者服务热线：(010)81055256　印装质量热线：(010)81055316
反盗版热线：(010)81055315

第 2 版前言

因特网已经将我们带入信息社会，它极大地改变了我们的生产、生活方式，改变了我们的行为和态度。今天，几乎每个人都在使用因特网，我们无法想象回到一个没有网络、不能随时随地与朋友聊天、展示照片、观看视频或者在线购物的时代将会是什么样子。在这个计算机网络已经成为社会基础设施的时代，社会对计算机网络的强烈需求形成了一个巨大的网络市场，因此需要大量合格的网络工程师。

在计算机网络建设热潮刚刚兴起时，网络人才缺乏。当时除了少数几本网络厂商提供的设备操作手册和网络基本原理图书外，竟然找不到一本适用的网络工程教材。本书编者一边搜集素材一边进行教学实践，终于在 2008 年出版了这本网络工程的教材。尽管第 1 版尚有很多不足，但编者在网络理论和实践方面积累的许多专业知识以及参与设计和实施室内外各种类型网络工程的宝贵经验已经整理在这本书中。时至今日，距第 1 版教材发行经过 7 年多时间，网络技术有了突飞猛进的发展，网络规划设计与网络工程技术也更加成熟，推出本书第 2 版势在必行。综合编者多年来使用第 1 版教材进行网络工程课程的教学经验和几十所高校老师使用后的反馈建议，第 2 版教材针对教学适用性做出了很大的修改，去掉了一部分过时技术及标准，加入了最新技术及设备介绍，并对第 1 版中的第 4、第 5 章进行了合并。尽管课程涉及的知识面极广，但编者力图在培养学生利用网络原理知识提升解决网络工程实际问题能力方面有所突破，知识性和思想性较第 1 版有了极大的改善。

本书主要由刘天华、孙阳、陈枭编写，王晓丹、李天辉、朱宏峰、毕婧、孟磊、李航、孟庆博（中国刑警学院）、李舒（中国医科大学）、赵楚、尹稚淳等人参加了本书的部分编写工作。

限于编者学识，错漏及不当之处在所难免，恳请读者批评指正。联系方式：suny78@126.com。

编　者
2016 年 2 月

第 1 版前言

随着通信技术和信息产业的飞速发展，不同的信息种类和复杂的信息，通过各种控制设备、交换设备、网络设备和计算机设备连接起来，促成了网络系统集成的诞生。

网络系统集成和综合布线技术是网络工程建设中不可缺少的工程技术。在网络工程建设中，网络工程技术人员从完整、系统的角度上，需要对计算机网络工程建设进行剖析；从工程建设的角度上，需要对网络工程建设中的软、硬件系统进行分析、设计、实施、测试与验收，为网络工程建设问题提供整体的解决方案。

本书汇集了目前计算机网络工程建设的主流技术。全书以网络工程建设为主线，结合编者多年的网络工程建设实践和教学经验，着眼于系统性、实用性、理论指导实践的原则，详细介绍了网络系统集成和综合布线基本理论，重点探讨了网络系统工程的分析、设计与施工，对整个网络工程建设的各个方面进行了全面系统的介绍、梳理和解析，并从工程技术的角度，结合实例，对网络系统各个部分的工作内容、工作重点，软、硬件条件，系统分析、设计方法与原则，专业技术使用及发展方向等，都进行了详细的描述和说明。

本书共 12 章。主要分为 4 个模块：网络集成系统的分析、设计、设备与选型；网络安全与网络管理；综合布线工程设计、施工、测试和验收；工程监理和工程实例。每章均有小结和习题，习题以简答题和思考题形式为主，充分体现本章的知识点和重点掌握的内容。各章内容既相互联系又相对独立，紧紧围绕解决网络工程的实际问题讲解系统集成技术和综合布线工程的基础理论知识、网络工程设计与施工方法，并依据本科教学特点和网络工程建设的思路，精心编排了本书内容。

本书力求总结出网络系统工程在构成、设计、施工中的普遍性、规律性的知识，着重于对目前广泛应用的成熟技术进行阐述，摒弃早期网络应用的一些技术，同时，对于网络系统集成和综合布线工程技术的发展、工程监理等问题，也给予了一定的关注，以满足未来发展的需要。

本书适合于计算机科学与技术、网络工程等相关专业的本科学生使用，建议教学按 72 学时安排，各章可分配为：第 1 章 2 学时；第 2、第 6、第 7、第 10、第 11 章各 4 学时；第 5、第 8、第 12 章各 6 学时；第 3、第 4、第 9 章各 8 学时。如果已经学过"计算机网络"或其他相关课程，则可根据教学要求或学生情况有选择地略去第 3、第 4、第 7 章的部分内容。

本书主要由刘天华、孙阳、陈桌编写，王晓丹、李天辉、朱宏峰、毕婧、孟磊、李航、赵楚、尹稚淳等人参加了本书的部分编写工作。

由于时间仓促，加之编者水平有限，不当之处在所难免，恳请读者批评指正。联系方式 suny78@126.com。

编 者

2008 年 7 月

目　　录

第1章 网络系统集成概述

近年来，为了解决计算机网络建设中出现的各种问题，人们尝试了很多办法，其中网络系统集成技术成为解决计算机网络建设中诸多问题的有效手段。网络系统集成越来越广泛地应用于企业和政府信息化建设中，为电子政务和电子商务系统提供底层的支持。本章主要介绍网络系统集成的一些重要概念、平台选择以及公司的资质等级标准等内容。

1.1 网络系统集成的概念与发展

网络系统集成作为一种新兴的服务方式，是近年来信息服务业中发展势头强劲的一个行业。系统集成不是产品和技术简单的堆积，而是一种在系统整合、系统再生产过程中，为满足客户需要的增值服务业务，是一种价值再创造的过程。

1.1.1 网络系统集成的概念

1. 网络系统集成的概念

网络系统集成即是在网络工程中根据应用的需要，运用系统集成方法，将硬件设备、软件设备、网络基础设施、网络设备、网络系统软件、网络基础服务系统、应用软件等组织成为一体，使之成为能组建一个完整、可靠、经济、安全、高效的计算机网络系统的全过程。

网络系统集成要以满足用户的需求为根本出发点。网络系统集成不是选择最好的产品的简单行为，而是要选择最适合用户的需求和投资规模的产品和技术。网络系统集成包含技术、管理和商务等方面，是一项综合性的系统工程，它体现得更多的是设计、调试与开发，其本质是一种技术行为。技术是系统集成工作的核心，管理和商务活动是系统集成项目成功实施的可靠保障。性能价格比的高低是评价一个网络系统集成项目设计是否合理和实施成功的重要参考因素。

从技术角度来看，网络系统集成是将计算机技术、网络技术、控制技术、通信技术、应用系统开发技术、建筑装修等技术综合运用到网络工程中的一门综合技术。一般包括：①前期方案设计；②线路、弱电等施工；③网络设备架设；④各种系统架设；⑤网络后期维护。

2. 网络系统集成的分类

网络系统集成一般可分为 3 类：技术集成、软硬件产品集成、应用集成。

（1）技术集成。根据用户需求的特点，结合网络技术发展的变化，合理选择要采用的各项技术，为用户提供解决方案和网络系统设计方案。

（2）软硬件产品集成。根据用户需求和费用的承受能力，为用户的软、硬件产品进行选型和配套，完成工程施工和软、硬件产品集成。

（3）应用集成。面向不同行业，为用户的各种应用需求提供一体化的解决方案，并付诸实施。

3. 网络系统集成的优点

（1）责任的单一性。
（2）用户需求能得到最大限度的满足。
（3）系统内部的一致性能得到最大限度的满足。
（4）系统集成商能保证用户得到最好的解决方案。

1.1.2 网络系统集成的必要性

自20世纪80年代以来，由于计算机技术的飞速发展和广泛应用，很多部门在内部建立了计算机局域网应用系统。这些各自独立的计算机网络系统的出现，使得应用这些系统的部门的工作效率得到了极大的提高。但是，这些各自独立的分系统只能在系统内部实现信息资源共享，其相互之间是没有连通的，各部门之间无法共享信息和资源。这就要求把这些局域网相互之间连通起来，构造一个能实现充分的资源共享、统一管理以及具有较高的性价比的系统，由此引入了网络系统集成技术。

网络系统集成技术较好地解决了节点之间信息不能共享、没有统一管理、整个系统性能低下的"信息孤岛"问题，真正地实现了系统的信息高度共享、通信联络通畅、彼此有机协调，达到系统整体效益最优的目标。

1.1.3 网络系统集成的发展

计算机网络近年来获得了飞速的发展，计算机通信已成为社会结构的一个基本组成部分，计算机网络已遍布全球各个领域。

计算机网络的发展经历了从简单到复杂、从低级到高级的过程。在这一过程中，计算机技术与通信技术紧密结合，相互促进，共同发展，最终产生了计算机网络。

纵观计算机网络的形成与发展历史，可将其发展分为以下几个阶段。

1. 第一代网络：面向终端的单主机互连系统（20世纪50年代初期～60年代中期）

在计算机网络出现之前，计算机数量非常少，且非常昂贵。信息的交换是通过磁盘相互传递资源，如图1-1所示。

当时很多用户都想使用主机中的资源，共享主机资源，进行信息的采集及综合处理，另外，通信线路和通信设备的价格相对便宜。所以，以单主机为中心，即面向终端的单主机互连系统诞生了。联机终端是一种主要的系统结构形式，如图1-2所示。

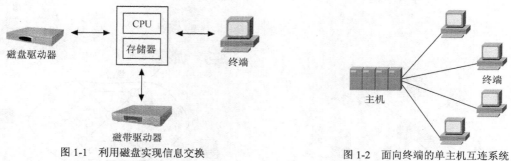

图 1-1　利用磁盘实现信息交换　　　　　　图 1-2　面向终端的单主机互连系统

终端用户通过终端机向主机发送一些数据运算处理请求，主机运算后将结果返回给终端机。当终端用户要存储数据时，要存储在主机中，终端机并不保存任何数据。

这个时期的网络并不是真正意义上的网络，而是一个面向终端的互连通信系统。主机只负责以下两个方面的任务。

（1）负责终端用户的数据处理和存储。

（2）负责主机与终端之间的通信过程。

2．第二代网络：多主机终端互连系统（20 世纪 60 年代中期～70 年代中期）

随着终端用户对主机的资源需求量的增加，主机的作用发生了改变。通信控制处理器（Communication Control Processor，CCP）承担了全部的通信任务，让主机专门进行数据处理，以提高数据处理的效率，使主机的性能得到了很大的提高，如图 1-3 所示。

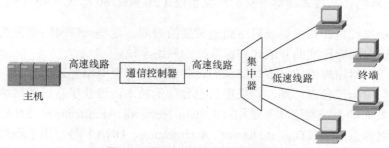

图 1-3　利用通信控制处理器实现通信

主机的主要作用是处理和存储终端用户发出的对主机的数据请求。通信任务主要由通信控制器来完成。集中器主要负责从终端到主机的数据集中、收集及主机到终端的数据分发。

随着计算机技术和通信技术的进一步发展，多个单主机互连系统相互连接形成了以多处理机为中心的网络，并利用通信线路将多台单主机连接起来，为终端用户提供服务，如图 1-4 所示。

第二代网络是在计算机通信网的基础上，通过完成计算机网络体系结构和协议的研究而形成的计算机初期网络。例如，20 世纪 60 年代中期～70 年代初期由美国国防部高级研究计划局研制的 ARPANET 网络，就将计算机网络分为资源子网和通信子网，如图 1-5 所示。

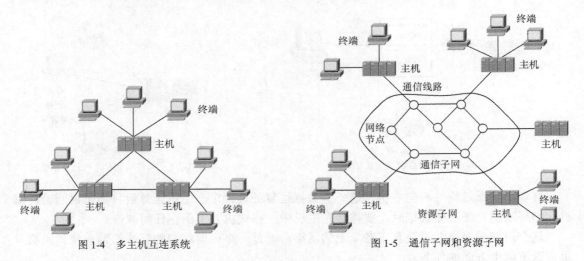

图 1-4　多主机互连系统　　　　　　图 1-5　通信子网和资源子网

通信子网一般由通信设备、网络介质等物理设备所构成；资源子网的主体为网络资源设备，如服务器、用户计算机（终端机或工作站）、网络存储系统、网络打印机和数据存储设备等。

在现代的计算机网络中，资源子网和通信子网也是必不可少的部分。通信子网为资源子网提供信息传输服务，资源子网用户间的通信是建立在通信子网的基础上的。没有通信子网，网络就不能工作；没有资源子网，通信子网的传输也就失去了意义。两者结合起来，组成了统一的资源共享网络。

3．第三代网络：开放式和标准化的网络系统（20 世纪 80 年代~90 年代）

20 世纪 80 年代是计算机局域网络高速发展的时期。这些局域网络都采用了统一的网络体系结构，是遵守国际标准的开放式和标准化的网络系统。

而在第三代网络出现以前，不同厂家的设备是无法实现网络互连的。

早期，各厂家为了独占市场，均采用自己独特的技术，设计了自己的网络体系结构。主要包括：IBM 发布的系统网络体系结构（System Network Architecture，SNA）和 DEC 公司发布的数字网络体系结构（Digital Network Architecture，DNA）等。由于不同的网络体系结构无法互连，因而不同厂家的设备或同一厂家在不同时期的产品也是无法实现互连的，这就阻碍了更大范围网络的发展。

后来，为了实现网络更大范围的发展和不同厂家设备的互连，1977 年国际标准化组织（International Organization for Standardization，ISO）提出一个标准框架——开放系统互连（Open System Interconnection，OSI）参考模型，共分七层。1984 年 ISO 正式发布了 OSI 参考模型，使厂家设备、协议实现全网互连。

4．第四代网络（20 世纪 90 年代后期至今）

第四代网络的特点是网络化、综合化、高速化及计算机协同处理能力。同时，快速网络接入 Internet 的方式也不断地涌现和发展，如综合业务数字网（ISDN）、非对称数字用户线路（ADSL）、数字数据网（DDN）、光纤分布数据互连（FDDI）、异步传输模式（ATM）和以太网（Ethernet）等。

1.2　网络系统集成涵盖的范围

随着世界经济的发展，信息技术与网络的应用已成为衡量各国经济发展的一项重要指标。特别是大型计算机网络的迅猛发展，网络多媒体的应用，如视频会议、视频点播、远程教育和远程诊断等关键技术，都离不开计算机网络系统集成。系统集成技术主要涉及网络传输、服务质量、服务模式和网络管理与安全等。

1. 传输网络的选择

传输网络是选择分组交换方式还是电路交换方式，主要是依据应用需要什么样的服务质量。影响服务质量的主要因素包括网络可用带宽、传输延时和抖动以及传输可靠性。

传统的 IP 网络，主要针对一些传统的应用，没有考虑多媒体应用的实时性和大数据量传输要求。在传统的 IP 分组网上，只提供尽力而为的（Best-Effort）服务。要得到有保证的服务（GQoS）则需要额外的协议，大规模商业应用目前还缺乏条件，特别是多媒体应用，需要在主机和网络中继点都提供支持。这使得原有的网络协议变得庞大而复杂，实现性能和提供的服务质量也因此受到限制。

2. 服务质量

服务质量（QoS）是网络性能的一种重要体现。它是指通过对资源的分配调度，来保证用户的特定需求。针对 Internet 上多媒体应用的需求，现有的技术可以提供两种服务质量：有保证的服务和尽力而为的服务。

有保证的服务可以在现在的 IP 分组上进行资源预留，并结合接纳控制等机制来获得。目前，这是网络研究的热点，技术还没有完全成熟。

尽力而为的服务是 Internet 网络的标准服务。基于这种服务的多媒体应用，需要有自适应能力，即根据网络资源的使用状况和网络拥挤状态，自动调整有关参数，以尽可能获得最基本的服务质量保证。当然，这种自适应主要是防止造成网络的进一步拥挤而导致网络崩溃，牺牲的是应用的服务质量，应用感官效果会大打折扣，因此不适合商业应用。

3. 服务模式

除了多媒体应用的服务质量，另一个关键技术问题是媒体传输服务模式，即数据的分发是通过单播模式还是组播模式。多媒体应用一般是在一个或多个群组中进行。群组是指有共同兴趣的一组人构成的动态虚拟专用网。

支持多媒体应用，既可以采用传统的 IP 分组网，也可以采用专线或 ATM 交换网。而从应用的服务质量保证来看，专线或 ATM 交换网可以获得有保证的服务质量。

4. 网络管理与安全

网络安全研究公司 Hurwitz Group 提出了 5 个层次的网络系统安全体系。

（1）网络安全性。通过判断 IP 源地址，拒绝未经授权的数据进入网络。

（2）系统安全性。防止病毒对网络的威胁与黑客对网络的破坏和侵入。

（3）用户安全性。针对安全性问题而进行的用户分组管理。一方面是根据不同的安全级别将用户分为若干等级，并规定对应的系统资源和数据访问权限；另一方面是强有力的身份认证，确保用户密码的安全。

（4）应用程序安全性。解决是否只有合法的用户才能够对特定的数据进行合法操作的问题。共涉及两个问题：应用程序对数据的合法权限和应用程序对用户的合法权限。

（5）数据安全性。在数据的保存过程中，机密的数据即使处于安全的空间，也要对其进行加密处理，以保证万一数据失窃，偷盗者也读不懂其中的内容。

从上述的 5 个层次可以看出，在大多数情况下，人的因素非常关键，与网络的管理紧密相关，管理员和用户无意中的安全漏洞，比恶意的外部攻击更具威胁。

另外，网络的安全性要把网络规划阶段考虑进去，一些安全策略在网络规划时就要实施。策略主要包括保护服务器和保护口令两个方面。

安全策略的选择不存在一种万能的方法，它取决于被保护信息的价值、受攻击可能性和危险性以及可投入的资金。要在对这些因素权衡后，制定出合理的解决方案。

1.3　网络系统集成中的平台选择

由于计算机网络系统集成不仅涉及技术问题，也涉及企事业单位的管理问题，因此比较复杂。特别是大型网络系统，从技术上讲，不但涉及不同厂商的计算机设备、网络设备、通信设备和各种应用软件，而且涉及异构或异质网络系统的互连问题；从管理上讲，由于每个单位的管理方式和管理方法千差万别，要实现企事业单位真正的网络化管理，会面临许多人为的因素。因此，平台的选择是一项专业跨度大、技术难度高的工作，关系到整个系统实施的成败。

1．选择平台与系统集成要考虑的因素

（1）用户单位的实际应用环境和应用需求。

（2）作为平台的软硬件产品的功能与性能。

（3）国内、国际 MIS（Management Information System，管理信息系统）平台发展的主流。

（4）MIS 总体设计人员采用的技术策略和实现手段。

（5）性能/价格比，技术支持，后援保证。

（6）用户的投资能力和技术水平。

2．平台分类

系统集成平台大致可分为 9 类：网络平台、服务平台、用户平台、开发平台、数据库平台、应用平台、网络管理平台、安全平台和环境平台。

（1）网络平台。网络平台是计算机网络的枢纽，由传输设备、交换设备、网络接入设备、网络互连设备、布线系统、网络操作系统、服务器和网络测试设备组成。其中，前三者涉及的技术包括传输技术、网络交换技术和网络接入技术。具体介绍如下。

① 传输技术。传输是网络的核心技术之一。传输线路带宽的高低，不仅体现了网络的通信能力，也体现了网络的现代化水平。常用的传输技术包括同步数字体系（SDH）、准同步数字体系（PDH）、数字微波传输系统、数字卫星通信系统（VSAT）和有线电视网（CATV）等。

② 网络交换技术。常用的网络交换技术包括 ATM、FDDI、Ethernet、快速以太网（Fast Ethernet）、吉比特以太网、交换式以太网、交换式快速以太网等。

③ 网络接入技术。常用的网络接入技术包括调制解调器（Modem）接入、电缆调制解调器（Cable Modem）接入、高速数字用户线路（HDSL）、ADSL、超高速数字用户线路（VDSL）、ISDN、TDMA 和 CDMA 无线接入等。

④ 网络互连设备。常用的网络互连设备包括路由器、网桥、中继器、集线器、交换机、网关等。

⑤ 布线系统。建筑物常采用的综合布线系统主要包括传输介质（如光纤、双绞线、同轴电缆和无线介质）、连接件（如信息插座、配线架、跳接线、适配器、信号传输设备、电器保护设备等）、综合布线设计施工等。

⑥ 网络操作系统。常用的网络操作系统包括 Linux、UNIX、Windows 2000 Server 等。

⑦ 服务器。常用的服务器包括 Web 服务器、数据库服务器、电子邮件服务器、远程访问服务器、域名管理服务器、文件服务器、网管服务器等。

⑧ 网络测试设备。常用的网络测试设备包括电缆测试仪、局域网络测试仪、频谱分析仪、网络规程测试仪等。

（2）服务平台。服务平台即网络系统所提供的服务，包括 Internet 服务、信息广播服务、信息点播服务、远程计算与事务处理和其他服务。

① Internet 服务。Internet 服务主要包括万维网（WWW）、电子邮件（E-Mail）、新闻服务（News）、文件传送（FTP）、远程登录（Telnet）、信息查询等。

② 信息广播服务。常用的信息广播服务包括视频广播、音频广播、数据广播等。

③ 信息点播服务。常用的信息点播服务包括视频点播（VOD）、音频点播（AOD）、多媒体信息点播（MOD）、信息推迟（Push）等。

④ 远程计算与事务处理。常用的远程计算与事务处理包括软件共享、远程 CAD、远程数据处理、联机服务等。

⑤ 其他服务。包括会议电视、IP 对话、监测控制、多媒体综合信息服务等。

（3）用户平台。用户平台主要指用户使用的个人计算机设备和软件系统，如安装 Web 浏览器软件的 PC 1。

（4）开发平台。开发平台主要由数据库开发工具、多媒体创作工具、通用类开发工具等组成。

（5）数据库平台。数据库平台主要分为小型数据库和大型数据库两大类别。

① 小型数据库。广泛使用的小型数据库主要包括 Access、Visual Fox Pro、Approach 等。

② 大型数据库。广泛使用的大型数据库主要包括 Oracle、Informix、Sybase、DB2、SQL Server 等。

（6）应用平台。应用平台主要包括网络上开展的各种应用，如远程教育、远程医疗、电子数据交换、管理信息系统、计算机集成制造系统、电子商务、办公自动化、多媒体监控系统等。

（7）网络管理平台。网络管理平台主要包括作为管理者的网络管理平台和作为代理的网络管理工具。

（8）安全平台。广泛使用的网络安全技术包括防火墙、包过滤、代理服务器、加密与认证技术等。

（9）环境平台。环境平台主要包括机房、电源、防火设备和其他辅助设备。

3．平台选型遵循的原则

（1）根据企业规模、组织机构布局、应用系统实施规模和外部应用环境等情况，确定系统平台模式。

（2）根据单位组织机构与管理职能层次设置和应用系统的总体功能结构设计情况，确定平台体系结构。

（3）根据用户业务操作和数据处理的基本特征、事务处理和数据处理对系统性能的基本要求以及原有软件资源与保护要求，确定软件平台的选型策略。

（4）根据事务与数据的处理过程和频度以及原有硬件资源情况，确定基本硬件平台的选型策略。

（5）根据企业组织职能与系统功能关联情况、地理环境及外部通信要求、数据传输及性能要求、用户对网络站点分配及联网范围要求，以及原有通信设施情况，确定网络通信平台与网络硬件平台的选型策略。

（6）根据平台体系结构与平台选型策略，以及平台产品技术标准情况，确定系统平台的接口规范。

（7）根据计算机硬件发展水平和平台档次更新情况、国内产品市场供货情况与售后技术服务情况，以及可借鉴的成功经验，进行具体的平台选型及性能/价格比分析。

（8）根据企业的投资能力，以及建立典型开发环境及平台多场地安装的代价，验证平台选型的经济可行性。

（9）根据企业的长远发展目标和系统总体实现目标，系统的技术设计要求，如异种机入网、异种网互连、异构数据源互操作、异构工具互用、分布处理能力和汉字处理能力等，综合权衡系统平台的可用性、可集成性和可伸缩性。

总体来说，系统集成不一定是购买最先进的设备、材料和应用软件，而应根据实际应用具体分析再选择决定。

1.4　系统集成公司的资质等级

按照系统集成公司的综合条件、经营业绩、管理水平、技术条件、人才实力等情况，可将系统集成公司分成以下几个资质等级。

1.4.1　一级资质

1. 综合条件

（1）企业变革发展历程清晰、产权关系明确是指企业应有明确的成立时间，在转制、更名、合并、分立等变更事项中业绩、人员、资产继承关系明确，股权关系明确。

取得计算机信息系统集成企业二级资质的时间不少于两年是指企业现有二级资质证书的首次获证时间须满两年。二级资质满两年后，企业方可向评审机构提交一级资质申报材料。企业由一级资质降为二级资质，其现有二级资质证书的获证时间须满 6 个月后，方可向评审机构提交一级资质申报材料。

（2）计算机信息系统集成是指从事计算机应用系统工程和网络系统工程的咨询设计、集成实施、运营维护等服务，涵盖总体策划、设计、开发、实施、服务及保障等环节。

近三年是指企业申报资质年度之前的三个自然年度。

系统集成收入是指企业从事系统集成服务各类业务所形成的收入，包括咨询设计收入、软件开发收入、集成实施收入、运行维护收入、数据处理收入、运营服务收入等，也包括系统集成项目中销售外购硬件、外购软件和自制硬件的收入。企业应设置明细科目对系统集成收入单独核算。

营业收入是指审计报告中主营业务收入和其他业务收入之和。主营业务收入和其他业务收入应区分系统集成收入、其他 IT 类收入和非 IT 类收入。其他 IT 类收入是指与系统集成项目无关的 IT 类收入。非 IT 类收入是指与 IT 行业无关的收入。

2. 财务状况

（1）中华人民共和国境内登记的会计师事务所是指经财政部门批准并在工商部门登记的会计师事务所。

企业财务数据应以年度审计报告的数据为依据。审计报告应包括资产负债表、利润表、现金流量表等主表和财务报表附注。如果是合并财务审计报告，主表和财务报表附注应单独列出申报企业的数据，合并的数据不作为评审依据。

审计报告的财务报表或附注中应反映申报企业的系统集成收入、固定资产中电子设备的净值、无形资产中软件的账面净值（包括外购软件的账面净值和自主开发软件的账面净值）、政府补助等有关数据。

（2）企业近三年度主业均没有出现亏损，年均净利润率不低于 5% 或年均净利润不少于 800 万元。

主业出现亏损是指以下三种情况之一。

① 执行《企业会计准则第 1 号——存货》等 38 项具体准则（财会[2006]3 号）和《小企业会计准则》（财会[2011]17 号）的企业，年度利润表中营业利润加营业外收入中的政府补助减去公允价值变动收益和投资收益后出现负值。

② 执行《企业会计制度》（财会[2000]25 号）的企业，年度利润表中营业利润加补贴收入中的政府补助后出现负值。

③ 执行《小企业会计制度》（财会[2004]2 号）的企业，年度利润表中营业利润加营业外收入中的政府补助后出现负值。

企业如因战略转型、收购兼并等重大事项对近三年度主业和净利润造成较大影响，可将有关情况的专项说明经当地工业和信息化主管部门确认后，提交到工业和信息化部计算机信息系统集成资质认证工作办公室（以下称部资质办），经部资质办认定后可视为符合利润指标条件。

（3）企业固定资产中电子设备的净值不少于 200 万元，无形资产中软件的账面净值（包括外购软件的账面净值和自主开发软件的账面净值）不少于 200 万元。固定资产、无形资产的数据以企业申报资质时上一年度审计报告的数据为准。

3. 信誉

（1）不正当竞争行为包括涂改、伪造、租用或借用资质证书参与市场活动，以及串通投标、低于成本的报价竞标等扰乱市场秩序的行为。

（2）资质申报的不良行为是指企业在资质初次申报、升级、换证、监督检查及变更事项中的弄虚作假行为。资质证书使用的不良行为包括出租、出借资质证书的行为。

4. 业绩

近三年完成的项目是指企业申报资质年度之前的三个自然年度内通过验收的项目；

项目至少涉及三个省（自治区、直辖市），以项目实施所在地为准，如有一个实施地在境外的项目视为符合此项条件要求；

企业近三年完成的不少于 200 万元的系统集成项目及不少于 100 万元的纯软件和信息技术服务项目中有第三方验收测试报告（需具有中国合格评定国家认可委员会认可的测试机构出具），或有监理企业（需具有信息系统工程监理单位资质）签署的验收报告的项目不少于 5 个；

纯软件和信息技术服务项目是指软件和信息技术服务费占合同总额的比例为 100％的项目；

软件和信息技术服务费包括咨询设计费、软件开发费、集成实施费、运行维护费、数据处理费、运营服务费，不包括软硬件购置费、自制硬件费、建筑工程费、运费和税金等。

5. 管理能力

（1）质量管理体系的标准包括 GB/T 19001-ISO9001、GJB9001、SJ/T 11235、GJB5000，企业建立的质量管理体系至少应是上述质量管理体系标准中的一个。

企业质量管理体系证书的覆盖范围应包括与系统集成业务相关的所有活动和过程，与软件开发和系统集成相关的所有部门、人员应在体系覆盖的范围内。

GB/T 19001-ISO9001、SJ/T 11235 质量管理体系认证证书应带有中国合格评定国家认可委员会（CNAS）标志。GJB9001 和 GJB5000 认证证书应由武器装备质量体系认证委员会颁发。

连续有效运行时间不少于一年是指企业 GB/T 19001-ISO9001、SJ/T 11235 质量管理体系证书在中国合格评定国家认可委员会（CNAS）工作网站上当前处于有效状态，GJB9000 和 GJB5000 证书在认证机构工作网站上当前处于有效状态，且证书的首次获证时间须满一年，如到期换证，新旧证书有效期的间隔时间不超过 90 天。

（2）企业应根据项目管理知识体系的要求，通过项目启动、计划、执行、监督与控制和收尾过程组保证项目的完成，实现项目整体、范围、时间、成本、质量、人力资源、沟通、风险和采购的管理。

企业应有负责项目管理的部门，有项目管理制度和流程，有项目管理评价方法、项目管理知识库和项目管理工具。项目管理工具包括企业购置或自主开发的具有项目管理功能的工具。

企业的项目管理制度和流程应在实际工作中得到贯彻执行，且有记录、可核查。

（3）企业应配置专门的客户服务机构和人员，有客户服务制度和流程，有满意度调查和投诉处理机制。

企业的客户服务制度、流程应在实际工作中得到贯彻执行，有明确的服务响应时间，且有记录、可核查。

（4）企业应建有内部基础网络环境，通过管理软件实现内部办公、财务和合同的信息化管理。

企业的管理信息系统应在实际工作中得到应用。

（5）企业技术负责人和财务负责人职称可以按下表作视同处理。

职称＼学历	中专毕业生	大专毕业生	大学本科	硕士/双学位	博　士
高级职称	—	—	11 年及以上	8 年及以上	3 年及以上
中级职称	—	8 年及以上	6 年及以上	3 年及以上	毕业当年
初级职称	6 年及以上	4 年及以上	2 年及以上	毕业当年	—

财务系列职称包括会计师、审计师、注册会计师，不包括经济师。

6. 技术实力

（1）主要业务领域是指企业近三年完成项目的所属领域中合同总额列前三位的领域。项目所属领域按照《计算机信息系统集成项目领域分类目录》的分类填写。

序　号	领域名称	用户界定
1	党政	各级党委、政府、人大、政协、司法机关及组成部门
2	军队	军队、武警等
3	社团	群众团体、社会团体；宗教组织；基层群众自治组织；国际组织；其他非赢利性组织
4	金融	银行、证券、保险、投资、信托等企业；其他金融活动企业
5	电信	电信运营与服务企业（包括 ISP、ICP，但不包括研究、生产、制造电信产品的企业）
6	交通	公路、铁路、航空、水运、城市交通等企业；其他运输服务企业
7	能源	煤炭、石油和天然气的生产、运输和供应企业；电力、热力、燃气的生产和供应企业；其他能源生产供应企业
8	医疗卫生	各级医院、各级卫生机构等
9	文化、体育、娱乐	广播、电视、电影、音像、图书、新闻出版、文化艺术等企业；体育企业；娱乐企业

序　号	领域名称	用户界定
10	教育	初、中、高等各级院校，学前教育、成人教育、职业教育院校或企业；其他从事教育或培训的机构或企业
11	科研	科学研究与试验、专业技术服务、科技交流和推广服务、地质勘查业等机构或企业；其他从事科学研究的机构或企业
12	农林牧渔、水利	农业、林业、畜牧业、渔业企业；水利企业
13	工业	制造加工企业（包括钢铁、烟草、食品、饮料、纺织、服装、鞋帽、皮革羽毛、木材、家具、造纸、医药、化纤、橡胶、塑料、通用及专用设备、机械设备、通信设备、电子设备、仪器仪表等的制造加工企业；废弃资源和废旧材料回收加工企业）；采矿企业（包括黑色金属、有色金属、非金属矿采选企业等）；金属冶炼企业；化工企业；其他工业企业
14	房地产、建筑	房地产企业；房屋建筑企业
15	商业服务	批发、零售、住宿、餐饮、旅游、租赁、贸易等企业；仓储物流企业；邮政企业；其他商业服务企业
16	公用事业	市政服务企业；环境卫生服务企业；环保企业；公共设施管理企业；水的生产和供应企业；居民服务企业；其他从事公用事业服务的企业
17	其他	不包括在上述范围的行业或企业

　　典型项目是指企业近三年完成的系统集成项目中合同额居前两位的项目和主要系统集成业务领域中软件和信息技术服务费居前列的三个项目（如主要业务领域有三个及以上，则三个项目分别是前三个主要领域中软件和信息技术服务费居第一位的项目；如主要业务领域有两个，则三个项目分别是第一主要业务领域中软件和信息技术服务费居前两位的项目和第二主要业务领域中软件和信息技术服务费居第一位的项目；如主要业务领域只有一个，则三个项目是软件和信息技术服务费居前三位的项目）。

　　合同额居前两位的项目如果与主要系统集成业务领域中软件和信息技术服务费居前列的三个项目重复，典型项目还应从合同额居第三位的项目开始由大到小顺序选择，到五个典型项目选满为止。

　　（2）对主要业务领域的业务流程有深入研究是指企业通过对客户业务流程、业务特点的长期研究和积累，能够较好地把握客户的信息化需求，能够为客户战略和业务目标的实现提供有价值的产品和解决方案。

　　经过登记是指企业拥有软件产品登记证书且在有效期内。企业拥有的 1 个信息技术发明专利可等同于 3 个软件产品登记。

　　（3）技术带头人应具有 10 年及以上的行业技术背景，或发表过技术专著，或获得过省部级及以上科学技术奖励；

　　企业对软件生命周期的过程应有相应的管理方法，软件开发、测试和配置管理工作应配备相应的人员，制定相关的制度，购置或开发相应的工具。

　　7．人才实力

　　（1）从事软件开发与系统集成相关工作的人员包括从事咨询设计、软件开发、集成实施、软件测试、技术支持、运营服务、质量保证等岗位的人员。财务管理、行政管理、人力资源管理、商务等与项目不直接相关的人员不包括在内。

（2）具有计算机信息系统集成项目管理人员资质的人数以工业和信息化部计算机信息系统集成企业资质工作网站公布的人员且是企业正式在职的人员人数为准。

（3）企业人力资源管理体系应涵盖人力资源规划、招聘与配置、培训与开发、绩效管理、薪酬管理、劳动关系管理等主要方面。

企业应有人力资源管理部门，有人力资源管理制度，具有系统地对员工进行新知识、新技术以及职业道德培训的计划。

企业人力资源管理制度和培训计划应在实际工作中得到贯彻执行，且有记录、可核查。

1.4.2 二级资质

1．综合条件

（1）企业变革发展历程清晰、产权关系明确是指企业应有明确的成立时间，在转制、更名、合并、分立等变更事项中业绩、人员、资产继承关系明确，股权关系明确。

取得计算机信息系统集成企业三级资质的时间不少于一年是指企业现有三级资质证书的首次获证时间须满一年。三级资质满一年后，企业方可向评审机构提交二级资质申报材料。企业由二级资质降为三级资质，其现有三级资质证书的获证时间需满 6 个月后，方可向评审机构提交二级资质申报材料。

（2）系统集成是指从事计算机应用系统工程和网络系统工程的咨询设计、集成实施、运营维护等服务，涵盖总体策划、设计、开发、实施、服务及保障等环节。

近三年是指企业申报资质年度之前的三个自然年度。

系统集成收入是指企业从事系统集成服务各类业务所形成的收入，包括咨询设计收入、软件开发收入、集成实施收入、运行维护收入、数据处理收入、运营服务收入等，也包括系统集成项目中销售外购硬件、外购软件和自制硬件的收入。

营业收入是指审计报告中主营业务收入和其他业务收入之和。主营业务收入和其他业务收入应区分系统集成收入、其他 IT 类收入和非 IT 类收入。其他 IT 类收入是指与系统集成项目无关的 IT 类收入。非 IT 类收入是指与 IT 行业无关的收入。

2．财务状况

（1）中华人民共和国境内登记的会计师事务所是指经财政部门批准并在工商部门登记的会计师事务所。

企业财务数据应以年度审计报告的数据为依据。审计报告应包括资产负债表、利润表、现金流量表等主表和财务报表附注。

如果是合并财务审计报告，主表和财务报表附注应单独列出申报企业的数据，合并的数据不作为评审依据。

审计报告的财务报表或附注中应反映申报企业固定资产中电子设备的净值、无形资产中软件的账面净值（包括外购软件的账面净值和自主开发软件的账面净值）、政府补助等有关数据。

（2）企业最近两年度主业和净利润均没有出现亏损。最近两年度是指企业申报资质年度之前的两个自然年度。

主业出现亏损是指以下三种情况之一。

① 执行《企业会计准则第 1 号——存货》等 38 项具体准则（财会［2006］3 号）和《小企业会计准则》（财会［2011］17 号）的企业，年度利润表中营业利润加营业外收入中的政府补助减去公允价值变动收益和投资收益后出现负值。

② 执行《企业会计制度》（财会［2000］25 号）的企业，年度利润表中营业利润加补贴收入中的政府补助后出现负值。

③ 执行《小企业会计制度》（财会［2004］2 号）的企业，年度利润表中营业利润加营业外收入中的政府补助后出现负值。

企业如因战略转型、收购兼并等重大事项对最近两年主业和净利润造成较大影响，可将有关情况的专项说明经当地工业和信息化主管部门确认后，提交到部资质办，经部资质办认定后可视为符合利润指标条件。

（3）企业固定资产中电子设备的净值不少于 80 万元。无形资产中软件的账面净值（包括外购软件的账面净值和自主开发软件的账面净值）不少于 80 万元。固定资产、无形资产的数据以企业申报资质时上一年度审计报告的数据为准。

3. 信誉

（1）不正当竞争行为包括涂改、伪造、租用或借用资质证书参与市场活动，以及串通投标、低于成本的报价竞标等扰乱市场秩序的行为。

（2）资质申报的不良行为是指企业在资质初次申报、升级、换证、监督检查及变更事项中的弄虚作假行为。资质证书使用的不良行为包括出租、出借资质证书的行为。

4. 业绩

近三年完成的项目是指企业申报资质年度之前的三个自然年度内通过验收的项目。

企业近三年完成的不少于 80 万元的系统集成项目及不少于 40 万元的纯软件和信息技术服务项目中有第三方验收测试报告（须具有中国合格评定国家认可委员会认可的测试机构出具），或有监理企业（须具有信息系统工程监理单位资质）签署的验收报告的项目不少于 5 个。

纯软件和信息技术服务项目是指软件和信息技术服务费占合同总额的比例为 100％的项目。

软件和信息技术服务费包括咨询设计费、软件开发费、集成实施费、运行维护费、数据处理费、运营服务费，不包括软硬件购置费、自制硬件费、建筑工程费、运费和税金等。

5. 管理能力

（1）质量管理体系的标准包括 GB/T 19001-ISO9001、GJB9001、SJ/T 11235、GJB5000，企业建立的质量管理体系至少应是上述质量管理体系标准中的一个。

企业质量管理体系证书的覆盖范围应包括与系统集成业务相关的所有活动和过程，与软件开发和系统集成相关的所有部门、人员应在体系覆盖的范围内。

GB/T 19001-ISO9001、SJ/T 11235 质量管理体系认证证书应带有中国合格评定国家认可委员会（CNAS）标志。GJB9001 和 GJB5000 认证证书应由武器装备质量体系认证委员会颁发。

和 eokuo 质量管理体系至少应是上述质量管理体系的的连续有效运行时间不少于一年是

指企业 GB/T 19001-ISO9001、SJ/T 11235 质量管理体系证书在中国合格评定国家认可委员会（CNAS）工作网站上当前处于有效状态，GJB9000 和 GJB5000 证书在认证机构工作网站上当前处于有效状态，且证书的首次获证时间须满一年，如到期换证，新旧证书有效期的间隔时间不超过 90 天。

（2）企业能够根据项目管理知识体系的要求，通过项目启动、计划、执行、监督与控制和收尾过程组保证项目的完成，实现项目范围、时间、成本、质量等管理。

企业应有负责项目管理的部门、有项目管理制度和流程。企业的项目管理制度和流程应在实际工作中得到贯彻执行，且有记录、可核查。

（3）企业应配置专门的客户服务机构和人员，有客户服务制度和流程，有满意度调查和投诉处理机制。

企业的客户服务制度、流程应在实际工作中得到贯彻执行，有明确的服务响应时间，且有记录、可核查。

（4）企业应建有内部基础网络环境，通过管理软件实现内部办公、财务和合同的信息化管理。

企业的管理信息系统应在实际工作中得到应用。

（5）企业技术负责人和财务负责人职称可以按下表作视同处理。

职称＼学历	中专毕业生	大专毕业生	大学本科	硕士/双学位	博　　士
高级职称	—	—	11 年及以上	8 年及以上	3 年及以上
中级职称	—	8 年及以上	6 年及以上	3 年及以上	毕业当年
初级职称	6 年及以上	4 年及以上	2 年及以上	毕业当年	—

财务系列职称包括会计师、审计师、注册会计师，不包括经济师。

6. 技术实力

（1）主要业务领域是指企业近三年完成项目的所属领域中合同总额列前三位的领域。项目所属领域按照《计算机信息系统集成项目领域分类目录》（表 1）的分类填写。

典型项目是指企业近三年完成的系统集成项目中合同额居前两位的项目和主要系统集成业务领域中软件和信息技术服务费居前列的三个项目（如主要业务领域有三个及以上，则三个项目分别是前三个主要领域中软件和信息技术服务费居第一位的项目；如主要业务领域有两个，则三个项目分别是第一主要业务领域中软件和信息技术服务费居前两位的项目和第二主要业务领域中软件和信息技术服务费居第一位的项目；如主要业务领域只有一个，则三个项目是软件和信息技术服务费居前三位的项目）。

合同额居前两位的项目如果与主要系统集成业务领域中软件和信息技术服务费居前列的三个项目重复，典型项目还应从合同额居第三位的项目开始由大到小顺序选择，到五个典型项目选满为止。

（2）熟悉主要业务领域的业务流程是指企业通过对客户业务流程、业务特点的研究，能够了解客户的信息化需求，为客户业务目标的实现提供有价值的产品和解决方案。

经过登记是指企业拥有软件产品登记证书且在有效期内。企业拥有的 1 个信息技术发明专利可等同于 3 个软件产品登记。

（3）技术带头人应具有 10 年及以上的行业技术背景，或发表过技术专著，或获得过省部级及以上科学技术奖励；

（4）企业对软件生命周期的过程应有相应的管理方法，软件开发、测试和配置管理工作应配备相应的人员，制定相关的制度，购置或开发相应的工具。

7．人才实力

（1）从事软件开发与系统集成相关工作的人员包括从事咨询设计、软件开发、集成实施、软件测试、技术支持、运营服务、质量保证等岗位的人员。财务管理、行政管理、人力资源管理、商务等与集成项目不直接相关的人员不包括在内。

（2）具有计算机信息系统集成项目管理人员资质的人数以工业和信息化部计算机信息系统集成企业资质工作网站公布的人员且是企业正式在职的人员人数为准。

（3）企业人力资源管理体系应涵盖招聘与配置、培训与开发、绩效管理、薪酬管理等主要方面。

企业应有人力资源管理部门，有人力资源管理制度，具有系统地对员工进行新知识、新技术以及职业道德培训的计划。

企业人力资源管理制度和培训计划应在实际工作中得到贯彻执行，且有记录、可核查。

1.4.3　三级资质

1．综合条件

（1）企业变革发展历程清晰、产权关系明确是指企业应有明确的成立时间，在转制、更名、合并、分立等变更事项中业绩、人员、资产继承关系明确，股权关系明确。

取得计算机信息系统集成四级资质的时间不少于一年是指企业现有四级资质证书的首次获证时间须满一年。从事系统集成业务的时间不少于两年是指企业完成的首个系统集成项目的合同签订时间须满两年。上述两项时间条件满足其中之一后，企业方可向评审机构提交三级资质申报材料。

（2）系统集成是指从事计算机应用系统工程和网络系统工程的咨询设计、集成实施、运营维护等服务，涵盖总体策划、设计、开发、实施、服务及保障等环节。

近三年是指企业申报资质年度之前的三个自然年度。

系统集成收入是指企业从事系统集成服务各类业务所形成的收入，包括咨询设计收入、软件开发收入、集成实施收入、运行维护收入、数据处理收入、运营服务收入等，也包括系统集成项目中销售外购硬件、外购软件和自制硬件的收入。

营业收入是指审计报告中主营业务收入和其他业务收入之和。主营业务收入和其他业务收入应区分系统集成收入、其他 IT 类收入和非 IT 类收入。其他 IT 类收入是指与系统集成项目无关的 IT 类收入。非 IT 类收入是指与 IT 行业无关的收入。

2．财务状况

（1）中华人民共和国境内登记的会计师事务所是指经财政部门批准并在工商部门登记的会计师事务所。

企业财务数据应以年度审计报告的数据为依据。审计报告应包括资产负债表、利润表、现金流量表等主表和财务报表附注。

如果是合并财务审计报告，主表和财务报表附注应单独列出申报企业的数据，合并的数据不作为评审依据。

审计报告的财务报表或附注中应反映政府补助等有关数据。

（2）企业最近年度主业和净利润没有出现亏损。最近年度是指企业申报资质年度之前的一个自然年度。

主业出现亏损是指以下三种情况之一：

① 执行《企业会计准则第 1 号——存货》等 38 项具体准则（财会[2006]3 号）和《小企业会计准则》（财会[2011]17 号）的企业，年度利润表中营业利润加营业外收入中的政府补助减去公允价值变动收益和投资收益后出现负值。

② 执行《企业会计制度》（财会[2000]25 号）的企业，年度利润表中营业利润加补贴收入中的政府补助后出现负值。

③ 执行《小企业会计制度》（财会[2004]2 号）的企业，年度利润表中营业利润加营业外收入中的政府补助后出现负值。

企业如因战略转型、收购兼并等重大事项对最近年度主业和净利润造成较大影响，可将有关情况的专项说明经当地工业和信息化主管部门确认后，提交到部资质办，经部资质办认定后可视为符合利润指标条件。

3. 信誉

（1）不正当竞争行为包括涂改、伪造、租用或借用资质证书参与市场活动，以及串通投标、低于成本的报价竞标等扰乱市场秩序的行为。

（2）资质申报的不良行为是指企业在资质初次申报、升级、换证、监督检查及变更事项中的弄虚作假行为。资质证书使用的不良行为包括出租、出借资质证书的行为。

4. 业绩

近三年完成的项目是指企业申报资质年度之前的三个自然年度内通过验收的项目。

纯软件和信息技术服务项目是指软件和信息技术服务费占合同总额的比例为 100% 的项目。

软件和信息技术服务费包括咨询设计费、软件开发费、集成实施费、运行维护费、数据处理费、运营服务费，不包括软硬件购置费、自制硬件费、建筑工程费、运费和税金等。

5. 管理能力

（1）质量管理体系的标准包括 GB/T 19001-ISO9001、GJB9001、SJ/T 11235、GJB5000，企业建立的质量管理体系至少应是上述质量管理体系标准中的一个。

企业质量管理体系证书的覆盖范围应包括与系统集成业务相关的所有活动和过程，与软件开发和系统集成相关的所有部门、人员应在体系覆盖的范围内。

GB/T 19001-ISO9001、SJ/T 11235 质量管理体系认证证书应带有中国合格评定国家认可委员会（CNAS）标志。GJB9001 和 GJB5000 认证证书应由武器装备质量体系认证委员会颁发。

企业 GB/T 19001-ISO9001、SJ/T 11235 质量管理体系证书在中国合格评定国家认可委员会（CNAS）工作网站上当前应处于有效状态，GJB9000 和 GJB5000 证书在认证机构工作网站上应当处于有效状态。

（2）企业应配置专门的客户服务机构和人员，有客户服务制度和流程，有满意度调查和投诉处理机制。

企业客户服务制度、流程应在实际工作中得到贯彻执行，有明确的服务响应时间，且有记录、可核查。

（3）企业技术负责人和财务负责人职称可以按下表作视同处理。

职称　　　　学历	中专毕业生	大专毕业生	大学本科	硕士/双学位	博　　士
高级职称	—	—	11 年及以上	8 年及以上	3 年及以上
中级职称	—	8 年及以上	6 年及以上	3 年及以上	毕业当年
初级职称	6 年及以上	4 年及以上	2 年及以上	毕业当年	—

计算机信息系统集成项目管理人员资质包括项目经理资质和高级项目经理资质。

财务系列职称包括会计师、审计师、注册会计师，不包括经济师。

6．技术实力

（1）主要业务领域是指企业近三年完成项目的所属领域中合同总额列前三位的领域。项目所属领域按照《计算机信息系统集成项目领域分类目录》（表 1）的分类填写。

（2）经过登记是指企业拥有软件产品登记证书且在有效期内。企业拥有的 1 个信息技术发明专利可等同于 3 个软件产品登记。

（3）企业的软件开发、测试和配置管理工作应配备相应的人员，制定相关的制度。

7．人才实力

（1）从事软件开发与系统集成相关工作的人员包括从事咨询设计、软件开发、集成实施、软件测试、技术支持、运营服务、质量保证等岗位的人员。财务管理、行政管理、人力资源管理、商务等与集成项目不直接相关的人员不包括在内。

（2）具有计算机信息系统集成项目管理人员资质的人数以工业和信息化部计算机信息系统集成企业资质工作网站公布的人员且是企业正式在职的人员人数为准。

（3）企业应有人力资源培训、考核管理制度，具有系统地对员工进行新知识、新技术以及职业道德培训的计划。

企业人力资源培训、考核管理制度和培训计划应在实际工作中得到贯彻执行，且有记录、可核查。

1.4.4　四级资质

（1）企业产权关系明确是指企业股权关系明确。

（2）不正当竞争行为包括涂改、伪造、租用或借用资质证书参与市场活动，以及串通投标、低于成本的报价竞标等扰乱市场秩序的行为。

（3）资质申报的不良行为是指企业在资质初次申报、升级、换证、监督检查及变更事项中的弄虚作假行为。资质证书使用的不良行为是指出租、出借资质证书的行为。

（4）质量管理体系的标准包括 GB/T 19001-ISO9001、GJB9001、SJ/T 11235、GJB5000，企业建立的质量管理体系至少应是上述质量管理体系标准中的一个。

企业建立的质量管理体系应覆盖与系统集成业务相关的所有活动和过程，与软件开发和系统集成相关的所有部门、人员应在体系覆盖的范围内。

企业应制定并发布了质量管理体系文件，质量管理体系文件应在实际工作中得到贯彻执行，且有记录、可核查。

（5）企业应有客户服务制度和流程，有满意度调查和投诉处理机制。

（6）企业技术负责人和财务负责人职称可以按下表作视同处理。

职称＼学历	中专毕业生	大专毕业生	大学本科	硕士/双学位	博　士
高级职称	—	—	11 年及以上	8 年及以上	3 年及以上
中级职称	—	8 年及以上	6 年及以上	3 年及以上	毕业当年
初级职称	6 年及以上	4 年及以上	2 年及以上	毕业当年	—

计算机信息系统集成项目管理人员资质包括项目经理资质和高级项目经理资质。

财务系列职称包括会计师、审计师、注册会计师，不包括经济师。

（7）从事软件开发与系统集成相关工作的人员包括从事咨询设计、软件开发、集成实施、软件测试、技术支持、运营服务、质量保证等岗位的人员。财务管理、行政管理、人力资源管理、商务等与集成项目不直接相关的人员不包括在内。

（8）具有计算机信息系统集成项目管理人员资质的人数以工业和信息化部计算机信息系统集成企业资质工作网站公布的人员且是企业正式在职的人员人数为准。

（9）企业培训计划的组织实施与考核应有记录、可核查。

习　　题

一、选择题

1. 下列哪项是第 3 代网络系统集成的特点（　　　）。
   A．面向终端的单主机互连系统
   B．多主机终端互连系统
   C．开放式和标准化的网络系统
   D．网络化、综合化、高速化及计算机协同处理
2. 下列哪项不是网络互连设备（　　　）。
   A．路由器　　　　B．网关　　　　C．交换机　　　　D．服务器
3. 下列哪项不是网络系统集成的优点（　　　）。
   A．责任分散性
   B．用户需求能得到最大限度的满足
   C．系统内部的一致性能得到最大限度的满足
   D．系统集成商能保证用户得到最好的解决方案

4．下列哪项不是常见的网络操作系统（　　　　）。

A．Linux　　　　　　　　　　　B．UNIX

C．Windows Server 2012　　　　D．Android

5．系统集成公司获得一级资质要求企业近三年度主业均没有出现亏损，年均净利润率不低于（　　　）或年均净利润不少于 800 万元。

A．5%　　　　　　B．6%　　　　　　C．7%　　　　　　D．8%

二、填空题

1．网络系统集成一般可分为 3 类：技术集成、_____、应用集成。

2．影响服务质量的主要因素包括网络可用带宽、_____和抖动以及传输可靠性。

3．针对 Internet 上多媒体应用的需求，现有的技术可以提供两种服务质量：_____和尽力而为的服务。

4．系统集成平台大致可分为 9 类：网络平台、服务平台、用户平台、开发平台、数据库平台、应用平台、_____、安全平台和环境平台。

三、简答题

1．什么是网络系统集成？为什么要进行网络系统集成？

2．简述网络系统集成经历了哪几个阶段？有什么特点？

3．为什么要进行系统平台的选择？系统平台的选择应遵循什么原则？

4．简述系统集成平台主要包括哪几大类？

5．简述如何评价系统集成公司的资质等级。

第 2 章　需求分析

网络系统集成一般要经过需求分析、选择解决方案、网络策略、网络实施、网络测试与验收 5 个步骤，其中，需求分析虽然处在开始阶段，但它对整个集成过程是至关重要的，具有非常重要的地位，直接决定着后续工作的好坏。它的基本任务是确定系统必须完成哪些工作，对目标系统提出完整、准确、清晰和具体的要求。随着集成系统规模的扩大和复杂性的提高，需求分析在网络集成中所处的地位越加突出，而且也越加困难。

需求分析是在网络设计过程中用来获取和确定系统需求的方法，是网络设计过程的基础，是网络系统设计中重要的一个阶段。通过与用户共同进行需求分析，可以充分了解用户现有的资源情况、用户的需求和应用的要求等多方面的信息，达到设计与需求的一致性。

完整的需求分析有助于为后续工作建立起一个稳定的工作基础。如果在设计初期没有与需求方达成一致，加上在整个项目的实施过程中，需求方的具体需求可能会不停地变化，这些因素综合起来就可能影响项目的计划和预算。

需求分析的质量对最后的网络系统的影响是深远和全局性的。高质量需求分析对系统的完成起到事半功倍的作用。经验证明，在后续阶段改正需求分析阶段产生的错误，将付出高昂的代价。

2.1　用户目标分析

用户业务需求分析是指在网络系统设计过程中，对用户所需的业务需求进行分析和确认。通常情况下，要对用户的一般情况、业务性能需求、业务功能需求等方面进行分析。业务需求是系统集成中的首要环节，是系统设计的根本依据。

2.1.1　用户的一般情况分析

用户的一般情况分析主要包括分析组织结构、地理位置、应用用户组成、网络连接状况、发展情况、行业特点、现有可用资源、投资预算和新系统要求等方面。

（1）组织结构决定了系统的使用者以及权限等级。

（2）地理位置涉及网络系统的最终拓扑、传输介质和连接方式及节点位置安排等。地理位置分布对网络系统的综合布线结构设计更为重要，是综合布线系统设计最重要的参考依据。

（3）应用用户组成和分布决定了各具体应用系统的软件、硬件配置和相应权限配置。

（4）网络连接状况包括集团公司网络、分支公司网络、供应商网络、合作伙伴网络及 Internet 的连接。如果在某些方面有连接需求，在网络系统设计时一定要预留出口，同时相应地要增加一些软、硬件设施。

（5）发展情况是指网络规模和系统应用水平两个方面。通常根据企业最近3年的平均发展状况和未来3～5年的发展水平来估算。企业的发展状况直接关系到网络系统设计时为各关键节点预留的扩展能力，也将影响到整个网络系统的网络设备配置和投资成本。

（6）行业特点调查主要是为一些行业应用系统设计做准备。

（7）现有可用资源是从用户角度进行考虑的。要充分考虑到原有网络中设备和资源的可用问题，这些将为新系统的网络设备选购和应用系统设计提供参考。在不影响性能的前提下，现有资源和网络设备可以再利用。

（8）投资预算要在系统设计之前确定，否则无法为各部分进行细化预算。

（9）对新系统的期望和要求是用户立项的出发点。此项分析在设计过程中可作为验收的参照标准。

2.1.2 用户的业务目标分析

用户业务需求分析是指在网络系统设计过程中，对用户所需的业务需求进行分析和确认。通常情况下，要对用户的一般情况、业务性能需求、业务功能需求等方面进行分析。业务需求是系统集成中的首要环节，是系统设计的根本依据。

业务性能需求分析决定整个系统集成的性能档次、采用技术和设备档次。调查主要是针对一些主要用户（如公司管理层领导）和关键应用人员或部门进行的调查。业务性能需求最终要在详细、具体分析后确定，经项目经理和用户项目负责人批准后采用。业务性能需求分析主要涉及以下几个方面。

1. 用户业务性能需求分析

用户业务性能需求主要是指网络接入速率以及交换机、路由器和服务器等关键设备响应性能需求以及磁盘读写性能需求等。

接入速率需求是最基本的需求，是由端口速率决定的。在以太网终端用户中，接入速率通常是按10Mbit/s、100Mbit/s和1000Mbit/s 3个档次划分，目前通常是要求100兆比特到桌面。对于骨干层和核心层的端口速率，通常需要支持双绞线、光纤的吉比特，甚至10吉比特速率。实际的接入速率受许多因素影响，包括端口带宽、交换设备性能、服务器性能、传输介质、网络传输距离和网络应用等的影响。

在广域网方面，接入速率是由相应的接入方式和相应的网络接入环境决定的，用户一般没有太多选择，只能根据自己的实际接入速率需求，选择符合自己的接入网类型。目前主要包括各种宽带和专线接入方式，如ADSL、Cable Modem、光纤接入等。

交换机、路由器和服务器等关键设备响应性能需求也是非常重要的。网络系统的响应时间是指从用户发出指令到网络响应并开始执行用户指令所需的时间。响应时间越短，性能就越好，效率也越高。局域网的响应时间通常为1ms～2ms，而广域网的响应时间通常为60ms～1 000ms。对网络设备响应性能的要求越高，对应的网络设备配置就越高，相应地成本也就越高。

2. 用户业务功能需求分析

用户业务功能需求分析主要侧重于网络本身的功能，通常是针对企业网络管理员或网络系统项目负责人提出的需求进行分析。网络自身功能是指基本功能之外的那些比较特殊的功能，如是否配置网络管理系统、服务器管理系统、第三方数据备份系统、磁盘阵列系统、网络存储系统和服务器容错系统等。更多的网络功能需求还体现在具体的网络设备上，如硬件服务器系统可以选择的特殊功能配置主要包括磁盘阵列、内存阵列、内存镜像、处理器对称或并行扩展、服务器群集等；交换机可以选择的特殊功能主要包括第三层路由、VLAN、第四层 QoS、第七层应用协议支持；路由器可以选择的特殊功能主要包括第二层交换、网络隔离、流量控制、身份验证和数据加密等。

3．用户业务应用需求分析

用户业务应用需求分析主要指网络系统需要包含的各种应用功能。要详细地列出所有可能的应用，需要与各个部门具体负责网络应用的人员，进行面对面的询问，并做好记录。和软件工程中的需求分析类似，用户业务应用需求分析最后也要形成需求分析文档，并和部门负责人确认后，由相关部门主管签字才能生效。从确认生效之日开始，所有用户业务应用需求就变成可控需求。

2.1.3　项目制约分析

除了用户的一般情况和业务目标需求分析之外，与项目相关的约束对网络设计的影响也是很大的，在需求分析时应该给予相当的重视。

1．技术偏好和政策

（1）了解客户内部关系

要发现隐藏在项目背后可能导致项目失败的事物安排、争论、偏见、群体关系或历史等；项目是否会导致某些工作的消失？是否有人希望项目失败？这些都需要需求分析人员进行仔细的观察，周密的分析。

（2）体会决策者的商业风险

要了解客户对冒险的承受能力，了解决策者的工作经历将有助于选择适当的技术。继承者的工作经历会影响他们对冒险的承受能力，以及对技术所持有的偏见。了解了这些问题有助于判断网络设计应该是保守型的，或者是包括新的、具有艺术水平的技术和方法。

（3）与客户就协议、标准、供应商等方面的策略进行讨论

要搞清楚客户是否在传输、路由选择、桌面或者其他一些方面已有标准。确定是否有任何关于开放与专有解决方案的规定，对认可的供应商或平台是否有相关政策。在许多情况下，公司均为新网络选择好了技术和产品，所有设计一定要与其计划相匹配。

（4）弄清楚负责网络设计项目的决策人

许多优秀的网络设计被客户拒绝了，原因是设计师只把精力集中在技术上，而忘记考虑公司的政策和技术信仰。

2．预算和人员约束

（1）网络设计必须符合客户的预算。预算应该包括设备采购、软件许可证、维护和支持协议、测试、培训及工作人员费用等。还应该包括咨询费用及外包费用。

（2）要对客户现有网络工作人员能力进行分析。设计师所提出的技术和协议依赖于工作人员的能力。

（3）对客户就网络设计的投资回报问题进行分析。

3．项目进度安排

网络工程项目的日程安排是需要考虑的另一个问题。项目的最终期限是何时？项目进展中有哪些阶段性目标或主要目标？项目日程安排通常由用户负责制定并进行管理，但设计者必须就该日程表是否科学、可行提出自己的意见，使项目日程安排符合实际工作要求。

2.2 技术目标分析

本节主要介绍用户性能需求分析，为后续的正式系统设计提供技术基础。用户对网络性能方面的要求主要体现在终端用户接入速率、响应时间、吞吐性能、可用性能、可扩展性和并发用户支持等几方面。

2.2.1 响应时间

用户的一次功能操作可能由几个客户请求和服务器响应组成，从客户发出请求到该客户收到最后一个响应，经过的时间就是整体的响应时间。在大量的应用处理环境中，超过 3s 以上的响应时间将会严重影响工作效率。

网络和服务器的时延和应用时延都对整体响应时间有影响。

网络整体响应时间受到不同机制的影响。在广域网中，所选择的协议在很大程度上会影响数据在网络中传输的延迟时间。这些时间包括处理时延、排队时延、传送或连续传输时延。传输时延包的损坏和丢失，会降低信息的传输质量或增加额外的时延，因为需要重新传输。对于地面传输企业网络，等待和传输时延是网络时延的主要问题。而对于卫星网络，传输时延和访问协议是主要问题。

影响服务器时延的因素主要包括服务器本身和应用设计两个方面。服务器本身的性能包括处理器速度、存储器和 I/O 性能、硬盘驱动速度以及其他设置。应用设计主要包括服务器架构和所采用的算法。

应用时延受几个独立的因素影响，如应用设计、交易的大小、所选择的协议以及网络结构等。当完成一个确定的交易时，往往一个应用所需要的往返次数越少，受到网络结构的影响也就越小。而一个应用往往需要不断往返传输好多次，因此往返响应时间的多少还将取决于网络结构。通常局域网的响应时间较短，传输距离不是很长，因此协议单一，基本无需经过路由选择；而广域网通常响应时间较长，传输距离又较远，所以经过的路由节点多，协议复杂。

2.2.2 可用性

网络系统的可用性能需求主要是指在可靠性、故障恢复和故障时间等几个方面的质量需求。

对于系统的可用性能来说，最典型的计量标准是 6σ（六西格玛）法则。6σ 管理法是一种统计评估法，其核心是追求零缺陷生产，防范产品责任风险，降低成本，提高生产率和市场占有率，提高顾客满意度和忠诚度。6σ 管理不但着眼于产品和服务质量，也关注过程的改进。

6σ = 3.4 失误/百万机会——表示卓越的管理，强大的竞争力和忠诚的客户；

5σ = 230 失误/百万机会——表示优秀的管理、很强的竞争力和比较忠诚的客户；

4σ = 6 210 失误/百万机会——表示较好的管理和运营能力，满意的客户；

3σ = 66 800 失误/百万机会——表示平平常常的管理，缺乏竞争力；

2σ = 308 000 失误/百万机会——表示企业资源每天都有 1/3 的浪费；

1σ = 690 000 失误/百万机会——表示每天有 2/3 的事情做错的企业将无法生存。

为了达到 6σ，首先要制定标准，在管理中随时跟踪考核操作与标准的偏差，不断改进，最终达到 6σ。其流程模式分为界定、测量、分析、改进和控制几大步骤。

网络系统的可用性同样由许多方面共同决定，如网络设备自身的稳定性、网络系统软件和应用系统软件的稳定性、网络设备的吞吐能力（相当于接收/发送能力）和应用系统的可用性等方面。

吞吐性能在上节已详细介绍，下面仅就网络系统的稳定性和应用系统的可用性两方面进行介绍。

1. 网络系统的稳定性

网络系统的稳定性主要是指设备在长期工作情况下的热稳定性和数据转发能力。

设备的热稳定性一般由品牌来保证，因为它关系到其中所用的元器件。在网络系统中，与稳定性有关的设备主要有网卡、交换机、路由器和防火墙等，在使用时最好把这些设备安装在通风条件比较好的机房中，能够经常感知到这些设备的温度情况；特别是核心层和骨干层交换机和边界路由器，这些设备的数据流量比较大，长时间处于高负荷状态，容易导致温度上升。

在选择设备时一定选择其吞吐能力适合其网络规模、网络应用水平和发展水平的设备。如网卡的吞吐能力是受网卡芯片型号、接口带宽和接口类型等因素共同决定的；交换机的吞吐能力是由交换机芯片型号、相应接口带宽、背板带宽和接口类型等因素共同决定的；路由器吞吐能力主要受路由器处理器型号、接口带宽、路由表大小、支持的路由协议和接口等因素共同决定的。

2. 应用系统的可用性

软件的可用性测试和评估是一个过程，这个过程在产品的初样阶段就开始了。因为一个软件设计的过程，是反复征求用户意见、进行可用性测试和评估的过程。设计阶段反复征求意见的过程是后续进行可用性测试的基础，但不能取代真正的可用性测试；没有设计阶段反复征求意见的过程，仅靠用户最后对产品的一两次评估，也不能全面反映出软件的可用性。

应用系统的可用性测试需要在用户的实际工作任务和操作环境下进行，可用性测试必须是在用户进行实际操作后，根据其完成任务的情况，进行客观的分析和评估。

最具有权威性的可用性测试和评估不应该由专业技术人员完成，而应该由产品的用户完成。因为无论这些专业技术人员的水平有多高，无论他们使用的方法和技术有多先进，最后起决定作用的还是用户对产品的满意程度。因此，对软件可用性的测试和评估，主要由用户来完成。

2.2.3 并发用户数

1. 并发用户数及测试

并发用户数是整个用户性能需求的重要方面，通常是针对具体的服务器和应用系统，如域控制器、Web 服务器、FTP 服务器、E-mail 服务器、数据库系统、MIS 管理系统、ERP 系统等。并发用户数的支持量多少，决定了相应系统的可用性和可扩展性。所支持的并发用户数多少是通过一些专门的工具软件进行测试的，测试过程模拟大量用户同时向某系统发出访问请求，并进行一些具体操作，以此来为相应系统加压。不同的应用系统所用的测试工具不一样。

并发性能测试的过程是一个负载测试和压力测试的过程，即逐渐增加负载，直到系统瓶颈或者不能接收的性能点，通过综合分析交易执行指标和资源监控指标来确定系统并发性能的过程。负载测试（Load Testing）确定在各种工作负载下系统的性能，是一个分析软件应用程序和支撑架构，模拟真实环境的使用，从而来确定系统能够接收的性能的过程，其目的是测试当负载逐渐增加时，系统组成部分的相应输出项，如通过量、响应时间、CPU 负载和内存使用等测试系统的性能。压力测试（Stress Testing）是通过确定一个系统的瓶颈或者不能接收的性能点，来获得系统能提供的最大服务级别的测试。

2. 并发性能测试的目的

并发性能测试的目的主要体现在 3 个方面。

（1）以真实的业务为依据，选择有代表性的、关键的业务操作设计测试案例，以评价系统的当前性能。

（2）当扩展应用程序的功能或者部署新的应用程序时，负载测试会帮助确定系统是否还能够处理期望的用户负载，以预测系统的未来性能。

（3）通过模拟成百上千个用户，重复执行和运行测试，可以确认性能瓶颈，并优化和调整应用，其目的在于寻找到瓶颈问题。

2.2.4 吞吐性能

1. 吞吐性能的基本概念

网络中的数据是由一个个数据包组成的，交换机、路由器和防火墙等设备对每个数据包的处理要耗费资源。吞吐量理论上是指在没有帧丢失的情况下，设备能够接受的最大速率。其测试方法是在测试中以一定速率发送一定数量的帧，并计算待测设备传输的帧，如果发送的帧与接收的帧数量相等，那么就将发送速率提高并重新测试；如果接收帧少于发送帧，则降低发送速率重新测试，直至得出最终结果。吞吐量测试结果以 bit/s 或 byte/s 为单位表示。

2. 吞吐性能的影响

通过网络吞吐量测试，用户可以在一定程度上评估网络设备之间的实际传输速率以及交换机、路由器等设备的转发能力。当然，网络的实际传输速率同网络设备的性能、链路的质量、终端设备的数量、网络应用系统等因素都有关系。这种测试也适用于广域网点到点之间的传输性能测试。吞吐量和报文转发率是评价路由器和防火墙等设备应用的主要指标，一般采用全双工传输包（Full Duplex Throughput，FDT）来衡量，FDT 是指 64 字节数据包的全双工吞吐量，该指标既包括吞吐量指标，也涵盖报文转发率指标。

随着 Internet 的日益普及，内部局域网用户访问 Internet 的需求在不断增加，一些企业也需要对外提供诸如 WWW 页面浏览、FTP 文件传输和 DNS 域名解析等服务，这些因素会导致网络流量的急剧增加。而路由器和防火墙作为内、外网之间的唯一数据通道，如果吞吐量太小，就会成为网络瓶颈，给整个网络的传输效率带来负面影响。因此，考量路由器和防火墙的吞吐能力，有助于更好地评价其性能表现。这也是测量路由器和防火墙性能的重要指标。

吞吐量的大小主要由路由器、防火墙及程序算法的效率决定，尤其是程序算法不合理会使路由器和防火墙系统进行大量运算，通信性能大打折扣。大多数标称 100Mbit/s 的路由器、防火墙，由于其算法依靠软件实现，通信量远远没有达到 100Mbit/s，实际可能只有 10Mbit/s～20Mbit/s。纯硬件路由器和防火墙，由于采用硬件进行运算，因此吞吐量可以达到 90Mbit/s～95Mbit/s，称得上是真正的 100Mbit/s 的路由器和防火墙。

对于中小型企业来讲，选择吞吐量为 100Mbit/s 级的路由器和防火墙就能满足需要，而对于电信、金融和保险等行业公司和大企业就需要采用吞吐量吉比特级的路由器和防火墙产品。

2.2.5 可扩展性

网络系统的可扩展性需求决定了新设计的网络系统适应用户企业未来发展的能力，决定了网络系统对用户投资的保护能力。一个如果花费了几十万元构建的网络系统，在使用不到一年的时间，因为用户量的小幅增加或者增加了一些应用功能模块就无法适应，需要重新淘汰一部分原有设备或者应用系统，甚至需要全面改变原有网络系统的拓扑结构，其损失是一般用户都无法承受的，也是不允许的。

网络系统的可扩展性能需要达到的程度并不是凭空设想的，而是根据具体用户网络规模的发展速度、用户企业的发展情况、对未来发展的预计估算和关键应用的特点等来确定。网络系统的可扩展性需求分析主要是指为适应网络用户的增加、网络性能需求的提高、网络应用功能的增加或改变等方面而进行的需求分析。

网络系统的可扩展性最终体现在网络拓扑结构、网络设备、硬件服务器的选型以及网络应用系统的配置等方面。

1. 网络拓扑结构的扩展性需求分析

在网络拓扑结构方面，所选择的拓扑结构要方便扩展，要能满足用户网络规模发展需求（具体网络拓扑结构选择方法将在本书第 3 章介绍）。在网络拓扑结构中，网络扩展需求全面体现在网络拓扑结构的核心层（或称骨干层）、汇聚层和边缘层（或接入层）三层上。

一般的网络规模扩展主要是关键节点和终端节点的增加，如服务器、各层交换机和终端用户的增加。这就要求在拓扑结构中的核心层交换机上要留有一定量的冗余高速端口（具体量的确定可根据相应用户的发展速度而定），以备新增的服务器、汇聚层交换机等关键节点的连接。通常增加的少数关键节点，可直接在原结构中的核心交换机冗余的端口上连接；如果需要增加的关键节点比较多，则可以通过增加核心层交换机或者汇聚层交换机集中连接。在汇聚层也应留有一定量的高速端口，以备新增加的边缘层交换机或终端用户的连接。增加的少数终端用户，也可以直接使用边缘层交换机上冗余端口连接，如果增加的终端用户比较多，则可使用汇聚层的高速冗余端口新增一个边缘交换机，集中连接这些新增的终端用户。

2．交换机的扩展性需求分析

交换机端口的冗余，可通过实际冗余和模块化扩展两种方式来实现。实际冗余是对于固定端口配置的交换机而言，而模块化结构交换机端口的可扩展能力要远远好于固定端口配置的交换机，但价格也贵许多。具体原结构中各层所应保留冗余的端口数量，要视具体的网络规模和发展情况而定。

可扩展性需求在网络设备选型方面的要求主要体现在端口类型和速率配置上，特别是核心层和汇聚层交换机。如果原来网络比较小，但企业网络规模发展比较快，此时在选择核心层、汇聚层交换机时，要注意评估是否需要选择支持光纤的吉比特交换机。尽管目前可能用不上，但在较短的几年后就可能用到高性能的光纤连接，如与服务器、数据存储系统等的连接。当然双绞线吉比特位的支持是必不可少的，而且还要评估需要多少个这样的端口，要冗余多少个双绞线和光纤端口。如果在网络系统设计时没有充分地考虑这些因素，则当用户规模或者应用需求提高，需要使用光纤设备时，则原来所选择的核心层和汇聚层交换机都不适用，需要重新购买，导致极大地浪费了用户的投资。

3．WLAN 网络的扩展性需求分析

与交换机类似的设备是 WLAN 网络中的无线接入点（AP），它同样具有连接性能问题。目前，WLAN 设备的连接性能还较低，设备所支持的 WLAN 标准，决定了设备的用户支持数。如 IEEE 802.11g 接入点设备，通常只支持 20 个用户同时连接，即使可以连接更多的用户，也没有太大意义，因为这样用户分得的带宽就会大大下降，不能满足用户的应用。在 WLAN 网络的可扩展性方面，要注意的是频道的分配，因为总的可用频道有限（15 个），而在同一覆盖范围中可用的上涨幅度频道就更少（只有 3 个），所以在网络系统设计之初，应尽可能预留一些频道给将来扩展使用，不要全部占用。

4．服务器系统的扩展性需求分析

网络设备的可扩展性需求的另一个重要方面就是硬件服务器的组件配置。国内外几大主要服务器厂商，如 IBM、HP、联想、浪潮和曙光等都有类似的"按需扩展"理念，为客户提供灵活的扩展方案。一般的服务器价格非常贵，如果因为扩展性不好，服务器设备在短时间内遭到淘汰，则是一种极大的投资浪费。

服务器的可扩展性主要体现在支持的 CPU 数、内存容量、磁盘架数、I/O 接口数和服务器是否有群集能力等几个方面。

（1）部门级以下的服务器，通常都是采用对称多处理器（Symmetrical Multi-Processing，SMP）来支持处理器扩展。目前最高的 SMP 处理器数为 8 个，超过 8 个的通常是采取大规模

并行处理器（Massively Parallel Processor，MMP）和非一致内存访问（Non-Uniform Memory Access，NUMA）处理器并行扩展技术来实现的。小型企业应选择支持至少 2 路或者以上的 SMP 对称系统，中型企业则应选择至少 4 路或以上的对称系统，而大型企业应选择 8 路或以上的 NUMA 系统。

（2）内存容量通常要根据服务器中每个内存插槽可以支持的内存容量，以及内存插槽数确定。一般每个内存插槽所支持的内存容量为 1GB，所配置的内存插槽数一般最少为 4 条，最好有 8 条或以上以备扩展。所支持最大内存容量也要视不同的网络规模和应用而定，小型普通企业服务器系统应支持至少 4GB 内存，中型普通企业服务器系统应支持至少 8GB 内存，而大型普通企业服务器系统应至少支持 12GB 以上的内存容量，对于应用较复杂的企业，其服务器所支持的最大内存容量需在相应级别上进行适当的增加。

（3）磁盘扩展性通常取决于所提供的磁盘架，即磁盘接口数。磁盘架在一定程度上决定了相应服务器系统所能提供的最大磁盘容量。通常小型企业应选择至少能支持 5 个磁盘架的服务器系统，中型企业则应选择 8 个以上的磁盘架服务器系统，而大型企业则需要选择具有 12 个以上的磁盘架服务器系统。

（4）I/O 接口的扩展性是指 PCI、PCI-X、PCI-E 等扩展插槽数。这方面的需求一般不会因企业网络规模改变而有大的改变，因为这些扩展插槽主要应用于如网卡、磁盘阵列卡或者 SCSI 控制卡、内置 Modem 等设备。通常应预留有两个以上的冗余 I/O 插槽，扩展插槽类型视服务器系统所采用的 I/O 设备接口类型而定。

以上服务器组件的扩展，在需求较低的情况下可以完全通过在原系统中冗余来保证，但是如果扩展性需求较高，原有系统就很难保证了。服务器的机箱空间有限，外接太多扩展设备后，机箱的温度会显著上升，给服务器系统带来不稳定性。

如 IBM 这样的顶级服务器厂商提供了远程 I/O 连接的方案，把需要扩展的 I/O 设备安装在服务器机箱外面，称之为"Remote I/O"，通过一条电缆与服务器主板连接即可。这样一方面扩展性大大增强，另一方面也不会因增加的 I/O 设备给服务器机箱系统带来温度上升，造成系统的不稳定性。

5. 广域网系统的可扩展性需求分析

在广域网中同样存在可扩展性方面的需求，如 WAN 连接线路、WAN 连接方式以及支持的用户数和业务类型等。一方面体现在如路由器之类的网络边界设备的 WAN 端口数和所支持的 WAN 网络接口类型上；另一方面体现在所选择的广域网连接方式所能提供的网络带宽是否可以满足用户数的不断增加，是否支持当前和未来可能需要的业务类型，如分组交换网、帧中继、DDN 专线等。DDN 专线的速率通常是在 2Mbit/s 以内，只适用于小型用户的普通电话类业务，不适用于大中型企业用户、实时的多媒体业务和大容量的数据传输。而 ATM 的传输速率可达 622Mbit/s，全面支持几乎所有接入网类型和业务，但成本较高，并且对以太网业务的支持不是很好。

6. 应用系统的可扩展性需求分析

网络应用系统功能配置，一方面要全面满足当前及可预见的和未来一段时间内的应用需求；另一方面要能方便地进行功能扩展，可灵活地增减功能模块。

2.3　网络流量分析

网络上流量的特点或多或少地会在设计的网络上体现，所以网络设计方案应该考虑适应这些流量特点。对网络流量进行分析可以帮助用户选择合适的逻辑和物理网络设计方案。

对网络的数据流量分析，首先要分析现有网络的主要的流量源和存储，并记录两者之间的通信流量。然后对每个应用程序的流量进行归类，再估算每个应用及路由协议的带宽需求。此外还要对每一项应用的服务质量进行归类。

2.3.1　数据流特征分析

数据流特征包括识别网络流量的源和目的地，分析源和目的地之间数据传输的方向性和对称性。具体包含以下几个方面。

1. 分析网络应用的用户群和数据存储

用户群即使用某个特定应用和应用集的用户集合。用户群可以是公司或单位的一个或多个部门。由于很多情况下，应用程序是跨部门使用的，所以通过应用和协议的使用来描述特定的用户群比按部门划分更有效。可以通过表 2-1 进行描述与记录。

表 2-1　　　　　　　　　　　　　　　　**用户群描述表**

用户群名字	群大小	群位置	群应用
图书馆 PC 用户	60	图书馆地下室	腾讯 QQ、Web、视频服务、校园 OA、图书馆藏书目录
国际商学院 PC 用户	90	国际商学院大楼	腾讯 QQ、Web、教务系统、校园 OA、图书馆藏书目录
管理部门 PC 用户	80	管理部门大楼	腾讯 QQ、Web、教务系统、校园 OA、视频服务、图书馆藏书目录
外部用户	数千	Internet	站点浏览

另一个重要的数据流特征是数据存储，数据存储是应用层数据驻留在网络中的区域。数据存储可以是一台大型主机、一台服务器或服务器群、一个 SAN（存储区域网络）、一台数据视频库或任何存储了大量数据的网络互连设备。可以通过表 2-2 进行描述与记录。

表 2-2　　　　　　　　　　　　　　　　**数据存储描述表**

数据存储名称	位置	应用	使用的用户群
图书馆藏书目录 Windows 服务器	图书馆网络中心服务器集群	图书馆藏书目录	所有用户
文件打印服务器	计算中心服务器集群	文件与作业	计算中心和管理部门 PC 用户
视频服务器	图书馆网络中心服务器集群	视频服务	管理部门
人事管理服务器	计算中心服务器集群	人事管理系统	管理部门
教务管理服务器	计算中心服务器集群	教务系统	所有用户

2. 现有网络的通信流量分析

网络通信流量即在一个会话中两个通信实体之间传输的协议和应用的信息量。一个通信流具有以下几个属性：方向、对称性、路由选择、数据包数量、字节数量、通信流两端地址等。通信实体可以是一台 PC、一个网络或自治系统。

记录网络通信流量最简单的方法是测量通信实体之间的每秒传输数据的字节数，可以使用协议分析器或网络管理系统记录下重要的源与目的之间的负载。

要测试数据流量的大小可以使用华为的网络测试工具 IPOP 或 Cisco 的工具 Cisco FlowCollector。为了得到全面的网络流量数据，应该将检查设备放置到网络核心层，然后让其收集几天的网络流量数据。

使用表 2-3 记录通信流的方向和负载信息。记录每对自治系统、网络、主机和应用程序之间的每秒字节数。

表 2-3   **现有网络的通信流量**

	目的地 1		目的地 2		目的地 3		目的地 4	
	MB/s	路径	MB/s	路径	MB/s	路径	MB/s	路径
源 1								
源 2								

3. 网络流量类型分类

可以通过网络流量的方向性和对称性来划分网络流量类型，常见的通信流量类型可以划分为如下几类：

（1）终端/主机通信流量。终端/主机之间的流量通常是不对称的。其中终端发送少量字符，而主机则发送多一些字符，如 Telnet 应用。

（2）客户端/服务器通信流量。客户端/服务器是应用最为广泛的流量类型。服务器指那些专门用户管理磁盘存储、高能计算、打印或其他网络资源的性能强大的计算机。客户端则是运行着用户应用程序的 PC 或工作站。客户端依赖于服务器才能访问如存储、应用软件、外围设备和处理器等资源。

客户端向服务器发送查询和请求，服务器返回相应数据。流量通常是双向非对称的，从客户端发来的请求信息一般都是典型的小帧，向服务器写数据时除外。从服务器发来的相应信息包长通常为 64～1500 字节。

客户端/服务器通信常用协议有 SMB、NFS、HTTP 与 FTP 等。典型的应用是 Windows 系统的远程桌面服务。

其中 HTTP 是使用最广泛的客户端/服务器通信协议，客户端使用 Web 浏览器与 Web 服务器进行通信，流量是双向非对称的。

（3）对等通信流量。在对等网通信中，流量通常是双向且对称的。通信双方传送几乎相等的信息，没有层次之分。典型应用是在小型的局域网环境中，通常以对等的方式配置 PC 机，以便互相共享数据和打印机，而没有专门的服务器。

另一个典型的对等通信是当前比较流行的下载音乐、视频和软件等网络应用程序，每个用户都能发布自己的数字资源，并且让其他的 Internet 用户下载。不过这种应用能引起流量总体上的紊乱及资料的版权问题，所以在很多企业和学校禁用了这种服务。

（4）服务器/服务器通信流量。服务器/服务器通信包括服务器之间的传输和服务器与管理程序之间的传输。服务器通过与其他服务器通信来实施目录服务、镜像数据用于负载分担和冗余、备份数据和高速缓存常用数据等。

在服务器/服务器通信情况下，流量通常是双向的。流量的对称性取决于应用，但通常情况下是对称的。但有些情况，例如服务器之间采用层次化结构，其中一些服务器发送和存储的数据比其他服务器要多些。

（5）分布式计算通信流量。分布式计算是把一个需要非常巨大的计算能力才能解决的问题分成许多小的部分，然后把这些部分分配给许多计算机进行处理，最后把这些计算结果综合起来得到最终的结果。在分布式计算中，数据在任务管理器和计算节点之间以及计算节点和计算节点之间传播。

分布式计算应用的流量特征一般需要使用协议分析器来研究或使用网络仿真器来模拟潜在的通信流量。分布式计算可以实现工程和军事仿真，我们熟悉的电影特效通常是在分布式计算环境下完成的。

（6）IP 语音网络的通信流量。当考虑 VoIP 网络流量问题时，要清楚这种应用有两种数据流：传递音频相关的流量和用于建立和拆除呼叫相关的流量是分开的。一方面，在两部电话机或安装有通话软件的 PC 之间，传递音频流量基本上是对等的；另一方面，呼叫的建立和拆除可被描述为一个客户端/服务器流。

音频数据包被封装在 RTP、UDP、IP 及数据链路层包头中，此音频数据包或许在互联网上使用和控制数据包不同的路径进行交换。若考虑带宽和 QoS 要求时，音频数据包流和呼叫控制流是有区别的，要用不同的方法分析。

4．新网络应用通信流量分析

为了估算新网络的通信流量，需要针对每一种应用划分流量类型。流量类型通常按上述网络流量类型进行划分。在描述网络应用通信流量时还要列出与应用相关的用户群和数据存储。然后通过表 2-4 进行描述。

表 2-4 　　　　　　　　　　　新网络的通信流量分析表

应 用 名 称	流 量 类 型	应用程序使用的协议	使用应用程序的用户群	数 据 存 储	应用程序大致带宽要求	QoS 要求

2.3.2 　估算网络流量负载

估计网络流量负载的目标就是避免存在关键瓶颈的设计。流量负载是指在某个特定时间某网络节点准备发送的所有数据之和。对大多数网络设计来说常规目标是网络容量应足够以应对流量负载。

1. 估算应用的通信负载

要精确估算应用带宽需求，就需要研究应用程序发送的数据对象的长度、应用程序初始化引起的额外负载和协议层引起的开销。一些常见应用程序的数据对象的长度与常用协议的额外开销分别参考表 2-5 与表 2-6。

表 2-5　　　　　　　　　　　　　　　应用程序对象的近似长度

对 象 类 型	长度（kbit/s）
终端屏幕	4
电子邮件信息	10
腾讯 QQ	20
Web 网页（只考虑包括 GIF 和 JPEG 图像）	50
电子表格	100
文字处理文档	200
图形计算机屏幕	500
演示文档	2 000
高分辨率图像（打印质量）	50 000
多媒体对象	100 000
数据库备份	1 000 000

表 2-6　　　　　　　　　　　　　　　不同协议的流量开销

协　　议	开　销　细　节	字 节 总 数
以太网版本 2	前导=8，报头=14，CRC=4，帧间隔（IFG）=12	38
IEEE 802.3 和 IEEE 802.2	前导=8，报头=14，LLC=3 或 4，SNAP（若出现）=5，CRC=4，帧间隔=12	46
HDLC	标记=2，地址=2，控制=1 或 2，CRC=4	10
IP	没有选项的头部尺寸	20
TCP	没有选项的头部尺寸	20
UDP	头部尺寸	8

再根据表 2-1 中已经统计过的用户群信息及用户经常使用的应用程序，可以计算出没有应用的用户总数。并且还要记录每一种应用的会话频度和该应用的并发用户数量（可以近似的认为并发用户数量=某应用程序的用户数量）。

但应用程序和用户在行为上变化较大，因而实际上精确估计用户之间传输的及用户与服务器之间传输的数据对象长度很困难。只能尽量使估算结果接近实际值。

2. 估算主干网上的通信负载

估算出各应用的通信负载后，再根据网络拓扑结构就可以估算出主干网络的通信负载。图 2-1 所示为某校园网络拓扑部分示意图。在校园网实际运行中，要有大量的数据流经过主干网。如果已知各种应用的总访问量及流量在各个子网中的分别情况，就能估算出这些数据并得知经过主干网部分的流量。根据表2-1可以得出各应用流量分别情况参考表2-7。在本例中，校园OA、教务管理系统均可并入Web浏览应用中。

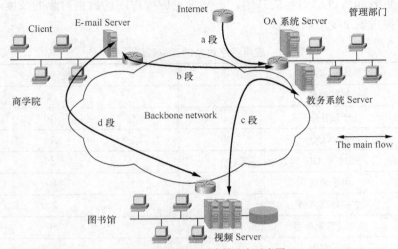

图2-1　校园主干网流量分布示意图

表 2-7　　　　　　　　　　　　　　　应用流量情况分布表

应　　用	各应用在每子网并发用户数			会　话　频　度
	商学院	管理部门	图书馆	
腾讯 QQ	90	80	60	1/s
Web 浏览	90	80	60	10 网页/min
视频服务	0	80	60	3/h

根据表2-5、表2-7可以估算出校园主干网中的a、b、c、d段的主干流量。

b 段流量=商学院 QQ 流量+Web 流量

$\quad\quad$ =20×1×90+50×10÷60×90

$\quad\quad$ =2550（kbit/s）

c 段流量=图书馆 QQ 流量+图书馆 Web 流量+管理部门 Web 流量+管理部门视频流量

$\quad\quad$ =20×1×60+50×10÷60×60+50×10÷60×80+100000×3÷60×80

$\quad\quad$ =402367（kbit/s）

d 段流量=Web 流量（商学院访问图书馆的图书目录服务）

$\quad\quad$ =50×10÷60×90

$\quad\quad$ =750（kbit/s）

a 段流量=b 段流量+c 段流量（不包括视频流量）+管理部门 QQ 流量

$\quad\quad$ =2550+2367+1600

$\quad\quad$ =6517（kbit/s）

本例中不包括工作站初始化在网络上引起的负载，但是这个问题仍然值得关注。此外设计者还要对路由协议引起的流量负载进行估算。运行 RIP 协议的路由器要占用较大的网络带宽，而运行 OSPF 和 EIGRP 协议则占用的带宽就少很多。

分析网络流量不仅要掌握粗略估算还要能精确测量，最终得出的结论是对网络流量现状的大概估计，只能为未来网络设计提供一个参考值。

另一种避免瓶颈的方法是仅在遇到问题时再投入大量的带宽。原则上这种方法并不是很科学，但现在的网络带宽已经很便宜，特别在局域网中更便宜。

2.3.3　流量行为特征分析

为了选择合适的网络设计方案，除了解数据通信流量类型和流量负载外，还需要理解网络协议和应用的行为。例如，为了选择合适的局域网拓扑结构，需要调查局域网上广播流量的级别。要为局域网和广域网提供足够的容量，需要检查由于协议低效、非优化帧大小或重发定时器引起的额外带宽资源占用。

1. 广播/组播行为

通常情况下，路由选择和交换协议会使用广播和组播来共享网络拓扑结构信息；服务器会发送广播和组播来通告它们的服务；客户端需要通过广播和组播帧发现服务并检查地址和名称的唯一性。因此网络中的广播与组播流量是必不可少的。

第二层网络互连设备将向所有端口转发广播和组播帧，而这种转发可能会给网络带来可扩展性问题。路由器不转发广播或组播帧，即可以通过路由器或三层交换设备隔离广播域。除了在网络中设置路由器以减少广播转发外，还可以通过配置 VLAN 来限制广播域的大小。

在网络中，如果超过 20% 的网络流量是广播或组播，那么就需要通过路由器或 VLAN 将网络进行分段。

2. 网络效率

确定网络流量行为特征需要了解新网络应用的效率。效率是指应用和协议是否高效的使用网络带宽。

效率受网络应用的帧大小影响，在批量数据应用模式下使用介质所支持的最大帧有利于提高网络性能。特别对于文件传输应用，应该尽可能采用最大传输单元（MTU）的帧长。基于客户将要在新网络设计中使用的协议栈种类，可以为某些应用配置 MTU。

此外，效率还受应用软件所使用的协议的交互作用、窗口和流量控制及错误恢复机制等影响。

3. 差错恢复机制

不科学的差错控制机制设计会浪费带宽资源。例如，如果协议因为没有等待足够长的时间接收确认就快速重传数据，由于带宽被占用，就可能引起网络其余部分的性能下降。多层确认机制也会浪费带宽资源。

使用协议分析器，可以确定客户的协议是否有效地实现了差错恢复。

2.3.4　QoS 需求特征分析

QoS（服务质量）是指网络通信过程中，允许用户业务在丢包率、延迟、抖动和带宽等方面获得可预期的服务水平。

网络设计也受 QoS 需求特征分析的影响。对应用的 QoS（服务质量）需求特征进行分类不仅要知道应用的负载，还有知道该需求是否可变。有些应用在带宽不足时仍能继续工作。而像语音和视频等应用，如果应用得不到一定数量的带宽，则无法使用。另外，如果在网络中有可变和不可变混合型应用程序，则需要判断是否可以从可变应用中借用带宽，以保证不可变应用继续工作。在 IP 网络中，QoS 有如下两种模型。

1．IntServ 模型（综合服务模型）

业务通过信令协议向网络申请特定的 QoS 服务，网络在流量参数描述的范围内，预留资源以承诺满足该请求，为应用提供可控制的、端到端的服务。RSVP 是主要使用的信令协议。IntServ 定义了如下两类服务。

（1）有保证的服务。有保证的服务可保证一个分组在通过路由器时的排队时延有一个严格的上限。

（2）受控负载的服务。受控负载的服务使应用程序得到比"尽最大努力"更加可靠的服务。适用于如实时应用这一类对超载非常敏感的应用。

2．DiffServ 模型（区分服务模型）

当网络出现拥塞时，根据业务的不同服务等级约定，有差别地进行流量控制和转发来解决拥塞问题。DiffServ 是 IETF 工作组为了克服 InterServ 的可扩展性差在 1998 年提出的另一个服务模型，目的是制定一个可扩展性相对较强的方法来保证 IP 的服务质量。

与 IntServ 不同，DiffServ 是基于类的 QoS 技术，它不需要信令。在网络入口处，网络设备检查数据包内容，并为数据包进行分类和标记，所有后续的 QoS 策略都依据数据包中的标记做出。

DiffServ 无需保存流状态和信令信息，可扩展性好，但由于缺少端到端的带宽预留，在拥挤的链路上服务保证可能会被削弱。

如果需要更稳定的低延迟、低丢包率，还需要被语音专家称为高等级的服务（GoS）。一个网络必须具备高可用性以支持高 GoS。要达到高 GoS，在网络设计中应该使用可靠的设备，使用动态路由技术、交换网中的生成树协议（STP）、虚拟冗余路由协议（VRRP）等，在网络中构建冗余和故障切换。

2.4 服务管理需求分析

企业的发展不仅需要稳定和持续发展的业务支撑，还需要交付出色的服务水平，加强服务的可视性、可控性，自动化也越来越成为众多知名企业追求的目标。企业将提供什么样的服务管理，也是网络工程设计需求分析阶段应该考虑的问题。

2.4.1 网络管理需求分析

在比较大型的网络系统中，配置一个专业的网络管理系统是非常必要的。否则，一方面网络管理效率非常低；另一方面，有些网络故障可能仅凭管理员经验难以发现，最终可能会因一些未能及时发现和排除的故障，给企业带来巨大的损失。

要正确选择网络管理系统，既要考虑用户的投资可能，又要对各种主流管理系统有一个较全面的了解。本书第 6 章将对网络管理与网络安全进行详细介绍。

2.4.2　服务器管理需求分析

服务器管理系统通常是针对具体的应用服务器开发的，用于对具体应用服务器功能进行全面的管理。如网强服务器管理系统是由网强信息技术有限公司（上海）自主研发的一套针对服务器的管理系统，它的主要功能模块由下面几部分组成。

（1）服务器基本信息管理，包括安装程序、CPU、内存、进程和磁盘分区信息管理。

（2）各种服务的管理，包括 HTTP、FTP、SMTP、POP3、DNS 服务管理。

（3）数据库的管理，包括 Oracle 性能和表空间等管理。

（4）性能分析，包括实时、当日和统计性能分析。

（5）告警，包括对话框告警、声音告警、应用程序告警、手机短信告警（需要添加手机模块）和邮件告警等。

1．扩展服务器管理系统

当业务规模较小，网络上只有一两台服务器时，管理工作相对来说比较简单。但对于中型以上的网络系统，可能会有许多不同类型的服务器，如有多个域控制器、多个 DNS、DHCP、WINS 服务器，还可能有各种应用服务器，如 Web 服务器、FTP 服务器、邮件服务器和数据服务器等。如果仅凭手工操作或者管理经验来管理这么多服务器，就显得力不从心，甚至无法有效管理了。这时就得依靠一些专业的服务器管理系统来自动或手工管理，提高管理效率和水平。如使用微软公司的系统管理服务器（SMS）、惠普公司的 Openview、IBM 公司的 Tivoli、CA 公司的 Unicenter 以及 Dell 公司的 OpenManage 服务器管理系统，都可以降低管理不同服务器的难度。这些软件产品都可以对整个网络的服务器进行集中监控和管理，而且这些管理系统通常是购买服务器时附带提供的，不需单独购买。

2．服务器的远程管理

随着网内服务器数量的增加，服务器的分布范围也日益分散，不再局限在一个房间里。管理员不可能在一个房间里完成对所有服务器的管理和维护工作，而需要进行远程管理。

Windows 2000 Server 和 Windows Server 2003、Windows Server 2012 内置的终端服务，可对服务器进行完全的远程控制，服务器管理员可以通过 Internet 或者局域网，接入服务器桌面进行管理。在 Windows 2000 Server 中，这一服务被称为 Windows 终端服务的远程管理模式，从 Windows Server 2003、Windows Server 2012 开始则称为远程桌面。

一些第三方远程管理软件也可供选择。Radmin 是一种专供使用模拟调制解调器的低带宽 Windows 使用的远程控制程序。Tight VNC 是可以在 Windows 和 UNIX 上使用的免费软件。

2.4.3　数据备份和容灾需求分析

无论企业网络规模多大，都应有一个完善适用的数据备份和容灾方案。现在的网络安全形势非常严峻，网络安全威胁时刻存在。但是，对于国内许多企业管理者和网络管理员来说，对数据备份和容灾的认识还存在很大差距。

1. 数据备份的意义

从国际上来看，发达国家都非常重视数据存储备份技术，并能充分利用，服务器与磁带机的连接已经达到 60%以上。而在国内，据专业机构调查显示，只有不到 15%的服务器连有备份设备，这就意味着 85%以上的服务器中的数据面临着随时有可能遭到全部破坏的危险。而这 15%中绝大部分是属于金融、电信、证券等大型企业领域或事业单位。

这种巨大的差距体现了国内与国外经济实力和观念上的巨大差距。一方面，国内的企业通常比较小，信息化程度比较低，因此对网络的依赖程度也很小，另一方面，国内的企业大多数是属于刚刚起步的中小型企业，它们还没有像国外一些著名企业那样有着丰富的经历，更少有国外公司那样因数据丢失或毁坏而遭受重大损失的切身体验。随着国家网络大环境发展，中小型企业许多的业务工作必将通过网络来完成，许多企业信息也必将以数据的形式保存在服务器或计算机中，它们对计算机和网络的依赖程度将会一天天地加重。

由此可见，无论是国内的大型企业还是中小型企业，都必须从现在开始重视数据备份这一在以前一直被认为"无用"的工作。否则一旦出现重大损失，再来补救将为时已晚。

根据 3M 公司的调查显示，对于市场营销部门来说，恢复数据至少需要 19 天，耗资 17 000 美元；对于财务部门来说，恢复数据过程至少需要 21 天，耗资 19 000 美元；对于工程部门来说，恢复数据过程将延至 42 天，耗资达 98 000 美元，而且在恢复过程中，整个部门实际上是处于瘫痪状态。而在今天，长达 42 天的瘫痪足以导致任何一家公司破产，唯一可以将损失降至最低的行之有效的办法莫过于数据的存储备份，它在一定程度上决定了一个企业的生死。

2. 数据破坏的主要原因

数据备份可以解决数据被破坏的问题。由于造成数据被破坏的因素很多，必须有针对性地进行预防，尽可能在主观上避免这些不利因素的发生，做好数据的保护工作。

造成网络数据被破坏的原因主要有以下几个方面。

（1）自然灾害。如水灾、火灾、雷击和地震等造成计算机系统的破坏，导致存储数据被破坏或丢失，这属于客观因素。

（2）计算机设备故障。主要包括存储介质的老化、失效等，属于客观原因。但这种因素可以做到提前预防，只要经常进行设备维护，就可以及时发现问题，避免灾难的发生。

（3）系统管理员及维护人员的误操作。这属于主观因素，虽然不可能完全避免，但至少可以尽量减少。

（4）病毒感染造成的数据破坏和网络上的"黑客"攻击。这可以归属于客观因素，但还是可以做好预防，完全有可能避免这类灾难的发生。

3.　有关数据备份的几种错误认识

（1）把备份和复制等同起来。许多人简单地把备份单纯看作是更换磁带、为磁带编号等一个完全程式化的、单调的操作过程。其实不然，因为备份除了复制外，还包括更重要的内容，如备份管理和数据恢复。备份管理包括备份计划的制订自动备份活动程序的编写、备份日志记录的管理等。备份管理是一个全面的概念，它不仅包含制度的制定和磁带的管理，还包含引进备份技术，如备份技术的选择、备份设备的选择、介质的选择乃至软件技术的选择等。

（2）把双机热备份、磁盘阵列备份以及磁盘镜像备份等硬件备份的内容和数据存储备份相提并论。事实上，所有的硬件备份都不能代替数据存储备份，硬件备份只是以一个系统或一个设备作牺牲，来换取另一台系统或设备在短时间内的安全。若发生人为的错误、自然灾害、电源故障和病毒侵袭等，其后果将不堪设想，可能会造成所有系统瘫痪，所有设备无法运行，由此引起的数据丢失也将无法恢复。而数据存储备份能提供万无一失的数据安全保护。

（3）把数据备份与服务器的容错技术混淆起来。数据备份是指从在线状态将数据分离存储到媒体的过程，这与服务器的容错技术有着本质区别。

从目的上讲，这些技术都是消除或减弱意外事件给系统数据带来的影响，但其侧重的方向不同，实现手段和产生的效果也不相同。容错的目的是为保证系统的高可用性。也就是说，当意外发生时，系统所提供的服务和功能不会因此而中断。对数据而言，容错技术是保护服务器系统的在线状态，不会因单点故障而引起停机，保证数据可以随时被访问。备份的目的是将整个系统的数据或状态保存下来，这种方式不仅可以挽回硬件设备损坏带来的损失，也可以挽回系统错误和人为恶意破坏的损失。

一般来说，数据备份技术并不保证系统的实时可用性，即一旦有意外事件发生，备份技术只保证数据可以恢复，但是恢复过程需要一定的时间，在此期间，系统是不可用的，而且系统恢复的程度也不能保证回到系统被破坏前的即时状态，通常会有一定的数据丢失损坏，除非是进行了不间断的在线备份。通常在具有一定规模的系统中，备份技术、服务器容错技术互相不可替代，但又都是不可缺少的，它们共同保证着系统的正常运转和数据的完整。

在 Microsoft 公司的 Windows 网络操作系统中集成了数据备份功能，而且功能比较强大，完全可以满足中小型企业需求，但是对于在数据备份和容灾方面需求较高的企业用户来说，Windows 网络操作系统的"备份"工具，远不能满足企业的需求。因为至少它不能进行网络备份，不支持大型数据备份系统，也不提供远程镜像、快速复制、在线备份等功能，所以这些企业用户需要选择一些专门的第三方数据备份和容灾系统。当然这个选择是要有依据的，因为并不是所有第三方备份系统都适合自己用户的需求。选择第三方备份系统主要考虑的因素是价格、功能模块和售后服务等几个方面。

2.4.4　网络共享和访问控制需求分析

用户共享上网是必然的选择，不可能为每个用户配置一条 Internet 接入线路。目前可以选择共享上网的方式主要包括网关型共享、代理服务器型共享和路由器型共享3种。具体选择哪种共享方式，不仅要视企业现有的资源，还要根据企业对共享上网用户的访问控制要求而定。因为相同的共享上网方式所具有的访问控制能力并不相同。

网关共享方式主要有采用硬件网关和软件网关两种方式。硬件网关共享方式性能好，但价格贵，目前主要是采用软件网关共享方式。

代理服务器型共享方式基本上是软件服务器方式。

路由器共享方式包括硬件路由器共享方式和软件路由器共享方式。软件路由器共享方式配置较复杂，而硬件路由器共享方式中，有一种专门为宽带共享而推出的廉价宽带路由器，性能非常不错，所以在路由器共享方式中，主要以硬件路由器共享方式为主。

几种共享上网方式的网络结构和主要特点各不相同。

1. "网关型"共享方式

网关型共享方式是一种最基本、最简单的共享类型，工作于OSI参考模型的网络层和会话层。

它采用客户机/服务器（C/S）模式，所使用的服务就是网关（Gateway），需要对网关服务器和共享客户端两方面进行单独配置。但总体来说，网关型共享方式的服务器配置非常简单，只需把客户的默认网关设置成网关服务器IP地址即可。

（1）网关型共享概述。网关型共享方式中，通常采用Windows系统自带的Internet连接共享或者网关型代理服务器软件，如Sygate、Winproxy、Wingate等早期版本，其中应用最广的还是通过Internet连接共享或Sygate。在这种共享方案中，基本上是所有的共享用户都具有同等权限，适合家庭和没有任何限制的小型办公室选择使用。现在的硬件网关中，也提供了较多的权限设置功能，但价格非常昂贵，不适宜一般的家庭和小型企业使用。

本章仅以Windows系统中的Internet连接共享软件方式进行介绍。

在网络中选择其中一台性能较高的主机直接连接宽带接入线路（如ADSL），担当网关服务器，然后网关服务器和其他用户主机都通过交换机集中接入，共享这条ADSL线路连入Internet。在这一网络结构中，只需把所有用户主机各自用一块网卡通过直通网线与交换机连接，然后在担当网关服务器的主机上多安装一块网卡（这台主机共安装了两块网卡），用直通网线与宽带线路终端设备连接起来即可。如果采用的是小区光纤以太网宽带接入方式，则直接把小区接入网线插入网关服务器的另一块网卡上。

（2）网关型共享方式的主要特点。

① 网络功能及配置简单。只需把直接连接Internet的一台主机配置成共享网关服务器，然后再把客户端的网关和DNS设置成网关服务器的局域网IP地址即可（也可设置成其他DNS服务器地址）。

② 成本较低。只需要一台较高配置的计算机长期作为共享网关服务器（硬件网关方式不用），长期开启并运行相应软件。为了不影响其他用户的上网速度，最好不要由此计算机执行大负荷任务。

③ 多用户共享。局域网中多用户共享一个接口连入Internet，专业网关型软件还加入了一些基本的访问控制功能，如IP地址限制功能等。

2. 代理服务器型共享上网

代理服务器共享上网是目前一种应用比较广泛的共享上网方式。采用的也是 C/S 工作模式，所用服务是代理（Proxy），它可以进行许多管理性质的用户权限配置，比网关型共享和路由器共享方式都具有明显优势。

（1）代理服务器型共享概述。代理服务器型共享相对网关型共享方式来说，无论从功能还是从网络配置上都要复杂许多。在软件配置上与"网关型"共享方式基本类似，但不需要在客户端配置网关，代理服务器软件可以对各客户端用户进行 Internet 应用权限配置，而不是所有共享用户权限一样。

这种共享上网方式也需要网络中一台计算机作为代理服务器长期开启，也是一种纯软件方案。代理服务器类型的软件很多，典型有 Wingate、CCProxy、Superproxy 和 EyouProxy 等。

（2）代理服务器型共享方式的主要特点。

① 网络功能及配置较复杂。不仅在代理服务器端需要为各种权限进行复杂的配置，在客户端也需要为不同的 Internet 应用软件进行复杂的代理设置。

② 成本较低。只需要一台较高配置的计算机作为共享代理服务器，共享代理服务器端长期开启，但在此计算机上不能执行大负荷的任务，以免影响其他用户上网。

③ 可在服务器端对共享用户进行全面的管理，这是代理服务器型共享方式的最主要特点。代理服务器可以更好地管理网络，对用户进行分级、设置访问权限，对外界或内部的 Internet 地址进行过滤。通过限制端口，如配置各种过滤条件的 WWW、FTP、Telnet、POP3、VPN、Remote Control 等服务，可以使用户无法使用如在线游戏、QQ 等软件。

代理服务器型共享方案主要适用于企事业员工共享上网，可防止员工进入其他网站浏览、QQ 聊天等 Internet 应用而耽误工作。

3. 路由器型共享上网

路由器共享上网方式通常指的是利用宽带路由器共享上网。宽带路由器包括有线宽带路由器和无线宽带路由器两种，两种路由器的共享上网原理相同，但在具体的配置过程中有些不同。

（1）路由器共享上网概述。路由器共享方式与前面介绍的两种共享方式完全不同。它不需网络中的一台计算机作为服务器长期开启，而是各用户需要时直接上网，担当服务器角色的不再是某台计算机，而是宽带路由器。这种共享方式对用户而言，无论采用的是专线方式还是虚拟拨号方式，都可以通过浏览器对路由器进行配置，由路由器来为网络计算机提供拨号或者直接 Internet 连接服务。宽带路由器一般还带多个交换端口，提供 DHCP 服务、网络防火墙、VPN 通信，有的还具备打印服务器等功能。

在网络拓扑结构上，路由器方案有一些特殊之处。一般宽带路由器都带有 4 个左右的交换端口，此类路由器除了提供路由功能外，还具备交换机的集线器功能。若共享用户数在端口数范围内，则无需另外购买交换机，可大大节省用户的网络投资。

（2）路由器共享上网方式的主要特点。

① 无须专门提供一台计算机用来拨号上网。无论用户采用的是专线方式还是虚拟拨号方式，都可以通过浏览器对路由器进行配置，由路由器来为网络计算机提供拨号或者直接 Internet 连接服务，无需用户拨号，非常方便。

② 价格便宜，性能稳定。相比使用一台计算机作为网关或者代理服务器的以上两种方式来说，在投资和维护成本上都要实惠许多。

③ 配置简单。凭借路由器提供的配置向导即可完成。在客户端基本上不用任何额外配置。

4. 共享方式的选择

从以上各种共享方式的特点可以看出，代理服务器的访问控制能力最强，但配置最复杂；网关型（特指软网关）共享的性能最低，但访问控制能力居中，路由器共享性能最好，共享也最方便，但访问控制能力最差。鉴于这些区别，在选择共享方式时通常遵循以下的原则。

（1）小型企业，无需设置访问控制，建议选择网关型共享。但不要选择 Internet 连接共享，而要选择如 Sygate 之类专门的网关软件。当然选择宽带路由器共享也很好，此时宽带路由器为 SOHO 级即可。

（2）中型企业，无需设置详细的访问控制，建议选择网关宽带路由器共享方式。通常一台路由器能支持几百个共享用户，选择多 WAN 端口的性能更好。

（3）大中型企业，需要设置详细的用户访问权限，建议选择代理服务器型共享方式，如 Wingate、CCProxy、WinProxy 和 SuperProxy 等代理服务器软件都是不错的选择。

（4）大型企业，无需设置详细的访问控制，建议选择企业级宽带路由器共享方式。选择多 WAN 端口的，最多一台路由器可支持上千个共享用户。

2.4.5 安全性需求分析

网络是为广大用户共享网上的资源而互连的，然而网络的开放性与共享性也导致了网络的安全性问题。网络容易受到外界的有意或无意的攻击和破坏，但不管属于哪一类，都会使信息的安全和保密性受到严重影响。因此，无论是使用专用网，还是 Internet 等公用网，都要注意保护本单位、本部门内部的信息资源不受外来因素的侵害。通常，人们希望网络能为用户提供众多的服务，同时又能提供相应的安全保密措施，而这些措施不应影响用户使用网络的方便性。目前，造成网络安全保密问题日益突出的主要原因有以下几点。

1. 网络的共享性

资源共享是建立计算机网络的基本目的之一，但这同样也给不法分子利用共享的资源进行破坏活动提供了机会。

2. 系统的复杂性

计算机网络是个复杂的系统，系统的复杂性使得网络的安全管理更加困难。

3. 边界不确定性

网络的可扩展性同时也隐含了网络边界的不确定性。一个宿主机可能是两个不同网络中的节点，因此，一个网络中的资源可被另一个网络中的用户访问。这样，一些未经授权的怀有恶意的用户，会对网络安全构成严重威胁。

4. 路径不确定性

从用户宿主机到另一个宿主机可能存在多条路径。假设节点 A1 的一个用户想发一份报文给节点 B3 上的一个用户，而这份报文在到达节点 B3 之前可能要经过节点 A2 或 B2，即节点 A1 能提供令人满意的安全保密措施，而节点 A2 或 B2 可能不能，这样便会危害数据的安全。

面对越来越严重危害计算机网络安全的问题，完全凭借法律手段来有效地防范计算机犯罪是十分困难的，应该深入地研究和发展有效的网络安全保密技术，以防止网络数据被非法窃取、篡改与毁坏，保证数据的保密性、原始性和完整性。

2.5　需求分析实例

2.5.1　项目综述

下面以某校园网的网络系统集成建设为例，具体介绍在校园网建设中需求分析的主要工作。

1. 了解用户的基本情况

（1）学校目前有教学楼 4 座、宿舍楼 2 座、图书馆 1 座、食堂 1 座、计算机中心 1 处、综合楼 1 座，人员约 6 000 人。

（2）该校园网主要应用于学校内部的教职工的教学和生活管理，部分区域能接入 Internet；学校现有计算机中心 1 处，该处计算机已连成局域网。

（3）主要为开展网络教学服务，进行网上教学、生活管理服务，同时进行办公自动化管理。

2. 确定用户需求

学校网络建设的目的在于充分利用网络资源，建立信息化、数字化校园，提高教与学的质量。通过对校方有关人员的座谈沟通，掌握了用户的总体需求如下。

（1）能充分利用网络信息资源，开展网上教与学，改革教与学模式，提高教职工和学生的整体素质。

（2）能够实现办公自动化，实现各部门资源共享。

（3）能够覆盖校园内的各个教学、科研、生活和管理区域，在各方面提供快捷方便的网络服务。

（4）网络系统功能完善齐全，操作简便，能管理到单台机。

（5）要具有高度的可靠性，并考虑到学科的发展，具有较大的可扩展性。

（6）能充分利用现有资源。

（7）具有较高的安全性，可阻挡外部非法用户的入侵。

3. 对用户需求的分析

结合该学校的特点及对网络系统的要求，该校园网络的建设具有如下特点。
（1）网络功能齐全。包括网上教学、网上自动化办公、网上生活管理等全面的功能。
（2）应用环境差别大。对教学、科研、生活和管理等不同方面提供不同的服务。
（3）网络节点多。
（4）各子网相对独立。
（5）系统开放性强，能不断扩充并吸收新技术。
（6）要能够接入 Internet，具有远程通信能力。
（7）主干网要有大范围覆盖能力。
（8）安全性高，可接入外部网络，且能阻止外部侵入。

针对学校的需求、网络发展的特点及外部资源的情况，对该校园网的建设分为 3 个子系统进行实施。
（1）网上教学系统。该系统应能够在网络终端进行教学演示和多媒体演示，可充分利用公共资源进行教学活动，同时可进行在线的教学等各项工作，具有对教师、学生的教学活动进行管理和统计的功能。
（2）网上办公自动化系统。该系统能实现办公自动化，可处理学校的日常管理工作，对于公文管理、会议管理、信息管理可全程记录。
（3）网上综合管理系统。这部分的管理包括学生的生活、各种活动、人员、计划等各方面的信息管理，可将大量的人力从繁杂的工作中解脱出来。
同时，该网络应采取主干网和子网互连的层次网络结构，各子网独立性较强，子网与主干网通过交换机或路由器连接。
在现有的计算机中心设立网络中心，集中管理公用计算机设备，如主机、服务器等。
在网络中心设立网管中心，负责网络的管理。

4. 建网原则

针对校园网建设分析及用户需求，确定了以下的建网原则。
（1）标准化和规范化原则。尽量采用开放的标准网络通信协议，选择标准的网络设备及相关器材，施工符合相关标准要求。
（2）先进性原则。设计的起点高，采用符合技术发展潮流的技术和设备。
（3）实用性原则。充分考虑用户的需求，以用户的需求为第一要素，采用成熟可靠的技术设备。
（4）可维护性原则。要保证网络的顺畅运行，充分考虑系统的可维护性，方便系统后期权限的管理和维护。
（5）安全性原则。系统要有较高的安全性，不受外界的入侵，各种信息资料要有安全级别的设置，对于访问要有严格的管理制度。
（6）扩展性原则。要充分考虑到学校的发展、技术的更新、设备的升级换代，系统要留有进行网络系统扩充的余地，便于系统的升级换代。

（7）性价比最优原则。要充分考虑用户的利益，保证系统的应用，使用户的投资达到最合理的状态。

　　5. 系统方案的选择

　　重点是选择一个最适合的主干网方案。可供选择的技术目前主要是快速以太网、吉比特以太网、ATM 技术和 IPv6 等。

　　（1）快速以太网方案。快速以太网是当前校园网络中最为价廉物美的技术。快速以太网速率为 100Mbit/s，当今用于校园主干的快速以太网均为交换方式。交换式快速以太网通过局域网交换机在各端口之间提供专用的包交换的连接方式。交换机具有较高的总带宽和较小的延时特性。

　　交换式局域网为终端用户提供了专用的带宽，不仅使每一个用户得到的带宽大大提高，并且使对时间延迟要求较高的多媒体应用成为现实。此外，如果在一般以太网的基础上应用局域网交换技术，其花费不大，也没有技术难点，兼容性好，并可以以高带宽的方式直接连接到 ATM 上，作为 ATM 主干网的补充。

　　再有，使用这种交换技术的局域网，可以在现有的网络物理连接的基础上，建立一种逻辑的连接方式，即虚拟的局域网结构。这种虚拟局域网结构可以任意组合，弥补了网络物理结构分布不合理的缺陷，减少了对路由器的依赖，同时也简化了网络和工作站的管理。

　　因此，交换式快速以太网是一种极好的连网手段，它能提供很高的性能，且易于管理，是目前比较流行，同时又是各商家及用户都很推崇的方案，尤其对于中小型的校园主干网是很适用的。

　　（2）ATM 方案。ATM 是将分组交换与电路交换优点相结合的网络技术，采用定长的 53 字节的小的帧格式，其中 48 个字节为信息的有效负荷，另有 5 个字节为信元头部。对于有效负荷，在中间节点不做检验，信息的校验在通信的末端设备中进行，以保证高的传输速率和低的时延。

　　在广域网、城域网和公用网内，ATM 正在被广泛采用，因为它既能够将多种服务多路复用到一种基础设施上，满足功能越来越强的台式机对带宽不断增长的需求，又能提供虚拟 LAN 和多媒体等新的网络服务。

　　但是，ATM 技术也有其缺点。首先是标准还没有完全制定完成。其次，ATM 技术目前主要应用在专用网络和核心网络的范围内，而延展到外围和用户端仍采用传统的网络技术（如以太网、快速以太网和令牌环网等），这就使得在 ATM 网络和传统网络之间要建立一个中间的衔接层，这是一种在 ATM 信元与传统网络的帧结构之间相互转换的技术，这种技术的优点是可以把传统网络接入到 ATM 网络中，缺点是带来了很大的资源开销，这在很大程度上增加了 ATM 网络的复杂性，并且降低了网络的总体性能。

　　另外，目前的大部分网络应用主要是基于 IP 网络的应用，直接针对 ATM 信元的应用很少，这在很大程度上也增加了 ATM 网络使用和管理的复杂性。

　　（3）吉比特以太网方案。吉比特以太网技术以简单的以太网技术为基础，为网络主干提供 1Gbit/s 或者更高的带宽。

　　吉比特以太网技术以自然的方法来升级现有的以太网络、工作站、管理工具和管理人员的技能。

　　吉比特以太网与其他速度相当的高速网络技术相比，价格低，同时比较简单。

吉比特以太网的设计非常灵活，几乎对网络结构没有限制，可以是交换式、共享式或基于路由器的。

吉比特以太网的管理与以前使用的以太网相同，使用吉比特以太网，主干和各网段及桌面已实现了无缝结合，网络管理可以实现平滑过渡。

（4）IPv6 技术方案。现有的 Internet 是在 IPv4 的基础上运行的。IPv6 是下一版本的 Internet 协议，它是主要针对 IPv4 定义的有限地址空间将被耗尽，地址空间不足的情况提出的协议。

IPv4 采用 32 位地址长度，只有大约 43 亿个地址，在 2011 年 2 月已被分配完毕。为了扩大地址空间，可以通过 IPv6 重新定义地址空间。IPv6 采用 128 位地址长度，几乎可以不受限制地提供地址。按保守方法估算 IPv6 可在整个地球每平方米面积上分配 1 000 多个地址。

IPv6 除了一劳永逸地解决了地址短缺问题以外，还考虑了在 IPv4 中不能解决的其他问题。

IPv6 的主要优势体现在以下几方面：扩大地址空间、提高网络的整体吞吐量、改善服务质量、更好的安全性保证、支持即插即用和更好地实现多播功能。

现有的 IPv6 是在 IPv4 的基础之上提出的。在中国教育与科研网中，全国的主干网上已经平行建设了 IPv6 网络，国内的很多大学也已经投入了 IPv6 网络，但都属于实验网络性质，没有投入商用。

由于 IPv6 与 IPv4 不能做到完全兼用，需要保护现有用户的投资与资源，因此，目前 IPv6 网络不可能完全替代 IPv4，只能采取逐渐过渡的办法。

2.5.2　需求分析报告

掌握用 Microsoft Word 或 WPS 制作需求分析报告文档。该报告文档包括封面、目录、正文、标题、段落、页面、页脚、插图等版式要素。文档封面、文档目录、文档正文和文档结构等文档样式可参见本书附录 A。

习　　题

一、选择题

1. 需求管理包括需求跟踪、（　　）、需求评估等工作。
   A. 需求变更　　　　B. 需求分析　　　C. 需求优先级　　　D. 需求说明
2. 对需求进行变更时，网络工程师应当对（　　）、影响有真实可信的评估。
   A. 设计方案　　　　B. 需求分析　　　C. 质量　　　　　　D. 成本
3. （　　）文档定义了网络工程项目的需求基线。
   A. 需求分析　　　　B. 网络设计　　　C. 工程实施　　　　D. 工程测试
4. 用户对网络性能方面的要求主要体现不包括以下哪个方面？（　　）
   A. 终端用户接入速率　　　　　　B. 响应时间
   C. 吞吐性能　　　　　　　　　　D. 花费费用

5．为了选择合适的网络设计方案，除了解数据通信流量类型和流量负载外，还需要理解网络协议和应用的行为不包括以下哪项？（　　　）

　　A．广播/组播行为　　　　　　　B．网络效率

　　C．差错恢复机制　　　　　　　D．网络带宽

二、填空题

1．需求分析是在网络设计过程中用来获取和确定_____的方法。

2．_____是系统集成中的首要环节，是系统设计的根本依据。

3．影响服务器时延的因素主要有：_____和_____两个方面。

4．在 IP 网络中，QoS 有_____和_____两种模型。

5．网关共享方式主要有采用_____和_____两种方式。

三、简答题

1．简述网络集成系统进行需求分析的意义。

2．网络集成系统需求分析阶段的主要工作有哪些？

3．网络集成系统可扩展性需求分析主要考虑的因素有哪些？

4．怎样进行数据流量特征分析？

5．为什么要进行数据备份？数据备份和容错有哪些异同？

6．网络共享的方式有哪几种？它们的特点是什么？其网络结构有什么不同？

7．为什么在需求分析中要充分考虑用户业务和性能的需求？

8．结合周围的网络工程实例，分小组进行调研和讨论，撰写用户需求分析阶段的需求分析文档。

第3章 计算机网络系统设计

在详尽的网络系统需求分析基础上,用户就可以进行网络系统设计。网络系统的设计要考虑很多内容,如网络通信协议、网络规模、网络拓扑结构、网络功能、网络操作系统、网络应用系统等。在进行网络设计中一定要遵循网络系统设计的有关步骤和原则,选择先进的网络设计技术、网络操作系统和网络服务器,综合考虑网络系统设计的各个方面。

3.1 网络设计中需要综合考虑的内容

建设一个复杂的网络系统,首先要进行系统的整体设计,一般需要考虑以下几个主要方面的设计。

3.1.1 网络通信协议选择

网络通信协议主要包括局域网和广域网两个范畴的协议。在局域网中,网络通信协议基本没有可选择的余地,因为目前的局域网系统(包括 Windows 系统、Linux 系统和 UNIX 系统等)基本上都是基于 TCP/IP,所以只需选择 TCP/IP 即可。在广域网中,网络通信协议的选择余地较大,这给广域网系统设计带来一定的复杂性。

在广域网系统中,可选择的通信协议决定于具体的接入网和交换网类型,如 Modem 拨号的 PPP,ISDN 的 LAPD,ADSL 的 PPPOE 和 PPPOA,分组交换网中的 X.25、HDLC,帧中继的 LAPF,ATM 的 ALL5 等。另外,对于路由器之类网络边界设备,还需要充分考虑路由器所支持的路由协议和安全防御功能,这些都在相当程度上决定了路由器的性能和应用。

3.1.2 网络规模和网络结构

网络规模在相当大程度上决定了具体网络设计中所采取的技术和设备。不同规模的网络对网络技术的采用、IP 地址的分配、网络拓扑结构的配置和设备的选择都有不同要求。例如,只有几十个用户以内的小型网络,可以选用普通的快速以太网、普通的 C 类局域网专用 IP 地址网段(192.168.0.0~192.168.255.255)、二层结构的星状以太网拓扑结构和普通的二层快速以太网设备即可。这样,一方面可以满足网络应用需求,另一方面可以节省大量的网络组建投资。这些二层设备,即使在将来网络升级仍可以得到继续使用,以保护用户对设备的投资成本。

对于小型网络，广域网的连接需求比较简单，一般采用宽带 Internet 连接。所采用的广域网连接方法主要是诸如代理服务器共享、网关服务器共享和宽带路由器共享（包括有线和无线宽带路由器两种）等主要共享方式。如果采用宽带路由器共享方式，宽带路由器通常是连接在核心交换机的一个普通端口上。

对于中小型网络，用户数在 100～254，则在技术和设备上需要提升一个档次。至少要在核心层采用吉比特以太网技术，以确保网络总体性能。网络拓扑结构要达到 3 层，网络设备中的核心交换机，最好采用支持吉比特以太网技术，并且是可管理的网管型交换机，最好是 3 层交换机。IP 地址可采用单网段的 C 类局域网专用地址。必要时，可以根据子网掩码重新划分子网或根据各种 VLAN 划分方式配置多个 VLAN 组。这类中小型网络的广域网连接一般选择边界路由器来与外网连接。这里的外网不仅指常见的 Internet，还包括集团公司的分支机构、供应商、合作伙伴等其他公司专用网络，互连后就可以组成广域网络。边界路由器通常需要支持多种广域网连接方式，如 ISDN、ADSL、HDSL、FR、VPN（虚拟专用网）等。

对于大中型网络，网络用户数在 254 个以上，单个 C 类局域网专用 IP 地址网段已不能满足用户需求，但仍可采用免费的 C 类局域网专用 IP 地址网段的地址，中间节点使用路由器或 3 层交换机连接。广域网连接更需要边界路由器，这些路由器性能通常比上面提到的中小型企业网络中的边界路由器要高，属于企业级，采用专门的集成电路芯片（ASIC），提供更高的接入性能和更高的安全防护功能。同时还支持如语音（VoIP）、路由器对路由器 VPN 呼叫等方面的应用。核心层交换机采用的是双端口冗余连接方式，这样可以提供负载均衡和容错功能；一旦某台核心交换机失效，另一台冗余连接的核心交换机就可担当起原来全部的负荷，使网络继续保持连通，直到失效的交换机修复为止。

在这类大型网络中，也可采用 B 类甚至 A 类的网络地址。但为了便于管理，会划分多个子网，或者 VLAN 组，各子网或者 VLAN 组的连接，同样需要用到中间节点路由器，或者 3 层交换机连接，以提供必要的网络互访功能。此时的拓扑结构就会比较复杂。

以上是针对平面型的同一楼层网络进行的介绍。在多楼层甚至多建筑物之间的大型网络系统中，还涉及各楼层和各建筑物之间网络的互连。通常为了确保网络互连传输性能，常采用局域网系统广泛使用的星形以太网结构，传输介质采用大对数双绞线或光纤。

3.1.3　网络功能需求

一般的中小型企业网络，对功能没有什么特别需求，但对于一些行业用户或者大中型企业网络系统，网络功能方面的需求可能会比较多，如高级别的磁盘阵列系统、具有全面保护技术的内存结构、全面的网络管理系统、专门的服务器管理系统、共享上网访问控制需求、容错系统需求、网络存储系统需求，特殊的 Web 网站、FTP 网站、邮件服务器系统和各种复杂的广域网连接需求等。

在网络应用方面，主要考虑在网络中传输的数据类型和网络传输实时性的要求。对一般的网络文件共享没有特别的要求，但如果网络中主要传输的是图片、图像（视频点播、多媒体教学等）、动画（多媒体企业网站、动画教学等），这时如果没有足够的带宽保证，就可能出现传输停滞、不连续，甚至死机现象，无法保证上述任务正常完成。

另外，在企业网络应用方面，还要考虑各种信息化数据库软件（如进销存管理软件、财会软件、ERP、B2B 和 B2C 电子商务软件等）的使用。这类软件通常同时有较多用户在持续使用，所以对网络带宽要求较高，在网络设计时，要充分考虑这些用户对所连网络的带宽需求。

3.1.4 可扩展性和可升级性

随着网络技术的发展，不仅原有技术在不断升级换代，而且还不断有新的技术涌现，网络应用需求也在不断提升，这一切都对网络升级提出了迫切需求。而企业网络设计之初，又不可能具有很全面的前瞻性去部署和预留网络中所有未来的技术和应用接口，网络经常重建的可能性又非常小，所以一般都采取升级的方式来提高网络的性能，这就要求网络设计规划要充分考虑到这些因素。

网络的可扩展性和可升级性主要体现在综合布线、网络拓扑结构、网络设备、网络操作系统、数据库系统等多个方面。

1. 综合布线方面

在设计之初，设计人员需要考虑到各部门未来的工作人员是否有可能大幅增加，因此，在最初网络布线时，应预留一定量的端口，用于连接终端用户或者下级交换机。否则，可能在需要扩展用户端口时，必须重新锉开墙面或者更换线槽，这样不仅工程量大，而且还会带来巨大的工程成本，影响网络系统的持续正常使用。

另外，还要充分考虑传输介质的升级，如原来的网络规模较小，都是采用廉价的双绞线，现在网络规模扩大，某些关键节点的应用需求提高了，这时可能要改变传输介质，如采用光纤，这就要求在综合布线和网络设备选择时，应充分考虑这些因素。

2. 网络拓扑结构方面

网络拓扑结构的可升级性就是要能使网络在用户增加时，可灵活拓展和添加网络设备，改变网络层次结构。

3. 网络设备方面

可扩展性主要体现在网络设备采用模块化结构，可以灵活地通过添加模块来扩展网络用户接口。由于模块化结构的网络设备价格昂贵，因而不是所有网络设备都必须支持模块化，而只是处于核心层的网络设备具有这方面的需求。汇聚层和接入层的网络设备，可直接通过添加设备数，连接在核心层设备上的方式来扩展。

在网络设备中，一种比较关键的设备是网络服务器。它在相当大程度上影响着整个网络的性能和可扩展性。现在，部门级以上的服务器都有比较好的扩展性，如 IBM 公司的按需扩展理念就是在需要时，可随时通过扩展服务器中的 CPU 数量、插槽数量、磁盘数量来提升服务器性能。另一个关键设备是网络打印机，特别是汇聚层和骨干层交换机，最好具有如吉比特接口转换（Gigabit Interface Converter，GBIC）、小型可插拔头（Small Form Pluggables，SFP）之类的吉比特模块结构，支持多种不同传输介质和接口类型，以便灵活选用。

在网络设备的可升级方面，还有一个需要充分考虑的因素，即在网络升级后，原有设备的可用性问题。在设计网络之初，应尽可能在相应网络层次上应用当前最主流的网络技术，如核心层需要考虑 10Gbit/s 以上以太网技术，汇聚层和接入层至少要考虑吉比特以太网技术，而对早已过时的网络设备根本不要考虑。这样在网络升级后，原有网络设备就不至于全部淘汰。

在一个企业网络中，如果网络升级后，新添加了核心层交换机，则原来担当核心交换机的设备就要下降到汇聚层，甚至接入层。而原网络中的汇聚层或接入层设备性能太差（如 10Mbit/s 的交换机或集线器），有可能不能满足升级后网络的应用需求，必须被淘汰。所以，在组建网络选择设备时，要充分考虑到日后的升级，不要贪一时便宜，选择太低档的网络设备，这会使在网络升级后所承受的投资损失更大。

4. 在操作系统方面

最好能选择通过升级方式更新版本的操作系统，如 Microsoft 公司的网络操作系统，以保证网络中的数据在系统升级时不丢失。

5. 数据库系统方面

最好是选择能支持版本升级的数据库系统，不要选择经常更换核心技术，无法通过版本升级实现平滑升级的数据库系统。

3.1.5　性能均衡性

网络性能与网络安全都遵循"木桶"原则，即取决于网络设备中性能最低的设备的性能，如某一支路上层可达到吉比特级别，而连接到客户机的网卡只是 10Mbit/s，这样客户机最终的性能也只能是 10Mbit/s。所以在设计网络中，一定要对网络整体性能综合考虑，通常是按"千-千-百""千-百-百"，或者是"万-千-千""万-千-百"的原则来设计，即核心层如果是吉比特以太网，则汇聚层和接入层至少应该是 100 兆以太网；如果核心层达到了 10 吉比特级别，则汇聚层至少应该是吉比特以太网，接入层则至少应是 100 兆以太网。这不仅要求各层的交换机端口达到这个要求，而且还要求用户端的网卡以及传输介质都达到这个要求。

3.1.6　性价比

一般性价比越高，实用性越强。但对于大型网络组建来说，网络性能可能足够高，但这么高的性能，企业却在目前或者未来相当长一段时间内都不可能用得上，造成网络投资浪费。而对于只有几十人的小型办公室网络来说，如果其网络应用在性能上又没有什么特别的需求，却配置了全部为吉比特级别的可网管型交换机，显然是没有必要。

3.1.7　成本

系统集成建设，要量力而行，必须要与企业的经济承受能力结合起来考虑，尽可能用最少的钱，办最多的事。

一般来说，网络设备投资中，重中之中的设备是服务器、核心交换机、路由器和防火墙这 4 类。而这 4 类设备中，除了服务器外，其他设备一般只有一台。这 4 类设备的成本几乎占到总成本的 80%左右。

影响投资成本的另一个重要因素是采用的网络技术。同样是交换机，由于采用不同的技术，其价格相差很远。如 10Gbit/s 24 口 3 层交换机与 1Gbit/s 24 口交换机的价格就相差至少 5 000 元以上。服务器更是如此，部门级与工作组级的服务器价格相差 3 万元左右，企业级与部门级的服务器则相差 5 万元以上。还有设备的品牌因素，同一档次不同厂家的设备，价格可能相差很远。如路由器，Cisco 公司的产品比其他品牌的要贵许多；而 Cisco 公司的交换机比其他品牌的要贵许多。即使同是国内品牌，一线公司的产品比二线或以下的也要贵许多，如华为的交换机、路由器，就比一般的实达、港湾、茶山设备要贵许多。服务器以 IBM、HP 公司的最贵，国内的就要属浪潮、联想、曙光等品牌。当然这些品牌的设备之所以价高，除了产品性能更好之外，还有就是售后服务更周到。这些因素用户需要全面权衡，综合考虑。

3.2 网络系统设计的步骤和设计原则

做任何事都应遵循一定的先后次序，也就是"步骤"。如网络系统设计这么庞大的系统工程，遵循设计的"步骤"和原则，就显得更加重要了。

3.2.1 网络系统设计的步骤

如果整个网络设计和建设工程没有一个严格的进程安排，各分项目之间彼此孤立，失去了系统性和严密性，这样设计出来的系统不可能是一个好的系统。图 3-1 所示为整个网络系统集成的一般步骤，除了其中包括的"网络组建"工程外，其他都属于"网络系统设计"工程所需进行的工作。

1. 用户调查与分析

用户调查与分析是正式进行系统设计之前首要工作。主要包括一般状况调查、性能和功能需求调查、应用和安全需求调查、成本/效益评估、书写需求分析报告等方面。

（1）一般状况调查。在设计具体的网络系统之前，先要了解用户当前和未来 5 年内的网络发展规模，还要分析用户当前的设备、人员、资金投入、站点分布、地理分布、业务特点、数据流量和流向，以及现有软件和通信线路使用情况等。从这些信息中可以得出新的网络系统所应具备的基本配置需求。

（2）性能和功能需求调查。性能和功能需求调查主要是向用户了解对新的网络系统所希望实现的功能、接入速率、所需存储容量（包括服务器和工作站两方面）、响应时间、扩充要求、安全需求以及行业特定应用需求等。这些都非常关键，要仔细询问并做好记录。

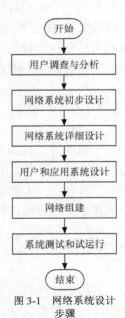

图 3-1 网络系统设计步骤

（3）应用和安全需求调查。应用和安全需求这两个方面，在整个用户调查中也是非常重要的。应用需求调查决定了所设计的网络系统是否满足用户的应用需求。而在网络安全威胁日益严重，安全隐患日益增多的今天，安全需求方面的调查，就显得更为重要了。一个安全没有保障的网络系统，即使性能再好、功能再完善、应用系统再强大都没有任何意义。

（4）成本/效益评估。根据用户的需求和现状分析，对新设计的网络系统所需要投入的人力、财力和物力，以及可能产生的经济和社会效益等进行综合评估。这项工作是集成商向用户提出系统设计报价和让用户接受设计方案的最有效参考依据。

（5）书写需求分析报告。详细了解用户需求、现状分析和成本/效益评估后，要以报告的形式向用户和项目经理人提交，以此作为下一步正式进行系统设计的基础与前提。

2.　网络系统初步设计

在全面、详细地了解了用户需求，并进行了用户现状分析和成本/效益评估后，在用户和项目经理人认可的前提下，就可以正式进行网络系统设计。首先需给出一个初步的方案，该方案主要包括以下几个方面。

（1）确定网络的规模和应用范围。根据终端用户的地理位置分布，确定网络规模和覆盖的范围，并通过用户的特定行业应用和关键应用，如 MIS、ERP 系统、数据库系统、广域网连接、企业网站系统、邮件服务器系统和 VPN 连接等定义网络应用的边界。

（2）统一建网模式。根据用户网络规模和终端用户地理位置分布，确定网络的总体架构，如集中式还是分布式，是采用客户机/服务器模式还是对等模式等。

（3）确定初步方案。将网络系统的初步设计方案用文档记录下来，并向项目经理人和用户提交，审核通过后方可进行下一步运作。

3.　网络系统详细设计

（1）网络协议体系结构的确定。根据应用需求，确定用户端系统应该采用的网络拓扑结构类型。可供选择的网络拓扑结构有总线状、星状、蜂窝状和混合状 4 种。如果涉及广域网系统，则还需确定采用哪种中继系统，确定整个网络应该采用的协议体系结构。

（2）节点规模设计。确定网络的主要节点设备的档次和应该具有的功能，这主要是根据用户网络规模、网络应用需求和相应设备所在的网络位置而定。局域网中核心层设备最高级，汇聚层的设备性能次之，边缘层的性能要求最低。广域网中，用户主要考虑的是接入方式，因为中继传输网和核心交换网通常都是由 NSP 提供的，所以无需用户关心。

（3）确定网络操作系统。一个网络系统中，安装在服务器中的操作系统，决定了整个网络系统的主要应用和管理模式，也决定了终端用户所能采用的操作系统和应用软件系统。网络操作系统主要有 Microsoft 公司的 Windows 2000 Server 和 Windows Server 2003 及 Windows Server 2012 系统，它们是目前应用面最广，最容易掌握的操作系统，在中小企业中，绝大多数是采用这 3 种网络操作系统。另外还有一些不同版本的 Linux 系统，如 RedHat Enterprise Linux 4.0、RedFlag DC Server 5.0 等。UNIX 系统品牌也比较多，主要应用的是 IBM 公司 AIX 5L 等。

（4）选定传输介质。根据网络分布、接入速率需求和投资成本分析，为用户端系统选定适合的传输介质，为中继系统选定传输资源。在局域网中，通常是以廉价的五类或超五类双绞线为传输介质，而在广域网中则主要是电话铜线、光纤、同轴电缆作为传输介质，具体要视所选择的接入方式而定。

（5）网络设备的选型和配置。根据网络系统和计算机系统的方案，选择性能价格比最好的网络设备，并以适当的连接方式加以有效的组合。

（6）结构化布线设计。根据用户的终端节点分布和网络规模设计，强制整个网络系统的结构化布线（通常所说的"综合布线"）图，标注关键节点的位置和传输速率、传输介质、接口等特殊要求。结构化布线图要符合结构化布线国际和国内标准，如 EIA/TIA 568A/B、ISO/IEC 11801 等。

（7）确定详细方案。最后确定网络总体及各部分的详细设计方案，并形成正式文档，提交项目经理人和用户审核，以便及时发现问题，及时纠正。

4．用户和应用系统设计

上述 3 个步骤是设计网络架构，接下来要做的是进行具体的用户和应用系统设计。其中包括具体的用户计算机系统设计和数据库系统、MIS 管理系统选择等。具体包括以下几个方面。

（1）应用系统设计。分模块地设计出满足用户应用需求的各种应用系统的框架和对网络系统的要求，特别是一些行业特定应用和关键应用。

（2）计算机系统设计。根据用户业务特点、应用需求和数据流量，对整个系统的服务器、工作站、终端以及打印机等外设进行配置和设计。

（3）系统软件的选择。为计算机系统选择适当的数据库系统、MIS 管理系统及开发平台。

（4）机房环境设计。确定用户端系统的服务器所在机房和一般工作站机房环境，主要包括温度、湿度和通风等要求。

（5）确定系统集成详细方案。将整个系统涉及的各个部分加以集成，并最终形成系统集成的正式文档。

5．系统测试和试运行

系统设计和实施完成后不能马上投入正式的运行，要先做一些必要的性能测试和小范围的试运行。性能测试一般是通过专门的测试工具进行，主要测试网络接入性能、响应时间以及关键应用系统的并发用户支持和稳定性等方面。试运行主要是对网络系统的基本性能进行评估，特别是对一些关键应用系统的基本性能进行评估。试运行的时间一般不得少于一个星期。小范围试运行成功后，即可全面试运行，全面试运行时间不得少于一个月。

在试运行过程中出现的问题应及时加以改进，直到用户满意为止。当然这也要结合用户的投资和实际应用需求等因素综合考虑。

3.2.2　网络系统设计基本原则

根据目前计算机网络现状和需求分析以及未来的发展趋势，网络系统设计应遵循以下几个原则。

1.　开放性和标准化原则

首先采用国家标准和国际标准，其次采用广为流行的、实用的工业标准。只有这样，网络系统内部才能方便地从外部网络快速获取信息，同时还要求授权后，网络内部的部分信息可以对外开放，保证网络系统适度的开放性。

在进行网络系统设计时，在有标准可执行的情况下，一定要严格按照相应的标准进行设计，特别是在网线制作、结构化布线和网络设备协议支持等方面。采用开放的标准，就可以充分保障网络系统设计的延续性，即使将来最初设计人员不在现场，后来人员也可以通过标准轻松地了解整个网络系统的设计，保证互连简单易行。这是非常重要而且是非常必要的，同时又是许多网络工程设计人员经常忽视的。

2.　实用性与先进性兼顾原则

在网络系统设计时应该以注重实用为原则，紧密结合具体应用的实际需求。在选择具体的网络技术时，要同时考虑当前及未来一段时间内主流应用的技术，不要一味地追求新技术和新产品。一方面新的技术和产品还有一个成熟的过程，立即选用新的技术和产品，可能会出现各种意想不到的问题；另一方面，最新技术的产品价格肯定非常昂贵，会造成不必要的资金浪费。

如在以太局域网技术中，目前 10 吉比特级别以下的以太网技术都已非常成熟，产品价格也已降到了合理的水平，但 100 吉比特以太网技术还没有得到普及应用，相应的产品价格仍相当昂贵，如果没有必要，则建议不要选择 100 吉比特以太网技术的产品。

另外一定要选择主流应用的技术，如已很少使用的同轴电缆的令牌环以太网和 FDDI 光纤以太网就不要选择了。目前的以太网技术基本上都是基于双绞线和光纤的，其传输速率最低都应达到 100Mbit/s。

3.　无瓶颈原则

这一点非常重要，否则会造成高成本购买的高档次设备，却得不到相应的高性能。网络性能与网络安全性能，最终取决于网络通信链路中性能最低的那部分设备。

如某汇聚层交换机连接到了核心交换机的 1 000Mbit/s 双绞线以太网端口上，而该汇聚层交换机却只有 100Mbit/s，很显然这个汇聚层交换机上所连接的节点都只能享有 100Mbit/s 的性能。如果上联端口具有 1 000Mbit/s 性能，而各节点端口支持 100Mbit/s 连接，则性能会完全不一样。

再如，服务器的各项硬件配置都非常高档，达到了企业级标准，但所用的网卡却只是普通的 100Mbit/s 网卡，这必将成为服务器性能发挥的瓶颈，再好的其他配置，最终也无法正常发挥。

这类现象还非常多，在此就不一一列举。这就要求在进行网络系统设计时，一定要全局综合考虑各部分的性能，不能只注重局部的性能配置，特别是交换机端口、网卡和服务器组件配置等方面。

4. 可用性原则

服务器的"四性"之一"可用性"，网络系统也一样需要遵循。它决定了所设计的网络系统是否能满足用户应用和稳定运行的需求。网络的"可用性"主要表现了网络的"可靠性和稳定性"，这要求网络系统能长时间稳定运行，而不能经常出现这样或那样的问题，否则给用户带来的损失可能是非常巨大的，特别是大型外贸、电子商务类型的企业。"可用性"还表现在所选择产品要能真正用得上，如所选择的服务器产品只支持 UNIX 系统，而用户系统中根本不打算用 UNIX 系统，则所选择的服务器就派不上用场了。

网络系统的"可用性"通常是由网络设备的"可用性"决定的（软件系统也有"可用性"要求），主要体现在服务器、交换机、路由器和防火墙等重负荷设备上。在选购这些设备时，一定不要贪图廉价，而要选择一些国内外主流品牌、应用主流技术和成熟型号的产品。

另外，网络系统的电源供应在"可用性"保障方面也非常重要。对于关键网络设备和关键客户机来说，需要为这些节点配置足够功率的不间断电源（UPS），在电源出现不稳定或者停电时，可以持续供电一段时间用于用户保存数据并退出系统，以避免数据丢失。通常服务器、交换机、路由器和防火墙等关键设备要备有 1h 以上（通常是 3h）的 UPS，而关键客户机只需要接在支持 15min 以上的 UPS 上即可。

5. 安全第一原则

网络安全也涉及许多方面，最明显、最重要的就是对外界入侵、攻击的检测与防护。现在的网络几乎无时无刻不受到外界的安全威胁，稍有不慎就会被病毒感染、黑客入侵，致使整个网络陷入瘫痪。在一个安全措施完善的计算机网络中，不但部署了病毒防护系统、防火墙隔离系统，还可能部署了入侵检测、木马查杀系统、物理隔离系统等，所选用系统的等级要根据相应网络规模大小和安全需求而定，并不一定要求每个网络系统都全面部署这些防护系统。

除了病毒、黑客入侵外，网络系统的安全性需求还体现在用户对数据的访问权限上。根据对应的工作需求为不同用户、不同数据配置相应的访问权限，对安全级别需求较高的数据则要采取相应的加密措施。同时，对用户账户，特别是高权限账户的安全更要高度重视，要采取相应的账户防护策略（如密码复杂性策略、账户锁定策略等），保护好用户账户，以防被非法用户盗取。

安全性防护的另一个重要方面就是数据备份和容灾处理。数据备份和容灾处理，在一定程度上决定了企业的生存与发展，特别是以电子文档为主的电子商务类企业数据。在设计网络系统时，一定要充分考虑到为用户数据备份和容灾部署相应级别的备份和容灾方案。如中小型企业通常是采用 Microsoft 公司 Windows Server 2008、Windows Server 2012 系统中的备份工具，进行数据备份和恢复。对于大型的企业，则可能要采用"第三方"专门的数据备份系统，如赛门铁克公司的 BackupExec 系统。

3.3 网络拓扑结构设计

网络拓扑结构是网络设计工作的核心，它像一个建筑群的基本框架一样重要。本节主要从技术性能方面进行讨论，提供一些良好的设计方法。

3.3.1　点对点类型网络拓扑结构

1．点对点网络的特点

网络的拓扑结构有很多形式，每种拓扑结构都有其优点与缺点。按照信号传输方式，可以将网络分为点对点网络和点对多点网络两种模型。由于点对多点网络往往采用广播工作方式，因此也称为广播网络。

点对点网络将网络中的主机（如计算机、路由器等）以点对点方式连接起来，如图 3-2 所示，网络中的主机通过单独的链路进行数据传输，并且两个节点之间可能会有多条单独的链路。点对点网络拓扑结构由点对点状、链路状、环状、网状等，点对点网络主要用于城域网和广域网中，路由器、光纤、DDN 专线等都采用点对点连接。

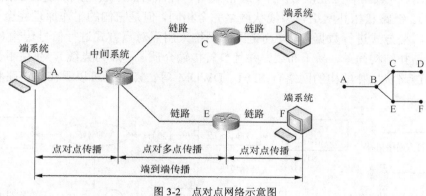

图 3-2　点对点网络示意图

端对端（End to End）是指跨越多个中间节点的逻辑链路。如图 3-2 所示，数据从 A 传输到 D，中间要经过 A→B→C→D，可见端对端由多个点对点实现。端对端是一个逻辑链路，这条链路可能经过了很复杂的物理线路，但两端的主机一旦通信完成，这个逻辑链路就释放了，物理链路可能又被其他网络服务用来建立逻辑连接。

广播网络的最大优点是在一个网段内，任何两个节点之间的通信，最多只需要"2 跳"（计算机 A-交换机-计算机 B）的距离；它的缺点是网络流量很大时，容易导致网络性能急剧下降。点对点网络恰好相反，它的优点是网络性能不会随数据流量加大而降低。但网络中任意两个节点通信时，如果它们之间的中间节点较多，就需要经过多跳后才能到达，这加大了网络传输时延。在网络设计中，应当充分利用广播网络与点对点网络的优点，避免它们的缺点。

广播网络利用传输介质的共享性消除了网络线路的重复建设，降低了网络工程费用，有重要的经济意义，因此广播网络广泛用于局域网通信。广播网络为什么没有应用于广域网通信呢？原因是受到了技术和经济两个方面的限制。首先，广播网络中的主机必须协调使用网络，而这种协调需要占用大量的通信资源。网络中的通信时间由通信距离决定，广域网中主机之间在地理上的长距离通信，会带来较大的信号延迟，这会导致网络需要花费更多的时间来协调共享介质的使用。其次，提供长距离高带宽的信道，比提供同样带宽的短距离信道要昂贵得多。各种拓扑结构的分类和工作方式如表 3-1 所示。

表 3-1 　　　　　　　　　　各种拓扑结构的分类和工作方式

网 络 类 型	拓扑结构类型	主 要 应 用	工 作 机 制	网络扩展	可 靠 性	投 资
点对点	链路状	MAN、WAN	PPP	中等	低	低
	环状	MAN、WAN	SDH、DWDM	困难	高	高
	网状	MAN、WAN	多种方式	困难	高	高
广播	总线状	LAN	CSMA/CD	中等	低	低
	星状	LAN	CSMA/CD	容易	高	低
	蜂窝状	WLAN	CSMA/CA	容易	高	高

2. 链路状拓扑结构

在城域网、广域网和工业以太网中，经常采用一种点对点串联而成的链路状拓扑结构（也称为线状网）。链路状拓扑网络与总线状网络完全相同，但是它们的工作原理完全不同。总线状网络采用广播方式进行数据传输，而链路状网络采用点对点方式进行信号传输（见图 3-3）。链路状网络拓扑结构简单，易于布线，并且节省传输介质（一般为光缆），往往用于主干传输链路。支持链路状拓扑结构的网络有 SDH、DWDM 等。点对点可以看作是链路状网络的特殊情况。

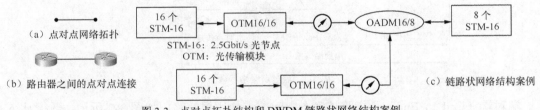

图 3-3　点对点拓扑结构和 DWDM 链路状网络结构案例

（1）链路状拓扑结构的优点。

① 设备无关性。在链路状拓扑结构中，网络中每个链路都是独立的，所以每个链路可以使用任何合适的硬件设备。例如，每一段子链路的传输能力（如带宽）可以不同；传输设备（如调制解调器）只需要两个相邻的节点认可就行，不必在所有链路中都相同。

② 独立性。由于链路中的两个节点独占线路，所以它们之间可以选择相互接收的数据包格式、差值检测机制、最大帧尺寸等。而且，一旦双方同意改变以上技术参数，通信也可顺利进行，不涉及网络中的第三方节点和链路。

③ 安全性。由于在某一确定的时刻，只有 2 个节点能使用信道，因此通信安全性很好。其他节点设备不能改变被传输的数据，也没有其他节点能得到使用权。

④ 非中心化。网络中的资源和服务分散在所有节点上，数据传输和服务的实现都直接在节点之间进行，无需中间环节和服务器的介入，避免了可能的性能瓶颈。非中心化的特点带来了扩展性、可靠性等方面的优势。

（2）链路型拓扑结构的缺点。

① 连接较多。新增的节点必须与每一个已存在的节点都建立连接，当多余 2 个节点需要相互通信时，线路连接的数量会随着节点数量的增加而迅速增长。

② 时延较大。在大部分情况下，单纯的点对点通信较少，往往是由多个点对点结构组成一个端对端传输链路，如果链路中间节点较多，就需要多跳才能到达目的主机，这会使网络响应时间变长，加大传输时延。

3．环状拓扑结构

（1）环状网络的类型与拓扑结构。如图 3-4 所示，在环状拓扑结构网络（以下简称环网）中，各个节点通过环接口，连接在一条首尾相接的闭合环状通信线路中。环网有单环、多环、环相切、环内切、环相交、环相连等结构。在环网中，节点之间的信号沿环路顺时针或逆时针方向传输。支持环状拓扑结构的网络协议有 IEEE 802.3-1995 定义的令牌环网，这种网络由于传输速率太低（16Mbit/s），目前已经被市场淘汰。IEEE 802.8-1997 定义的 FDDI（光纤分布数据接口）也是一种双环结构网络，最大传输速率为 100Mbit/s，最大传输距离达到 100km。我国第一个校园网清华大学的 TUnet（1992 年）就是采用 FDDI 作为网络主干。由于 FDDI 结构复杂，建设成本高，目前已经淘汰。目前，主要的环网有 SDH（同步数字系列）、WDM（波分复用）、RPR（弹性分组环）、DPT（动态分组传输）等环网，它们主要用于城域网。

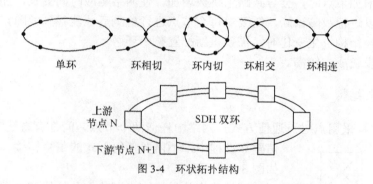

图 3-4　环状拓扑结构

环状结构的特点是每个节点都与两个相临的节点连接，因而是一种点对点通信模式。环网采用信号单向传输方式，如图 3-4 所示，如果 N+1 节点需要将数据发送到 N 节点，几乎要绕环一周才能到达 N 节点。因此，环网在节点过多时，会产生较大的信号时延。

（2）环网的实际施工。图 3-5 所示为一个原理说明图，在实际组网工程中，由于地理位置的限制，有时不能做到环两端的物理连接，构建成为一个物理环形。在工程设计和实施中，往往在环的两端通过一个阻抗匹配器来实现环的封闭，这样就可以通过铺设一条多芯光缆来构成环网连接。因此，网络在物理上呈链路形状，但逻辑上仍然是环状拓扑结构。

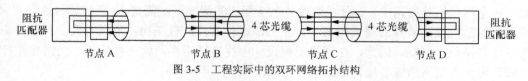

图 3-5　工程实际中的双环网络拓扑结构

（3）双环网络的"自愈"功能。在单环网络中，环网中传输的任何信号都必须通过所有节点，如果环网中某一节点断开，环上所有节点的通信就会终止。为了克服环网的这个缺点，SDH 等环网采用了双环或多环结构。在 SDH 环网正常工作时，外环（数据通路）传输数据，内环（保护通路）作为备用环路。当环路发生故障时，信号会自动从外环切换到内环，这种功能称为环网的"自愈"功能。

（4）环状网络拓扑结构的优点。

① 环网不需要集中设备（如交换机），消除了端用户通信时对中心系统的依赖性。

② 信号在网络中沿环单向传输，传输时延固定。

③ 相对于星状拓扑结构而言，环网所需的光缆较少，适宜于主干网络的长距离传输。

④ 环网中各个节点的负载较为均衡，不会出现树状网络结构中汇聚节点负载过大的问题。

⑤ 双环或多环网络具有自愈功能。

⑥ 环网可以实现动态路由技术，增加了系统的可靠性。

⑦ 环网的路径选择非常简单，不容易发生网络地址冲突等问题。

（5）环状网络拓扑结构的缺点。

① 环网不适用于多用户接入，主要适用于城域传输网和国家骨干传输网。

② 环网中增加节点时，会导致路由跳数增加，使网络响应时间变长，加大传输时延。

③ 环网难以进行故障诊断，需要对每个节点进行检测后才能找到故障点。

④ 环网拓扑结构发生变化时，需要重新配置整个环网。

⑤ 环网的投资成本较高。

4．网状拓扑结构

网状拓扑结构采用点对点通信方式，网络中任何两个节点之间都有直达链路连接，在通信建立过程中，不需要任何形式的信号转接，网状拓扑结构如图 3-6 所示。

（a）半网状拓扑　（b）全网状拓扑
图 3-6　网状拓扑结构

网状形拓扑结构有半网状拓扑结构和全网状拓扑结构。网状拓扑结构一般用于城域网和广域网中，在大型局域网（如园区网）的核心层，有时也采用这种拓扑结构。

（1）网状拓扑结构的优点。

① 网状拓扑结构中，每个节点之间都有直达链路，信号传输快。

② 通信节点不需要汇接交换功能，交换费用低，可改善链路流量分配，提高网络性能。

③ 由于存在冗余链路，因此网络可靠性高，其中任何一条链路发生故障时，均可以通过其他链路保证通信畅通。

（2）网状拓扑结构的缺点。网状拓扑结构线路多，总长度大，基本建设和维护费用很大。例如，在全网状拓扑结构中，6 台网络设备在全互连的情况下，需要 15 条传输线路。可见，线路连接的总数量比节点的增长快得多。显然，这种方式只有在物理范围不大，设备很少的条件下才有使用的可能。因此，在网络工程设计中往往采用半网状拓扑结构，全网状拓扑结构一般只用于大型网络核心层，而且节点一般不大于 4 个。

网状拓扑结构在通信量不大的情况下，线路利用率很低。

3.3.2 广播类型网络拓扑结构

1. 广播网络的特点

（1）广播网络工作原理。

广播网络一般采用 CSMA/CD（载波监听多路访问/冲突检测）原理进行工作。广播网络仅有一条信道（如双绞线电缆），网络上所有节点共享这个信道。数据包进行广播传输时，网络中所有节点都会接收到这些数据包。各个节点一旦收到数据包，就对这个数据包进行检查，看是否发送给本节点，如果是则接收，否则就丢弃掉这个数据包。

需要注意的是，广播网络中的共享信道并不意味着多个数据包可以同时传输。在一个数据包传输过程中，某主机发送的数据包独占整个信道，其他主机必须等待这台主机完成数据包传输后，共享信道才能为其他主机使用。

双绞线连接的星状网络，同轴电缆连接的总线网络，以微波方式进行传输的蜂窝状网络都是广播网络。如图 3-7 所示，广播网络有 3 种信号传输方式：单播、多播和组播。

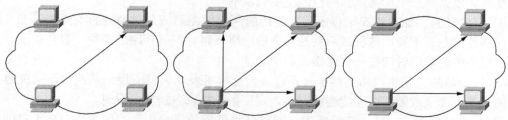

图 3-7 广播网络中信号的 3 种传输方式

（2）冲突域。

如图 3-8 所示，在广播网络中，同一网段在同一时刻只能有一个信号在发送，如果有两个信号同时发送，将会导致信号之间相互干扰，即发生冲突，冲突域是指产生冲突的最小范围。在以太网中，冲突是网络运行的正常组成部分。但是，当网络中主机较多时，冲突会变得严重起来，导致网络性能急剧下降。因此，在以太网设计中应当控制冲突域的数量，使网段中主机的数量尽量最小化。

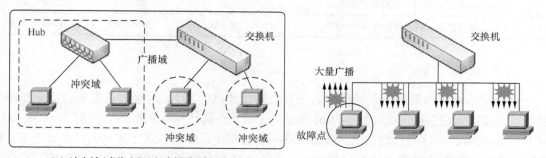

（a）冲突域（虚线内部）与广播域（实线内部）　　　　（b）交换网络中的广播风暴

图 3-8 以太网中的冲突域与广播域

如图 3-8 所示，Hub（集线器）上所有端口都在一个冲突域内，因此冲突域较大。而交换机明显地缩小了冲突域，交换机每个端口就是一个冲突域，即一个或多个端口的信号高速传输时，不会影响其他端口。

可以使用多种方法来减小冲突，如采用交换机、网桥、路由器等设备隔离冲突域。采用确定通信协议（如 SDH、DWDM）的网络，也不会发生广播冲突。

（3）广播域。

广播主要存在于以太局域网中，因为大量主机之间的通信，都需要通过 ARP（地址解析协议）广播来决定目的主机地址。当网络中主机较多时，这种广播方式就会占用大量网络资源，影响到网络的带宽和信号时延。大量无用的广播数据包形成广播风暴，因此在网络设计中应尽量减小广播域的大小。

广播发生在 OSI/RM 的第 2 层（数据链路层），而工作在第 2 层的交换机可以转发广播帧，因此 2 层交换机不能分割广播域。路由器工作在 OSI/RM 的第 3 层（网络层），不转发广播帧，因此可以用路由器来分割广播域。也可以用 VLAN 划分的方法缩小广播域的范围。

（4）广播风暴。

在以上讨论的广播通信方式中，假设通信是间断进行的，而且数据量是有限的，当这一条件不满足时，就会发生广播风暴。在局域网中，广播风暴的典型案例是主机查找服务器资源。交换式以太网产生广播风暴的原因主要有以下 4 个。

① 网络环路。如果错误地将一条双绞线的两端插在同一台交换机的不同端口上，就会导致网络性能急剧下降，这种故障就是典型的网络环路。网络环路的产生一般是由于一条物理网络线路的两端同时接在一台网络设备中。

② 网卡故障。发生故障的网卡会不停地向交换机发送大量无用的数据包，这就容易产生广播风暴。如果故障网卡还能连接网络，则广播风暴就更加难以发现。

③ 计算机病毒。一些计算机病毒会通过网络进行传播，病毒的传播会消耗大量的网络带宽，引起网络拥塞，导致广播风暴。

④ 软件使用。一些黑客软件和视频广播软件的使用，也可能会引起广播风暴。尤其网络中多媒体应用程序的广播，可以很快地消耗掉网络中所有的带宽资源。不同网络带宽支持的多媒体应用用户如表 3-2 所示。

表 3-2　　　　　　　　不同网络带宽支持的多媒体应用用户数

以太网链路带宽（Mbit/s）	10	100	1000
每用户 1.5Mbit/s 数据流量时，支持最多用户数	6	50～60	250～300
每用户 384kbit/s 数据流量时，支持最多用户数	20～26	200～240	1000～1200

2. 总线状拓扑结构

总线状拓扑结构采用一条链路作为公共传输信道（总线），网络上所有节点都通过相应的接口直接连接在总线上。如图 3-9（b）所示，总线节点到计算机的距离 L 很短（一般在 0.1m 以下）。如果不计算这段线路，在总线型网络拓扑结构中，N 个节点完全互连只需要 1 条总线传输线路。总线网络采用广播型通信方式，节点上的信号通过总线向两个方向传输，总线上所有节点都可以收到这个广播信号。这种拓扑结构在网络扩展时，需要断开总线，然后再加入新节点。

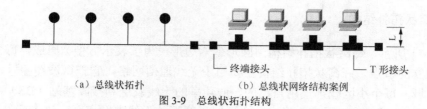

（a）总线状拓扑　　　　　　　　　　（b）总线状网络结构案例

图 3-9　总线状拓扑结构

在局域网中，支持总线状拓扑结构的网络协议有 IEEE 802.3 定义的 10BASE-2、10BASE-5，它们采用同轴电缆（粗缆和细缆）作为传输介质，传输速率低于 10Mbit/s，由于传输速率太低，目前已经被市场淘汰。

3．星状拓扑结构

如图 3-10（a）所示，星状拓扑结构的每个节点都有一条单独的链路与中心节点相连，所有数据都要通过中心节点进行交换，因此中心节点是星状网络的核心。在星状网络拓扑结构中，N 个节点完全互连需要 N-1 条传输线路。星状网络也采用广播传输技术，局域网的中心节点设备通常采用交换机。如图 3-10（c）所示，在交换机中，每个端口都挂接在内部背板总线上，星状以太网虽然在物理上呈星状拓扑结构，但逻辑上仍然是总线状拓扑结构。因此，在很多网络拓扑示意图中也将星状网络简单地画为总线状（见图 3-10（c））。

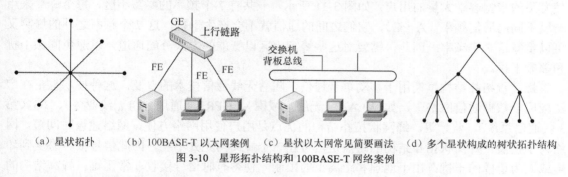

（a）星状拓扑　　（b）100BASE-T 以太网案例　（c）星状以太网常见简要画法　（d）多个星状构成的树状拓扑结构

图 3-10　星形拓扑结构和 100BASE-T 网络案例

（1）星状拓扑结构的优点

星状拓扑结构是目前局域网中应用最为普遍的一种结构，它具有以下优点。

① 网络结构简单，建设和维护费用少。一般采用双绞线作为传输介质，因此建网成本较低。

② 中心节点一般采用交换机，这样集中了网络信号流量，提高了链路利用率。

③ 网络性能较高，目前网络最高传输速率达到了 1000Mbit/s。

④ 网络扩展性好，节点扩展时，只需要从交换机等设备中插入一条双绞线机即可。移动一个节点时，只需把相应节点设备移到新节点即可。

⑤ 维护容易，一个节点出现故障不会影响其他节点，可拆除故障节点。

（2）星状拓扑结构的缺点

星状网络拓扑结构的缺点如下。

① 网络可靠性低。如果中心节点发生故障，会导致整个网络系统瘫痪。

② 所有信号都需要经过交换机，在网络负载较重时，会导致交换机成为网络性能瓶颈。

③ 使用线缆较多。由于每个节点都需要一条单独的线路连接到交换机，因此需要线缆较多，导致布线成本较高，管理复杂。

4. 蜂窝状拓扑结构

如图 3-11 所示，蜂窝状拓扑结构由圆形或六边形（为了表示方便）组成，每个区域中心都有一个独立的节点。蜂窝状拓扑结构主要用于无线通信网络，它把微波覆盖区域分为大量相连的小区域，每个小区域都使用自己的、低功率的无线发送和接收基站（BS）或无线接入点（AP），在 BS 或 AP 周围就会形成一个近似于圆形的无线电频率区，这个区域称为蜂窝，蜂窝的大小与 BS 或 AP 的发射功率有关。

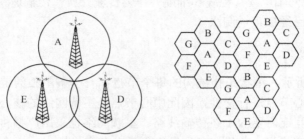

图 3-11　蜂窝状拓扑结构

蜂窝状拓扑结构使用频率复用的方法，同样的频率在分散的区域内可以被多次复用，以使有限的带宽容纳大量的用户。如图 3-11 所示，一共有 7 个频率的蜂窝小区，每个蜂窝采用一段不同的通信频率（A～G），它们之间的通信就不会产生干扰，这 7 个频率之外的蜂窝又可以重复这 7 个频率。因此，需要对这些蜂窝小区以智能的方式分配通道，以避免同频干扰和邻频干扰。

蜂窝状拓扑结构早期用于移动语音通信，随着无线通信技术的普及，这种技术也正在广泛应用于数据通信网络中，如 WLAN（无线局域网）、GPRS（通用分组无线业务）、3G（第 3 代通信系统）、蓝牙等。蜂窝状拓扑结构的优点是用户使用网络方便，网络建设时间短，网络易于扩展。蜂窝状拓扑结构的缺点是信号在一个蜂窝内无处不在，因此信号很容易受到环境或人为造成的干扰；由于地理和距离上的限制，使得有时信号接收非常困难；蜂窝结构的传输速率较低，投资成本较高。

5. 混合状拓扑结构

混合状拓扑结构在理论上可以是各种拓扑结构的组合，这种复杂的结构主要出现在城域网和广域网中，如城域网中大量使用的 SDH 环网与链路状网的混合结构。局域网中的混合拓扑结构主要是由交换机层次连接而构成的树状拓扑结构（星状+星状），以及由交换机与路由器连接构成的树状拓扑结构（星状+点对点）。混合状拓扑结构的顶层节点负荷较重，如果网络设计合理，可以将一部分负载分配给下一层节点。

3.3.3　网络分层设计方法

1. 接入层设计

（1）接入层设计目标。接入层主要为最终用户提供访问网络的能力。接入层负责将用户主机连接到网络中，提供最靠近用户的服务。接入层在网络工程中面临很多困难，如网络设备工作在环境温度变化大，灰尘多，电压不稳定等复杂环境中，容易影响设备工作的稳定性；接入层网络设备大多分散在用户工作区附近，设备品种繁多，地点分散，造成网络管理工作的困难；接入层网络设备往往价格便宜，容易出现质量问题，对网络稳定性影响很大。接入层是网络的基础平台，在网络设计中应当注意以下问题。

① 适度超前。为了避免重复建设，重复投资，同时满足企业网络业务发展需求，在设计工作中要遵循适度超前的设计原则。

② 分期实施。由于接入层网络环境复杂多变，接入技术也在不断改变，在充分考虑投资成本的情况下，要根据用户需求进行总体设计和分期建设网络工程。

③ 简化设计。接入层是设备最多，情况最复杂的网络，为了降低网络成本和提高网络效率，应遵循尽量简化的设计原则，包括结构简化、设备简化和接口简化等技术。

④ 安全隔离。在接入层，应当隔离各个用户之间的相互访问。合理而又灵活地利用端口隔离技术，可以有效地控制来自内部和外部用户之间的安全问题。这些隔离技术包括包过滤策略、访问控制技术、VLAN 划分、路由器隔离、防火墙隔离等。

（2）接入层拓扑结构设计。在局域网设计中，接入层网络一般采用通用的星状拓扑结构。

为了降低网络成本，接入层一般不采用冗余链路。

为了简化网络和降低成本，接入层一般不提供路由功能，也不进行路由信息交换。

由于接入层处于网络末端，用户业务变化快，扩容频繁，所以要求设备具有良好的扩展性，如交换机应当留有冗余端口，方便用户的扩展。

对于用户比较集中的环境（如机房等），由于接入用户较多，因此交换机应当提供堆叠功能。

当接入层交换机采用菊花链连接时（如交换机堆叠），网络拓扑可能会形成循环回路。因此，应当选择支持 IEEE 802.1d 生成树协议的交换机，以防止网络信号循环。

（3）接入层功能设计。接入层主要有交换机等网络设备，在网络设计中应当考虑：交换机端口密度（如 24/48 口）是否满足用户需求，交换机上行链路采用光纤模块（光口）还是采用光电转换端口（电口），交换机端口是否为今后的扩展保留了冗余端口，交换机是否支持链路聚合等问题。

由于用户接入类型复杂，接入层交换机应当提供交换机端口速率自动适应问题，如 10/100/1000Mbit/s 自适应，半/全双工自适应等。

在以太网中，接入层设备往往采用固定 2 层交换机或集线器，因为 2 层交换机价格便宜。但是 2 层交换也存在很多缺点，如不能有效解决广播风暴问题，异种网络互连问题，网络安全控制问题等。在一些高性能与高成本的网络设计中，接入层可能采用 3 层交换机。

（4）接入层性能设计。在接入网中，应当利用 VLAN 划分等技术隔离网络广播风暴，提高网络效率。

接入层交换机的下行端口与用户计算机相连，上行端口与汇聚层交换机相连，为了避免网络拥塞，交换机上行端口的传输速率应当比下行端口高出 1 个数量级。例如，下行端口为 100Mbit/s 时，就应提供 1000Mbit/s 的上行链路端口。

接入层交换机与汇聚层交换机距离小于 100m 时，可以采用双绞线相连；如果接入层交换机与汇聚层交换机相距较远，可以采用光电收发器进行信号转换和传输。

（5）接入层安全设计。接入层交换机应可以将每个端口划分为一个独立的 VLAN 分组，这样就可以控制各个用户终端之间的互访性，从而保证每个用户数据的安全。

接入层交换机应能提供端口 MAC 地址绑定，端口静态 MAC 地址过滤，任意端口屏蔽等功能，以确保网络运行安全。

（6）接入层可靠性设计。接入层设备对环境的适应力一定要强，因为大多数接入层设备被放置在建筑物的楼道中。在每个建筑中设置一个通风良好，防电磁干扰的设备间是不现实的，因此接入层设备应该对恶劣环境有良好的抵抗力。

大部分情况下，建筑物的设备间空间有限，因此网络设备的尺寸也是一个不可忽略的问题。选择设备时应该首选尺寸小，集成度较高，空余槽位较多的网络设备。

室外的介入层网络设备应设置在地里位置比较稳定的区域，不易受以后基建工作建设的影响，同时尽量避开外部电磁干扰、高温、腐蚀和易燃易爆区的影响。

（7）接入层网络管理设计。接入层处于网络边缘，接入节点一般距离网络管理中心较远，而且节点分散，数量众多，接入设备良好的可管理性将大大降低网络运营成本。因此，必须选用可网管的交换机，交换机应当提供 Web、Telnet 等多种管理方式。如果交换机具有远程监控（RMON）功能，就可实时进行网络信息收集，有效进行故障定位。

接入层网络管理还必须解决不同厂商设备组网下的网络管理问题。

2. 汇聚层设计

（1）汇聚层主要功能。汇聚层的主要功能是汇聚网络流量，屏蔽接入层变化对核心层的影响。汇聚层是核心层与接入层之间的接口，在局域网环境中，汇聚层包括以下功能。

① 链路聚合：减少接入层与核心层之间的链路数，当汇聚层与核心层有多条链路时，通过链路聚合实现链路上的负载均衡。

② 流量聚合：将接入层的大量低速链路转发到核心层，实现通信流量的聚合。

③ 路由聚合：在汇聚层进行路由聚合可以减少核心层路由器中路由表的大小。

④ 主干带宽管理：对网络主干链路进行流量控制，负载均衡和 QoS 保证。

⑤ 信号中继：对跨交换机划分的 VLAN，进行信号中继（Trunk）。

⑥ VLAN 路由：不同 VLAN 之间的计算机需要通信时，应当在汇聚层进行路由处理。

⑦ 隔离变化：网络接入层经常处于变化之中，为了避免接入层变化对核心层的影响，可利用汇聚层隔离接入层拓扑结构的变化。

（2）汇聚层链路汇聚。汇聚层将大量的低速流量汇聚后，再发送到核心层，以实现链路的收敛，提高网络传输效率。

（3）汇聚层交换机选择。汇聚层大多选用 3 层交换机，也有少部分选择 2 层交换机，这要视网络工程投资和核心层交换能力而定。同时，最终用户的流量需求也将影响汇聚层交换机的选择。

如果在汇聚层采用 3 层交换机，则在网络设计中体现了分布式路由的思想。可以大大减轻核心层交换机的路由压力，有效地进行路由流量的均衡。对于突发流量大，控制要求高，需要对 QoS 有良好支持的应用，如多媒体数据流、语音、视频等应用（如多媒体教室和教学），可以选择高性能的多层交换机。

大部分没有特殊需求的子网（如办公子网），最常用的业务是数据传输，它们对汇聚层设备要求并不高。可以考虑使用性能中等的 2 层交换机设备。如果汇聚层选择 2 层交换机，则核心层交换机的路由压力会增加，需要在核心层交换机上加大投资。

在园区网设计中，为了降低网络工程成本，一般采用电口的交换机设备。在城域网汇聚层，由于网络流量大，传输距离远，一般采用全光口交换机。

3. 核心层设计

核心层的主要功能是实现数据包高速交换。核心层是所有流量的最终汇聚点和处理点，从网络工程设计来看，它的结构相对简单，但是对核心层设备的性能要求十分严格。核心层设计应注意以下问题。

（1）核心层网络拓扑结构设计。单中心星状拓扑结构常用于小规模局域网设计（见图 3-12），它的优点是结构简单，网络工程投资少，适用于网络流量不大，可靠性要求不高的局域网。在这种结构中，往往将服务子网集中在核心层，这会导致核心层负载重，可靠性差，当核心层出现故障时，容易导致网络瘫痪。

核心层双中心星状拓扑结构常用于园区网设计（见图 3-13），它的优点是网络结构较为简单，实现了设备冗余和链路冗余，这提高了网络的可靠性，也可以很好地进行网络负载均衡。

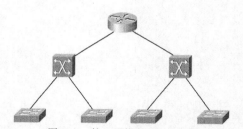

图 3-12　核心层单中心拓扑结构

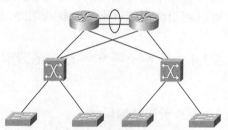

图 3-13　核心层双中心拓扑结构

当核心层为 3 个中心节点时，网络拓扑结构将连接成环状；当核心层 4 个节点时，一般将核心层连接成全网状（见图 3-14）。这种拓扑结构较为复杂，主要用于大型园区网和城域网设计中。这种网络有极好的可靠性，但是核心层构成了路由循环，因此网络传输的开销极大，网络建设成本也非常高，一般仅用在国家级大型网络核心网。

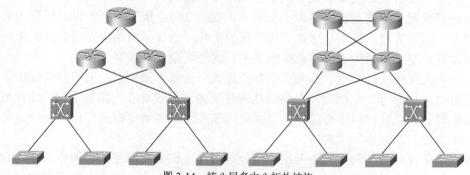

图 3-14　核心层多中心拓扑结构

（2）核心层性能设计策略。核心层通常采用高带宽网络技术，如 1Gbit/s 或 10Gbit/s 以太网技术；核心交换机应当采用高速率的帧转发；禁止采用任何降低核心层设备处理能力，或增加数据包交换延迟的方法；任何形式的策略必须在核心层外执行，如数据包的过滤和复杂的 QoS 处理等；核心层一般采用高性能的多层模块化交换机。

（3）核心层冗余设计策略。网络中增加带宽最简单的方法是增加冗余链路，路由器可以为多个链路和路径提供负载均衡功能，将信号流在各个链路之间进行均衡传输，从而提高数据的转发效率。一些企业的网络核心层非常重要，不能出现故障，如银行、证券、电信等业务。对于这类网络，核心层一般采用设备冗余和链路冗余设计，以保证网络的 QoS 和可靠性。对于核心层出现的网络环路，可以利用路由技术或生成树协议（STP）进行处理。

（4）核心层路由设计策略。策略是指一些设备支持的标准或网络管理员定制的一些配置规划。例如，路由器一般根据最终目的地址发送数据包。但在某些情况下，希望路由器基于源地址、流量类型或其他标准做出路由决定。

核心层的任务是交换数据包，应尽量避免核心层网络配置的复杂程度，因为一旦核心层执行策略出错，将导致整个网络瘫痪。

核心层设备应当具有足够的路由信息，将数据包发送到网络中任意目的主机。

核心层不应当使用默认路径到达内部网络的目的主机。

核心层路由器可采用默认路径来到达外部网络的目的主机。

可以利用路由聚合来减少核心层路由表的大小。

3.3.4　服务子网和网络扩展设计

1. 服务子网结构设计

局域网的服务主要有两类：一类是通用的网络服务，如 DNS 服务、Web 服务、FTP 服务、E-mail 服务等；另一类是企业内部的应用服务，如 OA（办公自动化）服务、MIS（管理信息系统）服务、CAD（计算机辅助设计）服务等。当这两大类服务较多时，往往需要一个服务器主机群组来实现，将它们称为服务子网。服务子网设计在网络的哪个层次，对网络性能影响很大，一般有集中式服务设计和分布式服务设计两种模型。

（1）集中式服务设计模型。集中式服务设计模型是将所有服务子网设计在网络核心层，这样服务器机群就集中安置在网络中心机房（见图 3-15）。集中式服务设计模型的优点是网络结构简单，便于管理；缺点是增加了核心层的负荷，增加了网络链路流量，网络可靠性不好。这种设计模型主要适用于网络数据流量不大的小型企业局域网。

（2）分布式服务设计模型。分布式服务设计模型的基本原则是：网络服务集中，应用服务分散。如图 3-16 所示，这种结构是将通用网络服务子网设计在网络核心层，这样网络服务器群（或集群）安置在网络中心机房，而企业内部应用服务器则根据部门应用特点分布到各个部门（汇聚层或接入层）的机房。

分布式服务设计模型的优点是网络流量分担合理，核心层网络设备的压力小；由于服务在汇聚层，即使核心层发生故障，服务子网仍然可以正常工作，因此网络可靠性好。分布式服务设计模型的缺点是网络管理工作量大，设备利用率不高。这种设计模型主要适用于大型企业园区网络设计。

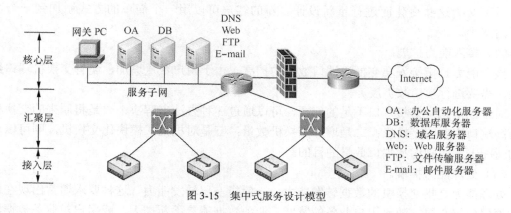

图 3-15 集中式服务设计模型

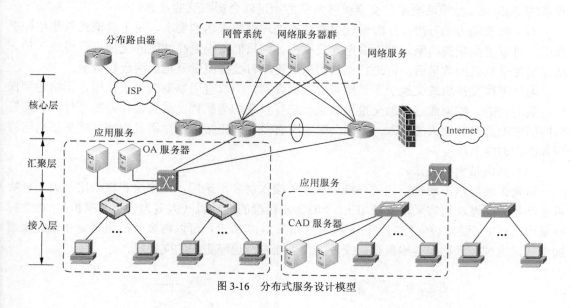

图 3-16 分布式服务设计模型

2. 网络结构扩展设计

用户业务的不断发展，接入用户数的增多，数据流量的加大，这些都对网络扩展提出了需求。但是，网络扩展是一件复杂的事情，即使是最简单的端口扩展，也可能会带来可靠性等方面的隐患；更不要说有些网络扩展，有可能要对网络配置进行大幅度修改，稍不小心就会带来灾难性的后果。网络扩展设计包括以下几个方面。

（1）扩展性要求。

一个扩展性良好的网络，在进行网络扩容时，不需要进行重大的改进设计。面对用户数量的增长，用户数据流量的增加，网络节点的增加或网络节点位置的改变等因素，可扩展性网络都应当提供解决问题的简单方案。网络扩展性设计时，网络工程师需要解决以下问题。如果企业网络用户数量增加一倍，网络端点数量就会增加一倍，并且有需要增加一倍带宽的应用程序时，目前的网络能够承受这种变化吗？一个扩展性良好的网络，应当能够容纳这种增长和变化，而不需要对基本结构进行全面修改。网络拓扑结构和适用的网络技术，不必为这些变化而进行重新设计。新的客户可以用一个简单的方式添加到一个可扩展的网络中。

（2）接入能力扩展。

接入能力是指接入层交换机端口数量的扩展。由于用户数量增加，现有交换机端口数量不够，需要进行端口数扩展。

对于固定式交换机端口不足的问题，可以通过 3 种办法来解决，一是将原来的交换机更换为高端口密度的交换机；二是增加交换机数量；三是对机架式模块化交换机，则可以通过增加适配卡，达到增加端口数量的目的。

（3）处理能力扩展。

处理能力是指交换机的数据转发能力，一般指三层转发能力。这种要求通常出现在网络的汇聚层或核心层。随着用户业务的发展，业务数据流量不断扩大，或用户对业务数据流有较多的 QoS 或安全策略要求，交换机转发能力不足就会影响这些业务。

对于处理能力的升级，一般通过更换交换处理模块来达到要求。对于机架式总线结构交换机，可以更换交换引擎。对于固定式交换机，则只能更换更高性能的交换机。另外一种方法是增加交换机的数量后，再进行负载均衡配置，将数据流量分担到两台设备上。

通过更换交换机的交换引擎虽然可以提高性能，但原有引擎则失去了作用，无法达到保护投资的目的。如果通过增加交换机数量和进行负载均衡配置，虽然设计方案可行，但需要对网络的配置进行较大的修改，不但会影响现有业务的正常运行，而且也同样增加了网络管理和维护的复杂程度。

（4）网络带宽扩展。

带宽扩展通常出现在不同的网络层次，如接入层和汇聚层，汇聚层和核心层。为了解决带宽不足的问题，通常采用支持 IEEE 802.3ad 标准的交换机（大多为三层交换机），这个标准采用 LACP（链路访问控制协议）技术，如图 3-17 所示，可以将多条链路绑定在一起来增加带宽，这种技术称为链路聚合。或者更换上连端口速率更快的交换机。

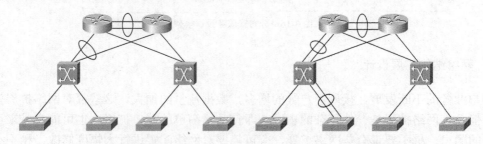

（a）不正确的链路聚合方法　　　　　　　（b）正确的链路聚合方法

图 3-17　网络链路聚合方法

通过 LACP 技术对现有网络带宽进行扩充时，LACP 技术的先天特征决定了一个 LACP 组的同一侧必须接在同一台交换机上。这带来了两个问题：一是连接 LACP 两端的交换机和 LACP 组本身为单点故障；二是若需要扩充的带宽很大，而交换机端口数量不够时，则无法满足扩展到预定带宽的目的。

（5）网络规模扩展。

用户由于部门调整或工作区域的增加，可能需要对网络进行扩展，在原来网络的基础上增加新的子网，通过互连而构成更大规模的局域网。如果用户只是部门调整，并没有增加新的办公区域或客户端点，可以利用子网重新划分来构成新的网络；也可以利用 VLAN 划分来解决问题。如果在原有基础上需要增加新的子网，可以利用交换机或路由器来构建新的子网，这时需要考虑网络链路的承载能力，以及网络核心层设备是否有足够的处理能力。

（6）网络平滑扩展。

随着用户对网络的依赖性越来越强，网络的中断可能会给用户带来巨大的损失。即使要进行网络的扩展升级，用户也希望不要对现存的网络有影响。这就要求网络在扩展中具有平滑升级的特性。同时，在网络扩展中，需要保护原有设备的投资，不造成投资浪费。

在传统网络技术中，通过增加交换机的数量，达到端口扩展和升级的目的，可以不影响现有业务，其他情况下的扩展升级，势必会影响现有业务的正常运行。如果为了扩展网络性能而更换原有的核心交换机，则不能达到保护投资的目的。

集群技术的发展为网络的平滑扩展带来了新的方法，它将网络的扩展性、可靠性、管理性融合在一起，为网络扩展方式提供了良好的设计思想。H3C（华为 3Com）公司推出的 IRF（智能弹性结构）集群技术，是解决网络扩展的一种良好方法。

3. IPv4 网络升级设计

由于 IPv6 与 IPv4 之间的网络协议不兼容，因此在 IPv4 向 IPv6 升级的过程中，必然会承担很大的风险。从近几十年计算机技术发展历史来看，大部分计算机技术都因为不兼容而淘汰，因此从 IPv4 升级 IPv6 将是一个漫长的过程。目前主要是将小规模 IPv6 网络接入到 IPv4 网络中，这样可以通过现有的 IPv4 网络访问 IPv6 的服务。目前基于 IPv4 的网络服务已经很成熟，它们不会立即消失。因此，一方面要继续维护这些服务，但同时还要支持 IPv4 与 IPv6 之间的互通性。目前从 IPv4 升级到 IPv6 的方法有以下几种。

（1）双协议栈技术。

如图 3-18 所示，网络设备同时支持 IPv4 和 IPv6 两个协议，但这会增加网络的复杂性，导致网络成本增加。

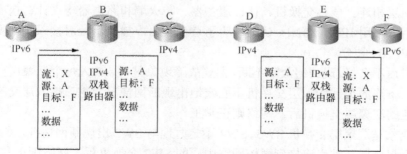

图 3-18 双协议栈技术网络示例

（2）隧道技术。

如图 3-19 所示，隧道技术是将一个版本的数据包封装在另一个版本的数据包中进行传输，目前是将 IPv6 的数据包封装在 IPv4 的数据包中；随着 IPv6 网络的增多，反过来封装的情况也会出现。这会增加网络设备的处理时间，导致处理效率不高。

（3）其他技术。

使用专用软件或硬件进行 IPv4 与 IPv6 协议的转换。但是软件协议转换效率不高，硬件协议转换容易造成兼容性问题。其他方法还有报头转换、应用层代理等技术。

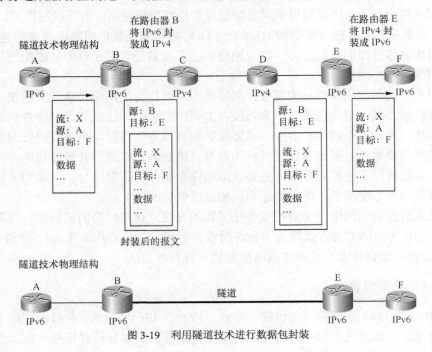

图 3-19　利用隧道技术进行数据包封装

4. 网络设计案例分析

某校园网络结构图如图 3-20 所示，网络核心层采用三层交换机 SW1，安置在学校网络中心机房；核心层交换机与 2 号学生宿舍楼汇聚层交换机 SW2 通过千兆（GE）光纤相连；1 号学生宿舍楼（主宿舍楼）汇聚层交换机 SW3 通过千兆光纤与 2 号宿舍楼的 SW2 交换机相连，并安置在一楼，由于 1 号宿舍楼用户较多，故在三楼又放置了一个汇聚层交换机 SW4。所有汇聚层交换机（SW2、SW3、SW4）采用可网管 1000Mbit/s 交换机；接入层均采用 100Mbit/s 交换机与汇聚层相连。核心交换机、认证服务器、防火墙和路由器均设计在核心层。学生宿舍楼栋上网用户采用 IEEE 802.1x 认证，为了避免网络广播风暴，对接入层交换机的每个端口都进行了 VLAN 划分。

网络建成后不久，发现网络故障不断，主要故障现象是：1～2 天每个汇聚层交换机（SW2、SW3、SW4）下连的个别接入层交换机不固定地出现断网情况，重启接入层交换机后不起作用，重启上连的汇聚层交换机后，网络则正常工作。

另一个现象是汇聚层交换机 SW3、SW4 不定时地与 SW2 出现断网情况，重启 SW3、SW4 交换机后都不起作用，重启连接到学校网络中心的 SW2 交换机后，网络则正常。

测试和分析以上网络故障后发现，由于学生宿舍上网用户较多，在做 IEEE 802.1x 认证时发送大量的认证数据包占用了带宽。为了提高网络带宽，关闭了所有接入层交换机的 STP（生成树协议）功能。关闭 STP 后，网络正常运行了一段时间。但是没过多久，又重复出现上述故障现象。

分析以上故障，发现网络在设计上存在以下问题。

（1）网络结构设计不合理，交换机级联太深，造成汇聚层交换机 SW2 带不动整个 1 号和 2 号宿舍楼的网络，造成一些不明原因的网络故障。

（2）交换机配置存在问题。目前大部分交换机采用 TAG VLAN 工作模式，同时打开了 STP 功能，这无形中增加了交换机的负载，有可能造成汇聚层交换机超负载工作。

（3）设计方案中网络结构划分不明确。校园网核心层采用 3 层交换机是正确的；但是两个宿舍楼都是汇聚层，交换机 SW2、SW3、SW4 应当分别与核心层交换机级联。但实际设计时采用汇聚层交换机进行层层级联，造成交换机级联太深，使 SW2 交换机带不动整个学生宿舍楼的网络，造成不明的网络故障。针对这种情况，应当将 2 号宿舍楼的 SW3、SW4 交换机分别直接连接到网络中心的核心交换机上，图 3-21 所示为改进后的网络结构图。

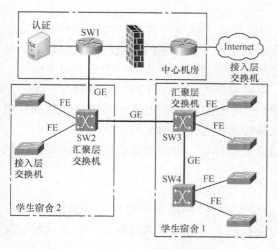

图 3-20　某校园网一期工程网络结构图

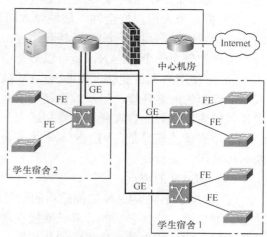

图 3-21　某校园网改进后的网络结构图

3.3.5　VLAN 设计

1．VLAN 的划分方法

（1）VLAN 的基本概念。

VLAN（虚拟局域网）是建立在交换机之上的逻辑网络，VLAN 可以进行逻辑工作组的划分和管理，逻辑工作组的节点不受物理位置限制。同一逻辑工作组的成员不一定要连接在同一个物理网段上，它们可以连接在同一个局域网的不同交换机上，也可以连接在不同的局域网的不同交换机上，只要这些交换机是互连的。一个节点从一个逻辑工作组转移到另一个逻辑工作组时，只要通过软件（如 Cisco IOS）设置，而不需要改变主机在网络中的物理位置。如图 3-22 所示，它们之间的通信就像在同一个物理网段上一样。同一个 VLAN 之中的主机可以自由通信，不同 VLAN 之间的主机通信必须通过路由器或三层交换机进行信号转发。设计 VLAN 的目的是为交换机端口提供独立的广播域，大部分 2 层交换机都支持 VLAN 技术。

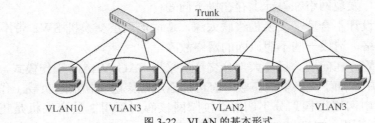

图 3-22　VLAN 的基本形式

（2）VLAN 的优点。

① 隔离广播风暴。一个 VLAN 中的广播信号不会送到这个 VLAN 之外的网络。广播流量只能在 VLAN 内部传输，这样可以减少广播流量。例如，在一个 VLAN 组中，一个用户使用广播信息很大的应用软件（如视频点播软件）时，它只影响到本 VLAN 内的用户，其他逻辑工作组中的用户则不会受它的影响。

② 提高个人用户安全性。城域以太网接入小区后，小区或一栋楼房内的多个用户会在同一个局域网内，用户之间可以相互访问，这会造成用户个人信息的安全性问题。如果将每一个用户划分为一个 VLAN，就可以避免用户之间的相互访问，提高用户信息的安全性。

③ 方便用户人员变动。借助 VLAN 技术，可以将不同地点、不同用户组合在一起，形成一个虚拟的网络环境，用户就像使用本地 LAN 一样方便有效。VLAN 可以降低移动或变更计算机地理位置的管理费用，特别适应一些业务情况经常变动的公司。

一个有趣的现象是，VLAN 本来为人员变动方便而设计，但应用最多的却是隔离广播风暴和提高用户安全性。

（3）VLAN 的缺点。

① 增加了不同 VLAN 之间路由的信号流。如果 VLAN1 中的用户要与 VLAN2 中的用户进行数据交流，即使它们的计算机连接在同一台交换机上，也必须通过路由。如果这种情况经常发生，VLAN 也就失去了它的优越性。

② 过多 VLAN 造成的网络性能下降。如果定义了过多需要相互通信的 VLAN，网络的性能会变得非常糟糕。

③ 主干链路流量加大。跨越多个网络设备的 VLAN 会增加网络主干链路的通信量。从某种意义上讲，VLAN 将通信量扩展到了整个网络上，形成了虚拟交换机，给网络增加了通信流量。因此在网络设计中，应保证连接 VLAN 的主干链路拥有足够的带宽。

④ 增加了网络的抽象性。网络管理软件经常使用"网络视图"显示整个网络的拓扑结构，设备运行状况，使网络管理员易于解决网络中出现的问题。对于 VLAN，网络管理员无法将网络的物理布局与逻辑结构相互联系起来，这使得网络故障定位变得困难。VLAN 给网络增加了抽象性。

（4）VLAN 的划分方法。

基于交换机端口进行 VLAN 划分是一种最常用的方法，几乎所有交换机都提供这种 VLAN 配置方法。这种方法是将交换机上的物理端口分成若干个组，每个组构成一个 VLAN。这种方法的优点是定义 VLAN 成员非常简单，只要将所有的端口都定义为相应的 VLAN 组即可，而且适合于任何大小的网络。它的缺点是如果某用户离开了原来的端口，到了一个其他交换机的端口，就必须对端口重新进行定义。VLAN 的划分方法如表 3-3 所示。

表 3-3　　　　　　　　　　　　　　　**不同 VLAN 划分方法的优点与缺点**

划分方法	类　型	优　点	缺　点	应用范围
基于端口的 VLAN	静态 VLAN	划分方法简单； 网络性能好； 大部分交换机支持； 交换机负担小； 适合任何大小的网络	手工设置较烦琐； 用户变更端口时，必须重新定义	应用广泛
基于 MAC 的 VLAN	动态 VLAN	用户位置改变时不用重新配置； 安全性好	所有用户都必须配置； 网卡更换后必须重新配置； 交换机执行效率降低	应用不多
基于协议的 VLAN	动态 VLAN	管理方便； 维护工作量小	交换机负担较重	应用较少
基于 IP 组播的 VLAN	动态 VLAN	可将 VLAN 扩大到广播域； 很容易通过路由器进行扩展； 适合于不在同一地理范围的局域网用户组成一个 VLAN	不适合局域网； 效率不高	应用极少

（5）VLAN 的标准。

VLAN 相关的标准有 IEEE 802.1Q、IEEE 802.1p、IEEE 802.10、ISL（Cisco）等。

IEEE 802.1Q 协议定义了基于端口的 VLAN 模型，这是使用最多的一种方式。IEEE 802.1Q 标准给出了各种专有 VLAN 的统一标准，它提出了入口规则、出口规则、VLAN 成员关系、统一的 VLAN 帧格式和 VLAN 的实现方法等规范。IEEE 802.1Q 标准可用于不同厂商交换机产品的互连。

IEEE 802.1p 标准提出了优先级的概念。对实时性要求较高的数据包，主机在发送数据时，就会在 MAC 帧头部优先级标志中，指明该数据包的优先级。这样，当交换机数据流量较多时，它就会考虑优先转发优先级较高的数据包。目前部分交换机采用的交换芯片只支持 2 个优先级，也有一些交换机能支持 4 个优先级。

（6）VLAN 工作过程。

由于 VLAN 重新划分了 LAN 成员之间的逻辑连接关系，因此连接在一个交换机上或在一个 IP 子网内的计算机，它们之间的通信方式受到了改变。VLAN 成员之间的寻址不再是简单根据 MAC 地址或 IP 地址，还需要根据 VLAN 帧中的寻址结构字段 VID（VLAN 标记）。

当 VLAN 帧到达交换机某一端口时，该端口根据入口规则决定是否接收该帧。如果接收，再根据出口规则决定是否转发该帧。如果转发，则查阅 VLAN FIB（VLAN 转发信息库），将 VLAN 帧转发到目的 VLAN 对应的端口；如果数据包没有 VID（VLAN 标记），还要给数据包加上 VID。其他情况下，则将该数据包丢弃。

（7）VTP（VLAN 主干协议）工作模式。

VTP（VLAN 主干协议，Cisco 专有的协议）通过网络保持 VLAN 配置的统一性。VTP 可以在系统级管理、增加、删除、调整 VLAN，自动地将信息向网络中其他交换机广播。如图 3-23 所示，VTP 有 3 种工作模式：服务模式、客户模式和透明模式。

VTP 服务模式维护该 VTP 域中所有 VLAN 信息列表，可以增加、删除或修改 VLAN。当交换机工作在 VTP 服务模式下时，可以使用 CLI（命令行模式）、控制台菜单和 MIB（使用 SNMP 的网管 PC）修改 VLAN 的配置。例如，当网络增加了一个 VLAN 时，VTP 将广播这个新的 VLAN，服务模式和客户模式下的交换机 Trunk 端口会准备接收这些信息。

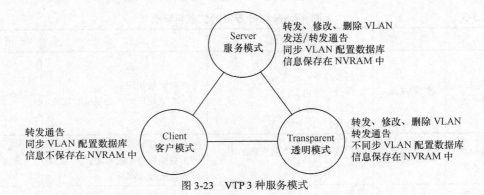

图 3-23　VTP 3 种服务模式

VTP 客户模式也维护该 VTP 域中所有 VLAN 信息列表，但不能增加、删除或修改 VLAN，VLAN 的任何变化信息都必须从 VTP 服务模式交换机发布的通告数据包中接收。

VTP 透明模式不参与 VTP 工作，它虽然忽略所有接收到的 VTP 信息，但能够将接收到的 VTP 数据包转发出去。它只拥有本设备上的 VLAN 信息。在 VTP 透明模式下，能通过控制台、CLI、MIB 来修改，增加和删除 VLAN。

VTP 服务端口和 VTP 客户端口必须处于同一个 VTP 域中，而且一台交换机只能位于一个 VTP 域中。在默认方式下，所有 Cisco Catalyst 交换机都被配置为 VTP 服务模式。这种情况适用于 VLAN 信息量较少的小型网络。对于大型网络，对使用 VTP 服务模式的交换机，应进行优化配置。

2．VLAN 的基本配置

不同交换机的 VLAN 配置命令和方法有所差异，下面以 Cisco 交换机的基本配置命令为例进行说明。

（1）创建 VLAN 组。

创建 VLAN 前，交换机必须处于 VTP 服务模式或 VTP 透明模式。创建 VLAN 需要 2 个步骤，先创建 VLAN 组，然后将相关端口绑定到该 VLAN 组中。

命令格式：Switch（config)#vlan <VLAN 号>

例：Switch（config）#vlan 10 //建立 10 号 VLAN 组，并进入 VLAN 配置模式

标准<VLAN 号>的取值为 1～1001，其中 VLAN1 为系统默认 VLAN，不需要创建，也不能删除。在 VTP 透明模式下（VTP 禁用），交换机支持的 VLAN 号为 1006～4094。

VLAN 组成员分布于多台交换机上时，需要在每台交换机上创建该 VLAN 组（VLAN 号相同），并将成员加入到同一 VLAN 组内。

（2）定义 VLAN 成员访问模式。

命令格式：Switch(config-if)#switchport mode access

（3）将端口绑定到指定的 VLAN 组。

命令格式：Switch(config-if)#switchport access vlan <VLAN 号>

例：Switch(config-if)#switchport access vlan 10 //10 为 VLAN 组号

（4）VLAN 组命名（可选）。

命令格式：Switch(config)#name <VLAN 名称>

例：Switch(config-vlan)#name V10 //V10 为用户定义的 VLAN 名称

（5）查看 VLAN 配置（可选）。

命令格式：Switch(config-if)#show vlan [<VLAN 号|VLAN 名称>]

例：Switch#show vlan

（6）保持 VLAN 配置（可选）。

命令格式：Switch#copy running-config startup-config

（7）删除某个端口的 VLAN 配置（可选）。

命令格式：Switch(config)#default interface <端口号>

（8）删除某个指定的 VLAN（可选）。

命令格式：Switch(config-vlan)#no vlan <VLAN 号>

例：Switch(config-vlan)#no vlan 10

3．VLAN 之间的中继

当一个 VLAN 组跨接在 2 台以上的交换机时，就需要对 VLAN 信息进行 Trunk（中继）。数据包进入交换机 Trunk 端口时，都要打上 VLAN 标签（VLAN TAG），离开交换机 Trunk 端口时需要去掉 VLAN 标签。交换机 Trunk 有两种技术，即 ISL（Cisco 公司交换机间链路协议）和 IEEE 802.1Q。

如图 3-24（a）所示，当一个 VLAN 组（如 VLAN10 或 VLAN20）中的成员，在同一台交换机中进行通信时，交换机不需要额外的物理链路进行数据传输。

如图 3-24（b）所示，当一个 VLAN 组（如 VLAN20）中的成员，处于不同交换机之中时，就需要进行 VLAN 信号的中继（Trunk）。当有 2 个 VLAN 组（如 VLAN10 和 VLAN20）处于 2 台交换机之中时，交换机之间本来需要 2 条物理链路进行数据传输，一条是 VLAN10-VLAN10，另一条是 VLAN20-VLAN20。这样，当有 N 个 VLAN 时，在两台交换机之间就需要 N 条物理链路。显然，这种设计方案是不合理的，也没有实用意义。

IEEE 802.1Q 标准提出采用 Trunk 技术进行处理。Trunk 是一种数据封装技术，它是一条点到点的链路，主要功能是仅仅通过一条链路，就可以连接多台交换机中的多个 VLAN 组成员。设置 Trunk 后，Trunk 链路不属于任何一个 VLAN，Trunk 链路在交换机之间起 VLAN 管道的作用。

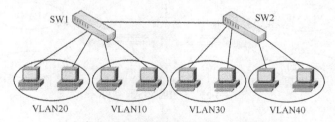

（a）当 VLAN 组成员没有跨交换机时，不需要 Trunk

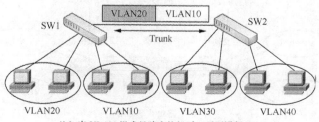

（b）当 VLAN 组成员跨交换机时，需要进行 Trunk

图 3-24　VLAN 的 Trunk（中继）

在 VLAN 中，交换机端口的工作模式分为 3 种：Access（访问）模式、Multi（多 VLAN）模式和 Trunk（中继）模式。在 Access 和 Multi 模式下，交换机端口用于连接主机；在 Trunk 模式下，Trunk 端口可同时属于多个 VLAN，传递多个 VLAN 的信息，Trunk 端口一般用于交换机之间的连接，或交换机与路由器之间的连接。

4．VLAN 的设计原则

（1）VLAN 的安全与性能。

在交换机中划分 VLAN 虽然具有安全功能，但是在网络设计工作中不应当过分依赖它，因为交换机毕竟不是安全设备，它的功能仍然是以提高网络性能为主。

（2）VLAN 应用到 MAN 的可能性。

理论上 VLAN 可以扩展到 MAN（城域网）中。VLAN 没有很好的路由算法，经常以广播的形式转发数据包，极大地浪费了 MAN 宝贵的带宽。因此，将基于端口的 VLAN 扩展到 MAN 是不合理的，而基于组播的 VLAN 则可以灵活地扩展到 MAN 中。

（3）VLAN 之间的相互影响。

如图 3-25 所示，当一个 VLAN 组跨越多台交换机时，就会对交换机和链路形成共享。VLAN 对交换机和链路的共享有两种类型：一种是"广播共享"，即 VLAN 划定的广播域贯穿共享设备和链路；另一种是"路由共享"，即不同 VLAN 的数据包以路由方式穿过 3 层交换机（见图 3-26 中虚线）。

在正常情况下，VLAN 对网络资源（交换机和链路）的共享影响不大，因为共享的交换机有足够的交换能力，链路不是很拥挤。但是，当某一 VLAN 出现异常时（如感染病毒或出现环路），异常 VLAN 中的大量数据包，将挤占该 VLAN 涉及交换机的 CPU 资源和背板带宽，并长时间占用物理链路。如果故障点发生在核心交换机附近，则整个网络就有可能瘫痪。

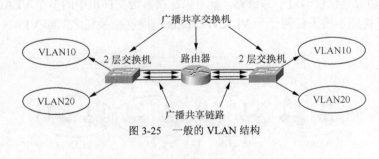

图 3-25　一般的 VLAN 结构

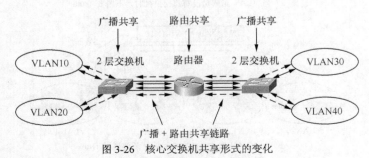

图 3-26　核心交换机共享形式的变化

（4）VLAN 设计的基本原则。

完全消除 VLAN 之间在链路和设备上的共享，在理论上是不可能的。只能尽量减少相互影响的范围，降低相互影响的程度。在 VLAN 设计中尽量遵守以下原则。

① 应尽量避免在同一交换机中配置太多的 VLAN。

② VLAN 不要跨越核心交换机和网络拓扑结构的不同分层。

在图 3-25 中，VLAN10（VLAN20 也是这样）的范围跨越了整个网络，一旦 VLAN 发生故障，将影响链路中所有设备。在图 3-26 中，将 VLAN 限定在核心交换机的同一侧，资源共享的程度就大大减轻了。

在图 3-26 中，同一 VLAN 组成员没有跨越核心交换机，因此不同 VLAN 的广播帧就不会穿越核心交换机。同时核心交换机允许不同 VLAN 之间的正常数据流（见图 3-26 中虚线）通过，核心交换机受 VLAN 影响的程度就减少了。

5．网络环境与生成树协议

由于网络结构的复杂性，会不可避免地出现网络环路现象。解决网络环路的有效方法之一是采用生成树技术。

（1）生成树协议工作原理。

IEEE 802.1d 标准定义了生成树协议（STP），解决网络环路问题的方法是让网桥（如交换机）之间相互通信，确保任何网络环路之间只有唯一的路径。

STP 算法的基本思想是生成"一棵树"，树的根是一个称为根桥的交换机，根据 BPDU（网桥协议数据单元）不同，不同的交换机会被选为根桥，但任意时刻只能有一个根桥。由根桥开始，逐级形成一棵树，根桥定时发送配置数据包，非根桥接收配置数据包并转发。如果某台交换机能够从两个以上的端口接收到配置数据包，则说明从该交换机到根有不止一条路径，便构成了循环回路，这时交换机根据端口的配置选出一个端口，并将其他的端口阻塞，消除循环。当某个端口长时间不能接收到配置数据包时，交换机认为该端口的配置超时，修改网络拓扑结构，最后形成一棵树的生成树。

一旦在局域网中建立了生成树，局域网中所有数据传送都遵从这个生成树，从每个源地址到每个目标地址只有唯一的路径，因此数据包就不会发生循环传送了。生成树形成后，经过一段时间（45s）的稳定，然后所有端口要么进入转发状态，要么进入阻塞状态。

（2）快速生成树协议（RSTP）。

IEEE 802.1d 规定的生成树协议（STP）可在 45s 内恢复连接。但是随着视频和语音业务的应用，网络必须具有更快的自恢复能力，因而随后开发的 IEEE 802.1w 标准定义了 RSTP（快速生成树协议），它在 STP 基础上做了一些改进，提高了收敛速度（最快 4s）。

RSTP 仅工作在点到点的连接中，否则将回到 STP 模式。

RSTP 只是改进了生成树的收敛时间，没有解决在整个局域网中，只能建立一个生成树的不足。为了避免生成树过于复杂，在局域网中最好不要使网络节点超过 7 个。

（3）多路生成树协议（MSTP）。

为了解决 RSTP 存在的问题，IEEE 802.1s 又定义了 MSTP（多路生成树协议）。MSTP 是适应 VLAN 应用的一种技术，它允许为每个逻辑网络（VLAN）建立一个树状拓扑，以适用于结构层次复杂的大型局域网和以太城域网。

3.4 寻址与命名设计

3.4.1 分配网络层地址的原则

管理员应该规划、管理和记录网络层地址。虽然终端系统可以动态获得它的地址，但不存在动态分配网络或子网号的机制。管理员必须要规划并管理好这些编号。许多没有经过寻址规划和记录的过时网络仍然存在，这类网络很难进行故障排查，并且无法扩展。

下面的列表为网络层寻址提供了一些简单规则，它可以帮助你在网络设计中实现可扩展性和可管理性。这些规则会在本节稍后部分详细描述。

（1）在分配地址之前设计结构化寻址模型。

（2）为寻址模型预留成长空间。如果没有规划扩充，以后就不得不为许多设备重新编号，这项工作非常繁重。

（3）以分层的方式分配地址块，以培养良好的可扩展性和可用性。

（4）基于物理网络结构而不是组成员来分配地址块，以避免组或个人移动所带来的问题。

（5）如果地区和分支机构的网络管理专家水平比较高，可以委托授权他们来管理自己地区或分支机构的网络、子网、服务器和终端系统的寻址。

（6）为了最大限度地满足灵活性，而又使配置最少，可以为终端系统使用动态寻址。

（7）为了最大限度的满足安全性和适应性，在 IP 环境中使用具有网络地址转换（NAT）的私有地址。

1. 使用结构化网络层寻址模型

寻址的结构化模型是指地址是有意义的、分层的并且是规划好的。包括前端和主机两部分的 IP 地址格式是结构化的。为一个企业网络分配一个 IP 网络号，然后将每个网络号分成子网，再将子网分成子网，这也是一种结构化（层次化）的 IP 寻址模型。

对寻址的结构化模型进行了清晰记录有利于地址的管理和故障排查。结构化使得理解网络结构、操作系统管理软件以及利用协议分析仪的跟踪和报告分析设备都很容易。结构化地址还易于实现网络优化和安全性，因为它使得在防火墙、路由器和交换机上实施网络过滤变得容易了。

许多公司都没有寻址模型。如果没有模型，地址会以一种随机的方式进行分配，可能会发生下面的问题。

（1）网络和主机地址重复。

（2）使用不能在 Internet 上进行路由的非法地址。

（3）对全体或每个小组来说没有充足的地址。

（4）地址无法使用，因此导致浪费。

2. 通过中心权威机构管理地址

一个公司的信息系统（IS）部门或网络管理部门应该为网络层寻址开发一个全局模型。作为网络设计者，你应该帮助 IS 部门开发这个模型，这个模型应该能够标识企业网络核心的网络编号,并且能标明分布和接入层的子网块。根据企业的组织结构,每个区域或分支机构里的网络管理员可以进一步划分子网。

IP 地址可以是私有或公有地址。公有地址是全局唯一的,并且在权威机构注册的。私有地址在公网上不可路由,并且只能在一特殊范围内分配,私网地址记录在 RFC1918 的文档中。

在地址设计阶段的早期,你需要回答关于私有地址和公有地址的一些问题。

(1)是需要私有地址、公有地址,还是两种地址都需要?

(2)有多少台主机只需要访问私有网络?

(3)有多少台主机需要访问公网?

(4)如何实现私有地址和公有地址的转换?

(5)网络拓扑结构中的什么位置是私有地址和公有地址的边界?

IANA 负责全球公网 IP 地址的分配关系。IANA 把 IP 地址分配给 RIR,如果你需要大量的公网地址,那么你需要与下面 5 个 RIR 之一联系。

(1)ARIN(American Registry for Internet Numbers)为北美和加勒比部分地区服务。更多信息请访问 www.arin.net。

(2)RIPE NCC(RIPE Network Coordination Centre)为欧洲、中东和中亚服务。更多信息请访问 www.ripe.net。

(3)APNIC(Asia Pacific Network Information Centre)为亚太地区服务。更多信息请访问 www.apnic.net。

(4)LACNIC(Latin American and Caribbean Internet Address Registry)为拉丁美洲和加勒比部分地区服务。更多信息请访问 www.lacnic.net。

(5)AfricNIC(African Network Information Centre)为非洲服务。更多信息请访问 www.afrinic.net。

术语"和服务提供商无关地址空间"指的是直接由 RIR 分配的地址。实际上,许多企业用的地址根本就不是来自服务提供商无关地址空间,一个组织需要向 RIR 证明它有 1000 台或更多的 Internet 连接主机,这样的情况下才有资格申请和服务提供商无关地址空间。因此,许多企业使用的是 ISP 分配给它们的公网地址,也就是服务提供商分配的地址空间。企业只要是这个 ISP 的客户,它就可以使用这些地址。一旦选择了另一个 ISP,地址就要重新变化,这也是服务提供商分配的地址空间方法的一个问题。除非有若干台主机需要公网地址,才适合使用服务提供商分配的地址空间。

3. 寻址的分布授权

开发寻址和命名模型的第一步是要决定由谁实施这个模型。哪个管理员将具体分配地址并配置设备?如果寻址和配置都是由没有经验的网络管理员操作,那么你应该使这个模型简单一些。

如果缺少网络管理员(许多组织机构都存在这种情况),那么就应该简化设备的配置要求。在这种情况下,采用动态寻址是个好的建议。像在 IP 环境下的动态主机配置协议(DHCP)这类动态寻址,可以让每个终端系统自动学习地址,如果有必要,也只需对终端系统进行很少量的配置。

如果地区机构和分支机构的网络管理员缺少经验,你可以考虑不委托授权他们进行寻址和命名。许多小型和中等规模的公司在公司(中心)一级进行严格的寻址和命名控制。进行严格的控制可以避免由于用户误操作以及网络失效带来的错误。对寻址和命名进行严格的控制也具有挑战性，尤其是在区域网络管理员和用户对网络越来越具备经验并可以逐步开始安装一些可分配地址的网络设备时。

4. 为终端系统使用动态寻址

动态寻址减少了将终端系统连接到互联网络中所需的配置工作量。动态寻址也支持那些频繁更换办公室、旅行或偶尔在家工作的用户。使用动态寻址，工作站可以自动了解它当前正连接在哪个网段上，并相应地调整网络层的地址。

动态寻址已经成为 AppleTalk 和 Novell NetWare 这类桌面协议的内置功能。这些协议的设计者意识到需要将配置工作降到最低，以便没有经验的用户能够建立小型互连网络。另一方面，IP 协议可以在由有经验的系统管理员管理的计算机上运行，因此它最初并不支持动态寻址。不过近年来，动态寻址的重要性已经被认可，许多公司使用 DHCP 以最小化终端系统的配置工作。

许多网络结合使用静态寻址和动态寻址。静态寻址通常用于服务器、路由器和网管设备。静态地址也用于电子商务中的企业边缘、Internet 边缘、VPN/远程访问和模块化网络设计中的 WAN 边缘模块。虽然交换机是网络层以下数据链路层和物理层的设备，但出于网管的目的给它分配一个静态的 IP 地址也是一个很好的方法。动态寻址则通常用于终端系统，包括工作站和 IP 电话。

其他使用静态和动态寻址的考虑事项如下所示。

（1）终端系统的数量：当超过 30 台系统时，动态寻址比较好。

（2）重新分配地址：如果将来有可能对很多终端系统的地址重新分配，那么动态寻址是一个很好的解决方案。当选择一个新的 ISP 时，就需要对公网地址重新分配。而且，当前的地址规划不合理或地址很快要用完时，也需要重新分配地址。

（3）高可用性：静态分配的 IP 地址是任何时候都是可用的，动态分配的 IP 地址必须从服务器上获得。如果服务器出现故障，用户就得不到地址。为了解决这个问题，可以采用冗余的 DHCP 服务器或者使用静态地址。

（4）安全性：使用动态地址分配，在许多情况下，任何设备连接到网络中都可以获取到一个有效的 IP 地址。这就出现了安全上的隐患，这也意味着如果一个公司有严格的安全策略的话就不能使用动态的方法分配地址。

（5）地址跟踪：如果管理或安全策略需要地址能够被跟踪，那么静态地址分配比动态寻址更容易实现。

（6）额外参数：如果一个终端系统需要的信息不止是一个 IP 地址，那么动态地址分配技术就更有用，这是因为服务器可以提供除了 IP 地址以外的信息。例如，一台 DHCP 服务器可以提供子网掩码、默认网关和可选的一些操作（如一台或多台名字解析服务器的地址，包括 DNS 和 WINS 服务器的地址）。

（1）IP 动态寻址。

在 IP 协议刚刚被开发出来时，要求网络管理员为每个站点配置唯一的 IP 地址。在 20 世纪 80 年代中期，开发出了一些协议以支持无盘工作站动态学习地址。由于无盘工作站没有存储介质不能保存配置信息，因此这是很必要的。这些协议包括逆向地址解析协议（RARP）和 BOOTP。BOOTP 后来演进到 DHCP，DHCP 从 20 世纪 90 年代后期开始广泛流行。

　　RARP 适合在一个很小的范围内使用，该协议返回站点的唯一信息是它的 IP 地址。BOOTP 比 RARP 复杂得多，可以有选择地返回其他额外信息，包括默认网关地址、下载的启动引导文件的名字和 64 字节的特定设备制造商的信息等。

　　① 动态主机配置协议（DHCP）。DHCP 是由 BOOTP 发展而来的。虽然 DHCP 对 BOOTP 作了很多改进，包括更大的特定于设备制造商的信息字段（DHCP 中叫作选项字段）和可重用网络层地址的自动分配，但 BOOTP 主机和 DHCP 主机仍然可以互通。DHCP 在流行性方面超过了 BOOTP，这可能是因为它更易于配置。DHCP 不像 BOOTP，网络管理员不需要维护 MAC-IP 地址映射表。

　　DHCP 使用的是客户机/服务器模型。服务器负责分配网络层地址，并保存有关哪些地址已经被分配的信息。客户机则会从服务器动态请求配置参数。DHCP 的目标是不需要在客户机上进行任何手工配置。此外，网络管理员不需要将任何基于每个客户机的配置参数输入到服务器中。

　　DHCP 支持 3 种 IP 地址分配方法。

　　a. 自动分配：DHCP 服务器为客户机分配一个永久的 IP 地址。

　　b. 动态分配：在一个有限的时间范围内，DHCP 服务器为客户机分配一个 IP 地址。

　　c. 手工分配：网络管理员为客户机分配一个永久 IP 地址，DHCP 仅被简单地用来将分配的地址传送给客户机（手工分配很少使用，因为它需要针对单个客户机进行配置，而自动分配和动态分配则不需要）。

　　动态分配是最流行的方法，部分原因是它的重分配功能支持不是所有时间都在线的主机的环境，以及主机比地址多的情况。使用动态分配，客户机请求在一段有限的时间内使用一个地址，这段时间叫作租期。

　　分配机制可以保证服务器在请求时间内不重新分配地址，并尝试在每次请求地址时对那个客户机返回相同的网络层地址。客户机可以使用后续请求来延长租期，也可以向服务器发送 DHCP 释放消息来停止租用。

　　如果一个地址的租用过期的话，地址分配机制可以重新使用这个地址。为实现一致性校验，分配服务器在再分配地址之前会探查可重用的地址。它可以通过使用 Internet 控制消息协议（ICMP）回声请求（echo-reply）（也叫作 ping 数据包）来完成这项工作。客户机也会探查最近接收到的地址。它可以通过使用 ping 数据包或地址解析协议（ARP）请求来完成这项工作。

　　在客户机开机引导时，会在它所处的本地子网广播一个 DHCP 发现消息。一个在先前曾经接收过网络层地址和租期的工作站可以在 DHCP 发现消息中包含这些信息，以建议本次重启后继续使用这个地址。路由器可以将 DHCP 发现消息转发到不位于同一个物理子网内的 DHCP 服务器上，这样就不需要在每个子网上驻留 DHCP 服务器了（路由器充当了 DHCP 中继代理）。

　　每台服务器都会使用 DHCP 提供消息响应 DHCP 请求，在这个报文的你的地址（yiaddr）字段中包含一个可用网络层地址。DHCP 提供消息在选项字段中还包含其他的配置参数。

　　在客户机接收到来自一台或多台服务器 DHCP 提供消息后，客户机会从中选择一台服务器以请求配置参数。然后客户机以广播的形式发送一个包括服务器标识符选项的 DHCP 请求消息报文指明已经选择的服务器。DHCP 请求消息以广播形式发送，在必要时要通过路由器中继。

　　在 DHCP 请求消息中选择的服务器会将客户机的配置参数提交到非易失存储器中，并用 DHCP 应答消息响应，其中包含请求客户机的配置参数。

如果客户机没有接收到 DHCP 提供消息或 DHCP 应答消息，客户机就会在超时后再次发送 DHCP 发现和请求消息报文。为了避免同步和过量的网络流量，客户机使用随机指数回退算法决定两次重发之间的延迟。基于服务器和客户机之间的网络特征，两次重发之间的延迟要允许有足够的时间从服务器得到应答。例如，在一个 10Mbit/s 的以太网上，第一次重发之前的延迟是 4s，它是从 $-1\sim+1$ 选择一个统一的随机数随机计算的。再下一次重发之前的延迟将是 8s，它也是从 $-1\sim+1$ 选择一个统一的随机数随机计算的。重发延迟将随着后续重发次数成倍增加，最多可达到 64s。

② DHCP 中继代理。DHCP 客户端会以广播的形式发送消息。但广播无法跨越路由器，它只能在本地子网中传播，没有中继代理的话，每个子网中都需要一台 DHCP 服务器。路由器可以充当 DHCP 代理，这就意味着路由器可以把来自客户的 DHCP 广播信息传送给与客户不在同一网段的 DHCP 服务器。这就避免了服务器必须和客户在同一网段的情况。

以 Cisco 路由器为例，可在连接客户的那台路由器接口上配置 ip helper-address 命令，使路由器成为一个 DHCP 的代理。这条命令的地址参数应当指向 DHCP 服务器的 IP 地址。而且，这个地址也可以是一个广播地址，这样路由器就可以把这个 DHCP 发现消息广播到特定的网段上。只有服务器在一个直连的网段上时才可以使用广播地址，因为现在的路由器并不向其他网段转发定向广播。

当路由器传递一个发现信息到另一个网络或子网时，路由器会将收到发现信息的那台路由器接口的地址放入 DHCP 头中的网关地址（giaddr）字段。这样 DHCP 服务器就可以使用 giaddr 信息来决定给用户分配的地址范围了。

（2）IP 版本 6 的动态寻址。

就像 IPv4 一样，IPv6 也支持静态和动态寻址。IPv6 将动态寻址称为自动配置。IPv6 的自动配置可以分为状态化或非状态化两类。

在状态化自动配置模式下，主机的 IP 地址和其他参数是从服务器获取的。服务器存储了一数据库，它含有所有必须的信息并维护和控制地址分配。这听起来很熟悉，这种状态变化自动配置模型定义在 DHCPv6 中。

非状态化自动配置对主机无需手工配置，只需对路由器做一个最小配置（或不配置），同时不需要服务器。对网络工程师来说，如果他并不关心使用哪个地址，只要这些地址是全局唯一和可路由的，那么非状态化配置就是一种最好的方法。非状态化自动配置记录在 RFC 2462 中。

使用非状态化自动配置，一台主机可以将本地可用信息和路由器通告来的信息合并起来，产生一个自己的地址。这个过程会对接口产生一个链路本地地址。这个链路本地地址将著名的本地链路前缀（FE80::/10）和 64 位接口标识符合并在一起。

为了验证链路本地地址和接口标识符合并产生的这个实验地址的唯一性，主机会发一个邻居请求信息将这个实验地址作为目标地址。如果另一台主机使用这个地址，就会返回一个邻居通告。在这种情况下，自动配置就会停止，需要手工干预（因为地址通常是基于网卡地址，所以地址重叠是不太可能的）。如果没有返回响应，那么这个实验地址就是唯一的，该主机的 IP 连接可行。

自动配置进程的最后一步就是主机监听来自 IPv6 路由器的通告信息，这个通告信息是路由器周期性发出的。主机也可以将一个路由器请求消息传输到一个代表所有路由器的组播地址中，以此强制路由器做出回应。路由器通告信息里含有由主机使用的零个或多个前缀信息使主机产生一个本地站点地址，这个本地站点地址有一个只局限于本地站点的范围。路由器通告也含有一个没有范围的全局地址。这种通告也可能告诉主机使用一个状态化方法来完成它的自动配置。

（3）零配置网络。

Internet 工程任务组（IETF）零配置（Zeroconf）网络工作组比 DHCP 先一步提出了动态地址分配的概念。就像 AppleTalk 和 IPv6，零配置不使用服务器就可以实现 IP 地址的分配。它也可在域名和 IP 地址之间转换，而无需 DNS 服务器。为了支持域名，零配置支持组播 DNS（mDNS），它利用组播地址实现域名解析。零配置能够实施在 Mac OS、Windows、Linux、主要打印机厂商的多数打印机和其他网络设备中。

零配置使用的是一个链路本地地址，链路本地地址和域名只对一个特定的网络有意义。它们并不是全局唯一的。零配置对家庭和小型办公室比较合适，特别适用于视频和会议的网络（特别是无线网络）、汽车内的嵌入系统，以及任何时候需要共享或交换信息的两台设备之间。

虽然零配置的主要目标是使当前的个人计算机网络更加易于使用，但是根据零配置工作组的页面（www.zeroonf.org），它的长期目标是"建立完全崭新的不同于今天的网络产品，今天的产品由于其建立、配置和维护网络的不便和维护费用的高昂而带来了商业上的不可行性。"

零配置有许多优点，但是一个潜在的危害是它将干扰结构化系统的地址和域名分配。虽然 www.zeroconf.org 网站确实说"零配置和大量的配置网络可以更好的共存"，并且"当零配置机器插入到网络里，零配置协议不会对网络产生任何危害。"零配置确实有许多诱人的特性，作为一个网络设计者，你应当对它有所熟悉。零配置可以解决小型网络和特殊网络的各种各样的问题。

5. 在 IP 环境中使用私有地址

私有 IP 地址是这样一种地址，即企业网络管理员不用同 ISP 或区域地址注册机构进行协商就可以为内部网络和主机指定的地址。ISP 或地 RIR 负责为外部用户可以访问的网页服务器或其他服务器提供公有地址，但公有地址对内部主机和网络不是必要的。我们可以通过网络地址转换（NAT）网关为那些如电子邮件、FTP 或 Web 服务器等需要访问外部服务的内部主机进行寻址。NAT 在后面将会涉及。

在 RFC1918 中，IETF 为内部专用网络预留了如下范围地址。

（1）10.0.0.0～10.255.255.255；

（2）172.16.0.0～172.31.255.255；

（3）192.168.0.0～192.168.255.255。

私有地址的其中一个优点是安全性。私有网络号不会被通告到 Internet 上。实际上私有网络号绝对不能公布到 Internet，因为它们不是全局唯一的地址。不将私有内部网络号通告出去，可以获得少量安全性。还应该在网络中部署并实施包括防火墙和入侵检测在内的其他安全特性，这些将在后续章中介绍。

私有地址分配也有助于满足适应性和灵活性的目标。使用私有地址分配使将来更换 ISP 变得更容易。如果已经采用了私有地址，当更换到一个新的 ISP 时，只需改变提供 NAT 服务的路由器或防火墙里的公有地址和任何公共服务器里的地址即可。应该向你的客户推荐分配私有地址，以满足他们将来切换到不同的 ISP 的灵活性需求。

私有网络号的另一个优点是一个企业网络可以仅将一个网络号或一小块网络号通告到 Internet。避免将许多网络号通告给 Internet 是一个很好的习惯。现代 Internet 的目标之一是 Internet 路由器不应管理巨大的路由表。当一个企业网络增长时，网络管理员可以为新网络分配新的私有地址，而不需要向 ISP 或地址注册机构申请额外的公有网络号，这样可以避免增加 Internet 的路由表。

私有网络号允许网络设计者为公共服务器保留很少的 Internet 地址。在 20 世纪 90 年代中期，当 Internet 变得商业化并流行起来时，在 Internet 团体中曾掀起过一段对地址短缺的恐惧浪潮。其中最令人担忧的是曾预言到 20 世纪末将没有更多的可用地址。由于这种担忧，许多公司（以及许多 ISP）都只能获得一个小的地址集，这些公司需要仔细管理该地址集以避免地址耗尽。因此这些公司就认识到了在内部网络上使用私有地址的价值。

（1）私有地址的缺陷。

虽然私有地址的优点超过了它的缺点，但认识它的缺点仍然很重要。它的其中一个缺点是外包网络管理很困难。当一个公司将网络管理职责委托给一家外部公司时，外包公司通常会在它自己的站点建立一个网络控制台，用以和客户网络里的网络互连设备通信。但是，使用私有地址，因为没有向外面通告到达内部网络的路由，控制台不能到达客户的设备。虽然可以通过 NAT 将私有地址转换到公有地址，但是可能会在 NAT 和如简单网络管理协议（SNMP）这类管理协议之间引起互操作性问题。

使用私有地址的另一个缺点难以与合作伙伴、设备制造商、供应商等通信。因为合作伙伴也可能使用私有地址，这样构建外联网就变得更困难了。而且，相互整合的公司面临着一项困难的工作，需要对由于不同公司使用相同私有地址而引起的对所有重复地址再次进行编址。

要注意的另一点是使用私有地址时，很容易忘记针对私有地址使用结构化模型。对那些由于 ISP 和地址注册机构只分配了少量地址而导致寻址工作局促的企业网络管理员来说，当他们开始采用私有地址并在他们的配置中拥有网络 10.0.0.0 的全部地址时，他们可能会变得很兴奋而忽视了结构化的必要性。

但是兴奋并不能掩盖使用结构化和分层方式分配新的地址空间的需求。分层编制便于企业网络内实现路由汇总，降低路由选择协议的带宽消耗，减少路由器上的处理并增强网络弹性。

（2）网络地址转换。

网络地址转换（NAT）是在 RFC 3022 描述的 IP 机制，它用来将一个网络内部的地址转换成一个适合于外部网络的地址，反之亦然。NAT 对那些配置了私有地址而又需要访问 Internet 服务的主机是很有用的。NAT 功能可以在独立的设备、路由器或防火墙上实现。

NAT 管理员需要配置一个外部地址池用于转换。当一台内部主机发送一个数据包时，源地址会被动态转换为外部地址池中的其中一个地址。NAT 也可以为需要固定地址的服务器提供静态地址（例如，Web 或邮件服务器必须总是映射到相同的众所周知的地址）。

一些 NAT 产品还可提供在多个地址映射到同一个地址时的端口转换功能。使用端口转换，从企业网络发出的所有流量都采用同一个源 IP 地址，并利用端口号来区分不同的会话。端口转换可以减少所需的外部地址数量。端口转换有时也称为 NAT 覆盖或端口地址转换（PAT）。

在使用 NAT 时，在企业网络和 Internet 之间的所有流量都必须经过 NAT 网关。出于这个原因，你必须确保 NAT 网关具有较高的吞吐量和较低的延迟，尤其是在企业用户使用 Internet 视频或语音应用时。NAT 网关应该具有高速处理器以便能够非常快地检查和修改数据包。需要记住,除了修改 IP 地址外,NAT 网关还必须修改 IP、TCP 和 UDP 校验和(TCHPH 和 UDP 校验和包括一个含有源和目的 IP 地址的伪报头)。

在许多情况下,NAT 还必须修改存储在数据包数据内部的 IP 地址。IP 地址可以出现在 ICMP、FTP、DNS、SNMP 和其他类型的数据包里。因为 NAT 转换工作像网络层地址一样 基础,因此必须保证所有应用程序的正常行为。NAT 网关在大量部署之前必须在实验环境中 被彻底地测试过。

3.4.2　使用分层模型分配地址

分层编址是一种对地址进行结构化设计的模型,它使得地址左半部分的号码可以体现大 块网络或节点,而地址的右半部分可以体现单个网络或节点。分层编址易于实现层次化路由。 层次化路由是在网络互连路由器之间分发网络拓扑结构的模型。使用分层路由,单台路由器 不需要了解完整的拓扑结构。本节重点关注在 IP 环境下的分层编址和路由,但这些概念也可 应用在其他环境中。

1.　为什么使用分层模型进行编址和路由

在 3.3 节讨论了拓扑结构设计中分层的重要性。在编址和路由模型中使用分层模型的好 处与在拓扑结构模型中是一样的。
（1）易于故障排查、升级和可管理性。
（2）优化性能。
（3）加速路由协议收敛。
（4）可扩展性。
（5）稳定性。
（6）需要更少的网络资源(CPU、内存、缓存、带宽等)。
分层编址允许对网络号进行汇总(汇聚)。汇总使路由器在通告路由表时可以对众多网 络号进行汇总。汇总提高了网络性能和稳定性。分层编址还易于实现可变长度子网掩码 (VLSM)。使用 VLSM,一个网络可以被分成大小不同的子网,它可以帮助优化可用的地址 空间。

2.　层次化路由

层次化路由是指对网络拓扑结构和配置的了解都是局部的。单台路由器不需要了解如何 到达彼此的网段。层次化路由选择需要网络管理员以分层方式分配地址。很久以来,IP 编址 和路由就已经采用分层技术了。近年来,由于 Internet 和企业内联网的成长,增加更多的分 层特性已经变得很必要了。

为了用简单的术语理解层次化路由,可以拿电话系统来比较。电话系统已经使用层次化 路由很多年了。当你从密歇根的一部电话拨号码 541-555-1212 时,位于密歇根的电话交换机 不知道如何到达俄勒冈的这个特定号码,密歇根的交换机只知道这个号码不是密歇根的,并 把这个呼叫转发到国家长途电话公司。国家长途电话公司的交换机知道 541 是南俄勒冈州的, 但是并不知道 555 局在哪里。俄勒冈的交换机确定哪台中心机房交换机负责处理 555 前缀, 然后该交换机把这个呼叫路由到 1212。

对于数据网络，当数据包通过路由网络时也要做出类似的决策。但是，在传统的 IP 网络里，这个决策与电话例子中的决策并不十分相同。直到最近，Internet 上的 IP 地址还使用非分层方式分配。例如，俄勒冈州的两个公司可能使用完全不同的 C 类网络号，尽管它们实际上都使用相同的上游提供商到达 Internet，这意味着提供商不得不告诉所有其他 Internet 站点关于这两个俄勒冈公司的情况。因为与电话系统的例子不同，密歇根的路由器需要知道如何到达俄勒冈的特定网络。

3. 无类域间路由

在 20 世纪 90 年代中期，IETF 和 IANA 意识到在 Internet 中分配网络号码若不采用分层模型将导致严重的可扩展性问题。Internet 路由表正以指数形式增长，处理和传送路由表的开销也很可观。为了限制路由开销，很明显，Internet 必须采用分层的编址和路由机制。为了解决路由开销问题，Internet 采用了无类域间路由（CIDR）方法用以汇总路由。CIDR 规定 IP 网络地址应按块分配，Internet 中的路由器应将路由条目打包，以减少被 Internet 路由器共享的路由信息的数量。

RFC 2050 提供了一些通过区域 Internet 地址注册机构和 ISP 分配 IP 地址的原则，RFC 2050 指出：

一个 Internet 服务提供商从一个地址注册机构获得一块地址空间，然后按照每个用户的需求在该块中为用户分配地址。这样做的结果是通向许多用户的路由可以被汇聚在一起，对于其他提供商而言它仅相当于一条路由。为使路由汇聚有效，Internet 服务提供商鼓励用户加入他们的网络，使用供应商提供的地址块，并对他们的计算机重新编号。这种鼓励在将来可能会变成要求。

在 IETF 和 IANA 解决了非层次路由问题的同时，他们还解决了 IP 地址耗尽的问题。正如前面提到的，使用分类方式分配地址的系统意味着许多地址将被浪费。IETF 开发了无类寻址机制，它在指定 IP 网络号码前缀部分的长度方面提供了更多的灵活性。

4. 无类路由和有类路由

如图 3-27 所示，IP 地址包括前缀和主机两个部分。路由器使用前缀部分确定非本地目的地址的路径，使用主机部分到达本地主机。

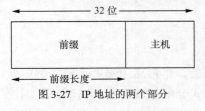

图 3-27 IP 地址的两个部分

前缀标识一块主机号，用于指出到该块的路由。传统的路由方式也称作有类路由，它不能传送任何有关前缀长度的信息。使用有类路由，主机和路由器会通过查看地址的前几位计算前缀长度以确定它属于哪一类。A 类～C 类地址的前几位显示如表 3-4 所示。

表 3-4　　　　　　　　　　　　　　　A 类～C 类地址的前几位取值

A 类	前 1 位=0	前缀为 8 位	前 8 位字节为 1～126
B 类	前 2 位=10	前缀为 16 位	前 8 位字节为 128～191
C 类	前 3 位=110	前缀为 24 位	前 8 位字节为 192～223

在早期的 IP 实现中，IP 主机和路由器仅能理解 3 个前缀长度：8、16 和 24。这样做限制了网络的增长，因此出现了子网。通过子网技术，可以配置主机（或路由器），使其理解经扩展了的本地前缀长度。这种配置是使用子网掩码实现的。例如，配置路由器和主机使用子

网掩码 255.255.0.0，则路由器和主机可以理解网络 10.0.0.0 已经被分成了 254 个子网。

CIDR 标记法以斜线后使用长度字段来表示前缀的长度。例如，地址 10.1.0.1/16，其中 16 表示前缀长度为 16 位，它的含义与子网掩码 255.255.0.0 相同。

传统的 IP 主机和路由器理解前缀长度和子网的能力有限。它们只能理解本地配置的长度，不能理解远端配置的长度。有类路由并不发送任何有关前缀长度的信息。正如前面介绍的，前缀长度是从地址的前几位提供的地址有类信息中计算出来的。

另一方面，无类路由协议会使用 IP 地址来传送前缀长度。它允许无类路由协议将网络分组作为一个路由表项，并使用前缀长度说明哪些网络被分在一组。无类路由协议支持任意的前缀长度，而不仅仅接受由有类系统指示的 8、16 或 24 长度。

无类路由协议包括路由信息协议（RIP）版本 2、增强型内部网关路由协议（EIGRP）、开放最短路径优先（OSPF）协议、边界网关路由协议（BGP）和中间系统-中间系统协议（IS-IS）。

有类路由选择协议包括路由信息协议（RIP）版本 1 和内部网关路由协议（IGRP）。有类路由协议几乎已经过时了。目前，RIP 版本 2 已代替了 RIP 版本 1，EIGRP 则代替了 IGRP。

5. 路由汇总（汇聚）

当通告的路由进入另一个主网络时，有类路由协议会自动将子网进行汇总。它们仅会通告通往 A、B 或 C 类网络的路由，而不是通往子网的路由。因为有类路由器和主机不理解非本地前缀长度和子网，因此没有任何理由去通告那些有关前缀长度的信息。设备自动汇总到一个主要类别的网络有一些缺点（如不支持不连续的子网）。

无类路由协议则会通告路由和前缀长度。如果地址是以分层方式分配的，那么无类路由协议可以将多个子网汇聚成一条路由，从而减少路由协议的开销。Internet 上路由汇总的重要性已经讨论过了。在企业网上汇总（汇聚）路由也同样重要。路由汇总减小了路由表的大小，从而减小了带宽消耗和在路由器上的处理。路由汇总也意味着在一个网络区域里出现的问题不会扩散到其他区域。

（1）路由汇总范例。

本节将介绍一个基于图 3-28 所示网络的路由汇总范例。在图 3-28 中，可以看到网络管理员为分支机构分配的网络号为 172.16.0.0～172.19.0.0。

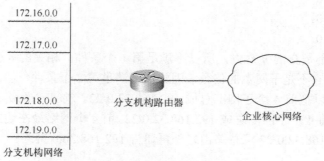

图 3-28　路由汇总范例

图 3-28 中的分支机构路由器可以汇总本地网络号，并报告在它内部连接了一个 172.16.0.0/14 网络。通过对这个单一路由的通告，路由器可以这样说："如果数据包的前 14 位掩码所代表的目的地指向网络 172.16，则将数据包发到我这里"。路由器正在向其他网络通

告一条路由，前 14 位子网掩码以二进制形式表示为 10101100000100。

为了理解本范例中的汇总，应该把 172 转换成二进制数，它的二进制数位 10101100。还应该将 16~19 转换成二进制，转换结果如表 3-5 所示。

表 3-5   **16~19 转换为二进制结果**

十进制表示的第 2 个 8 位字节	二进制表示的第 2 个 8 位字节
16	00010000
17	00010001
18	00010010
19	00010011

注意数字 16~19 的最左边 6 位是相同的，这就是为什么在这个例子中使用了 14 位前缀长度的路由汇总的原因，即网络的前 8 位是一致的（所有网络的第 1 个 8 位位元组都是 172），紧跟着的 6 位也是相同的。

（2）路由汇总技巧。

为了保证路由汇总的正确性，必须满足下列要求。

① 多个 IP 地址的最左边的二进制位必须相同。

② 路由器必须根据 32 位的 IP 地址和最长可达 32 位长的前缀长度确定路由（特定主机的路由前缀为 32 位长）。

③ 路由协议必须承载 32 位地址的前缀长度。

虽然无类寻址和路由对 IP 网络设计者和管理员是一些新概念，但不是很复杂的概念。花些时间分析网络号（并将地址转换成二进制数），就可以看到无类寻址和路由汇总的简洁和便利性。当查看子网块时，可以通过下面的原则来决定是否可以对地址进行汇总。

① 要汇总的子网数必须是 2 的 *n* 次方（如 2、4、8、16、32 等）。

② 要汇总的地址块中的第一个地址的相关 8 位字节必须是子网号的整数倍。

考虑一个较为复杂的例子。下面的网络号对应每个分支机构办公地，它们能被汇总吗？

① 192.168.32.0；

② 192.168.33.0；

③ 192.168.34.0；

④ 192.168.35.0；

⑤ 192.168.36.0。

子网数为 5，不是 2 的 *n* 次方，所以不满足第 1 个条件。相关的 8 位位元组（在该例中为第 3 个）为 32，它不是子网数的倍数，因此也不满足第 2 个条件。但前 4 个子网是可以被汇总的。路由器可以把前 4 个子网汇总成 192.168.32.0/22。前 4 个网络最左边的可以被汇总的。路由器可以把前 4 个子网汇总成 192.168.32.0/22。前 4 个网络最左边的 22 比特是相同的。路由器可以在 192.168.32.0/22 汇总路由之外再通告 192.168.36.0 网络。

6. 不连续子网

正如前面提及的，有类路由协议可以自动将子网进行汇总。这种情况的一个结果是不支持不连续子网。也就是说，子网必须是彼此相邻的（连续的）。图 3-29 显示了一个具有不连续子网的企业网站。

使用 RIP 版本 1 或 IGRP 这样的有类路由协议时，图 3-29 中的路由器 A 会通告它可以到达网络 10.0.0.0，但路由器 B 会忽略这个通告，因为它也可以到达网络 10.0.0.0。它与网络 10.0.0.0 直接相连。反之也成立：路由器 B 通告它能到达网络 10.0.0.0，但路由器 A 也会忽略这个信息。这意味着路由器不能到达网络 10.0.0.0 的远端子网。

可以使用无类路由协议解决这个问题。使用无类网络协议，路由器 A 会通告它能够到达网络 10.108.16.0/20，路由器 B 则会通告它能够到达网络 10.108.32.0/20（为了理解为什么前缀长度是 20，请将网络号转换成二进制数）。因为无类路由协议能理解任意长度的前缀（不仅仅是 8、16 或 24），因此只要图 3-29 的路由器运行诸如 OSPF 或 EIGRP 这类的无类路由协议，这些路由器就可以路由到不连续子网。

7. 移动主机

无类路由选择和不连续子网支持移动主机。在本书中，一台移动主机是指从一个网络移动另一个网络，并具有静态定义的 IP 地址的主机。网络管理员可以移动一个移动主机，并配置路由器识别特定于主机的路由，指明到达该主机的流量应通过那个路由器转发。

例如，在图 3-30 中，主机 10.108.16.1 已经移动到了一个不同的网络，即使路由器 A 通告它连接了 10.108.16.0/20，路由器 B 仍可以通告它连接了更具体的路由 10.108.16.1/32。

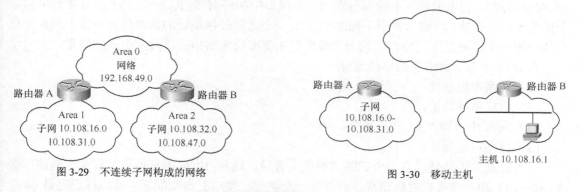

图 3-29　不连续子网构成的网络　　　　　　　　图 3-30　移动主机

当要做出路由选择时，无类路由协议会进行前缀的最长匹配计算。范例中的路由器在路由表中同时存在 10.108.16.0/20 和 10.108.16.1/32 两条路由。当转发一个数据包时，路由器会读取数据包中与目的网络相关的最长可用前缀。

在图 3-30 中，更好的设计是使用 DHCP，这样不需要重新配置主机或路由器，就可以移动主机。这个例子只是简单地用来解释最长前缀匹配的概念，并不代表它就是推荐的设计。

8. 可变长度子网掩码

使用无类路由协议意味着在单一网络中可以有不同大小的子网。子网大小的变化就是通常所说的可变长度子网掩码（VLSM）。VLSM 依靠显式提供的前缀长度信息使用地址。前缀长度在使用它的地方单独计算。在不同的地方可以具有不同的前缀长度，这提高了使用 IP 地址空间的效率和灵活性。由于不要求所有子网具备同样的掩码长度，因此可以拥有大小不同的子网。

小型子网的一个应用是在只连接两端设备（位于链路每端的路由器）的点到点 WAN 链路上。这样的链路可以使用子网掩码 255.255.255.252，因为只有两台设备需要地址，而这两台设备的号码可被编为 01 和 10。

9．IPv6 地址的层次

IPv6 将 IP 地址的尺寸从 32 位增加到 128 位。长地址意味着地址的多级层次化。实际上，除了这种说法之外，IPv6 的开发者也的确认为一个长地址的多级层次化要比让地球上或另外星球上的人都得到地址要重要得多。

IPv6 地址采用的是十六进制的形式，而不像 IPv4 采用点分十进制形式，地址的 8 个 16 位表现为用冒号隔开的字段，以 x:x:x:x:x:x:x:x 的格式表示。例如，这里有两个 IPv6 的地址：

FEDC:BA98:7654:3210:FEDC:BA98:7654:3210

1080:0:0:0:8:800:200C:417A

注意没有必要将一个字段中的前导 0 写出来，但是在每个字段中必须至少有一个数字（除了将多个字段压缩为 0 的情况）。由于 IPv6 的地址趋向于含长字符串的 0，因此可以在起始、中间和地址的结尾用（::）来代表连续的 16 位字段为 0 的情况。

为了避免混淆，只允许使用一组“::”。例如，IPv6 地址 2031:0000:130F:0000:0000:09C0:876A:130B 可以写为：2301:0:130F:9C0:876A:130B。然而它不能写为：2031:130F:9C0:876A:130B。

就像 IPv4，IPv6 的源可以将一个数据报发送到一个或多个目标。IPv6 也支持单播（一对一）和组播（一对多）。IPv6 没有广播的概念，它用的是组播的概念。IPv6 还支持任播（anycast）（一对最近点），它用于将一个数据包送到一组接口中的任何接口。一个 IPv6 的任播地址可以分配给不止一个接口（通常属于不同的节点）。一个送到任播地址的数据包会被路由到属于任意地址的一个“最近”的接口，这个“最近”主要取决于路由协议对于距离的测量。

在 IPv6 中有 3 种类型的单播地址。

（1）链路本地地址。

（2）全局单播地址。

（3）嵌入 IPv4 地址的 IPv6 地址。

（1）链路本地地址。

一个链路本地地址只在一个链路或网段上有效。这种 IPv6 的地址通过将本地链路前缀（FE80::/10）和一个接口的标识符，合并在一起就可在接口上自动配置。接口标识符是 64 位长度，通常是从一个接口的 ROM 中获取，例如，它是基于 IEEE 802 的 48 位 MAC 地址。

链路本地地址主要是用于本地网段上的设备，而无需本地站点或全局唯一地址的情况。一个 IPv6 路由器不会转发一个源或目的是链路本地地址的数据包。链路本地地址用于邻居发现和非状态化自动配置过程。

下面给出的 Wireshark 输出信息，显示出一个使用链路本地单播地址的计算机在向一个链路本地组播地址发送数据包。计算机在尝试找到它的路由器。

Ethernet II

    Destination: 33:33:00:00:00:02

    Source: 00:22:41:36:97:17

    Type: IPv6　（0x86dd）

Internet Protocol Version 6

    Version: 6

    Traffic class: 0x00000000

    Flowlabel: 0x00000000

Payload length: 16

Next header: ICMPv6　（0x3a)

Hop limit: 255

Source: fe80::222:41ff:fe36:9717

Destination: ff02::2

Internet Control Message Protocol v6

Type: 133　（Router solicitation)

Code: 0

Checksum: 0xca4e [correct]

ICMPv6 Option　（Source link-layer address)

Type: Source link-layer address　（1)

Length: 8

Link-layer address: 00:22:41:36:97:17

请注意源 IPv6 地址中的 64 位接口 ID 是基于计算机的 48 位 MAC 地址生产的。可以看到 Ethernet II 头部中的 MAC 地址和数据包最后 ICMPv6 Option 中的地址。IPv6 接口 ID 0222:41ff:fe36:9717 是在 MAC 地址中插入了 FF:FE。同样地，把比特 6 的值也转变为二进制的 1。在 MAC 地址中，从左开始，比特 0～7 是十六进制中的 00。在 IPv6 地址中，比特 6 是二进制的 1，因此比特 0～7 是十六进制中的 02。比特 6 是全局/本地比特，通常在 IPv6 中设置为 1，表示全局地址，而不是仅对企业本地有意义的地址。

（2）全局单播地址。

全局单播地址与 IPv4 中的公共注册地址相当。设计这些地址的初衷是为了支持当前在 Internet 上使用的基于提供商类别的汇聚。全局单播地址的结构允许进行路由前缀汇聚，因此能够最小化全球 Internet 路由表的路由条目，以及企业路由表中的路由条目。全局单播地址先以组织机构为单位进行汇聚，然后汇聚到中级 ISP，最后汇聚到高级 ISP。

IPv6 全局单播地址的通用格式如下所示。

全局路由前缀：n 比特；

子网 ID：m 比特；

接口 ID：128-n-m 比特。

全局路由前缀通常是分配给一个站点的分层结构值。它表示了子网集群或链路集群。这是由 RIR 和 ISP 设计的结构化分层模型。子网 ID 用来表示站点内的一个子网，这是由站点管理员设计的分层结构模型。

RFC3513 要求除起始二进制值为 000 的单播地址之外，所有单播地址的接口 ID 都要为 64 位，并要以 EUI64 格式进行设计。因此考虑到这个 RFC，全局路由前缀为 n 比特；子网 ID 为 64-n 比特，接口 ID 为 64 比特。

（3）嵌入 IPv4 地址的 IPv6 地址。

某些 IPv4 到 IPv6 的过渡策略需要使用 IPv4 地址。例如，当将 IPv6 的数据包通过 IPv4 的路由域以隧道的形式发送时，IPv6 的节点会得到一个特殊的 IPv6 的单播地址，这个地址在低 32 位中携带 IPv4 的地址。IPv6 的地址含有 96 个 0，紧随 32 位全局的 IPv4 单播地址。这种地址被称为与 IPv4 兼容的 IPv6 地址。这种类型的地址可以是 0:0:0:0:0:0:66.241.68.22，或者写成::66.241.68.22。

第二种在 IPv6 的地址中嵌入 IPv4 地址的类型就是将一个 IPv4 节点的地址以 IPv6 的地址形式表示，这种类型的地址被称为 IPv4 到 IPv6 的地址映射，它含有 80 个 0 位、16 个 1 位和 32 位 IPv4 的单播地址。这种类型的地址可以是 0:0:0:0:0:FF:66.241.68.22，或者写成::FF:66.241.68.22。

3.4.3　设计命名模型

名称在满足客户易用性目标方面起到了非常关键的作用。简短而有意义的名称可以提高用户的生产力并简化网络管理。一个好的命名模型还可以增强网络的性能和可用性。本节的目标是帮助你为互联网络设计可满足客户易用性、可管理性、性能和可用性目标的命名模型。

在一个典型的互联网络中，可以为多种类型的资源分配名称：路由器、服务器、主机、打印机和其他资源。本节涉及网络和设备的命名。但不包括用户、组、账户及口令的命名，尽管为设备命名的一些原则也同样适用于它们。

一个好的命名模型应该允许用户通过名称而不是地址透明地访问服务。因为网络协议需要通过地址才能工作，因此用户系统应提供名称与地址的映射功能。将名称映射到地址的方法可以是使用某种命名协议的动态方法，也可以是静态方法（例如，用户系统上的某个文件提供包括所有名称和这些名称相关的地址的映射关系）。虽然动态命名协议会引起额外的网络流量，但通常还是建议优先采用动态命名的方法。

在开发命名模型时，应该考虑下面的问题。

（1）哪种类型的实体需要名称？服务器、路由器、打印机、主机、其他？
（2）终端系统需要名称吗？终端系统将提供什么服务，如个人网页服务？
（3）名称的结构如何？名称的一部分能够标识出设备的类型吗？
（4）名称是怎样被存储、管理和访问的？
（5）谁分配名称？
（6）主机如何将名称映射到地址？系统提供动态还是静态方式？
（7）主机如何知道自己的名称？
（8）如何使用动态的方式编址，名称是否也是动态的？当地址改变时名称也改变吗？
（9）命名系统使用对等模型还是客户机/服务器模型？
（10）如果使用名称服务器，需要多大程度的冗余（镜像）？
（11）名称数据库将分布到多台服务器上吗？
（12）所选择的命名系统如何影响网络流量？
（13）所选择的命名系统如何影响安全性？

1. 命名的分布授权

在设计命名模型的早期阶段，可以通过询问下列问题来获知谁实际负责分配名字。

（1）名称空间是完全受一个中心权威机构控制，还是某些设备的命名由中心权威机构的代理执行？
（2）由一个公司的 IS 部门负责为区域和分支机构的设备命名，还是由位于那些站点的各自部门的管理员实现命名？
（3）允许用户为自己系统内的设备命名，还是所有的名称都要由网络管理员分配？

对命名进行分布授权的缺点是名称难于控制和管理。但如果所有的组合用户都同意，并且实施同样的策略，那么分布授权进行命名有许多优点。

对命名系统进行分布授权最明显的优点是，没有任何一个部门需要承担分配并维护所有名称的工作压力。其他的优点包括性能和可扩展性。如果每个名称服务器都只管理一部分名称空间而不是整个名称空间的话，那么对服务器内存和处理能力的要求就会降低。此外，如果客户机能够访问本地名称服务器而不依赖于中心服务器，那么可以在本地将许多名称解析为地址，而不会在互连网络上引起任何流量。本地服务器可以高速缓存远端设备的信息，从而进一步降低网络流量。

2. 分配名称的规则

为最大化易用性，名称应该简短、有意义、无歧义并且清晰。用户应该很容易地识别什么名称对应什么设备。一个好的方法是在名称中包含一些与设备类型相关的信息。例如，路由器名称的前缀或后缀可以使用字符 rtr，交换机使用 sw，服务器使用 svr 等来表示。采用有意义的前缀或后缀可以避免终端用户产生歧义，帮助管理员更容易地从网络管理工具中摘录设备的名称。

名称也可以包含位置代码。一些网络设计者在他们的名称模型中使用了机场代码。例如，位于旧金山的所有设备名称都以 SFO 开头，奥克兰的所有名称都以 OAK 开头。位置代码也可以使用数字，但对于数字来说，大多数人更容易记住字母。

在名称中尽量避免诸如连字符、下画线、星号等不常用的字符，即使命名协议允许使用这些字符（大多数协议都允许）。这是因为这些字符难以输入，而且可能会引起应用程序和协议不可预料的行为。不常用的字符对一个协议来讲可能具有一些特殊的意义。例如，在 NetBIOS 名字中将美元符号作为最后一个字符，它意味着该名称不会出现在网络浏览器列表中或不会出现在对 NetBIOS 网络查询命令的响应中。以美元符号作为最后字符的 NetBIOS 名字仅用于管理目的。

名称最好不区分大小写，因为人们通常记不住某个名称是使用大写还是小写。需要用户记住混合大小写的名称（如 DBServer）不是一个好主意。它们很难输入，而且一些协议可能不区分大小写，它们在发送名称时全部使用小写或大写，这会导致失去了命名时混合大小写的意义。

还应该避免在名称中使用空格。空格会引起用户的困惑，而且对于某些应用程序或协议可能引起工作不正常。如果可能，名称应该为 8 个字符或少于 8 个字符。这个要求对于那些将名称映射到文件并限制文件名小于 8 个字符的操作系统，应用程序或协议尤其关键。

如果设备有多个接口和多个地址，应该将所有的地址都映射到一个相同的名称上。例如，在一台具备多个 IP 地址的多端口路由器上，为所有的路由器 IP 地址分配同一个名称。这样网络管理软件就不会认为多端口设备实际上是多台设备了。

3. 在 NetBIOS 环境中分配名称

NetBIOS 是一个具备设备命名功能的应用编程接口（API），它可以确保名称的唯一性并发现命名服务。NetBIOS 是由 IBM 和 Sytek 公司在 20 世纪 80 年代开发的，用在 PC 网络上。它作为一种使用 IBM、Microsoft 和 3Com 公司软件互连 PC 的方法在 20 世纪 80 年代后期开始流行。它仍然广泛地使用在 Microsoft Windows 环境中。TCP/IP 上的 NetBIOS 有时也叫作 NetBT。

NetBT 默认广泛使用广播数据包。在 Windows 环境中，广播数据包被用来通告命名服务、找到命名服务并选举主浏览器。但在 TCP/IP 环境中不建议使用组播的方式来实施名称解析功能，这是由于性能原因以及路由器默认不转发组播数据包。管理员可以配置路由器来转发 NetBT 广播，这会使用 UDP 137 端口，但这不是最优的解决方案因为它需要额外的配置，还需要传播组播流量（除非在配置中指定一个单播地址）。

为了避免客户端发送广播帧来查找命名服务，网络管理员可以在每台工作站上放置 lmhosts 文件。lmhosts 文件是一个 ASCII 文本文件，它包含了名称及其对应的 IP 地址列表。lmhosts 文件与 UNIX TCP/IP 设备上的主机文件类似，尽管它包含一些只能用于 Windows 上的功能。

采用 lmhosts 文件要求大量的维护工作，因为文件不会随名称的变化而动态改变。随着网络的增长，可以取消 lmhosts 文件，利用 WNIS 或 DNS 服务器实现从 NETBIOS 名称到 IP 地址的动态解析。当一台 PC 配置使用 WINS 服务器时，PC 会直接向 WINS 服务器发送一个消息进行名字解析，而不是使用 lmhosts 文件或发送广播数据包。当 PC 开机引导时，它也向 WINS 服务器发送一个消息，以确保自己的名称是唯一的。为了避免为每台 PC 都配置 WINS 服务器地址，PC 可以从 DHCP 响应的选项字段里接收 WINS 服务器地址。

为确保 PC 可以到达 WINS 服务器，可以建立冗余 WINS 服务器，并为 PC（或 DHCP 服务器）配置主用和辅助 WINS 服务器。要使用冗余服务器，必须使用服务器上的 WINS 数据库同步。这可以通过建立 WINS 合作伙伴实现。如果冗余 WINS 服务器在低速 WAN 链接的另一端，则不应该频繁进行同步，或在下班之后进行同步（如国际网络上的 WINS 服务器大致可以每 12 小时相互更新一次）。

在 NetBT 环境里，主机同时具有 NetBIOS 和 IP 主机名称。通常情况下这些名称是相同的，但它们不一定必须相同。IP 主机名称使用域名系统（DNS）映射到地址。DNS 是标准的 Internet 服务，将在下一节中介绍，其中包括在常规 IP 环境中的命名（本节介绍 NetBT 环境下的命名）。可以预见，过不了多久 Windows 环境下的命名就会完全通过 DNS 实现，WINS 将被抛弃。若你的网络设计是从零开始的，那么就没有必要使用 NetBT 或 WINS 了。

Microsoft 还支持动态主机命名，当使用 DHCP 进行动态地址分配时，这是很必要的。使用 DNS/WINS 集成，一台 DNS 服务器可以查询一台 WINS 服务器，以确定 WINS 服务器是否已经学习到动态名称，这就避免了必须在 DNS 服务器上配置名称，这样的配置工作对于动态名称系统来说是很困难的。

4．在 IP 环境中分配名称

在 IP 环境中，命名是通过配置主机文件、DNS 服务器或者网络信息服务（NIS）服务器来完成的。DNS 应用在 Internet 上，同时在企业网络名称管理方面也已经获得了广泛应用。它是现代网络中推荐的一种命名系统。

主机文件告诉 UNIX 工作站如何将主机名称转换为 IP 地址。网络管理员维护互连网络中每台工作站上的主机文件。DNS 和 NIS 系统都被开发为允许网络管理员通过采用分布数据库进行设备命名的集中管理，而不是使用在每个系统中驻留的平面文件。

（1）域名系统。

DNS 是在 20 世纪 80 年代中期开发的，当时普遍的看法认为，管理一个包含 Internet 所有系统的名称和地址的主机文件已经不现实了。随着 Internet 主机文件增长，越来越难以维护、存储，也难以将其发送到其他主机。

DNS 是一个提供分层命名系统的分布式数据库。一个 DNS 名称拥有两个部分：主机名和域名。例如，在 information.priscilla.com 中，information 是主机，priscilla.com 是域。表 3-6 说明了某些最常用的顶级域。

表 3-6　　　　　　　　　　　　　　　　　顶级域名

域	描述
.edu	教育研究机构
.gov	政府机构
.net	网络提供者
.com	商业公司
.org	非盈利组织

更新的顶级域，如.biz、.info、.museum 和.name 可能会防止对于如何正确使用一个流行或具备市场价值的域名方面的争论。另外还有许多地理上的顶级域（例如，.uk 代表英国，.de 代表德国）。

DNS 体系结构分发了命名权限，因此没有一个单一系统能够具备所有的名称信息。Internet 域名和地址分配公司（ICANN）负责为所有域名和顶级域进行管理。ICANN 已经授权一些有资源的注册机构在顶级域名下开展名称管理工作。

分层结构中的每一层也可以实施授权。例如，一个注册员可以实施授权给一个公司的 IS 部门的名字为 cisco.com，这个 IS 部门可以授权给工程师组名字为 engineering.cisco.com。在工程师组，有许多主机，它们的名称可以是 development.engineering.cisco.com 和 testing.engineering.cisco.com。授权允许 DNS 在每一层都可以自主管理，这样增加了可靠性并且使得名称有了意义。

DNS 使用的是客户机/服务器模型。当客户机需要向一个命名的站点发送数据包时，客户机上的解析器软件会向本地 DNS 服务器发送名称查询。如果本地服务器不能解析这个域名，它作为新的解析器客户机向其他服务器查询。当本地服务器接收到响应时，它就会响应运行解析器程序的客户机，并高速缓存该信息以用于将来的请求。服务器高速缓存从其他服务器接收的信息的时间长度，应由网络管理员输入到 DNS 数据库中。较长的时间间隔可以减少网络流量，但修改名称的工作将因此变得很困难。因为旧名字可能缓存在 Internet 中的数千台服务器上。

DNS 名称和服务器的管理是一项复杂的工作。有关 UNIX 环境下管理 DNS 名称的更多信息，请参看 Paul Albitz 和 Criker Liu 的经典著作《DNS and BIND》。

（2）动态 DNS 名称。

随着对 DHCP 的使用，当一台主机向 DHCP 服务器请求 IP 地址时，主机还可同时收到一个动态主机名称，如 pc23.dynamic.priscilla.com 这种形式。动态名称对某些应用是不合适的，如 Web 服务器、FTP 服务器，以及某些依赖静态主机名的 Internet 电话应用。为了到达 Web 服务器，用户会键入基于服务器域名的通用资源定位器（URL）字符。因此如果名字动态改变，用户将无法到达服务器。在使用某些 Internet 电话应用时，用户需要告诉他人拨打用户系统呼叫他时使用的主机名称。或者当一个用户在旅行时想要访问家里的计算机，家里的计算机每次连接到 ISP 时可能会获得不同的 IP 地址，这意味着没有固定的 IP 地址可以提供链接。

对于这些类型的应用程序，使用能把动态地址与静态名称相关联的 DNS 技术是很重要的。动态 DNS 是为网络设备（如家庭计算机或路由器）提供灵活性的一项服务，为了实时获得 DNS 服务器的变更，服务器中必须存有活跃的 DNS 配置，其中包括配置的主机名、地址或其他信息。

服务提供商和厂商提供了多种动态 DNS 解决方案。提供商提供了客户端软件（或固件），它能够自动发现并注册客户端的公共 IP 地址。客户端程序可以运行在计算机或路由器上，这些设备与服务提供商的 DNS 服务器连接，使服务器能够通过这个主机名发现的 IP 地址来连接客户端。根据服务提供商，主机名注册的域属于提供商或属于客户自己的域名。这些服务使用多种方法和协议。通常使用 HTTP 请求，因为在一些限制严格的环境中，有时只允许从客户端发起使用 HTTP 协议的出向流量。

在 Microsoft Windows 网络中，动态 DNS 是活动目录（AD）的一部分。域控制器向 DNS 注册它们的网络服务，从而使域（或树林）中的其他组成部分能够访问这些服务。Microsoft 使用 Kerberos 认证来确保传输安全。其他动态 DNS 服务使用 GSS-TSIG，这项技术定义在 RFC 3645 中。GSS-TSIG 使用共享秘密密钥和单向散列，来提供加密安全保护，识别连接的每个端点是否允许做出或回应 DNS 更新。

（3）IPv6 域名解析。

IPv6 的域名解析可以通过静态地在主机的本地配置文件中手工设置表项实现，或以动态的形式完成。动态域名解析主要是通过 DNS 服务器，它内置了对 IPv6 的支持，通常也支持 IPv4。一个识别 IPv6 的应用程序通过发出一个 A6 记录的请求而将一个名称映射成 IPv6 的地址（对于 IPv6 主机的地址记录，一种新的 DNS 特性）。网络管理员必须建立一个支持 IPv6 的 DNS 服务器并且将它连接到具有有效的 IPv6 的网络中去。在主机方面，管理员必须手工输入 DNS 服务器的地址或者使用 DHCP v6 来通知主机 DNS 服务器的地址。

3.5 路由交换设计

本节将先讨论如何进行决策，以帮助你确定选择网络设计的逻辑和物理解决方案的系统过程。正确地选择所采用的协议和技术是一个非常关键的网络设计技能，本节将有助于你在这方面有所提高。

3.5.1 自顶向下网络设计中的决策过程

后面几节提供了为客户选择网络设计解决方案的指导方法。你根据协议及技术所做的决策应基于你收集的用户商业目标及技术目标的信息。

研究决策模型的研究人员认为：有一个好的目标列表是做出正确决策的重要方面。要做出正确的决策，需考虑以下 4 个因素。

（1）必须确定目标。

（2）考察多种选项。

（3）调查研究决策所带来的后果。

（4）制定应急计划。

以目标匹配选项，可以做一张表 3-7 所示的决策表。表 3-7 显示了一张满足假想的客户商业目标和技术目标的路由协议决策表。也可以为交换协议、园区网设计技术、企业网设计技术和 WAN 协议等构造一张类似的决策表。在构造这样一张表时，可以将选项放在最左面一列，将客户的主要目标放在最上面，将这些目标按优先级排列，以最关键的目标开始。

表 3-7 　决策表范例

	关 键 目 标			其 他 目 标		
	适应性-必须在几秒钟内适应大型互连网络中的变化	必须扩充到大的规模（上百台路由器）	必须是工业标准并与现有的设备兼容	不能产生大的流量	可以运行在不昂贵的路由器上	应该易于配置和管理
BGP	X*	X	X	8	7	7
OSPF	X	X	X	8	8	8
IS-IS	X	X	X	8	6	6
IGRP	X	X				
EIGRP	X	X				
RIP			X			

注：X=满足关键标准，1=最低，10=最高。

可以首先简单地在每个满足关键目标的选项中用 X 填写表 3-7。任何一个不满足关键目标的选项可以立即去除。其他选项可以按照满足其他目标的程度在 1～10 取值。

在做出决策后，应该检查决策是否正确。请问自己以下问题。

（1）如果选择这个选项，会导致什么错误？

（2）以前是否用过这个选项（可能在其他客户）？如果是，发生过什么问题？

（3）用户对这个决策的反应将会如何？

（4）如果用户不赞成这个决策，应急方案是什么？

在逻辑网络设计阶段和物理网络设计阶段可以使用这样的决策过程。可以使用这个步骤，帮助选择满足客户需要的协议、技术和设备。

3.5.2　选择交换协议

在 20 世纪 90 年代中期，交换机开始变得比较流行，它能够以经济合算的方式划分 LAN，同时还规避了网桥带来的延迟。交换机使用快速集成的电路来提供低延迟。网桥的转发速度比交换机慢很多并且拥有较少的端口，每个端口的成本更高。出于对这些因素的考虑，交换机已代替了网桥。但基本概念仍没有太大改变，并且在本节很多对交换概念的讨论中，仍然使用了术语网桥。

交换机有能力完成存储转发（Store-and-Forward）处理或透传（Cut-Through）处理。使用透传处理时，交换机会快速查看目的地址（以太网帧头部的第一个字节），决定使用哪个出向端口然后马上开始向这个出向端口发送数据帧。

透传处理的劣势在于，它会转发非法的帧（如以太网过小帧）和 CRC 错误的帧。在可能会产生过小帧和错误的网络中，不应该使用透传处理。有些交换机能够在达到错误门限值的时候，自动从透传处理模式切换到存储转发模式。一些厂商把这个特性称为自适应透传切换。

交换机还可以支持平行转发，通常网桥不具有这个功能。一般来说，当网桥在从一个端口向另一个端口转发数据帧时，它无法同时转发其他数据帧，也就是说网桥只有一条转发路径。另一方面，交换机可实现多条平行转发路径，也就是说交换机可以更快速地处理高流量的数据帧。高端交换机可以支持大量转发路径，这取决于交换结构的设计（制造商使用术语交换结构来描述他们交换机的架构），本节内容以 Cisco 交换设备为例，进行展开描述。

1. 交换和 OSI 层

在本书中，除非特殊指明，否则交换机都是指工作在 OSI 参考模型第 1 层和第 2 层的设备，switch 这个术语拥有更广泛的含义，switch 作为动词直译为"交换"。是指把某物体移动到另一个位置，而这种网络设备的作用正是把从一个接口进入的数据移动到另一个接口。

以太网集线器（Hub）或转发器（Repeater）负责把进入一个接口的比特帧交换到所有其他接口。集线器工作在 OSI 模型的第 1 层，并且它无法理解比特后面的任何内容。以太网交换机是高速且多端口的网桥，它基于第 2 层目的地址来交换数据帧。交换机学到接口与特定单播目的地的正确对应关系后，它就可以有针对性地把去往特定目的地的数据帧交换到确定的接口，而集线器是把比特帧交换到所有接口。路由器则根据第 3 层目的地址来交换数据包。对于单播数据包来说，路由器只使用 1 个接口来进行交换。

名词 switch 是一个很好的工程术语，它的概念不应该被市场模糊化。在电子行业中，switch（开关）表示的设备负责闭合或断开电路上的电流。在运输领域中，switch（转辙器）表示的设备负责使火车从一条轨道切换到另一条轨道上。在网络行业中，Switch（交换机）能够放行或阻塞数据流，尽管它无法转移火车，但它能够转移比特、帧和数据包。

现在路由器能够以极快的速度交换数据包。有些制造商把 switch 这个词添加到他们的路由器产品的名称中，以此强调路由器与二层交换机具有相同（或者几乎）的交换速度。现代路由器使用高速内部数据路径、平行处理和高级缓存方式等，实现高速数据交换的必要技术。制造商称他们的产品为三层交换机、路由交换机、交换路由器、多层交换机以及其他具有创意性的名字。通常来说，三层交换机、路由交换机或交换路由器所指的设备，能够同时处理第 2 层和第 3 层的数据交换业务。三层交换机是一台高速路由器，但它所包含的接口能够只基于第 2 层信息来做出转发决策。

2. 透明桥接

以太网交换机和网桥使用传统的被称为透明桥接的技术。透明网桥可以连接一个或多个 LAN 网段，以使每个网段上的终端系统能彼此透明地通信。一个终端系统不需要知道目的系统是在本地还是在网桥另一端，就可以给目的系统发送一个帧。透明网桥之所以这样命名就是因为对终端系统来说表现为透明的。

为了获悉如何转发帧，透明网桥会监听所有的帧，并确定哪个站点驻留在哪个网段上。网桥通过检查每个帧中的源地址学习到设备的位置，网桥建立表 3-8 所示的交换表（Switching Table）。交换表有时也叫作桥接表（Bridging Table）、MAC 地址表或内容可编址内存（CAM）表。

当接收到一帧后，网桥查看该帧的目的地址，并与交换表中条目比较。如果网桥已经学习到了目的地址的位置（通过查看前面各帧中的源地址），它就可以将该帧转发到正确的端口了。透明网桥则把所有不知道目的地址的帧和所有组播/广播帧发送（泛洪）到每一个端口（除了接收该帧的端口）。

表 3-8	网桥或交换机上的交换表
MAC 地址	端　口
08-00-07-06-41-B9	1
00-00-0C-60-7C-01	2
00-80-24-07-8C-02	3

网桥运行在 OSI 参考模型的第 1 层和第 2 层，它会根据第 2 层帧头中的信息决定如何转发帧。但与路由器不同，网桥不查看第 3 层或更高层信息。网桥将带宽域分段，这样网桥两侧的设备彼此之间不会就介质访问控制而产生竞争。网桥不会转发以太网冲突或令牌环网中的 MAC 域。

虽然网桥将带宽域分成了段，但它并不会将广播域（除非通过过滤器编程实现）分段。网桥将广播帧转发到所有端口，这给可扩展性带来了问题。为了避免过量的广播流量，桥接网络和交换网络应当通过路由器进行分段，或划分为多个 VLAN。

网桥是一种存储转发设备。存储转发意味着网桥先接收一个完整的帧，然后确定使用哪个输出端口，再为输出端口准备好帧，计算循环冗余校验（CRC），当输出端口上的介质空闲时就立即发送该帧。

3. 使用生成树协议的增强功能

透明网桥和交换机可以实施生成树协议（STP）来避免拓扑结构中的环路。一个重要的考虑就是使用 STP 的哪些增强特性来确保园区网络的高可靠性。接下来我们会介绍其他 STP 的一些增强特性，它们可以增加园区网络设计的高可靠性和灵活性。

（1）PortFast。

2004 版本的 802.1D 标准支持交换机边缘端口的概念。边缘端口相当于 Cisco 的 PortFast 特性（该特性使用命令 spanning-tree portfast 进行配置）。当一个端口连接的 LAN 没有再与任何交换机相连，网络工程师就可以把这个端口配置为边缘端口。RSTP（快速生成树协议）也能自动检测边缘端口。边缘端口会直接转换到转发状态，这个特点对于使用接入层端口来连接终端用户系统和 IP 电话是非常有利的。

在不使用 PortFast 的情况下，交换机端口在开始转发数据帧之前，会停留在丢弃状态和学习状态，这有可能导致重要的数据帧被丢弃。在 IP 网络中，交换机端口启动延迟带来的最严重问题是：客户端等待 DHCP 服务器返回 IP 地址的计时器可能会超时。在某些部署环境中，若发生了这个问题，客户端就会使用自动私有 IP 地址范围（169.25.0.1～169.254.255.254）内的地址，而不是使用 DHCP 服务器分配的地址。而这个地址是无法穿越路由器与其他设备进行通信的，这也就是说用户无法连接 Internet，也很可能无法连接企业的服务器。

PortFast 只能应用在交换机的端口不连接其他交换机的情况下。然而，有时这是不可预测的，特别是用户或初级网络管理员随着对网络的了解而准备在网络中安装自己的设备时。为了保护使用了 PortFast 的网络，Cisco 还有一种特性叫作 BPDU Guard，它可以在某个启用了 PortFast 的端口收到了来自其他交换机的 BPDU 数据包时，就关闭这个端口。2004 版本的 RSTP 也支持一个类似的特性，它会为了防止交换机连接到边缘端口，而在边缘端口上检测 BPDU。一旦交换机检测到边缘端口接收到了 BPDU，则会马上把该端口变为非边缘端口。

（2）UplinkFast 和 BackboneFast。

UplinkFast 是 Cisco 配置在接入层交换机上的一种特性。UplinkFast 可在接入层交换机上冗余的上行链路发生故障的情况下提高 STP 的收敛时间。上行链路是指分层网络设计中从接入层交换机连接到分布层高端交换机的连接。图 3-31 解释了一个典型、冗余、分层的网络设计。用户连接到接入层的交换机 A，接入层交换机与两台分布层交换机相连接，从接入层到分布层的其中一条上行链路被 STP 阻塞掉（STP 也将分布层和核心层的其中一条链路阻塞掉了）。

在图 3-31 中，如果交换机 A 到交换机 B 的一条上行链路发生了故障，那么 STP 最终会将连接到交换机 C 的那条上行链路变成转发状态，以恢复网络连接。使用默认的 STP 参数，恢复时间需要 30～50s。而使用 UplinkFast 特性，恢复时间只需要 1s。UplinkFast 这种特性是基于上行链路（Uplink）组的定义。在某一交换机上，上行链路组是由根端口和其他到达根网桥的备份端口

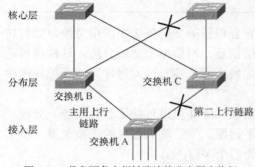

图 3-31　具备两条上行链路连接分布层交换机的接入层交换机

组成的。如果根端口发生故障或主要的上行链路发生故障，那么上行链路组中的一个端口会被选择出来以立刻替代根端口。上行链路 UplinkFast 只能配置在网络边界的接入层交换机上，不能配置在分布层或核心层交换机上。

Cisco 也支持一种被称为 BackboneFast 的特性，它在一条非直连链路的非本地端口发生故障时，可节省交换机最大可达 20s（最大值）的恢复时间。BackboneFast 利用的是这样一个事实，即一台卷入非本地故障的交换机可以立刻转换到监听状态。在某些拓扑结构下，交换机是没有必要等待最大年龄计时器这么长的时间，交换机首先会检查其他交换机是否有效。检查是通过两种 Cisco 专有的协议数据单元（PDU）来实现的，一种叫作根链路查询（RLQ）协议数据单元，另一种叫作 RLQ 响应包。

（3）单向链路检测。

某些时候，硬件会发生这样的故障，就是两台交换机之间的通信只会发生在一个方向上，这被称为单向链路（Unidirectional Link）。交换机 A 可以收听到交换机 B 的信息，但交换机 B 收听不到交换机 A 的信息。这种原因可能是交换机 B 的接收器坏了或接收能力变弱，也可能是交换机 A 的发送器坏了或发送能力变弱，或者是其他一些诸如中继器或线缆不能发送或接收数据这类部件故障。例如，一条线缆可以工作在物理层（所以链路是 Up 的），但在接收端不能正确地创建，所以交换机端口能发送不能接收，而对端设备意识不到这个问题，因此可以发送也可以接收数据。

单向链路可导致交换网络的环路。如果交换机端口不能接收数据，也不能收听 BPDU 数据包，那么它会进入转发状态，而这时它的对端设备已经处于转发状态了。如果交换机的端口不发送数据，不发送 BPDU 数据包，而它的对端设备可能意识不到这台设备的存在。IEEE 没有说明如何处理这种情况，但设备制造商意识到这个问题的危害，并做出了修正。其中 Cisco 提供了高端交换机上的单向链路检测协议（UDLD）功能。

UDLD 允许通过光纤或以太铜缆连接的设备监测线缆的物理配置，并检测什么时候发生了单向链路。当检测到单向链路，UDLD 会将相关的接口关掉，并给用户发出报警。配置了使用 UDLD 的端口会周期性地发送 UDLD 的消息给邻居设备，链路两端的设备都必须支持

UDLD 才能保证这个协议能够发现并关闭掉单向链路。

4．LoopGuard

Cisco 也支持一种叫作环路保护的特性，它对一个已被阻塞的端口错误地转换到转发状态有额外的环路保护监测功能。由于在物理冗余拓扑结构（对阻断端口不是必需的）的端口出现单向链路问题后停止接收 BPDU，因此这种情况经常会发生。

如果启动了环路保护功能，而在一个非指定端口上没有收到 BPDU 数据包时，这个端口会转换到环路不一致状态，而不是通过监听、学习，最终到转发状态。没有 STP 环路保护功能，这个端口会承担指定端口的角色，并且过渡到转发状态，因此会产生环路。当一个处于环路不一致状态的端口再次收到 BPDU 数据包时，这个端口会转换到 STP 的另外的状态。这就意味着恢复是自动的，不需要手工干预。

可选择使用 UDLD 或 STP 环路保护功能，推荐这两种方法同时使用。UDLD 比环路保护在 EtherChannel（一种将一组以太网接口捆绑成逻辑上的一个信道的方法）上工作得更好。UDLD 只会将故障的接口关掉，信道通过其余的接口依旧可以工作。而 STP 环路保护功能会将整个信道阻断（将整个信道置于环路不一致状态）。

环路保护功能在链路第一次激活时就是单向的情况下是不工作的。这个端口从来都收不到 BPDU，因此从来都认识不到这个问题，而成为一个指定端口。而 UDLD 正好是用于检测并防止出现这样的问题。另一方面，UDLD 并不能对由于软件问题而导致指定端口不发送 BPDU 这样的情况引发 STP 的故障提供防护。虽然软件出现问题比硬件出现问题要少得多，但这确实可能发生。启动 UDLD 和环路保护功能可以提供最高程度的防护。

5．传送 VLAN 信息的协议

在讨论第 3 层路由协议之前，有必要再讨论一下可以在采用 VLAN 技术的交换网络中使用的其他第 2 层协议。

如果在交换网络中使用 VLAN 技术，那么交换机就需要有一种方法来确保 VLAN 内的流量能够到达正确的接口。为了使 VLAN 的优点真正发挥作用，交换机必须保证发往某一特定 VLAN 通信必须到达那个 VLAN 而不是其他的 VLAN。这可以通过 IEEE 802.1Q 标准，给帧加上 VLAN 标记来完成。VLAN 的另一个重要的方面是配置和管理。本节涵盖了 Cisco VLAN 管理协议：VTP（VLAN 聚合协议）。

（1）IEEE 802.1Q。

在 1998 年，IEEE 为给帧标记 VLAN ID 定义了标准方法。这个方法发表在 2006 版 IEEE 802.1Q 文献"虚拟桥接 LAN"中。802.1Q 能够把 VLAN 标记加入到以太帧中。数据帧的封装方式与旧时 Cisco ILS 协议的封装方式不同。802.1Q 会直接把一个头部放在被转发帧的目的地 MAC 和源 MAC 地址之后。在以太网类型二的帧中，这里通常是 EtherType 字段，在 802.3 帧中，这里通常是长度字段。原始帧中的 EtherType 或长度字段被放到了 802.1Q 头部之后。

802.1Q 的头两个字节是标记协议标识符（TPID）。TPID 设置 0x8100。因为这个数字大于以太帧的最大尺寸，接收者知道这个字段不是一个 802.3 的长度字段，因此这个帧不是一个典型（没有打标记）的 802.3 帧。如果接收者支持 802.1Q，它会识别出 0x8100 是一个 TPID 字段，因此能继续处理 802.1Q 报头中剩下的字段。如果接收者不支持 802.1Q，那么它就会将 2 字节的 TPID 看作是不支持的以太类型，因而会把这个帧丢弃。

因为 802.1Q 修改了 Ethernet/802.3 的帧，而不像 ISL 那样封装帧，交换机就必须重新计算位于帧尾部的帧校验序列（FCS），这也算是 802.1Q 和 ISL 相比的一个小的缺陷吧。然而，由于当今的交换机的 CPU 是如此之快，因此重新计算 FCS 不会消耗太多的时间。

某些 Cisco 交换机只支持 802.1Q，有些则只支持 ISL，其他的交换机两种协议都支持。设计者可以检查 Cisco 产品的目录来了解某台交换机支持的 Trunk 模式。对于某些交换机，你可以使用 show port capabilities 命令来查看它所支持的 Trunk 技术。

除了给帧如何打标记的区别外，ISL 和 802.1Q 最重要的区别就是它们是如何和 STP 交互的。这取决于当前交换机上运行的软件版本是什么，802.1Q 可能需要所有的 VLAN 在一个生成树里，而 ISL 允许每一个 VLAN 使用一个不同的生成树。随着 802.1s 多生成树（MST）标准的出现，这将不再是一个问题，但是否支持 802.1s 取决于交换机的软件。

（2）动态 Trunk 协议。

Cisco 私有的 DTP（动态 Trunk 协议）支持交换机与远端设备协商，以决定是否启用 802.1Q。应该推荐你的设计客户使用 DTP，但在配置中需要谨慎。Trunk 接口上的 802.1Q 可以被设置为 On、Desirable、Auto 和 Nonegotiate。Nonegotiate 选项会启用 802.1Q，但不向对端发送任何配置请求。当交换机连接的设备不支持 DTP 时，请使用 Nonegotiate 选项。

当不希望本地接口成为 802.1Q Trunk，但希望它参与到 DTP 中来，并向对端通告自己的关闭状态时，应该使用 Off 模式。当对端设备支持 DTP，且当希望无论远端设备处于什么模式，都把本地端口维持在 Trunk 模式时，应该使用 On 模式。

Auto 模式意味着交换机能够接收 802.1Q 请求，并自动进入 Trunk 模式。配置为 Auto 模式的交换机端口永远不会主动发起一个请求。因此对端设备必须设置为 On 或 Desirable 模式。

Desirable 模式允许交换机接口向远端设备发送信息，并告知远端设备：它打算启用 802.1Q，但只有远端设备同意启用后，它才会真正启用 802.1Q。远端设备要想使用 802.1Q，就必须设置为 On、Auto 或 Desirable。当远端设备不支持 DTP 时，不要使用 Desirable 模式，因为远端交换机无法识别接收到的 DTP。通常来说，当两端的交换机都支持 DTP 时，Cisco 建议把两边都设置为 Desirable。在这种模式中，网络工程师可以通过系统日志和命令行状态消息，获知端口启用并处于 Trunk 模式，而在 On 模式中，即使对端设备的配置不正确，交换机端口也会呈现 Up 状态。

DTP 设计的初衷是为了简化 802.1Q 的配置。然而使用这些选项却很容易出现错误，尤其是一些不合理的组合会导致 802.1Q 模式不匹配。当一边是 Trunk 模式而另一边不是时，交换机端口就会无法理解对方发来的流量。一边会为数据帧添加标记，而另一边不添加标记。因此你应该避免使用下列组合。

① Nonegotiate（启用 802.1Q 但不协商）和 Off（禁用 802.1Q）。

② Nonegotiate（启用 802.1Q 但不协商）和 Auto（仅当对方说启用时，才会启用 802.1Q）。

（3）VTP。

Cisco 的 VLAN Trunk 协议（VTP）是一个交换机到交换机和交换机到路由器的 VLAN 管理协议，当网络的 VLAN 配置信息发生变化时，它可在交换机之间交换 VLAN 的配置变化。VTP 负责管理在园区网络中 VLAN 的添加、删除和重命名，而无需在每一台交换机上进行手工配置。当一台新的交换机或路由器添加到网络中，VTP 会自动用现有的 VLAN 信息来配置新的交换机或路由器，这样就减少了手工配置。

在大型的交换网络中，应当把网络划分成多个 VTP 域。将网络划分成多个域减少了每一台交换机必须维护的 VLAN 信息的数量。交换机只接受来自本域的交换机的 VLAN 信息。VTP 域有些类似于一个路由网络中的自治系统，在自治系统中，一组路由器共享相同的管理策略。对于大型网络建议使用多个 VTP 域。在中小型网络中，一个 VTP 域就足够了，这可以将潜在的问题降到最低。

Cisco 交换机可以配置为 VTP 服务器、VTP 客户端或是 VTP 透明模式，默认的模式是服务器模式。在 VTP 服务器模式中，可以建立、修改和删除 VLAN。VTP 服务器在断电时会保存 VLAN 的配置信息。VTP 客户机可以和其他的 VTP 客户机和服务器交换 VLAN 的配置信息，但是不能在 VTP 客户机上建立、修改和删除 VLAN。在断电时，它不会保存对 VLAN 的配置信息。无论如何，大多数交换机都应被配置为客户机模式，以避免当更新来自许多交换机上时，VLAN 信息被同步。

一个 VTP 透明模式的交换机不会将它自己的 VLAN 信息通告出去，也不会用收到的 VLAN 信息来同步它自己。但是，它确实会把收到的 VTP 通告转发给其他的交换机。当交换机处于拓扑结构的中心，不需要和其他交换机的配置匹配时，可以使用透明模式。但是如果透明模式的交换机出现问题，而不能转发 VLAN 信息时，就会对其他交换机产生问题。若希望手动控制 VLAN 信息的配置，也可以把所有交换机都设置成透明模式。

3.5.3　选择路由协议

路由协议使路由器能够自动学习如何到达其他网络，并与其他路由器或主机交换此信息。为你的网络设计客户选择路由协议要比选择交换协议困难得多，因为路由协议有太多得选择。但如果使用表 3-7 所示的决策表，就很容易做出选择了。只要充分了解客户的目标和各种不同路由协议的特点，就可以决定究竟应采用哪些路由协议。本节内容以 Cisco 交换设备为例，进行展开描述。

1. 路由协议的特征分类

所有的路由协议都有一个共同的目标：与其他路由器共享可达性信息。为实现此目的，不同的协议采取了不同的方法。有些路由协议会向其他路由器发送完整的路由表。有些路由协议则发送直连链路的状态的特定信息，有些路由协议会不定期地向其他路由器发送握手数据包，以维护与对等路由器的状态。有些路由协议在路由信息中包括了诸如子网掩码或前缀长度等高级信息。大多数路由协议都会共享动态（已学习的）信息，但在某些情况下，静态配置信息更为恰当。

路由协议在可扩展性和性能特征上各有不同。许多路由协议是为小型互连网络设计的。某些路由协议最适合于静态环境，当网络发生变化时，它们很难收敛成新的拓扑结构。有的路由协议适合于连接内部园区网络，而有些则适合于连接不同的企业网络，以下几节详细介绍了路由协议的特点。

（1）距离矢量路由协议。

路由协议分为两大类：距离矢量协议和链路状态协议。下面先介绍距离矢量协议。

下列协议都是距离矢量协议（或派生于距离矢量协议）。

① IP 路由信息协议（RIP）版本 1 和版本 2。

② IP 内部网关路由协议（IGRP）。

③ 增强型 IGRP（EIGRP）（高级距离矢量协议）。

④ 边界网关协议（BGP）（路径-矢量路由协议）。

术语"矢量"一词指方向或路线，距离矢量是指包括路线长度信息的路线。许多距离矢量路由协议都是用跳数来说明路线的长度的。跳数指信息到达目的网络所必须经过的路由器的数目（在一些协议中，跳数指经过的链路的数目，而不是路由器的数目）。

距离矢量路由协议会维护（并传送）一张路由表，该路由表包含了已知网络和每个网络的距离。表 3-9 给出了一典型的距离矢量路由表。

表 3-9　　　　　　　　　　　　　　距离矢量路由表

网　　络	距离（跳数）	发送到（下一跳）
10.0.0.0	0（直接连接）	端口 1
172.16.0.0	0（直接连接）	端口 2
172.17.0.0	1	176.16.0.2
172.18.0.0	2	176.16.0.2
192.168.1.0	1	10.0.0.2
192.168.2.0	2	10.0.0.2

距离矢量路由协议会将路由表发送给所有的邻接节点。它可以发送广播数据包，而该广播数据包可到达本地网段上所有的其他路由器（以及使用路由信息的任何主机）。距离矢量路由协议可以一次将整个路由表发送出去，也可以在第一次传输完整的路由表后，只把更新信息发送出去，然后只在特定情况下偶尔发送完整的路由表。

下面介绍距离矢量路由协议的水平分割、抑制和毒性反转特性。

运行距离矢量路由协议的路由器会定期地将其路由表发送到它的每一个端口。如果该协议支持水平分割技术，则路由器只将通过其他端口可达的路由发送出去，这样就减少了更新的数量，更重要的是，它可以提高路由信息的准确性。利用水平分割，路由器不会将本地获得的更好的信息发送给其他路由器。

大多数距离矢量协议还实现了一个抑制定时器，这样，如果到达某个可疑网络的新路由信息是基于过期数据的，则该信息就不会被立即承认。抑制定时器是一种避免收敛时发生环路的标准方法。为了理解环路问题，可参考图 3-32 所示的网络。

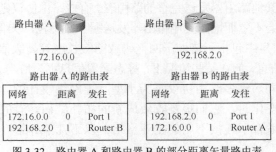

图 3-32　路由器 A 和路由器 B 的部分距离矢量路由表

当路由器广播它们的路由表时，它们仅会发送表中的"网络"和"距离"两列内容。而不发送"发送到（下一跳）"一列，因为这可能会导致环路问题。

可能引起路由环路的事件顺序如下所示。

① 路由器 A 与网络 172.16.0.0 的连接失败。

② 路由器 A 将网络 172.16.0.0 从路由表中删掉。

③ 根据先前路由器 A 的通告，路由器 B 广播它的路由表，说明路由器 B 可以到达网络 172.16.0.0。

④ 路由器 A 将网络 172.16.0.0 增加到路由表中,"发送到(下一跳)"一栏的值置为路由器 B,距离置为 2。

⑤ 路由器 A 接收 172.16.0.0 网络主机的一个帧。

⑥ 路由器 A 将帧发送给路由器 B。

⑦ 路由器 B 将帧发送给路由器 A。

该帧在路由器 A 和路由器 B 之间来回循环,直到达到 IP TTL(生存期)值为止(TTL 是 IP 数据包中 IP 报头内的一个字段,当路由器处理该帧的时候,该生存期值不断减少)。

如果没有水平分割,情况会变得更糟。在某一时刻,路由器 A 会发出一个可以到达网络 172.16.0.0 的路由更新,引起路由器 B 更新路由表中的路由,将距离置为 3。路由器 A 与路由器 B 会不断发送路由更新,直到最后距离字段的值变为无限为止(路由协议任意地定义某一数值表示无限,例如在 RIP 协议将 16 定义为无限)。当距离达到无限时,路由器就将该路由删掉。

路由更新问题被称作无限计数问题。抑制功能告诉路由器,在抑制定时器超时之前,不要增加或更新最近被删除路由的信息。在本例中,如果路由器 A 使用抑制,它就不会增加路由器 B 发送的网络 172.16.0.0 的路由。水平分割也可以解决本例中的问题,因为如果路由器 B 使用了水平分割,它就不会告诉路由器 A 到达 172.16.0.0 的路由。

毒性反转消息是另一种加快收敛和避免环路的方法。利用毒性反转,当一台路由器从另一路由器学习到路由时,它会通过发送回一个更新给那个路由器做为应答,表明到网络的距离是无限的。通过这样做,路由器就等于明确表明了通过它自己此路由是不可达的。

触发更新是距离矢量协议的另外一种高级的特性,它可以加速收敛。使用路由更新,路由协议可以立刻通告路由故障,而不是简单地等待下一个路由周期到来后接收到不在更新中包含任何故障路由的常规更新。相反,路由器会立刻发送路由更新。在立即(触发)更新中列出的故障路由的距离值为无穷大。

(2)链路状态路由协议。

链路状态路由协议不交换路由表,相反,运行链路状态路由协议的路由器会交换它们的直连链路状态信息。每台路由器会通过获取足够的来自互连网络中的对等路由器的信息,来构造自己的路由表。

以下协议为链路状态路由协议。

① 开放最短路径优先(OSPF)。

② 中间系统到中间系统(IS-IS)。

③ NetWare 网络互联数据包交换(IPX)链路服务协议(NLSP)。

链路状态路由协议使用最短路径算法,如 Dijkstra 算法来决定如何到达目的网络。Dijkstra 算法,是以发明这个算法的计算机科学家 Edsger Dijkstra 的名字来命名的,他解决了如何将一个算术图形中的一个源点到一个目的点之间的最短路径计算出来的问题。这个算法的迷人之处就在于当你找到到达某个目的点的最短路径时,你同时也可以找到到达图形中其他点的最短路径。这就使得这个算法对于路由协议特别适合,当然,它也有其他的用途。

使用链路状态路由协议的路由器会使用一种 Hello 协议来与邻居路由器建立邻居关系(称为邻接)。每一台路由器都会给邻接路由器发送链路状态通告数据包(LSA)。这种通告数据包会标明链路及其度量值。每个邻居收到通告数据包后又会把它再传递给它的邻居。这个结果就是每一台路由器都会有一个相同的链路状态数据库，它描述了互连网络图形中的每一个节点及其链路的情况。使用 Dijkstra 算法，每一台路由器都可以独立地计算出它到达每一个目的网络的最短路径，并将结果输入到路由表中。

链路状态路由协议比距离矢量路由协议需要占用更多的 CPU 和内存，并且故障排查比较困难。但是，它确实有许多比距离矢量路由协议优越的特性。通常，它使用的带宽较少，不容易产生环路，比距离矢量路由协议收敛速度更快（虽然有些距离矢量路由协议，例如 EIGRP，也具有这些特点）。

下面介绍在距离矢量协议和链路状态协议之间进行选择。

按照 Cisco 的设计文档，使用下列这些原则可帮助用户决定部署何种类型的路由协议。

当满足下列这些条件时，应选择距离矢量路由协议。

① 网络使用一种简单的，扁平的拓扑结构，不需要分层设计。

② 网络使用简单的星状拓扑结构。

③ 管理员没有足够的知识来操作和对链路状态数据库进行故障排查。

④ 无需过多考虑网络中最坏情况下的收敛时间。

当满足下列这些条件时，使用链路状态路由协议。

① 网络设计是分层的，通常对于大型网络是这种情况。

② 管理员对链路状态路由选择协议有足够的知识。

③ 快速收敛对网络是非常重要的。

（3）路由协议度量。

当存在多条路径可用时，路由协议会使用度量来确定哪条路径更有效。路由协议根据所用的度量不同而不同。传统的距离矢量路由协议只使用跳数，新一代的协议则还考虑了延迟、带宽、可靠性及其他因素。度量可以影响可扩展性，例如，RIP 只支持 15 跳。另外，度量也会影响网络的性能，如果路由器仅使用跳数的话，就有可能失去选择那些跳数虽然多、但带宽更多的路由的机会。

（4）层次化与非层次化路由协议。

有些路由协议不支持分层。所有的路由器都完成相同的任务，而且每台路由器都彼此对等。另一方面，支持分层的路由协议可以为路由器分配不同的任务，并按区域（Area）、自治系统（AS）或域（Domain）等对路由器进行分组。在分层结构中，一些路由器与同一区域的本地路由器通信，另外一些路由器则完成连接区域、域、自治系统的任务。连接一个区域与其他区域的路由器可以汇总本区域的路由。汇总提高了稳定性，因为路由器隔离了其他区域的问题。

（5）内部与外部路由协议比较。

路由协议也可以按所使用的地点进行划分，分为内部路由协议（如 RIP、OSPF 和 EIGRP 等用于同一企业网或自治系统内部路由器上的协议）和外部路由协议（如 BGP，即实现多个自治系统之间路由的协议）。在 Internet 中，不同自治系统中的对等路由器使用的 BGP 目的是用来维护 Internet 拓扑结构的一致性视图。

（6）有类与无类路由协议比较。

有类路由协议（如 RIP 或 IGRP）总是将 IP 地址当做有类的（A 类，B 类或 C 类），地址汇总按主网络号自动完成。这意味着不连续的子网相互之间是不可见的，而且也不支持可变长度子网掩码（VLSM）。

另一方面，无类路由协议，用 IP 网络地址传送前缀长度或子网掩码信息。使用无类路由协议，可以映射 IP 地址空间，以便支持不连续子网和可变长度子网掩码（VLSM）。必须很小心地映射 IP 地址空间，以便将子网安排在连续的块中，允许在区域边界汇总路由更新。

（7）动态与静态和默认路由比较。

静态路由指手工配置且不依赖于路由协议进行更新的路由。在有些情况下，它不需使用路由协议。静态路由经常用于连接一个末梢网络。末梢网络是指只能通过一条路径到达的那部分互连网络。举一个末梢网络的例子，如一家只通过一条通往 Internet 服务提供商（ISP）的链路连入 Internet 的公司，没有必要在 ISP 与公司之间进行运行路由协议。

静态路由的缺点是大量的管理负担，特别是在大型网络中。不过在小网（甚至某些大网）上，静态路由还是有许多优点的。在升级或设计一个网络时，静态路由不容忽视。静态路由减少了带宽使用并易于故障排查。静态路由强制你使用的路由是某条特定路径，而不是通过动态路由协议学习到的路由。这样可强制流量通过某一条特殊的路径。静态路由也有助于提高安全性，用户可以对到达网络走哪条路径有更高的控制权。

很多 ISP 在路由表中都有许多指向客户所在网段的静态路由。当 ISP 从 Internet 上收到的流量的目的地址指向客户所在的网络时，路由的决策就变得很简单。流量从一个方向进来，流到客户所在的站点，此时没有必要使用路由协议。

在 Cisco 路由器上，静态路由优先于通过动态路由协议学习到的到达同一目的网络的路由。Cisco IOS 也支持浮动静态路由，这种静态路由的管理距离大于动态学习到的路由的管理距离，因此会优先采用动态学习到的路由。浮动静态路由的一个重要应用就是当动态路由信息不存在时，用它来提供路由备份。

默认路由是一种特殊类型的静态路由，它主要用于当路由表中对于某个目的网络没有明确的路由表项时使用。默认路由也被称为"最后手段的路由"。在某些情况下，默认路由就是一切。再次谈谈用户网络和 ISP 相连的例子吧。对于客户来说没有必要学习到达 Internet 上的所有路由。如果只有一条链路和 ISP 相连，所有进出 Internet 的流量都必须通过这条链路，那么企业网络的设计者就可以简单地定义一条默认路由指向 ISP 的路由器。

虽然静态路由和默认路由可以减少对资源的消耗，包括减少对带宽及路由器的 CPU 和内存的消耗，但缺点就是这样无法了解路由信息的详细情况。具有默认路由的路由器总是将不在本地的流量送到对端路由器。它们没法知道其他路由器可能已丢失了某些路由。它们也无从知道某一个目的是否可达（例如，当某人正在做 ping 扫描，发送了大量的 ping 包至某些 IP 目的地址，那么某些地址是不可达的）。具有默认路由的路由器总是转发这些包。它无法区别它自己不能到达的目的和其他路由器不能到达的目的。默认路由也可导致路由器使用次优路径。为了避免这些问题，应使用动态路由选择。

（8）按需路由。

按需路由（ODR）是 Cisco 的一种私有特性，它可以提供对末梢网络的路由。ODR 使用 Cisco 发现协议（CDP）在主站点和末梢站点之间携带最小的路由信息。ODR 避免了动态路由协议的配置开销和静态路由协议的管理开销。

在末梢网络中代表网络拓扑结构的路由信息是相当简单的。例如，在一个星状拓扑结构中，在分支站点的末梢路由器和中心站点的路由器有一条 WAN 连接，有一些 LAN 网段直接连在末梢路由器上。这些末梢网络无需末梢路由器去学习任何动态路由信息。

使用 ODR，中心路由器就可以为末梢路由器提供一条默认路由，因此不需要在每个末梢路由器上去配置到达总部的默认路由。末梢路由器可以通过 CDP 将直接接口上的 IP 前缀发送给中心站点路由器。中心路由器将收到的末梢网络路由放入到自己的路由表中。中心路由器可配置为将这些 ODR 的路由重分布到其他动态路由协议中去。在末梢路由器上，无需配置任何 IP 路由协议。这种技术简化了网络设计，通常对于分层网络设计中的接入层交换机，这项技术是一个不错的解决方案。

（9）路由协议的可扩展性制约。

在为客户选择路由协议时，应该考虑你的客户关于扩展网络规模的目标，并针对每个路由协议，调查以下问题，其中每个问题都涉及路由协议的可扩展性制约。

① 有无任何关于度量的限制？

② 当网络升级或变化时，路由协议收敛的速度有多快？（链路状态协议的收敛速度比距离矢量协议快。下面将详细介绍收敛问题。）

③ 多久发送一次路由更新或链路状态通告？更新频率是由定时器控制的，还是由事件触发的，如链路失效？

④ 路由更新时要传递多少数据？是传送完整的路由表，还是只是发生变化了的部分？是否采用了水平分割？

⑤ 要用多少带宽发生路由更新？带宽利用率对于低带宽的串行链路是非常重要的。

⑥ 路由更新发布的范围有多大？是发布给邻居？发布到有限的区域？还是发布给 AS 中的所有路由器？

⑦ 需要多少 CPU 利用率来处理路由更新或链路状态通告？

⑧ 支持静态和默认路由吗？

⑨ 支持路由汇总吗？

可以通过协议分析仪观察路由协议的行为、查阅相关规范或 RFC 回答以上问题。以下内容也可以帮助你更好地理解路由协议的行为。

（10）路由协议收敛。

收敛是指变化发生后，路由器调整成为一致的互连网络拓扑结构所需的时间。变化可能是网络分段或路由器失效，也可能是在互连网络中加入了新的网段或新的路由器。为了理解快速收敛对客户的重要意义，你应当了解客户网络经常可能发生的变化。例如，链路经常失效吗？客户的网络是否因为升级改造或可靠性问题常常处于"建设之中"？

由于在收敛发生时，数据包可能无法可靠地到达所有的目的节点，所以收敛时间是一个很关键的设计制约。对于时间敏感的应用（如语音应用和基于 SNA 的应用），收敛进程应在几秒钟内完成。当通过 IP 互连网络传送 SNA 时，建议使用快速收敛协议，如 OSPF。链路状态路由协议的收敛速度很快，一些新的距离矢量路由协议（如 EIGRP）也是针对快速收敛进行设计的。

当路由器发现达到某个对等路由器的链路失效时，就会开始进行收敛进程。Cisco 路由器每隔 10s（默认）就发送保持活跃（Keepalive）帧，以帮助确定链路的状态。在点到点 WAN 链路上，Cisco 路由器会向链路另一端的路由器发送保持活跃帧。在 LAN 中，Cisco 路由器则会给自己发送保持活跃帧。

如果串行链路失效，路由器会注意到载波监听（CD）信号丢失了，于是立即开始收敛进程。否则，路由器会发送两到三次保持活跃帧，若收不到响应，也开始收敛进程。在以太网中，如果路由器自己的收发器失效，它可以立即开始收敛进程。否则，它会在没能力发送两到三次保持活跃帧后开始收敛进程。

如果路由协议使用 Hello 数据包，且 Hello 定时器时间少于保持活跃定时器时间，那么路由器就可以很快开始收敛。另外一个影响收敛时间的因素是负载分组。如果路由表包含了多条到达同一目的地的路径，那么当一条路径失效后，流量会立即转到其他的路径上。

2. IP 路由

最常用的 IP 路由协议有 RIP、EIGRP、OSPF、IS-IS 和 BGP，下面将描述这些协议的性能和可扩展性特点，帮助你为网络设计客户选择正确的协议。

（1）RIP。

IP RIP（路由信息协议）是为 TCP/IP 环境开发的第一个路由协议标准。RIP 最初是为 XNS（Xerox Network System）协议开发的，它在 20 世纪 80 年代初期被 IP 社团正式采纳。多年以来 RIP 是最通用的内部路由协议，因为它易于配置而且可在多个操作系统上运行。它仍在老的网络及对简易性和故障排查有特殊要求的网络中使用。RIP 版本 1（RIPv1）定义在 RFC 1058 中，而 RIP 版本 2（RIPv2）定义在 RFC 2453 中。

RIP 每隔 30s 广播一次路由表，RIP 允许每个数据包有 25 个路由，这样在大型网络中发送整个路由表就需要多个数据包。带宽利用率对那些含有低带宽链路的大型 RIP 网络来说是一个主要问题。为避免收敛期间的路由环路，大多数 RIP 实现都包括了水平分割和抑制定时器。

RIP 使用一个单一的路由度量（跳计数）测定到达目的网络的距离。在设计使用 RIP 协议的网络时，必须考虑这种限制。该限制意味着，如果有多条路径到达某个相同的目的地，那么 RIP 只会维护其中跳数最少的路径，即使别的路径可能有更高的累计带宽、更少的累计延迟、更少的阻塞等。

RIP 的另一个限制是跳数不能超过 15，如果路由器接收到一个路由更新，指示目的地在 16 跳以上，那么路由器就会将它从其路由表中删除，这是因为跳数为 16 意味着到达目的地的距离是无限的，也就是说，目的地是不可达的。

RIPv1 是一种有类路由协议，这就表明它总是会考虑 IP 网络地址的类别。地址汇总在主网络的边界自动进行，这也就是说，不连续的子网彼此之间是不可见的。并且它不支持 VLSM（可变长子网掩码）。RIPv2 正相反，它属于无类路由协议。

IETF 开发了 RIPv2，对 RIPv1 的可扩展性和性能问题进行了改进。RIPv2 在路由选择表的条目上增加了如下字段。

① 路由标记：区分在统一 RIP 路由域的内部路由器和从其他路由协议或不同的自治系统导入的外部路由。

② 子网掩码：包括了用于 IP 地址的子网掩码，用于生产地址的非主机（前缀）部分。

③ 下一跳：说明紧接着的下一跳的 IP 地址，由它向在路由条目中的目的地转发数据包。

路由标记有利于融合 RIP 网络和非 RIP 网络。包括子网掩码的路由条目可以为无类路由选择提供支持。下一跳字段的目的是避免数据包被额外一跳进行路由的可能。指定下一跳字段为 0.0.0.0，表明必须通过产生 RIP 更新的原始路由。如果不是网络中的所有路由器都运行 RIP 协议，则应该指定 0.0.0.0 以外的值。

RIPv2 还支持简单的认证，以阻止黑客发送路由更新。认证配置要占用路由条目空间，这意味着，如果使用认证，一个消息就只能包含 24 个路由条目。目前所支持的唯一的认证是一个简单的明文口令。

（2）EIGRP。

Cisco 在 20 世纪 80 年代中期开发了距离矢量增强型内部网关路由协议（IGRP），以满足客户对健壮的可扩展的内部路由协议的需求。许多客户从 RIP 网络迁移到 IGRP 网络，以克服 RIP 15 跳的限制和只依赖一个度量（跳计数）的限制。IGRP 每隔 90s 发送一次路由更新，这与 RIP 的每隔 30s 发送一次路由更新形成了对比，因此 IGRP 对那些关心带宽利用率的客户来说，更有吸引力。

Cisco 在 20 世纪 90 年代初期开发了增强型内部网关路由协议（EIGRP），以满足拥有大型、复杂、多协议互连网络的企业客户。EIGRP 与 IGRP 兼容，并提供了自动重分发机制，允许把 IGRP 路由导入到 EIGRP 中，反之亦然。EIGRP 还可以为 RIP、IS-IS、BGP 和 OSPF 重分发路由。

EIGRP 使用了一种混合的度量，该度量基于以下几个因素。

① 带宽：路径上低带宽网段的带宽。网络管理员可以根据链路的类型配置带宽或使用默认值（对于高速 WAN 链路，建议在默认带宽小于实际的速度时进行配置）。

② 延迟：路径上所有输出接口延迟的综合。延迟与接口的带宽成反比，延迟不动态计算。

③ 可靠性：路径的可靠性是基于路径中路由器报告的接口的可靠性的。在 IGRP 更新中，可靠性是一个 8 位的数字，255 代表 100%可靠，1 代表可靠性最低。默认时，除非配置动态计算的 metric weights 命令，否则不启用可靠性。

④ 负载：路径的负载。基于路径中路由器报告的接口的负载。在 IGRP 更新中，负载是一个 8 位的数字，255 代表 100%负载，1 代表负载最低。默认时，除非配置动态计算机负载的 metric weights 命令，否则不启用负载。

⑤ EIGRP 可以实现相等度量和不相等度量路径上的负载分担。EIGRP 的变量特性是指，若一条路径比另一条路径好 3 倍，那么这条好路径的使用次数要比另一条路径多 3 倍。只有其度量是最好路由的某一特定范围内的路由才可以被用作多重路径。更多的内容请参阅 Cisco 配置文档。

EIGRP 采用了比 RIP 更好的通告和选择默认路由的算法。RIP 允许网络管理员配置一条默认路由，即将其标识为网络 0.0.0.0。另一方面，EIGRP 则允许把实际的网络标识为备选默认路由。EIGRP 会扫描所有的备选默认路由，并选择具有最小度量的路由作为实际的默认路由。该功能比起 RIP 的静态路由来，具有更高的灵活性和更好的性能。

为了减少收敛时间，EIGRP 支持触发更新。在网络发生变化后（如链路失效），路由器就会发送一个新的路由表的触发更新。收到触发更新以后，其他路由器也可以发送触发更新。链路失效会引起一连串更新消息在整个网络中传播，从而加快了收敛时间，降低了环路的风险。

EIGRP 具有很多 IGRP 或其他距离矢量协议所不具备的高级特性和行为。尽管 EIGRP 仍然发送距离矢量信息，但它的更新还具有下列特点。

① 非周期：非周期性更新，而是在度量发生变化时才发送更新。

② 部分：更新中只包含变化了的路由，而不包含整个路由表。

③ 界限：更新只发送给受影响的路由器。

上述行为说明 EIGRP 仅占用少量带宽。

不像 IGRP，EIGRP 的路由更新中携带目标网络的前缀长度，这使得 EIGRP 成为一种无类路由选择协议。默认情况下，EIGRP 在有类网络边界汇总路由，自动路由汇总可以被关掉而使用手工汇总，这在一个网络包含非连续子网时非常有用。

　　EIGRP 的一个主要目的就是要加快大型网络中的收敛速度。为了达到这个目的，EIGRP 的设计者采用了由 Dr.J.J Garcia-Luna-Aceves 在 SRI International 开发的分散更新算法（DUAL）。DUAL 规定了路由器存储相邻节点路由信息的方法，以便路由器可以快速切换成另外的路由。路由器还可以通过询问其他路由器来了解其他路由，并发送 Hello 数据包以确定邻居的可达性。DUAL 确保了一个避免环路的拓扑结构，因此不需要抑制机制，这是减少收敛时间的另一个特点。

　　由于使用 DUAL，EIGRP 比 IGRP 或其他距离矢量协议明显地减少了带宽的占用。采用 DUAL 的路由器以"可行的继任者"概念来构造路由表。可行的继任者是指拥有到达目的地的最小代价路径的相邻路由器。当一台路由器发现一条链路失效时，如果"可行的继任者"有替代路由，则路由器会立刻切换到替代路由，而不会因此产生任何网络流量。如果没有继任者，路由器则查询邻居。查询在网络中传播，直到发现新的路由。

　　EIGRP 路由器会构造一张由邻接路由器通告的包括所有目的地的拓扑结构表。每一个表中的每个条目包含一个目的地和一个通告目的地的邻居的列表。对于每一个邻居，该条目项包括该邻居通告的到达那个目的地的度量。路由器通过组合使用每个邻居的度量与路由器使用的到达邻居的本地度量，来计算它自己到达目的地的度量。路由器会比较计算出来的度量，以确定到达该目的地的最小代价路径和最小代价路径失效时所使用的可行的继任者。

　　EIGRP 可扩展到上千个路由节点。为确保在大型网络中的良好性能，应将 EIGRP 应用于简单的分层拓扑结构的网络中。

　　（3）OSPF。

　　在 20 世纪 80 年代末期，IETF 认识到有必要开发一种内部链路状态路由协议，以满足受 RIP 限制的大型企业网需求。开放最短路径优先协议（OSPF）便是 IETF 的工作成果。OSPF 定义在 RFC2328 中。

　　OSPF 具有以下优点。

　　① OSPF 是受到多家设备制造商支持的开放标准。

　　② OSPF 收敛速度快。

　　③ OSPF 可认证协议交换，满足安全的目标。

　　④ OSPF 支持不连续子网和 VLSM。

　　⑤ OSPF 发送组播帧，而不是广播帧，减少了 LAN 主机的 CPU 利用率（如果主机具有过滤组播帧能力的 NIC）。

　　⑥ OSPF 网络可以设计为分层结构，这样减少了对路由器内存和 CPU 的需求。

　　⑦ OSPF 不需要占用很多带宽。

　　为使带宽的利用率降到最低，OSPF 只传播变化的部分。其他网络流量仅限于不经常发生的数据库同步数据包（每 30min 一次）、建立及维护邻居邻接关系并用于在 LAN 上指定路由器的 Hello 数据包。Hello 数据包每隔 10s 发送一次。在配置拨号和 ISDN 链路作为按需路由的电路时，OSPF 间隔时间可以配置得更长。此时，OSPF 路由器可能会抑制 Hello 数据包及用于数据库同步的数据包。

　　当启动和有变化时，OSPF 路由器会以组播的形式将链路状态通告（LSA）发送给在同一区域内的其他路由器。OSPF 路由器通过汇总链路状态信息来计算到达目的网络的最短路径。这个计算使用 Dijkstra 算法。计算结果为一个拓扑结构数据库，叫作链路状态数据库。区域中的每一台路由器都有一个唯一的数据库。

所有的路由器都并行运行相同的算法。每台路由器都从链路状态数据库构造最短路径树，将自己作为树的根。这个最短路径树提供了到达每个目的地的路由。外部派生的路由信息作为该树的叶子，如果到达目的地有多条相同开销的路由，则将流量在这些路由上平均分布。

根据 RFC 2328，路由的开销描述为"单一无量纲的度量"，可由"系统管理员配置"。开销与每个路由器接口的输出侧有关。开销越小，就越容易被用来转发数据流量。开销也与外部派生路由有关（例如，来自不同路由选择协议的路由）。

在 Cisco 路由器上，接口的默认开销为 100000000 除以接口的带宽。例如，FDDI 和 100Mbit/s 以太网的开销都为 1。开销可以手工配置，通常，链路两端的开销相同则最好。如果链路的一端是 Cisco 路由器，而另一端不是 Cisco 路由器，那么你可能需要手工配置开销，因为 OSPF 定义的开销度量范围很广，没有要求设备制造商必须与定义的开销一致。

下面介绍 OSPF 体系结构。

OSPF 允许将一组网络集合按区域（Area）进行分组，每个区域的拓扑结构对自治系统的其他部分来说是不可见的。通过隐藏区域的拓扑结构，可以减少路由流量，同时，本区域内的路由也只由本区域的拓扑结构决定，为防止本区域出现错误路由数据提供了保护。通过将路由器分区，降低了对每台路由器的 CPU 和内存的要求。

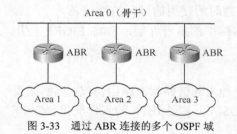

图 3-33　通过 ABR 连接的多个 OSPF 域

当 OSPF 网络分区时，需要有一个连续的称为 Area 0 的骨干区。每个其他区都要通过区域边界路由器（ABR）与 Area 0 相连，如图 3-33 所示。区域间的所有流量都必须通过 Area 0，因此 Area 0 应具有很高的可用性、吞吐量和带宽。Area 0 应当易于管理和排错。一系列通过高速 LAN 互连的路由器为很多客户提供了一个性能良好的 Area 0。

除了 ABR，一个 OSPF 网络可能包含一个或多个自治系统边界路由器（ASBR）。一个 ASBR 将 OSPF 网络连接到一个不同的自治系统或者是一个没有运行 OSPF 协议的路由器。例如，一个 ASBR 将一个内部的 OSPF 园区网络连接到 Internet 上。

在设计 OSPF 网络时，要确保网络号是可以汇总成块的。一个 ABR 应汇总它的路由，以避免骨干网和其他区域总的路由器必须了解某个特定区域的详细情况。在 Cisco 路由器上，必须使用 area-range 命令配置汇总。

连接末梢网络的 ABR 可以被配置为向这个末梢网络注入默认路由，以便让末梢网络可以到达自治系统之外的所有外部网络，或者到达从其他路由协议学习到的网络。这台路由器也可以通过配置，注入一条到达其他区域的内部汇总路由或非汇总默认路由。如果一个路由注入了一条所有路由的默认路由，Cisco 就把这个区叫作全末梢区域。全末梢区域是 Cisco 使用的方式，只要所有的末梢区域的 ABR 均为 Cisco 路由器就可以工作。

Cisco 也支持部分末梢区域，它允许将外部路由重分发到 OSPF 的其他末梢网络中。部分末梢区域在 RFC 1587 中进行了描述。部分末梢区域并不常用，但它们可用于这种末梢网络中，此末梢网络包含有连接到其他路由协议或自治系统的遗留链路，而这条遗留链路与用于将互连网络的其他部分连接到外部世界的链路不同。

由于要求 OSPF 按区域建立结构，并且建议能汇总路由，所以很难将一个现有的网络迁移到 OSPF。而且，将一个现有的 OSPF 网络扩展升级也很具挑战性。如果网络经常变动或升级，OSPF 可能不是最好的选择。但对大多数网络，OSPF 是一个很好的选择，因为它有较低的带宽利用率和可扩展性，而且与许多设备制造商兼容。

（4）IS-IS。

中间系统到中间系统（IS-IS）是一个动态的链路状态协议，主要是为 OSI 协议簇开发的。集成的 IS-IS 是对于 IS-IS 在混合 OSI 和 IP 网络环境中实施的一种协议，在大型的 ISP 骨干和大型的分层网络中得到了一定的普及。IS-IS 是一个无类内部网关路由协议，它类似于 OSPF 的操作，但是比 OSPF 更灵活，更有效，更具有扩展性。

和 OSPF 一样，IS-IS 可以实施分层。路由器可以承担不同的角色。

① 在一个区域内的一级路由器（Level 1）。

② 在区域之间的二级路由器（Level 2）。

③ 1～2 级路由器（Level1-2）既参与区域内部的一级路由，也参与区域之间的二级路由。

在 IS-IS 中，区域之间的边界指的是路由器之间的一条链路。一台路由器只能属于一个区域。OSPF 中，区域边界就位于 ABR 上。在 ABR 上的某些接口属于一个区域，另外一些接口属于另外一个区域。而 IS-IS，所有的接口都属于同一个区域。这使得 IS-IS 更模块化一些，在某些情况下，可以很容易地升级一个区域而无需影响其他的路由器。

在一个区域内的一级路由器（包括 1～2 级路由器）维护一个区域内的相同的链路状态数据库，这个数据库描述了这个区域的拓扑结构。二级路由器（包括1～2 级路由器）也维护一个针对二级拓扑结构的另外一个链路状态数据库。

与 OSPF ABR 不同，二级路由器不会将二级路由通告给一级路由器。一个一级路由器对于区域之外的路由也没有任何了解。虽然 Cisco 的 OSPF 路由器可以使用完全末梢区域来完成和 IS-IS 同样的工作，但就对 CPU 的使用和路由更新数据包的处理来看，IS-IS 比 OSPF 更有效率。

一组二级路由器（包括1～2 级路由器）和它们之间的互连链路组成了 IS-IS 的骨干。就像 OSPF 一样，区域之间的流量必须穿过这个骨干。OSPF 有一个中心骨干（Area 0），它物理上连接所有的其他区域。需要一个连接的 IP 地址结构来汇总地址到骨干中，并减少在骨干中携带的信息量及通过骨干通告的信息量。IS-IS 的骨干是由一条二级路由器和 1～2 级路由器组成的链条将不同的区域连接起来，因此 IS-IS 通过添加额外的二级路由器就可以实现对骨干的扩展，这比 OSPF 更容易。

（5）BGP。

IETF 开发了一个作为 Internet 上外部路由协议标准的边界网关协议（BGP），来代替已经过时了的外部网关协议（EGP）。BGP 解决了 EGP 在可靠性和可扩展性方面的问题。BGP 版本 4 是当前版本的 BGP，定义在 RFC 1771 中。

内部 BGP（iBGP）可用于大公司实现不同域（Domain）之间的路由。外部 BGP（eBGP）常用于企业网与 Internet 之间的路由。尤其适合企业网多宿主连接到 Internet 的情况。一般认为多宿主需要使用 BGP，但这是错误的。根据客户的目标和它所连接的 ISP 策略的灵活性，可以用默认路由实现多宿主连接。运行 eBGP 具有很大的挑战性，必须很好理解复杂的 Internet 路由。建议只将 eBGP 推荐给那些拥有高级网络工程师、并与 ISP 保持良好关系的公司。一个没有经验的网络工程师可能会因为错误配置了 eBGP 协议而引起全球 Internet 路由问题。此外，eBGP 只能在那些拥有大量内存、快速 CPU 和以高带宽连接到 Internet 的路由器上运行。一张完整的 Internet 路由表至少有 10 万个路由条目，并且还会随着 Internet 的扩展以及越来越多的公司通过 BGP 多宿主联网而继续增大。

BGP 的主要目的是让路由器在通往目的地的路径上交换信息。每台 BGP 路由器都维护一张路由表，该路由表列出了到达特定网络的所有可能的路径。BGP 路由器会在网络初始化启动时交换路由信息，然后使用 TCP 协议传送增量更新信息，以保证 BGP 数据包的可靠性。更新指定路径属性，包括路径信息的源点、自治系统路径段的顺序和下一跳信息。

当一台 BGP 路由器收到了来自多个自治系统的描述的，到达同一目的地的不同路径的更新信息时，该路由器必须选择一条到达那个目的地的最佳路径。一旦确定了最佳路径，BGP 就会将该最佳路径传播给它的邻居。最佳路径的选择取决于更新中的属性值（如下一跳、管理权重、本地优先、路由源和路径长度等）和其他 BGP 可配置因子。

3. 在互连网络中使用多重路由协议

在为客户选择路由协议时，要认识到在整个互连网络中不一定非要使用一种路由协议，这一点是很重要的。为互连网络的不同部分选择协议的标准是不同的。同时，当整合新旧两个网络时，可能经常需要运行一个以上的路由协议。一些协议，在某些情况下，你的网络设计可能关注在核心层和分布层的新设计上，而且需要与现有的接入层路由协议协同工作。例如，当两个公司合并时，有时每个公司都希望运行各自的路由协议。

本节总结了对于分层设计模型中不同的层次选择路由协议的一些建议并且讨论了路由协议之间的重分布问题。本节末尾简要讨论了集成路由和桥接（IRB），这是 Cisco IOS 的一种方法，使用一台路由器既连接桥接网络，又连接路由网络。

（1）路由协议和层次化设计模型。

大型互连网络的设计使用一种分层的、模块化的方法。这种方法之一就是使用了三层分层设计模型，它有一个核心层来实现可靠性和高性能，一个分布层来实施策略，以及一个接入层来连接用户。下面分 3 部分来讨论对于这个模型中的三层分别使用的路由选择协议。

① 核心层的路由协议

核心层应当包含冗余链路和相等开销路径的负载分担能力。它应当在链路发生故障时能够快速地响应，并且根据变化迅速调整。满足这些要求的路由协议包括 EIGRP、OSPF 和 IS-IS。到底选择 EIGRP、OSPF 还是 IS-IS，完全取决于相关的技术、IP 地址的设计、设备制造商的喜好和其他的商业和技术目标等因素。

OSPF 强制采用分层的设计方式。OSPF 区域必须和 IP 地址设计相映射，这一点实现起来很困难。EIGRP 和 IS-IS 在分层设计和 IP 地址设计上来说更灵活。EIGRP 是 Cisco 私有的协议，虽然 Cisco 已经给一些设备制造商发放了许可，但是如果在网络设计中使用了其他设备制造商的产品，那么 EIGRP 也许就不是一个好的选择。不过，EIGRP 可以在核心层中使用，并与在分布层中的路由协议做重分布。

RIP 不推荐作为核心层的路由协议。它对变化的反应比较慢，这将会导致连接中断。

② 分布层的路由器协议

分布层代表的是核心层和接入层之间的连接点。使用在这一层的路由协议包括 RIPv2、EIGRP、OSPF、IS-IS 和 ODR。分布层通常还会有一个任务就是提供核心层和接入层之间的路由协议的重分布功能。

③ 接入层的路由协议

接入层提供对本地和远端用户的网络资源的访问。就像分布层和核心层一样，相关的技术、IP 地址的设计、设备制造商喜好等这些因素决定了对路由协议的选择。接入层的设备在处理能力和内存容量上不如分布层和核心层的设备强大，因此也就影响了路由协议的选择。

可以用在接入层的路由协议有 RIPv2、OSPF、EIGRP 和 ODR。也可以使用静态路由。IS-IS 通常不适用于接入层，这是因为用户需要了解更多的知识来完成配置，并且对于拨号用户也不适合。OSPF 作为接入层的路由协议也有一些限制，这就是它对设备的处理能力和内存的要求比较高，而且需要严格的分层设计。OSPF 高处理能力和高内存的要求可通过使用汇总和仔细的区域设计来解决。

（2）路由协议之间的重分发。

重分布允许路由器上能够允许不只一种路由协议，并且可在不同的路由协议之间共享路由信息。实施重分发是一项具有挑战性的工作，这是因为每一种路由协议的表现行为不一样，路由协议之间不能直接交换关于路径、前缀、度量值、链路状态等这些信息。如果配置不正确，重分发可以导致路由环路，使得规划和故障排查难以进行。

虽然面临这些问题，重分发在分层模型中为不同层之间分发路由协议的环境中、需要迁移到一个新的路由协议的环境中、不同部门使用不同路由协议的环境中，以及网络中有不同设备制造商产品的环境中还是非常有用的。

网络管理员配置重分发来指定哪些路由协议应当把路由信息插入到另外一个路由协议的路由表中。重分发设计包括决定在网络中需要使用的路由协议和一个路由域的范围。在这里指的路由域是指通过使用相同的路由协议而共享信息的一组路由器。设计者必须决定路由域的边界，并且决定重分发是在哪儿进行。重分发通常是在分布层实施，那里有许多路由域相互交错。

另外一个需要决定的方案就是做单向还是双向重分发。在单向重分发中，路由信息从一种路由协议中重分发到另外一种路由协议中，但反之则不会做另一个方向上的重分发，但可以在那个方向上作静态或默认路由。在双向重分发中，路由信息从一种路由协议中重分布到另外一种路由协议中，反方向也做同样的重分发，设计者可以根据需要交换完整的路由信息或通过使用过滤来限制交换的路由信息。

在许多分层设计中，可能都会使用单向而不是双向重分发。当使用双向重分发时，也可能不会把一个路由域中所有的路由重分发到另外一个路由域中。许多设计者都会使用过滤来将一个路由域中的部分路由重分发到另外一个路由域中。路由过滤可以防止路由环路，维护安全性、可用性和性能。

应当确保一种路由协议不会把路由注入到另外一种已经知道如何到这个路由走更佳路径的路由协议中。这可以通过过滤来实现。如果路由器被错误地配置（或被黑客恶意配置），那么路由器就会开始通告不属于它的路由域中的路由，这样会影响流量。这个问题会导致次优路由选择，更严重的是，它会影响流量到达目的地。一个好的设计惯例就是对路由实施过滤，这样路由器就不会从另外一个路由域中收到期望的路由。

过滤也可以增强性能。一个大型网络可能由成百甚至上千台路由器，如果所有的路由都被重分布到一个小网中，那么路由表会淹没小网中的路由器，并降低网络性能。路由器会陷入查找大型路由表中下一跳的沼泽中，这个大的路由表也可能将路由器的内存消耗光，最终导致路由器的崩溃。

重分发的配置需要小心去做以避免回馈。当一个路由协议把从另外一个路由协议中学到的路由又重新通告回到那个路由协议时，就产生了回馈。例如，一台路由器被配置为将 EIGRP 的路由重分布到 RIPv2 的路由域里，同时也配置了将路由重分发回 EIGRP。路由器必须再把路由重分发进 EIGRP 时，过滤那些已从 EIGRP 学到的路由。这可避免由不同路由协议的度量值不同而出现的问题。

① 解决不兼容的度量值。当把一种路由协议重分发到另外一种路由协议时，必须对度量值有所考虑和决策。一种路由协议用的度量值不能容易地转换成另外一种路由协议的度量值。反之不用做转换，只是简单地决定从一个路由域中始发的路由使用什么样的度量值。例如，你可以决定所有 EIGRP 的路由在重分发到 RIPv2 的路由域中之后跳数为 1。或者你可以决定在把所有的 OSPF 路由重分布到 EIGRP 后，它的起始度量值为带宽 1000，延迟为 100。

② 管理距离。重分发具有挑战的另外一个因素就是一台路由器可能会从不止一种路由协议中学习到如何到达目的网络。每种路由协议和设备制造商对这种情况的处理措施都不一样。Cisco 会对从不同的源学到的路由分配一个不同的管理距离。一个更低的管理距离值意味着那条路由更好。例如，若一台路由器从 OSPF 和 RIPv2 都学到了同一条路由，OSPF 的路由会更好，原因就是 OSPF 默认的管理距离是 110，而 RIPv2 默认的管理距离是 120。如果这台路由器还有一条静态路由也指向这个目的网络，那么静态路由就是最好的，因为对于静态路由默认的管理距离是 1。

③ 集成路由和桥接。对那些需要整合桥接和路由网络的客户来说，Cisco IOS 软件为 IRB 提供了支持，它用同一台路由器将 VLAN 和桥接网络与路由网络互连在一起。

有一个旧的 Cisco IOS 功能，称为并发路由和桥接（CRB），该功能可以在同一台路由器上支持路由和桥接，但这仅意味着可以将一个桥接网络连接到另一个桥接网络，将一个路由网络路由到另一个路由网络。IRB 扩展了 CRB，它提供了通过一个称为桥接虚拟接口（BVI）的基于软件的接口在桥接和路由接口之间转发数据包的能力。

IRB 的一个优点是可以跨越路由器桥接 IP 子网或 VLAN，这在 IP 子网号短缺或不能为路由器上的每个接口分配不同的子网号时很有用的。在将一个桥接环境迁移到一个路由或 VLAN 环境时，这也是很有用的。

3.5.4 路由协议小结

表 3-10 提供了一个各种路由协议的比较，它可以帮助你根据客户的适应性、可扩展性、可购买性、安全性和网络性能来选择路由协议。

表 3-10 路由协议比较

	距离矢量或链路状态	内部或外部	分级或无类	支持的度量	可扩展性	收敛时间	资源消耗	安全性支持与路由认证	设计、配置和故障排查的容易程度
RIPv1	距离矢量	内部	有类	跳数	15 路	可能很长（如果没有负载均衡）	内存：低；CPU：低；带宽：高	无	容易
RIPv2	距离矢量	内部	无类	跳数	15 跳	可能很长（如果没有负载均衡）	内存：低；CPU：低；带宽：高	有	容易
IGRP	距离矢量	内部	有类	带宽、延迟、可靠性、负载	255 跳（默认为 100）	快（使用触发更新与毒性反转）	内存：低；CPU：低；带宽：高	无	容易
EIGRP	高级距离矢量	内部	无类	带宽、延迟、可靠性、负载	1000 台路由器	非常快（使用 DUAL 算法）	内存：中等；CPU：低；带宽：低	有	容易

续表

	距离矢量或链路状态	内部或外部	分级或无类	支持的度量	可扩展性	收敛时间	资源消耗	安全性支持与路由认证	设计、配置和故障排查的容易程度
OSPF	链路状态	内部	无类	开销（100 万除以 Cisco 路由器上的带宽）	每区域几百台路由器，支持几百个区域	快（使用链路状态通告和 Hello 数据包）	内存：高；CPU：高；带宽：低	有	中等
BGP	路径矢量	外部	无类	路径属性值和其他可配置因子	1000 台路由器	快（使用更新和保持活跃数据包以及回撤路由）	内存：高；CPU：高；带宽：低	有	中等
IS-IS	链路状态	内部	无类	配置路径值，以及延迟、话费和差错	每区域几百台路由器，支持几百个区域	快（使用链路状态通告）	内存：高；CPU：高；带宽：低	有	中等

3.6　安全策略设计

本节的目标是帮助你和你的网络设计客户一起部署有效的安全策略，以及通过选择合适的技术实现这些策略。本节按部就班描述了部署网络安全策略，同时也涉及了一些基本的安全准则。本节提出了一种模块化的安全设计方法，使你可以通过分层的设计达到全方位保护网络安全的目的。

3.6.1　网络安全设计

在部署和实施网络安全时，按照有组织的系统化步骤进行一步步设计，可以帮助你更有效地解决各种你在安全设计中遇到的问题。非系统化的随意的安全策略设计往往不能满足客户多方位的安全目标。将网络安全设计细化为以下的步骤，可以帮助你更有效地开发和执行安全策略。

（1）确认网络资产。

（2）分析安全风险。

（3）分析安全需求和这种措施。

（4）开发安全规划。

（5）定义安全策略。

（6）开发安全策略实施步骤。

（7）开发技术实施策略。

（8）从用户、管理者和技术人员处获得认可。

（9）培训用户、管理者和技术人员。

（10）实施技术策略和安全流程。

（11）测试安全性，发现问题及时更新系统。

（12）维护安全性。

1. 识别网络资产

分析目标包括确定网络资产，以及这些资产被破坏或者非法访问的潜在可能性。分析目标还包括分析这些风险造成的后果。

网络资产包括网络主机（包括主机操作系统、应用程序和数据）、网络互连设备（如路由器和交换机）和在网络上传输的数据。还有一些非常重要，但是又很容易被忽略的网络资产，包括知识产权、商业机密和公司的声誉等。

2. 分析安全风险

从恶意的攻击者，到由于未经培训而误从 Internet 上下载带病毒应用程序的用户，都可以归入风险的范畴。恶意攻击者可能窃取数据、改变数据和使服务器拒绝合法用户的范围（拒绝服务攻击在最近几年中越来越普遍）。

3. 分析安全需求与折衷措施

尽管很多客户拥有更精确的目标，但总体而言，安全需求可以归结为保护下列资产。

（1）数据的机密性，只有授权用户才能够查看敏感信息。

（2）数据的完整性，只有授权用户才能够更改敏感信息。

（3）系统和数据的可用性，用户能够顺利访问重要的计算资源。

根据 RFC 2196 "Site Security Handbook"：

"在网络安全中有一条真理，即部署安全措施保护你自己的代价一定要小于安全风险造成的损失。这里所指的代价包括资金、名誉、信用和其他各种资产的损失"。

在任何实际技术方案设计中，可实施性是不可忽略的指标，尤其对于网络安全设计来说，实现设计目标就意味着在安全目标和可购买性、可用性、性能、可获得性之间进行平衡。因为用户的登录 ID、口令和审计日志需要维护，因此网络安全会增加管理工作的负担。

网络安全也会对网络性能产生负面的影响。设备的安全特性例如数据包过滤、数据加密等技术会占用主机、服务器、路由器上超过 15%的可用 CPU 和内存资源。一般加密会通过专用的设备实现，但是数据包加解密将导致数据包在网络中的传输延迟增加。

网络安全对网络冗余能力的负面影响，也是安全设计中需要进行的折衷。假如所有的网络流量都必须流经一台加密设备，则该设备就存在单点故障的隐患。这将难以满足可用性目标。

安全策略也会影响网络的负载均衡，有些加密机制要求流量每次都走同一条路径，以保证安全策略的唯一性。如使用随机 TCP 序列号（这样黑客就无法猜测号码了）的机制，但由于负载均衡，一个会话中的有些 TCP 段会通过另一条路径传递，而这会使该机制无法工作。

4. 制定安全规划

安全设计的第一步是开发一个安全计划，安全计划是高层框架性文档，它的主要作用是对一个机构额外满足其安全需求需要进行的工作提供建议。计划涵盖的内容有时间、人员和开发安全策略，以及与技术实施相关的一切资源。作为网络设计者，你可以帮助你的客户开发一个实用的、可实施的安全计划，该计划基于用户的安全目标，以及对客户网络风险的分析评估。

　　安全计划应该与该网络将提供的网络业务（如 FTP、Web、电子邮件等）列表相关。这个列表应该标明谁提供业务，谁访问业务，如何提供访问以及谁管理业务。

　　作为网络设计者，你也可以基于客户的商业目标和技术目标，来帮助客户决策哪项业务是客户必要的。有些时候有些新业务仅仅是作为追求潮流而加入的，实际上并没有真正的必要。每增加一种新的业务，都需要在防火墙或者路由器上增加相应的数据包过滤列表，或者需要增加相应的用户认证，并控制业务的受众范围，以达到保护该业务的目的，这些措施都会增加网络安全策略的复杂性。而过度复杂的网络安全策略，不具备可实施性，也很难保证不会引入一些预料之外的安全黑洞。

　　开发安全设计方案最重要的一个方面之一就是要指定哪些人需要参与实施网络安全。

　　（1）是否应该聘请专业的安全管理人员？

　　（2）用户和他们的管理者如何参与网络安全管理？

　　（3）如何对用户、管理者和技术人员进行安全策略和流程的培训？

　　安全策略如果想得到很好的贯彻实施，必须得到来自该组织各级部门和员工的支持，尤其是管理层的支持。总部和远程站点的技术人员以及终端用户也应该涉及。

5. 制订安全策略

　　根据 RFC 2196 "Site Security Handbook"："安全策略是一种正式原则性的规定，有权访问组织机构技术和信息设施的人员必须遵守"。

　　安全策略规定了组织机构内员工、管理者和技术人员在安全方面各自承担的义务，以及实现这些义务的机制。安全策略中定义的机制需要满足这些义务。安全策略的开发需要充分听取来自机构内各个层面的意见，其中包括雇员、经理、主管和技术人员。

　　开发网络安全策略是安全及网络管理人员的一项工作。管理人员应该从网络管理者、用户、网络设计者、网络工程师甚至律师那里咨询相关信息。作为网络设计者，你应该与安全管理人员密切合作，以理解安全策略会如何影响你的网络设计。

　　当安全策略开发完毕，并具备了同用户、员工以及管理者之间签署协约的条件，这个安全策略就应该由顶级管理层人员向公司宣讲。许多企业要求雇员签署声明以表明他们已经阅读、理解并且同意去遵守这个策略。

　　安全策略不应该成为一个固定的文档。公司要经历不断的变化，安全策略也应该与时俱进地反映商业动态和技术更替，随时变化的风险以及影响。

　　一般来说，一个安全策略应该至少包括以下部分。

　　（1）访问策略：定义访问的权限和分级，接入策略指导和外部网络的连接、设备和网络的连接以及系统新增软件。接入策略可能还需要解决数据的归类问题（例如，密级划分、内部、机密、绝密）。

　　（2）责任策略：责任策略定义了用户、操作人员和管理层的责任。责任策略必须具有审计的能力，并且提供事件处理指南，即规定在发现网络入侵时采用的设施和相应的联系人。

　　（3）认证策略：认证策略通过有效的口令机制建立与远程站点间的信任关系。

　　（4）隐私策略：定义一些合理的隐私制度，包括监测电子邮件、键盘记录和访问用户的文件。

　　（5）计算机技术购买原则：规定计算机和网络系统的购置、配置以及审计系统要与安全策略相符。

6. 制定安全流程

安全流程包括了配置、审计以及维护的流程。针对不同的人员需要有不同的安全流程。安全流程应该包括故障紧急机制（即发现入侵后应该做什么以及和谁联系）。安全流程应通过培训，或者自学的方式让用户和安全管理者熟知。

7. 维护安全性

管理员必须按照下列做法来维护安全性：设计一个周期性的独立审计体系、查看审计日志、响应突发事件、查看当前资料和代理告警、执行安全测试、培训安全管理员以及更新安全计划和策略。网络安全应该是一个循环的流程。风险随时会发生变化，因此安全性也要随时更改。Cisco 安全专家使用安全轮（Security Wheel）来描述实施、监测、测试和提高安全性，这是一个永无休止的流程。很多过度劳累的安全工程师可能都在使用安全轮的概念。持续不断地更新安全机制，使其跟得上最新的攻击方式，这有时会让管理员觉得像是在训练一只仓鼠轮。

3.6.2　安全机制

本节将描述一些安全网络设计的典型组织构成。你可以通过选择这些组件来满足具备的网络安全设计要求。

1. 物理安全

物理安全指通过物理隔离的手段实现对关键网络资源的保护。物理安全可以防止网络被未经安全流程培训的员工和合作伙伴有意或无意的滥用。也可以阻止黑客、竞争对手随意修改网络配置，在你的网络中为所欲为。

根据不同的保护层次，物理安全性甚至可以保护网络免受恐怖袭击或者人为灾害事件的破坏，其中包括爆炸、核泄漏等。物理安全也可以保护网络免受自然灾害的影响，包括洪水、风暴和地震。

根据客户对网络设计的不同需求，物理安全可以在核心路由器、业务分离点、电缆 Modem、服务器和主机、网络存储等多个层面实施。设计之初应确保将设备放置在有门禁系统或者有人职守的机房。机房应提供不间断电力供应的能力，并具备火警、灭火、排水系统。为了避免地震或者强风的影响，放置设备的机架应该固定在地板或者墙上。

由于物理安全是显而易见的，往往也因此被忽略，而没有进行系统地规划。实际上物理安全的重要性并不亚于其他的安全措施。物理安全是网络自顶向下的网络设计中需要最早考虑的，任何其他的安全机制都建立在物理安全之上。

2. 认证

认证的主要目的是识别请求网络服务者的身份。认证这个术语一般是指对用户进行的认证，但它也可以指对设备或者软件进程的认证。例如，有些路由协议就支持路由认证功能，在接收路由更新之前，路由器双方必须先进行认证。

多数的安全策略中规定，用户在访问网络以及网络中的业务时必须输入 ID 和口令，用于安全服务器对用户进行认证。为了获得最大的安全性，推荐使用一次性（One-Time）的动态口令。在一次性口令系统中，用户的口令每次都会变化。一般一次性口令系统都通过安全卡，也称为智能卡（Smartcard）来实现。安全卡是一个物理设备，一般和信用卡大小相仿。用户输入 PIN 码（个人身份号）到安全卡，获得使用安全卡的许可。安全卡会和位于网络上的集中式的安全卡进行通信，为用户提供接入企业网络的一次性口令。安全卡的认证方式一般在移动通信和远程工作的计算机用户中使用比较广泛，局域网接入认证一般不使用该方式。

传统上，认证基于以下 3 个步骤之一。

（1）用户知道的事情：这通常包括被认证部门掌握的唯一性密码。对用户来说，这个密码可能是以经典的口令、或 PIN 或私钥形式出现的。

（2）用户具备的设备：这通常指对用户而言的独立设施财产归属权。如口令令牌卡、安全卡，或者硬件密钥等。

（3）用户属于的特征：指用以鉴别用户的独特物理特征。如指纹、视网膜图案、声音或面孔。

许多系统采用双重认证（即要求用户提供两个独立的身份证明）的方式来认证用户。例如，一个接入控制系统同时要求用户提供安全卡和口令。在采用双重认证的系统中，只符合一个因素，系统并不会开放。攻击者可能会搞到口令，但是没有安全卡的情况下口令起不到任何作用。另一方面，如果安全卡被盗，在没有口令的情况下也没有什么用处。

3．授权

认证控制可以访问网络资源的对象，授权则控制已认证用户对资源的使用权限和范围。授权提供用户或者程序的分级访问。安全管理者通过授权可以实现对网络资源更细化的管理（例如，对服务器上的目录、文件赋予不同的级别，控制不同用户的访问权限）。

用户和用户之间由于工作性质和职能的差异，其授权也会不同。例如，可以设置这么一条策略，"除了人力资源部的人员外其他人员不能查看工资记录"。

在实施授权策略时，安全专家的建议是采用"最小访问权限"原则。这个原则的出发点是对每个用户只给予完成确定任务所必须的最小权限。针对每种资源明确的罗列每个用户的使用权限是很困难的，所以在实际实施中，一般可以使用一些小技巧提高效率。例如，网络管理员可以为拥有同样访问权限的用户创立用户组的方式，减少工作量。

4．统计（审计）

为了有效的分析网络的安全和应对突发的安全事件，应该建立相关的流程来收集网络活动数量。收集数据的过程称为统计或审计。

对于有严格策略的网络，统计数据应该包括任何用户获得网络认证和授权的尝试，尤其要对通过"匿名"或者"客户"方式登录到公共服务器的用户及其行为进行统计。

收集的数据包括登录、注销用户的用户信息、主机名，以及改变前后的访问权限，审计中的每条记录都应该有相应的时间戳信息。

审计过程不应该收集用户的口令，因为记录口令的文件如果被非法访问，将成为潜在的安全漏洞。正确或者错误的口令都不应该记录。错误的口令往往是由于字母的大小写而引起的。

审计的进一步扩展是安全评估。使用安全评估，就是让专业人员充当网络入侵者来寻找网络的弱点。周期性地评估网络中的弱点是网络安全策略和审计流程的一部分。评估结果可以成为修正缺陷的详细计划，如同重新培训员工一样简单。

5. 数据加密

加密过程通过在原始数据中加入扰码，防止数据被既定接收方以外的第三方阅读。加密设备会在将数据发送到网络上之前对数据进行加密。路由器、服务器、终端系统或者专用设备都可以作为加解密设备。加密后的数据称为"密文"，未加密的数据称之为"明文"。

加密是提供数据机密性的有效安全手段，它也可以用来作为确认数据发送方身份的手段。尽管加密和授权应该也能保护数据的机密性和发送者的身份确认，但加密特性可以作为其他安全策略失效以后，安全策略的底线。

加密会对网络的性能产生影响，正如"分析安全折衷措施"一节所述，设计者需要在安全性和性能间寻找平衡。如果客户经过分析并且确定数据的机密性或发送方数据无法确定将产生严重的后果时，就应该使用加密。在内部网络只使用简单的 Internet 浏览、电子邮件和文件传输业务的网络没有必要使用加密。对于那些需要通过 Internet 连通私有网络，组件 VPN 的客户，建议使用加密机制，保护数据在跨 Internet 时的机密性。

加密包括两个部分。

（1）加密算法：加解密数据的算法集。

（2）密钥：加密算法用于加解密数据的编码。

加密的目的是即使在加密算法公开的情况下，如果没有相应的密钥，入侵者也仍然无法解密截获的信息。这种类型的密钥，称为秘密密钥。发送方和接收方使用相同的密钥称为对称密钥机制。DES 是一种最常见的对称密钥加密算法，多数的路由器和服务器都可以支持这种算法。

虽然，在两台设备之间采用对称密钥方式进行通信很简单，但是，随着设备数量的增加，秘密密钥的数量也会增加，这会导致密钥难以管理。例如，在多个站点情况下，站点 A 和站点 B、站点 B 和站点 C、站点 A 和站点 C，需要三个不同的密钥。不对称密钥可以解决以上问题。

公钥加密/私钥加密是非对称密钥加密的典型例子。使用公钥/私钥系统的安全主机都有一个公共密钥，该密钥是公开发布，或者很易确定的。所有和该主机进行安全通信的设备都可以使用该主机的公钥对数据进行加密后发送给该主机。

接收主机用其私钥对接收到的数据进行解密。由于私钥是该主机唯一的，并且是保密的，因此其他主机没有该主机的私钥就无法对数据进行解密，这样数据的机密性就有了保证（数学家和计算机科学家已经编制出计算机程序来确定这些密钥所使用的特殊数字，以便发送方和接收方可以使用同样的算法，即使这些站点使用不同的密钥）。图 3-34 说明了用于数据保密性的公钥/私钥系统。

公钥/私钥系统提供了保密性和认证功能。通过非对称密钥，接收方也可以对发送方的身份进行认证。例如，你通过 IRS（Internet 税务服务）向税务局上税，税务局需要确定上税的人是你本人，而不是恶意冒充你的第三方。

你可以使用私钥对你的文档进行加密，形成"数字签名"，税务局用你的公钥对文档进行解密，如图 3-35 所示。如果顺利解密，则税务局私钥的唯一性原则可以确定文档来源于你。

非对称密钥的数字签名机制可以和数据机密性保护机制同时使用。在用私钥将你的文档加密以后，你也可以继续使用税务局提供的公钥对数据进行再加密。税务局将对文档进行两次解密，如果解密的结果是明文，则税务局可以评定该文件来自于你而不是其他人，而且传输的过程中文件的机密性是有保障的。

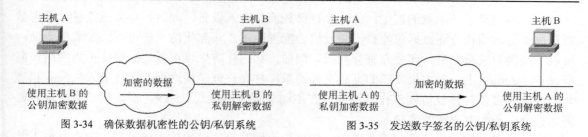

图 3-34　确保数据机密性的公钥/私钥系统　　　图 3-35　发送数字签名的公钥/私钥系统

非对称密钥系统的例子包括 Rivest、Shamir 和 Adleman（RSA）标准，Diffie-Hellman 公钥算法和数字签名算法（DSS）。Cisco 公司使用 DSS 标准作为加密会话建立时对等路由器认证的手段。对等路由器使用 Diffie-Hellman 算法生成私钥。数据加密使用 DES 算法和私钥加密。

6. 数据包过滤器

在路由器、防火墙和服务器上可以配置数据包过滤器，以接收或者拒绝来自特定地址或者业务类型的数据包。数据包过滤器可以作为认证和授权机制的扩展，用于保护网络资源，避免网络资源未授权使用、窃取、破坏和拒绝服务攻击。

作为安全策略的数据包过滤器应使用以下两种语句之一。

（1）拒绝：拒绝特定类型的数据包，接受所有其他数据包。

（2）接受：接受特定类型的数据包，拒绝所有其他数据包。

拒绝策略要求设计者彻底了解安全威胁的细节，因此很难实施。接受策略更容易实施，因为安全管理者只需将现有的应用和服务策略配置为接受，潜在威胁或者未知应用数据包默认就会被丢弃。同样，为了更准确、有效地实施接受策略，网络设计者需要对网络的需求有很好的了解，所以必须和安全管理者进行充分地沟通，一起决定数据包过滤的策略。

Cisco 实施的第二个数据包过滤器策略，Cisco 将其称为访问控制列表（ACL）。在运行 Cisco IOS 操作系统软件的路由器或者交换机上配置 ACL 时，访问列表的最后默认隐含 deny-all 语句。在隐含的 deby-all 语句之前，必须明确地指明接受哪些特定的数据包通过设备（deny-all 语句是默认的，管理者不需要输入这条命令，但是从管理和语句的语意完整角度考虑，还是建议在配置 ACL 时，在结尾显式地输入 deny-all 语句）。

ACL 可以控制交换机或者路由器上的端口对特定流量进行转发或者阻塞。ACL 会对端口上进入或者输出的 IP 数据包进行匹配，匹配的规则可以是数据包的 IP 地址或者上层协议信息。

Cisco IOS 采用从上到下逐条匹配访问列表方式进行数据包匹配，为了获得更好的转发性能，应仔细设计访问列表，优化其匹配性能。通过对网络中流量的分析，你可以设计一个访问列表，使大多数的数据包可以尽早被匹配。建议在 ACL 设计时，将最通用、粗泛的语句放在访问列表前端，越具体、特殊的语句越应放在后面。

7. 防火墙

防火墙是在两个或多个网络边界执行安全策略的设备。防火墙可以是配置了 ACL 的路由器、专用的硬件设备或者运行于 PC、UNIX 系统上的软件。在企业网络和 Internet 的边界，防火墙是尤为重要的一台设备。

防火墙定义了一系列的规则，说明允许哪些流量进入设备，同时拒绝哪些流量。静态数据包过滤防火墙执行逐数据包检查，转发快、配置简单。状态化防火墙可以跟踪通信会话，可以智能地对流量的准入和丢弃进行判断。例如，状态化防火墙可以记忆受保护内网用户向非保护 Internet 上一台主机发起的下载文件请求，并允许该链接返回的设计进入内网。状态化防火墙也可以与协议协同工作，例如，在主动式（端口模式）FTP，在该模式下，服务器需要打开一条到客户端的连接。

另一种类型的防火墙是代理防火墙。代理防火墙是最先进的防火墙类型，但也是最不常用的。代理防火墙可以在主机和服务器之间起到中间人的作用，主机和服务器之间的通信通过防火墙进行中继。代理防火墙对数据包进行检查，并且支持对会话的状态记录，这可以阻塞一些恶意的流量。

8. 入侵检测和防御系统

入侵检测系统（IDS）可以检测一些恶意的攻击事件，并且通过邮件、短消息、系统日志等方式将事件通知给管理者。IDS 也可以用于网络性能的统计和网络异常情况分析。一些 IDS 系统可以通过散布在网络中的多个传感器之间的协同工作，将信息上告至集中的数据库，使管理者可以实时了解全局网络安全状况。入侵防御系统（IPS）可以动态添加防火墙的过滤规则或者配置进入防火墙的检测（拒绝或允许）流量，实现动态的流量阻塞。IPS 和 IDS 能够检测和防御攻击。

IDS 分为两种类型。

（1）主机 IDS：安装在单台主机上，只监测该主机。

（2）网络 IDS：监测它可以感知的所有网络流量，监测所有预定义的恶意攻击征兆。

网络 IDS 一般放置在和防火墙直连的子网内，以便监测从防火墙进入的流量，检测可疑的网络活动。

在过去，人们对 IDS 和 IPS 最关注的是它们有可能生成的误报数量。当 IDS 或 IPS 把一个网络事件报告为严重问题，但这一事件不是严重问题时，就产生了一个误报。误报问题已经通过现在 IPS 设备上先进的软件和服务得到了很大改善。如 Cisco IPS 解决方案包含异常检查，它能够学习客户网络中真正网络流量的特点，并在检测到其他流量时发出告警。Cisco 还支持名誉过滤（Reputation Filter）和全局关联服务，这样 IPS 可以与全球安全趋势保持同步，并且能够更精确地拒绝那些与僵尸网络、垃圾电子邮件和其他恶意软件相关联的网络中来的流量。

3.7　网络设计文档编写

设计工作进行到这个阶段，你应该基于对用户商业目标和技术目标所作的分析完成了全面的设计，并对网络的逻辑拓扑结构和物理拓扑结构都已经进行了测试和优化。接下来的工作就是编写一个设计文档。设计文档用于描述你客户的需求，并说明你的设计是如何满足这些需求的。该文档还应记录现有的网络结构、逻辑设计和物理设计以及该项目的预算和花销。设计文档中关于网络设施、衡量网络设施是否成功以及随着新应用需求的产生网络如何进行演进等方面的内容也是十分重要的。

如前面章中所述，网络设计除了具有循环特性外还具有反复性。某些步骤会在网络设计的多个阶段重复出现。测试工作在网络设计验证和设计实施阶段都要进行。网络优化不仅在设计最终完成时要做，在网络监测阶段仍要做。在网络实施阶段之前完成的设计文档可以帮助你的设计获得批准通过，并且可以帮助开展新技术和新应用。

3.7.1　回应客户的建议请求

RFP 列出了客户的设计请求，以及网络设计中必须包含的解决方案类型。设计组织者会将 RFP 提供给设备制造商和设计顾问，并根据制造商和设计顾问的应答，剔除那些不符合要求的制造商或者设计顾问。RFP 应答也可以帮助组织者对比各家的设计、产品能力、价格、业务能力和技术支持等。

每个 RFP 各自不同，但是典型的 RFP 应包括以下部分或者全部内容。

（1）该项目的商业目标。

（2）项目的范围。

（3）现有网络和应用的信息。

（4）新应用信息。

（5）技术需求，包括扩展性、可用性、网络性能、安全性、可管理性、易用性、适应性和可购买性。

（6）产品报修要求。

（7）可能影响实施的环境或者体系结构制约。

（8）培训及支持要求。

（9）主要日程表，包括路标和交付使用日期。

（10）法律合同以及适用条件。

有些客户会指定 RFP 回应的格式。如果是这样，你的设计文档就需要严格遵循客户要求的格式和结构。如果不按照指定的格式回应，客户可能会拒绝阅读你的应答书。某些时候，客户会要求你提供一些有关物理设计和逻辑设计详细信息的后续文档。一些 RFP 会以问卷形式出现。这种情况下，这些问题会引出 RFP 的结构。如果 RFP 没有特殊说明，通常应该在主要需求和你的设计方案的卖点上进行充分的阐述和润色，并加入到问题的应答中。

虽然每个客户对 RFP 的处理会有差异，但是，典型的 RFP 将指明其应答必须包含以下部分或者全部内容。

（1）新设计中的网络拓扑结构。

（2）构成设计方案的协议、技术和产品信息。

（3）设计实施计划。

（4）培训计划。

（5）技术支持和服务信息。

（6）价格和付款选项。

（7）相关设备制造商或者供应商的资质。

（8）供应商的成功案例，以及来自这些案例客户的推荐。

（9）法律合同条款和适用条件。

虽然 RFP 必须按照客户划定的框架进行应答，但是你应该发挥你的聪明才智在应答中突出你的设计的优势。要基于对客户商业和技术目标，以及网络的流量和特征的分析，编写你的应答，这样读者可以很容易地认识到该设计可以满足其设计方案选择的关键标准。

在编写应答时，一定要考虑竞争对手的情况。尽量预测其他设备制造商或者设计顾问可能的方案和建议，这样你可以有针对性地编写相关内容，使客户注意到你方案中的哪些方面优于竞争对手。另外，要注意客户的"商业习惯"，因为这些信息可以帮助你的设计获得更好的接受度。

3.7.2　网络设计文档的内容

当你的设计文档无需按照 RFP 指定格式进行编写，或者客户需要一份对局部 RFP 做补充的后续文档时，你应该编写一份可以全面描述你的网络设计的文档。该文档应该包括网络设计的逻辑和物理组件、相关技术和设备信息以及实施的建议。以下各小节将讲述一份全面的网络设计文档中应该包含的主题。

1.　执行总结

一份全面的设计文档可能有很多页，因此有必要在文档的开篇包含一个执行总结，对文档的主要内容进行扼要介绍。执行总结的页数最好不要超过一页，主要的阅读对象是经理层和那些决定是否接受你的设计方案的关键项目参与人员。

虽然在执行总结中也可以包括一些技术信息，但是不应该谈论太多的技术细节。总结的目的是向决策人员推销你所提供设计方案的商业利益。技术信息应该是概括性的，并按照客户对该项目设计目标的优先级顺序罗列。

2.　项目目标

本部分将陈述网络设计项目的主要目标。这些目标应该基于商业目的进行设置，并且与客户如何在其核心商业领域更加成功的总体目标相关。项目目标部分最好不要超过一段，经常只需要一句话。一个深思熟虑的项目目标，可以让项目决策者确信你已经理解了网络设计项目的主要目的和重要性。

下文是一个为实际设计客户编写的项目目标的例子。

"本项目的目标是策划一个可以支持新型高带宽、低延迟多媒体应用的广域网。新的应用对于顺利实施针对销售人员的培训计划很关键。新的广域网将有利于实现下一个财政年度销售额增长 50%的目标"。

3.　项目范围

项目范围部分应提供有关该项目范围的信息，包括该项目将影响到的部门和网络。项目范围章节将说明该项目是新建网络或者是对现有网络进行改造，并说明该设计是一个单独的网段、多个局域网、一个建筑物、园区网络、一组广域网或者远程接入网或者是整个企业网络。

以下是一个项目范围编写的例子。

"本项目的范围是对美国范围内所有连接公司总部和主要销售办公室的所有广域网链路进行升级。新的广域网可以供销售、市场和培训员工访问。本项目的范围不包括这些员工所使用局域网的更新，也不包括卫星站点和远程办公室站点网络的更新"。

项目范围可以故意遗漏一些问题。例如，可以在项目范围中故意遗漏使用专用应用程序解决性能问题。通过预先声明你对该项目设计范围的假设，你可以避免任何认为你的设计忽略了某些方面的误解。

4. 设计需求

由于项目目标部分一般都很简短，在设计需求部分你可以有机会列举出网络设计的所有主要商业和技术需求。设计需求部分要求按照优先级顺序列举各项目标，关键性目标也要按此要求列举。

（1）商业目标。

商业目标主要是解释网络设计在帮助客户为其提供更好的产品和服务方面所能起到的作用。如果阅读这份设计文档的主管人员从文档的商业目标部分认识到设计者已经了解了组织的商业任务，那么他们会更有可能接受该网络设计。

很多网络设计者在编写商业目标部分时都很头痛，因为他们对技术目标更感兴趣。然而，在你的文档中集中阐述你的网络设计如何帮助客户解决现实的商业问题是很关键的。

多数的商业组织在网络设计项目上投资的目的是希望该项目可以帮助其盈利、减少运营成本、增加网络的效率和增加公司内的沟通。其他典型的目标包括与其他公司建立伙伴关系以及拓展全球市场。网络设计进行到这个阶段，你必须对客户的商业目标有全面的了解，并按照优先级顺序将其列写在设计文档中。

（2）技术目标。

技术目标部分应该包括下列目标。

① 可扩展性：网络设计能支持多大幅度的增长。

② 可用性：网络可用的时间，通常用可用时间百分比或者平均故障间隔（Mean Time Between Failure，MTBF）和平均修复时间（MTTR）表示。可用性文档可以包括任何与网络故障相关的费用信息。

③ 网络性能：客户接受网络服务水平的标准，包括吞吐量、正确率、效率延迟、延迟抖动和响应时间。以数据包每秒（pps）为单位，说明对网络互连设备的吞吐量要求。应用程序的吞吐量要求应该在应用程序部分进行描述。

④ 安全性：保护客户能正常进行商业活动，防止入侵者非法访问或者破坏设备，数据和操作的一般性目标或者特定目标。本部分应该列出需求分析阶段客户提及的各种安全风险。

⑤ 可管理性：性能、故障、配置、安全和记账管理的一般性或者特定目标。

⑥ 易用性：网络用户访问网络和业务的方便程度。本部分内容包括简化网络编址、命名和资源发现等用户任务。

⑦ 适应性：网络设计和实施对网络故障、网络流量模型变化、额外商业和技术需求、新的商业活动和其他变化的适应能力。

⑧ 可购买性：重点为包括网络设备和业务购买及运营费用的一般性信息。项目预算部分应包括特定的预算信息。

技术目标部分可以包括客户愿意接受的任何折衷。例如，有些客户可能会表示严格的可用性超出了其可购买性，或者严格的安全性会影响易用性。

（3）用户团体和数据存储。

本部分将罗列主要用户团体，包括他们的大小、位置和他们使用的主要应用程序。本部分也应该列举主要的数据存储（服务器和主机）和它们的位置。

（4）网络应用。

网络应用程序章节应列举网络上现有应用和新应用的特征。

5. 网络现状

本部分简要描述了当前网络的架构和性能。它应该包括高层的网络图、主要网络互连设备、数据处理和存储系统和网络段的位置信息。高层网络图中还应该记录主要设备和网段的名称及地址，以及主要网段的类型和长度等信息。对于大型网络，可能需要两个或者三个高层网络图。详细的网络图应该放在附录中。

网络图应该同时包括网络的逻辑组成和物理组成（例如，任何虚拟专网、VPN、VLAN、防火墙网段、服务器集群等的位置和区域信息）。该图也应该描述互连网络的逻辑拓扑结构。网络图或者相关的文字应该说明网络的结构是层次化的还是扁平的，是结构化的还是非结构化的，是分层的还是不分层的。网络图中还应该包括互连网络的结构信息（例如，环状、星状、总线、中心和分支或者网状）。网络现状文档也应该简要描述客户网络编址和设备命名的策略或者标准。例如，如果客户使用（或者计划使用）地址汇总技术，你就应该在文档中进行说明。

网络现状描述部分的主要内容是对现网性能和状态的分析。

详细报告可以放置在设计文档的附录中，防止读者被太多的信息量所淹没。由于这部分内容包含了你的设计文档的精髓，所以你必须让读者可以快速地了解逻辑设计和物理设计。

6. 逻辑设计

逻辑设计部分主要包括网络设计的以下方面。

（1）网络的拓扑结构，包括一个或者多个可以说明新网络逻辑体系结构的网络图。

（2）网段和网络设备的编址模型。

（3）网络设备的命名模型。

（4）实施设计的所选择的路由、桥接和交换协议列表，以及这些协议的使用建议。

（5）推荐的安全机制和产品，安全策略和安全流程的总结（如果网络设计中还开发了详细的安全方案，可以将其放置在网络设计附录中）。

（6）网络管理体系结构、流程和产品的建议。

（7）设计原则，根据客户的目标和网络的现状说明一些主要选择的决策依据。

7. 物理设计

物理设计部分应该对你所选择的技术和设备的特性以及使用建议进行描述。这部分文档包括园区网络信息和远程访问网络以及广域网信息。此外，该部分还可以包括服务提供商选择方面的信息。

如果合适的话，物理设计部分中也可以包括网络设备和服务的价格信息。有些时候价格信息会对网络设计方案存在负面影响，这种情况下不适合将价格信息放在设计文档中。多数情况下，客户希望可以在设计文档中看到产品和服务的价格。

物理设计部分也应该包括设备或者产品的可获得信息。如果你在设计中使用了尚未上市的产品，你应该在文档中给出一个由设备制造商提供的该产品的准确上市时间。如果你可以得到产品生命周期的相关信息（如生产商何时停产该设备），也可以在文档中加入这一部分内容。

8.　网络设计测试结果

本部分应描述网络设计方案验证测试的结果。这部分也是设计文档中的一个重要组成部分，该部分为你提供了一个向客户证明你的设计可以满足客户的性能、安全、易用性、可管理性等需求的机会。你应该在文档中对原型测试系统进行说明，并说明以下测试内容。

（1）测试目标。

（2）测试验收标准。

（3）测试工具。

（4）测试脚本。

（5）测试结果和看法。

在测试结果和看法部分，一定要包括你推荐使用的优化技术，确保网络设计可以满足需求。根据测试结果，你可以建设一些减少广播或者组播的机制、满足 QoS 需求的高级特性和精密的路由器交换技术和队列服务。

9.　实施计划

实施计划中应包含你对网络设计的部署和实施方面的建议。不同的项目，本部分的详细程度会有差异，同时，这部分的详细程度也依赖于你与客户的关系。

如果你是信息系统部的一员（信息系统部负责网络的设计和实施），那么这部分就应该写得很详细。如果你是销售经理或者网络产品制造商，你的主要任务是向客户推荐解决方案，而不是实施，所以这部分就可以简短一些（编写这部分文档的时候需要注意语气的使用，不要让客户有你在指挥他们工作的感觉）。

实施方案中可以包括以下话题。

（1）项目时间表。

（2）方案中链路、设备和服务所涉及的设备制造商或者服务提供商。

（3）网络实施或者管理外包方面的方案和建议。

（4）将设计传达给用户、网络管理人员和管理层的方案，本部分也包括将方案实施流程传达给以上人员（一般来说可以通过定期的例会或者电子邮件信息）。

（5）网络管理人员和用户的培训计划。

（6）网络实施后测试网络有效性的方案。

（7）罗列可能延缓项目的一些风险。

（8）网络实施失败后的回退方案。

（9）针对新应用或者新需求的网络升级方案。

实施方案中应该包括一个项目的时间表。时间表的详细程度取决于你在项目中承担的角色。通常，时间表中应该包括主要路标和交付使用的日期。表 3-11 是由销售工程师为真实客户开发的一个高层时间表范例。

表 3-11   **为网络设计客户开发的高层时间表**

完 成 日 期	主要阶段成果
6 月 1 日	完成设计，并向主管领导、经理、网络管理员和最终用户提交设计方案的征求意见稿
6 月 15 日	讨论设计文档
6 月 22 日	设计文档终稿分发
6 月 25 日	广域网服务提供商完成建筑物之间租用线的安装
6 月 28～29 日	网络管理员新系统培训
6 月 30 日～7 月 1 日	终端用户新系统培训
7 月 6 日	完成建筑物 1 中的原型系统
7 月 20 日	网络管理员和终端用户对原型系统的反馈信息
7 月 27 日	完成建筑物 2～5 的网络实施
8 月 10 日	网络管理员和终端用户对建筑物 2～5 网络系统的反馈信息
8 月 17 日	完成剩余建筑物内的实施
以后	对新系统进行监测，验证其是否符合规定的网络设计目标

10. 项目预算

项目预算部分应该写出客户可以支配的资金数，包括设备采购、维护和技术支持费用、服务合同、软件许可证、培训和人员开销等。预算还应该包括咨询费和外包费用。

很多情况下，向客户推销网络设计的最好方法就是需要客户相信：该设计可以在一个合理的时间内获得回报。网络设计文档可以包括投资回报（ROI）分析，以解释网络设计或者新设备将如何快速收回投资。

下面是一个为实际客户 ABC 编写的 ROI 例子。这个 ROI 分析的目的是向客户证明：设计者推荐的广域网可以很快收回投资，因为它可以减少客户需要的 T1 线路数量，减少付给本地电话公司的电路租用费。

客户 ABC 的投资回报分析

ABC 公司准备花费 100 万美元购买 WAN 交换设备。如果 ABC 公司将该费用投资在另一个 5 年的项目上，ABC 公司可以获取大约 5% 的利润，原来的 100 万美元实际的价值是 105 万美元。这意味着 ABC 公司在购买设备方面的实际投资是 105 万美元。

假定广域网交换设备的正常使用年限是 5 年。则该设备的年平均成本为 $105 \div 5 = 21$ 万美元。每个月的费用应为：$21 \div 12 = 1.75$ 万美元。

每个月的费用必须和现有的时分复用器（TDM）进行比较。TDM 是一台老设备，其费用以前已经全部付清了，考虑到折旧等因素，TDM 的成本是 0。

然而，新旧网络的运维成本也是比较的一个重要方面。在新的方案中，ABC 客户只需要 8 条 T1 的线路，而不是现有网络的 20 条。ABC 客户每月为一条 T1 电路付出的费用是 1500 美元，这样的话 20 条 T1 电路的月租费是 3 万美元，8 条 T1 电路的月租费是 1.2 万美元。

ABC 客户每月节省的费用是 3 万美元－1.2 万美元＝1.8 万美元。考虑到新设备每月的投资是 1.75 万美元，所以可以得出这个结论：该 WAN 交换设备可以收回投资。

11. 设计文档附录

多数的设计文档都包括一个或者多个附录，这些补充信息用于说明网络设计和实施的相关信息，其内容可以包括详细的拓扑结构图、设备配置、网络编址和命名细节以及网络设计测试的全面结果。

你也可以在附录中包含一些商业信息，包括双方公司内的联系方式，如电子邮件地址、电话号码、传呼机号码和地址。有时候，在附录中包含设备发送地点和任何有关送货的特殊要求也十分有用。

如果必要的话，附录可以包括报价和付款的额外信息，有时候也可以包括购买订单的复印件。附录中还可以包括一些法律条款和保密条款。

有些设计文档包括设计公司的信息，如该公司的年报、产品目录和最新发布的信息。这类信息的目的是让读者相信，该公司具有开发和实施网络设计的资质。如果合适的话，这部分也可以包含一些来自采用过该公司解决方案的其他客户的推荐。

3.8　网络系统设计实例

本节给出的实例是设计一个大型校园网。

1. 设计要求

（1）掌握设计具有三层结构的大型校园网的设计的基本方法。
（2）学会选择适当设备构造该网络。

2. 设计要点

（1）采用三层结构为该大学设计校园网：选用万兆以太网作为连接大学 4 个园区的高速主干；选用千兆以太网作为各个园区的主干，形成大学校园网的汇聚层；选用百兆以太 LAN 作为基本的接入形式。

（2）大学校园网与因特网具有统一接口，即通过百兆以太网接入中国教育科研网 CERNET。

3. 需求分析和设计考虑

这是当前和前一段时间许多大学和企业面临的一个非常典型的大型园区网设计问题。原来位于同一城市不同区域的网络各自设计，并没有统一设计与规划。在大学或企业合并热潮中，这些园区的网络能否有效地合并为一个整体呢？答案是肯定的。解决方案就是采用三层结构网络拓扑来统一校园网的网络架构。

（1）由于在某个时期网络具有特定的主流技术，因此近几年建设的园区网大多采用千兆到楼宇、百兆到 LAN/桌面的以太网解决方案。事实上，这种结构是一种二层结构的网络拓扑，其中的千兆构成了汇聚层的主干，而百兆到 LAN/主机构成了接入层。因此，一种解决方案就是选用万兆以太网作为整个核心层，形成校园网的主干，并且该校园网主干采用因特网的公网地址。

（2）为何选用万兆交换机互连各个园区网，而不选用高速路由器呢？原因之一是，各园区网均采用以太网技术体系，兼容性好。原因之二是，大学将在校园网上开展教学视频观摩、远程听课等工作，提供高速率信息通道是必要的。万兆交换机是具有路由选择功能的三层交换机，在校园网环境下具有更好的性能。第三是价格因素。若在覆盖几十千米范围采用高速路由器，通常要采用 SDH 技术，这会使有关设备的价格增加 2~3 倍。尽管高速路由器会使各个园区有更好的隔离性，但在该校园网中用处不大。

（3）该校园网从 CERNET 获得 IP 地址的数量无法满足需求，只能供向因特网发布信息和联系或进行网络科学研究之用，因此构成校园网 IP 地址的主体是经过 NAT 转换的专用网地址。使用专用网地址不利于与其他大学进行学术交流，但也是不得已而为之的方法；另一方面，可以使校园网少受网络黑客侵扰。

（4）由于网络的规模较大，考虑到以后的可扩展性，路由选择协议选用 OSPF。

（5）考虑到设备的可管理性，网络管理协议选用 SNMP。

4．设计方案

（1）该大学的校园网分为公网部分和专网部分。通过防火墙，连接了该大学放置各种应用服务器的非军事区部分，并经路由器与 CERNET 相连。该三层校园网结构中的核心层位于公网部分，如图 3-36 所示。本设计中选用了 Cisco 公司的万兆交换机 Cat6509（也可以选用其他公司的相应设备）。为了增加核心层的可靠性，采用租用电信公司的光纤裸芯，用万兆速率将 4 个园区的 4 台万兆交换机连成一个环。为了进一步提高网络可靠性，还在园区 2 和园区 4 之间用千兆光缆连接起来。其中的 VTP 是指 Cisco 专用协议（VLAN Trunking Protocol），该协议负责在 VTP 域内同步 VLAN 信息，这样就不必在每个交换机上配置相同的 VLAN 信息了。VTP 还提供一种映射方案，以便通信流能跨越混合介质的骨干。专网部分就是原有的各二级学院的园区网。

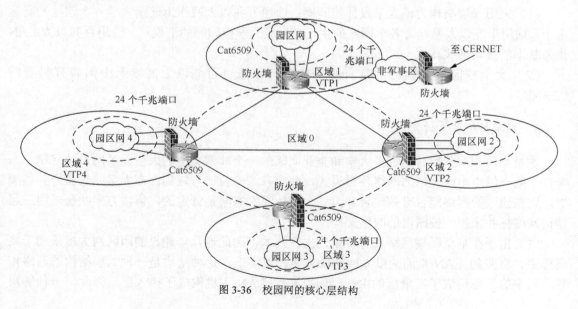

图 3-36　校园网的核心层结构

（2）各园区网可基本保持原有的二层网络架构，并在自己的园区网中使用专用 IP 地址块。园区网要考虑将汇聚层主干千兆主交换机与大学万兆交换机通过防火墙相连的问题，注意，有些万兆交换机可能具有内置的防火墙。同时，它们可在内部防火墙处设置自己的非军事区，以放置学院的网络应用服务器。

图 3-37 显示的是计算机学院网络与新建的大学万兆核心层主干网的连接。其中计算机学院园区网的主干网由 HP Networking 公司的 Switch 4007 与交换机 3C16980 连接的千兆光缆构成，以百兆以太网作为接入网与用户 PC 相连。

（3）各二级学院的园区中具有的 PC 数量为 300～1000 台，必要时可划分为若干个子网，也可以划分为多个 VLAN，以隔离广播流量，提高网络工作效率，并提高安全性。

（4）网络管理协议选用 SNMP。

（5）采用防火墙将校园网分为两部分，一部分为与 CERNET 直接相连的公网部分，另一部分为专用网部分，即我们上面所设计的部分。有关防火墙部分的设计，可参阅相关章的内容。

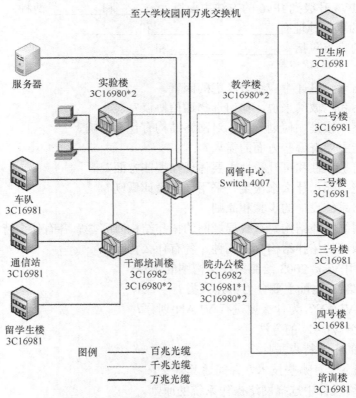

图 3-37　计算机学院园区网的二层网络拓扑架构

习　题

一、选择题

1. 在环型网络拓扑结构中，N 个节点完全互联需要（　　）条传输线路。

A. N　　　　　　　B. N-1　　　　　　C. N+1　　　　　　D. N/2

2. 广播式网络的优点是在一个网段内，任何两个节点之间的通信，最多只需要（　　）跳的距离；缺点是网络流量很大时，容易导致网络性能急剧下降。

  A. 1   B. 2   C. N   D. N+1

3. 城域网较为复杂，一般采用（　　）、树形、网状或混合拓扑结构。

  A. 总线形   B. 环形   C. 蜂窝   D. 菊花链

4. 广播域是基于 OSI/RM 模型的（　　）层。

  A. 物理   B. 数据链路   C. 网络   D. 传输

5. 点对点网络主要用于（　　）中。

  A. 局域网   B. 以太网   C. 教育网   D. 广域网

二、填空题

1. 网络的拓扑结构按照信号传输方式，可以将网络分为_____和_____两种模型。

2. 广播网络一般采用_____原理进行工作。

3. 目前从 IPv4 升级到 IPv6 的方法主要有_____和_____两种。

4. IPv6 中的单播地址有_____、_____和_____。

5. VLAN 的优点包括_____、_____和_____。

三、简答题

1. 简述网络系统设计中应综合考虑的因素。

2. 对局域网和广域网来说，如何选择通信协议？

3. 简述网络规模是如何划分的。对网络结构有什么影响？

4. 网络功能主要有哪些方面的需求？

5. 网络的可扩展性和可升级性主要体现在哪些方面？

6. 网络性能主要由什么来决定？采用什么设计原则？

7. 简述网络系统设计的步骤和原则。

8. 什么是网络拓扑结构？有线局域网的拓扑结构有哪些？各有什么特点？

9. 无线局域网的拓扑结构有哪几种？各有什么特点？

10. 简述使用 Visio 2003 绘制拓扑结构图的步骤。

11. 普通网络 IP 地址主要分为哪几大类？

12. 什么是 VLAN？为什么要进行 VLAN 划分？

13. 简述划分 VLAN 的方法。

14. VLAN 的主要特点是什么？

15. 实现 VLAN 有哪些技术？并简述其含义。

16. 简述网络设计中选择网络操作系统的原则。

17. 为什么要进行域名控制？如何进行域命名空间规划？

18. 数据库系统有哪些基本类型？如何选择数据库系统？

19. 简述 ERP 系统有哪些功能。

20. 结合实例分析网络系统设计的过程，并撰写设计文档。

第4章　网络系统集成中使用的主要设备及选型策略

计算机网络设备是计算机网络系统中的重要组成部分，其主要功能是传输数据和存储数据。经常使用的网络设备包括网卡、交换机、路由器、防火墙、不间断电源（UPS）、存储技术与设备、服务器、网络数据、网络操作系统和云平台等。本章对网络系统集成中经常使用的设备的工作原理、分类方式及部分设备选型进行介绍。

4.1　网　卡

网卡也叫网络适配器（Network Interface Card，NIC），它是负责计算机与网络之间连接的最基本的硬件设备之一。网卡和局域网之间的通信是通过网线（对无线网络来说就是电磁波）以串行传输方式进行的，而网卡和计算机之间的通信则是通过计算机主板上的 I/O 总线以并行传输方式进行。当网卡收到一个有差错的帧时，就将这个帧丢弃而不必通知它所插入的计算机。当网卡收到一个正确的帧时，它就使用中断来通知该计算机并交付给协议栈中的网络层。当计算机要发送一个 IP 数据报时，它就由协议栈向下交给网卡，由网卡组装成帧后发送到局域网。

虽然现在各厂家生产的网卡种类繁多，但其功能大同小异。网卡的主要功能有以下 3 种。

（1）数据的封装与解封：发送时将上一层交下来的数据加上首部和尾部，封装成以太网的帧，并通过网线将数据发送到网络上。接收时将以太网的帧剥去首部和尾部，然后送交上一层。

（2）链路管理：主要是 CSMA/CD 协议的实现。

（3）编码与译码：即曼彻斯特编码与译码。

每块网卡都有一个唯一的网络节点地址，它是网卡生产厂家在生产时烧入 ROM（只读存储芯片）中的，通常称为 MAC 地址（物理地址），且保证绝对不会重复。网卡接收所有在网络上传输的信号，但只接受发送到该计算机的帧和广播帧，其余的帧将丢弃。网卡处理这些帧后，传送到系统 CPU 做进一步处理。当需要发送数据时，网卡等待合适的时间将分组插入到数据流中，接收系统通知计算机信息是否完整地到达，如果出现问题，将要求对方重新发送。

4.1.1　网卡分类

1.　按总线接口类型分

按网卡的总线接口类型来分一般可分为 ISA 接口网卡、PCI 接口网卡以及在服务器上使用的 PCI-X 接口网卡、PCI Express 1X 接口网卡，笔记本电脑所使用的网卡是 PCMCIA 接口类型的以及 USB 接口网卡几种类型。

（1）ISA 接口网卡。

ISA 是早期网卡使用的一种总线接口，ISA 网卡采用程序请求 I/O 方式与 CPU 进行通信。这种方式的网络传输速率低，CPU 资源占用大，其多为 10Mbit/s 网卡，如图 4-1 所示。目前市面上已基本上看不到了。

图 4-1　ISA 接口网卡　　　　　　　图 4-2　PCI 接口网卡

（2）PCI 接口网卡。

PCI（Peripheral Component Interconnect）总线插槽仍是目前主板上最基本的接口。其基于 32 位数据总线，可扩展为 64 位，它的工作频率为 33MHz/66MHz，数据传输率为每秒 132Mbit/s（32×33MHz÷8）。目前 PCI 接口网卡仍是家用消费级市场上的绝对主流，如图 4-2 所示。

（3）PCI-X 接口网卡。

PCI-X 是 PCI 总线的一种扩展架构。它与 PCI 总线不同的是，PCI 总线必须频繁的在目标设备与总线之间交换数据，而 PCI-X 则允许目标设备仅与单个 PCI-X 设备进行数据交换。同时，如果 PCI-X 设备没有任何数据传送，总线会自动将 PCI-X 设备移除，以减少 PCI 设备间的等待周期。所以，在相同的频率下，PCI-X 将能提供比 PCI 高 30%左右的性能。目前服务器网卡经常采用此类接口的网卡，如图 4-3 所示。

图 4-3　PCI-X 接口网卡　　　　　　图 4-4　PCI Express 接口网卡

（4）PCI Express 接口网卡。

PCI Express 接口已成为目前主流主板的必备接口。PCI Express 接口采用点对点的串行连接方式，PCI Express 接口根据总线接口对位宽的要求不同而有所差异，分为 PCI Express 1X（标准 250Mbit/s，双向 500Mbit/s）、2X（标准 500Mbit/s）、4X（1Gbit/s）、8X（2Gbit/s）、16X（4Gbit/s）、32X（8Gbit/s）等几种。采用 PCI-E 接口的网卡多为吉比特网卡，如图 4-4 所示。

（5）PCMCIA 接口网卡。

PCMCIA 接口的网卡是笔记本电脑的专用网卡。这种网卡具有易于安装、小巧玲珑、支持热插拔等特点，如图 4-5 所示。

（6）USB 接口网卡。

通用串行总线（Universal Serial Bus，USB）作为一种新型的总线技术不仅在一些外置设备中得到广泛的应用，如 Modem、打印机、数码相机等，在网卡中也不例外。图 4-6 所示为 D-Link DSB-650TX USB 接口网卡。

图 4-5　PCMCIA 接口网卡

图 4-6　USB 接口网卡

2．按网络接口划分

网卡除了可以按总线接口类型划分外，还可以按网卡的网络接口类型来划分。网卡最终是要与网络进行连接，所以也就必须有一个接口使网线通过他与其他网络设备连接起来。不同的网络接口适用于不同的网络类型，常见的接口主要有以太网的 RJ-45 接口、SC 型光纤接口、细同轴电缆的 BNC 接口和粗同轴电缆 AUI 接口、FDDI 接口、ATM 接口等。

其中，由于 BNC 接口网卡和 AUI 接口网卡主要应用于以细同轴电缆和粗同轴电缆为传输介质的以太网或令牌网中，FDDI 接口网卡和 ATM 接口网卡主要适应于 FDDI 网络和 ATM 网络中，因此这 4 种接口的网卡在现代局域网中很少使用，目前最为常用的网卡主要是 RJ-45 接口的以太网卡和光纤接口的以太网卡。

3．按带宽划分

随着网络技术的发展，网络带宽也在不断提高，这样就出现了适用于不同网络带宽环境下的网卡产品。常见的网卡主要有 10Mbit/s 网卡、10Mbit/s/100Mbit/s 自适应网卡、10Mbit/s/100Mbit/s/1000Mbit/s 自适应网卡、10Gbit/s 网卡 4 种。

其中，10Mbit/s/100Mbit/s 自适应网卡和 10Mbit/s/100Mbit/s/1000Mbit/s 自适应网卡是目前最为流行的网卡；吉比特以太网卡主要应用于高速以太网中，它能够在铜线上提供 1Gbit/s 的带宽，吉比特网卡的网络接口有两种主要类型，一种是普通的双绞线 RJ-45 接口，另一种是光纤接口，10Gbit/s 网卡只有光纤接口。

4．按网卡应用领域来分

如果根据网卡所应用的计算机类型来分，可以将网卡分为应用于工作站的网卡和应用于服务器的网卡。在大型网络中，服务器通常采用专门的网卡，服务器网卡相对于工作站网卡来说，不论是在带宽、接口数量、稳定性、纠错等方面都有比较明显的提高。此外，服务器网卡通常都支持冗余备份、热拔插等功能。当然，如果按网卡是否提供有线传输介质接口来分，网卡还可以分为有线网卡和无线网卡。

4.1.2 网卡的选择

1. 根据组网类型来选择网卡

用户在选购网卡之前，最好应明确一下需要组建的局域网是通过什么介质连接各个工作站的，工作站之间数据传输的容量和要求高不高等因素。现在大多数局域网都是使用双绞线来连接工作站的，因此 RJ-45 接口的网卡就成为普通用户的首选产品。此外，局域网如果对数据传输的速度要求很高时，还必须选择合适带宽的网卡。一般个人用户和家庭组网时因传输的数据信息量不是很大，主要可选择 10Mbit/s/100Mbit/s 自适应网卡或 10Mbit/s/100Mbit/s/1000Mbit/s 自适应网卡；数据中心一般考虑采用全光核心，使用 10Gbit/s 网卡。

2. 根据工作站选择合适总线类型的网卡

由于网卡是要插在计算机的插槽中的，这就要求所购买的网卡总线类型必须与装入机器的总线相符。目前市场上应用最为广泛的网卡通常为 PCI 总线网卡（现在绝大多数计算机或服务器主板上都自带网卡）。

3. 根据使用环境来选择网卡

为了能使选择的网卡与计算机协同高效地工作，还必须根据使用环境来选择合适的网卡。在普通的工作站中，选择常见的 10Mbit/s/100M/bit/s1000Mbit/s 自适应网卡即可。相反，服务器中的网卡就应该选择带有自动功能处理器的高性能网卡，另外还应该让服务器网卡实现高级容错、带宽汇聚等功能，这样服务器就可以通过增插几块网卡提高系统的可靠性。

4. 根据特殊要求来选择网卡

不同的服务器实现的功能和要求也是不一样的，用户应该根据局域网实现的功能和要求来选择网卡。例如，如果需要对网络系统进行远程控制，则应该选择一款带有远程唤醒功能的网卡；如果想要组建一个无盘工作站网络，就应该选择一款具有远程启动芯片（BOOTROM 芯片）的网卡。

5. 其他选择细节

除了上面的主要因素外，用户还应该学会鉴别网卡的真假。因为，在目前种类繁多的网卡市场中，假货、水货泛滥成灾，用户如果对网卡知识一无所知或者了解甚少的话，就很容易会上当受骗。

4.2 交 换 机

交换机（Switch）也称为多端口网桥，是一种具有简单、低价、高性能和高端口密集特点的网络互连设备。交换机在网络中具有以下功能。

1. 提供网络接口

交换机在网络中最重要的应用是提供网络接口，所有网络设备的互联都必须借助交换机才能实现。例如，以下设备的连接。

（1）连接交换机、路由器、防火墙和无线接入点等网络设备。

（2）连接计算机、服务器等计算机设备。

（3）连接网络打印机、网络摄像头、IP 电话等其他网络终端。

2. 扩充网络接口

尽管有的交换机拥有较多数量的端口（如 48 口），但是当网络规模较大时，一台交换机所能提供的网络接口数量往往不够。此时，就必须将两台或更多台交换机连接在一起，从而成倍地扩充网络接口。

3. 扩展网络范围

交换机与计算机或其他网络设备是依靠传输介质连接在一起的，而每种传输介质的传输距离都是有限的，根据网络技术不同，同一种传输介质的传输距离也是不同的。当网络覆盖范围较大时，必须借助交换机进行中继，以成倍地扩展网络传输距离，增大网络覆盖范围。

4.2.1　交换机分类

可以根据不同的划分标准，对交换机进行分类，不同类别交换机的功能特点和应用范围也有所不同。

1. 二、三、四层交换机

（1）二层交换机。

二层交换技术从网桥发展到 VLAN（虚拟局域网），在局域网建设和改造中得到了广泛的应用。二层交换技术是工作在 OSI 参考模型中的第二层，即数据链路层。它按照所接收到数据包的目的 MAC 地址来进行转发，对于网络层或者高层协议来说是透明的。它不处理网络层的 IP 地址，不处理高层协议的诸如 TCP、UDP 的端口地址，它只需要数据包的物理地址即 MAC 地址，其数据交换是靠硬件来实现的，速度相当快，这是二层交换的一个显著的优点。

（2）三层交换机。

第三层交换技术也称为 IP 交换技术或高速路由技术等。第三层交换技术是相对于传统交换概念而提出的。传统的交换技术是在 OSI 网络参考模型中的第二层（数据链路层）进行操作的，而第三层交换技术是在网络参考模型中的第三层实现了数据包的高速转发。简单地说，第三层交换技术就是第二层交换技术与第三层转发技术的结合。三层交换技术具有如下特点。

① 支持线速路由。和传统的路由器相比，第三层交换机的路由速度一般要快十倍或数十倍。传统路由器采用软件来维护路由表，而第三层交换机采用 ASIC 硬件来维护路由表，因而能实现线速的路由。

② 支持 IP 路由。在局域网上，二层交换机通过源 MAC 地址来标识数据包的发送者，根据目的 MAC 地址来转发数据包。对于一个目的地址不在本局域网上的数据包，二层交换

机不可能直接把它送到目的地，需要通过路由设备（如传统的路由器）来转发，这时就要把交换机连接到路由设备上。如果把交换机的默认网关设置为路由设备的 IP 地址，交换机会把需要经过路由转发的包送到路由设备上。路由设备检查数据包的目的 IP 地址和自己的路由表，如果在路由表中找到转发路径，路由设备把该数据包转发到其他的网段上，否则，丢弃该数据包。专用（传统）路由器昂贵，复杂，速度慢，易成为网络瓶颈，因为它要分析所有的广播包并转发其中的一部分，还要和其他的路由器交换路由信息，而且这些处理过程都是由 CPU 来处理的（不是专用的 ASIC），所以速度慢。第三层交换机既能像二层交换机那样通过 MAC 地址来标识转发数据包，也能像传统路由器那样在两个网段之间进行路由转发。而且由于是通过专用的芯片来处理路由转发，第三层交换机能实现线速路由。

③ 具有强大的路由功能。比较传统的路由器，第三层交换机不仅路由速度快，而且配置简单。最简单的情况（即第三层交换机默认启动自动发现功能时），一旦交换机接进网络，只要设置完成 VLAN，并为每个 VLAN 设置一个路由接口，第三层交换机就会自动把子网内部的数据流限定在子网之内，并通过路由实现子网之间的数据包交换。管理员也可以通过人工配置路由的方式，设置基于端口的 VLAN，给每个 VLAN 配置 IP 地址和子网掩码，就产生了一个路由接口。随后，手工设置静态路由或者启动动态路由协议。

④ 支持多种路由协议。第三层交换机可以通过自动发现功能来处理本地 IP 包的转发及学习邻近路由器的地址，同时也可以通过动态路由协议（RIP1、RIP2、OSPF）来计算路由路径。

⑤ 自动发现功能。有些第三层交换机具有自动发现功能，该功能可以减少配置的复杂性。第三层交换机可以通过监视数据流来学习路由信息，通过对端口入站数据包的分析，第三层交换机能自动地发现和产生一个广播域、VLAN、IP 子网和更新他们的成员。自动发现功能在不改变任何配置的情况下，提高网络的性能。第三层交换机启动后就自动具有 IP 包的路由功能，它检查所有的入站数据包来学习子网和工作站的地址，它自动地发送路由信息给邻近的路由器和三层交换机，转发数据包。一旦第三层交换机连接到网络，它就开始监听网上的数据包，并根据学习到的内容建立并不断更新路由表。交换机在自动发现过程中，不需要额外的管理配置，也不会发送探测包来增加网络的负担。用户可以先用自动发现功能来获得简单高效的网络性能，然后根据需要来添加其他的路由和 VLAN 等功能。

⑥ 过滤服务功能。过滤服务功能用来设定界限，以限制不同的 VLAN 的成员之间和使用单个 MAC 地址和组 MAC 地址的不同协议之间进行帧的转发。帧过滤依赖于一定的规则，交换机根据这些规则来决定是转发还是丢弃相应的帧。早期的 IEEE 802.1d 标准（1993）定义的基本过滤的服务规定，交换机必须广播所有的组 MAC 地址的包到所有的端口。新的 IEEE 802.1d 标准（1998）定义的扩展过滤服务规定，对组 MAC 地址的包也可以进行过滤，对于交换机的外连端口要过滤掉所有的组播地址包。如果没有设置静态的或者动态的过滤条件，交换机将采用默认的过滤条件。

二层交换机用于小型的局域网络。在小型局域网中，广播包对整个网络影响不大，二层交换机的快速交换功能、多个接入端口和低廉价格为小型网络用户提供了相对完善的解决方案。三层交换机的最重要的功能是加快大型局域网络内部的数据的快速转发，加入路由功能也是为达到这个目的。如果把大型网络按照部门，地域等因素划分成一个个小局域网，这将导致大量的网际互访，单纯的使用二层交换机不能实现网际互访；如单纯的使用路由器，由于接口数量有限和路由转发速度慢，将限制网络的速度和网络规模，采用具有路由功能的快速转发的三层交换机就成为首选。

（3）四层交换机。

第四层交换的一个简单定义是，它是一种功能，它决定的传输不仅仅依据 MAC 地址（第二层交换）或源/目标 IP 地址（第三层路由），而且依据 TCP/UDP（第四层）应用端口号。第四层交换功能就像是虚 IP，指向物理服务器。它传输的业务支持的协议多种多样，有 HTTP、FTP、NFS、Telnet 或其他协议。这些业务在物理服务器基础上，需要复杂的负载平衡算法。业务类型由终端 TCP 或 UDP 端口地址来决定，在第四层交换中的应用区间则由源端和终端 IP 地址、TCP 和 UDP 端口共同决定。

在第四层交换中为每个供搜寻使用的服务器组设立虚 IP 地址（VIP），每组服务器支持某种应用。在域名服务器（DNS）中存储的每个应用服务器地址是 VIP，而不是真实的服务器地址。

当某用户申请应用时，一个带有目标服务器组的 VIP 连接请求（如一个 TCP SYN 包）发给服务器交换机。服务器交换机在组中选取最好的服务器，将终端地址中的 VIP 用实际服务器的 IP 取代，并将连接请求传给服务器。这样，同一区间所有的包由服务器交换机进行映射，在用户和同一服务器间进行传输。

第四层交换技术相对原来的第二层、第三层交换技术具有明显的优点，从操作方面来看，第四层交换是稳固的，因为它将包控制在从源端到终端的区间中。另一方面，路由器或第三层交换，只针对单一的包进行处理，不清楚上一个包从哪来，也不知道下一个包的情况，它们只是检测包报头中的 TCP 端口数字，根据应用建立优先级队列，路由器根据链路和网络可用的节点决定包的路由；而第四层交换机则是在可用的服务器和性能基础上先确定区间。图 4-7 所示为 Cisco WS-C6509 交换机。

图 4-7　Cisco WS-C6509 系列交换机

2. 交换机其他分类方式

（1）根据网络覆盖范围划分。

① 广域网交换机。广域网交换机主要是应用于电信城域网互连、Internet 接入等领域的广域网中，提供通信用的基础平台。

② 局域网交换机。局域网交换机应用于局域网络，用于连接终端设备，如服务器、工作站、集线器、路由器、网络打印机等网络设备，提供高速独立通信通道。

（2）根据交换机使用的网络传输介质及传输速度的不同划分。

① 以太网交换机。这里的"以太网交换机"是指带宽在 100Mbit/s 以下的以太网所用交换机。以太网包括 3 种网络接口：RJ-45、BNC 和 AUI，所用的传输介质分别为双绞线、细同轴电缆和粗同轴电缆。双绞线类型的 RJ-45 接口在网络设备中最为普遍。

② 快速以太网交换机。这种交换机是用于 100Mbit/s 快速以太网。快速以太网是一种在普通双绞线或者光纤上实现 100Mbit/s 传输带宽的网络技术。快速以太网就不都是真正 100Mbit/s 带宽的端口，事实上目前基本上还有 10Mbit/s/100Mbit/s 自适应型的。这种快速以太网交换机通常所采用的介质也是双绞线，有的快速以太网交换机为了兼顾与其他光传输介质的网络互联，会留有少数的光纤接口。

（3）接入层交换机、汇聚层交换机和核心层交换机。

以交换机的应用规模为标准，交换机被划分为接入层交换机、汇聚层交换机和核心层交换机。在构建满足中小型企业需求的 LAN 时，通常采用分层网络设计，以便于网络管理、网络扩展和网络故障排除。分层网络设计需要将网络分成相互分离的层，每层提供特定的功能，这些功能界定了该层在整个网络中扮演的角色。

① 核心层交换机。核心层交换机属于一类高端交换机，一般采用模块化的结构，可作为企业网络骨干构建高速局域网，所以它通常用于企业网络的最顶层。

核心层交换机可以提供用户化定制、优先级队列服务和网络安全控制，并能很快适应数据增长和改变的需要，从而满足用户的需求。对于有更多需求的网络，核心层交换机不仅能传送海量数据和控制信息，更具有硬件冗余和软件可伸缩性特点，保证网络的可靠运行。核心层交换机一般都是吉比特级以上以太网交换机。核心层交换机所采用的端口一般为光纤接口，这主要是为了保证交换机高的传输速率。

② 接入层交换机。接入层交换机是面向部门级网络使用的交换机。这类交换机可以是固定配置，也可以是模块化配置，一般除了常用的 RJ-45 双绞线接口，还带有光纤接口（现在的交换机控制台端口一般采用 RJ-45 端口，如图 4-8 所示）。接入层交换机一般具有较为突出的智能型特点，支持基于端口的 VLAN 划分，可实现端口管理，可任意采用全双工或半双工传输模式，可对流量进行控制，有网络管理的功能，可通过 PC 的串口或经过网络对交换机进行配置、监控和测试。图 4-9 所示为 Cisco Catalyst 2960 系列交换机。

图 4-8　RJ-45 控制端口

图 4-9　Cisco Catalyst 2960 系列交换机

③ 汇聚层交换机。汇聚层交换机是多台接入层交换机的汇聚点，它必须能够处理来自接入层设备的所有通信量，并提供到核心层的上行链路，因此汇聚层交换机与接入层交换机比较，需要更高的性能和更高的交换速率，图 4-10 为 Cisco WS-C3750G-24T-S 交换机。

图 4-10　Cisco WS-C3750G-24T-S 交换机

（4）按交换机的端口结构划分。

① 固定端口交换机。固定端口顾名思义就是它所带有的端口是固定的，如果是 8 端口的，就只能使用 8 个端口，再不能添加，16 个端口也就只能有 16 个端口，不能再扩展。目前这种固定端口的交换机比较常见，端口数量没有明确的规定，一般的端口标准是 8 端口、16 端口、24 端口和 48 端口。非标准的端口数主要有 4 端口、5 端口、10 端口、12 端口、20 端口、22 端口和 32 端口等。固定端口交换机虽然相对来说价格便宜，但它只能提供有

限的端口和固定类型的接口，因此，无论从可连接的用户数量上，还是从可使用的传输介质上来讲都具有一定的局限性。这种交换机在工作组中应用较多，一般适用于小型网络和桌面交换环境。

　　固定端口交换机因其安装架构又分为桌面式交换机和机架式交换机。机架式交换机更易于管理，更适用于较大规模的网络，它的结构尺寸要符合 19 英寸国际标准，它是用来与其他交换设备或者路由器、服务器等集中安装在一个机柜中。而桌面式交换机，由于只能提供少量端口且不能安装于机柜内，通常只用于小型网络。图 4-11 所示为 Cisco Catalyst 3560 系列固定端口交换机。

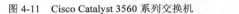

图 4-11　Cisco Catalyst 3560 系列交换机　　　　图 4-12　Cisco Catalyst 4503 模块化交换机

　　② 模块化交换机。模块化交换机虽然在价格上要贵很多，但拥有更大的灵活性和可扩充性，用户可任意选择不同数量、不同速率和不同接口类型的模块，以适应变化的网络需求。而且，模块化交换机大都有很强的容错能力，支持交换模块的冗余备份，并且往往拥有可热插拔的双电源，以保证交换机的电力供应。在选择交换机时，应按照需要和经费综合考虑选择模块化还是固定端口交换机。一般来说，企业级交换机应考虑其扩充性、兼容性和排错性，因此，应当选用模块化交换机；而工作组交换机则由于任务较为单一，故可采用简单高效的固定端口交换机。图 4-12 所示为 Cisco Catalyst 4503 模块化交换机。

　　（5）按交换机是否支持网络管理功能划分。

　　① 网管型交换机。网管型交换机的任务就是使所有的网络资源处于良好的状态。网管型交换机产品提供了基于终端控制口（Console）、基于 Web 页面以及支持 Telnet 远程登录网络等多种网络管理方式。因此网络管理人员可以对该交换机的工作状态、网络运行状况进行本地或远程的实时监控，纵观全局地管理所有交换端口的工作状态和工作模式。网管型交换机支持 SNMP，SNMP 由一整套简单的网络通信规范组成，可以完成所有基本的网络管理任务，对网络资源的需求量少，具备一些安全机制。SNMP 的工作机制非常简单，主要通过各种不同类型的消息，即 PDU（协议数据单元）实现网络信息的交换。网管型交换机比非网管型交换机要贵很多。

　　② 非网管型交换机。非网管型交换机不具有网络管理功能，不可以被管理，无需配置，是连接上就可使用的交换机。如果局域网对安全性要求不是很高，接入层交换机可以选用非网管型交换机。此种交换机价格非常便宜，被广泛应用于低端网络（如学生机房、网吧、办公室等）的接入层，用于提供大量的网络接口。

4.2.2 交换机的主要性能指标

1. 交换机的转发方式

数据包的转发方式主要分为"直通式转发"和"存储式转发"两种。由于不同的转发方式适应于不同的网络环境，因此，应当根据自己的需要做出相应的选择。

直通转发方式由于只检查数据包的包头，不需要存储，所以切入方式具有延迟小，交换速度快的优点。但直通式转发存在可能转发出错的数据包、不能将速率不同的端口直接接通、容易出现丢包现象等 3 个缺点。

存储转发方式在数据处理时延时大，但它可以对进入交换机的数据包进行错误检测，并且能支持不同速度输入/输出端口间的切换，保持高速端口和低速端口间的协同工作，有效地改善网络性能。

低端交换机通常只提供一种转发模式，只有中高端产品才兼具两种转发模式，并具有智能转换功能，可根据通信状况自动切换转发模式。通常情况下，如果网络对数据的传输速率要求不是太高，可选择存储转发式交换机。反之，可选择直通转发式交换机。

2. 延时

交换机的延时（Latency）也称延迟时间，是指从交换机接收到数据包后到开始向目的端口发送数据包之间的时间间隔。这主要受所采用的转发技术等因素的影响，延时越小，数据的传输速率越快，网络的效率也就越高。特别是对于多媒体网络而言，较大的数据延迟，往往导致多媒体的短暂中断，所以交换机的延迟时间越小越好，当然延时越小的交换机价格也就越贵。

3. 端口

端口指的是交换机的接口数量及端口类型，一般来说端口数量越多，其价格就会越高。端口类型一般为多个 RJ-45 接口，还会提供一个 UP-Link 接口或堆叠接口，用来实现交换设备的级连或堆叠，另外有的端口还支持 MDI/MDIX 自动跳线功能，通过该功能可以在级联交换设备时自动按照适当的线序连接，无需进行手工配置。

4. 传输速率

现在市面上交换机主要分为百兆、吉比特、10 吉比特交换机 3 种，百兆交换机主要以 10Mbit/s/100Mbit/s 自适应交换机为主，能够通过自动判断网络自适应运行，如果是一般公司或是家庭局域网，百兆交换机能够满足用户的需求。当然,有条件的用户也可以选择 100 Mbit/s/1 000Mbit/s 自适应交换机，以适应未来网络升级的需要。在大型网络的核心层，可以选择 10 吉比特交换机，提供高速网络传输通道。

5. 管理功能

交换机的管理功能是指交换机如何控制用户访问交换机，以及系统管理人员通过软件对交换机的可管理程度如何。如果需要以上配置和管理，则须选择网管型交换机，否则只需选择非网管型的。目前几乎所有中、高档交换机都是可网管的，一般来说所有的厂商都会随机提供一份本公司开发的交换机管理软件，另外所有的交换机都能被第三方管理软件所管理。低档的交换机通常不具有网管功能，即"傻瓜"型的，只需接上电源、插好网线即可正常工作，但网管型价格要贵许多。

6. 光纤解决方案

如果布线中必须选用光纤，则在交换机选择方案中可以有以下 3 种方案：其一是选择具有光纤接口的交换机；其二是在模块结构的交换机中加装光纤模块；最后一种就是加装光纤与双绞线的转发器。第一种性能最好，但不够灵活，而且价格较贵；第二种方案具有较强的灵活配置能力，性能也较好，但价格最贵；最后一种方案价格最便宜，但性能受影响较大。

7. 背板吞吐量

背板吞吐量又称作背板带宽，是指交换机接口处理器和数据总线之间所能吞吐的最大数据量，交换机的背板带宽越高，其所能处理数据的能力就越强。背板吞吐量越大的交换机，其价格越高。

8. 支持的网络类型

交换机支持的网络类型是由交换机的类型来决定的，一般情况下固定配置式不带扩展槽的交换机仅支持一种类型的网络，是按需定制的。机架式交换机和固定式配置带扩展槽交换机可支持一种以上的网络类型，如支持以太网、快速以太网、吉比特以太网、ATM、令牌环及 FDDI 网络等，一台交换机支持的网络类型越多，其可用性、可扩展性就会越强，同时价格也会越昂贵。

9. 安全性及 VLAN 支持

网络安全性越来越受到人们的重视，交换机可以在底层把非法的客户隔离在网络之外，网络安全一般是通过 MAC 地址过滤或将 MAC 地址与固定端口绑定的方法来实现的，同时VLAN 也是强化网络管理，保护网络安全的有力手段。一个 VLAN 是一个独立的广播域，可以有效地防止广播风暴，由于 VLAN 是基于逻辑连接而不是物理连接，因此配置十分灵活，一个广播域可以是一组任意选定的 MAC 地址组成的虚拟网段，这样网络中工作组就可以突破共享网络中的地理位置限制，而是根据管理功能来划分。现在交换机是否支持 VLAN 已成为衡量其性能好坏的重要参数。

10. 冗余支持

交换机在运行过程中可能会出现故障，所以是否支持冗余也是交换机的重要的指标，当交换机的一个部件出现故障时，其他部件能够接替出故障的部件的工作，而不影响交换机的正常运转。冗余组件一般包括管理卡、交换结构、接口模块、电源、冷却系统、机箱风扇等。另外对于提供关键服务的管理引擎及交换阵列模块，不仅要求冗余，还要求这些部分具有"自动切换"的特性，以保证设备冗余的完整性，当一块这样的部件失效时，冗余部件能够接替工作，以保障设备的可靠性。

4.2.3　选择交换机的基本原则

1．适用性与先进性相结合的原则

不同品牌的交换机产品价格差异较大，功能也不一样，因此选择时不能只看品牌或追求高价，也不能只注意价格低的。应该根据应用的实际情况，选择性能价格比高，既能满足目前需要，又能适应未来几年网络发展的交换机，以求避免重复投资或过于超前投资。

2．选择市场主流产品的原则

选择交换机时，应选择在国内、国际市场上有相当的份额，具有高性能、高可靠性、高安全性、高可扩展性、高可维护性的产品，如 Cisco、华为等公司的产品市场份额较大。

3．安全可靠的原则

交换机的安全决定了网络系统的安全，交换机的安全主要表现在 VLAN 的划分、交换机的过滤技术等方面。

4．产品与服务相结合的原则

选择交换机时，既要看产品的品牌又要看生产厂商和销售商是否有强大的技术支持和良好的售后服务，否则当购买的交换机出现故障时既没有技术支持又没有产品服务，就会使用户蒙受损失。

4.3　路　由　器

路由器（Router）通常连接两个或多个由 IP 子网或点到点协议标识的逻辑端口，至少拥有两个物理端口。路由器根据收到数据包中的网络层地址以及路由器内部维护的路由表决定输出端口，并且重写链路层数据包头实现转发数据包。路由器通过动态维护路由表来反映当前的网络拓扑结构，并通过与网络上其他路由器交换路由和链路信息来维护路由表。

4.3.1　路由器的功能

路由器有两大主要功能，即数据通道功能和控制功能。数据通道功能包括转发决定、背板转发以及输出链路调度等，一般由特定的硬件来完成；控制功能一般用软件来实现，包括与相邻路由器之间的信息交换、系统配置、系统管理等。

路由器是 TCP/IP 模型中的网络层设备，当它收到任何一个来自网络中的数据包（包括广播包在内）后，首先要将该数据包第二层（数据链路层）的信息去掉（称为"拆包"），并查看第三层信息。然后，根据路由表确定数据包的路由，再检查安全访问控制列表；若被通过，则再进行第二层信息的封装（称为"打包"），最后将该数据包转发。如果在路由表中查不到对应 MAC 地址的网络，则路由器将向源地址的站点返回一个信息，并把这个数据包丢

掉，具体工作过程如图 4-13 所示。

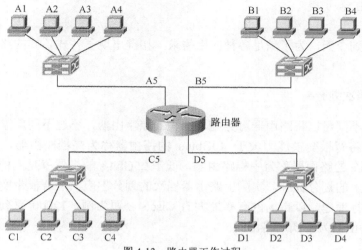

图 4-13　路由器工作过程

A、B、C、D 4 个网络通过路由器连接在一起，现假设网络 A 中一个用户 A1 要向 C 网络中的 C3 用户发送一个请求信号，该信号传递的步骤如下。

第 1 步：用户 A1 将目的用户 C3 的地址连同数据信息封装成数据帧，并通过集线器或交换机以广播的形式发送给同一网络中的所有节点，当路由器的 A5 端口侦听到这个数据帧后，分析得知所发送的目的节点不是本网段，需要经过路由器进行转发，就把数据帧接收下来。

第 2 步：路由器 A5 端口接收到用户 A1 的数据帧后，先从报头中取出目的用户 C3 的 IP 地址，并根据路由表计算出发往用户 C3 的最佳路径。因为从分析得知到 C3 的网络 ID 号与路由器的 C5 端口所在网络的网络 ID 号相同，所以由路由器的 A5 端口直接发向路由器的 C5 端口应是信号传递的最佳途经。

第 3 步：路由器的 C5 端口再次取出目的用户 C3 的 IP 地址，找出 C3 的 IP 地址中的主机 ID 号，如果在网络中有交换机则可先发给交换机，由交换机根据 MAC 地址表找出具体的网络节点位置；如果没有交换机设备则根据其 IP 地址中的主机 ID 直接把数据帧发送给用户 C3。到此为止，一个完整的数据通信转发过程全部完成。

从上面可以看出，不管网络有多么复杂，路由器其实所作的工作就是这么几步，所以整个路由器的工作原理基本都差不多。当然在实际的网络中还远比图 4-13 所示的要复杂许多，实际的步骤也不会像上述过程那么简单，但总的过程是相似的。图 4-14 所示左、中、右图分别为 Cisco 的高、中、低 3 种档次的路由器产品。

图 4-14　Cisco 高、中、低档路由器产品

4.3.2　路由器分类

路由器发展到今天，为了满足各种应用需求，相继出现了各式各样的路由器，分类方法也各不相同。

1．按性能档次划分

按性能档次不同可以将路由器可分高、中和低档路由器，不过不同厂家的划分方法并不完全一致。通常将背板交换能力大于 40Gbit/s 的路由器称为高档路由器，背板交换能力在 25Gbit/s～40Gbit/s 的路由器称为中档路由器，低于 25Gbit/s 的当然就是低档路由器了。当然这只是一种宏观上的划分标准，实际上路由器档次的划分不应只按背板带宽进行，而应根据各种指标综合进行考虑。以市场占有率最大的 Cisco 公司为例，12000 系列为高端路由器，7500 以下系列路由器为中低端路由器。

2．按结构划分

从结构上划分，路由器可分为模块化和非模块化两种结构。模块化结构可以灵活地配置路由器，以适应企业不断增加的业务需求，非模块化的就只能提供固定的端口。通常中高端路由器为模块化结构，低端路由器为非模块化结构。图 4-15 所示的左、右图分别为非模块化结构和模块化结构路由器产品。

图 4-15　非模块化结构和模块化结构路由器产品

3．按功能划分

从功能上划分，可将路由器分为核心层（骨干级）路由器、分发层（企业级）路由器和访问层（接入级）路由器。

（1）骨干级路由器。

骨干级路由器是实现企业级网络互连的关键设备，其数据吞吐量较大，在企业网络系统中起着非常重要的作用。对骨干级路由器的基本性能要求是高速度和高可靠性。为了获得高可靠性，网络系统普遍采用如热备份、双电源、双数据通路等传统冗余技术，从而使得骨干路由器的可靠性一般不成问题。骨干级路由器的主要瓶颈在于如何快速地通过路由表查找某条路由信息，通常是将一些访问频率较高的目的端口放到 Cache 中，从而达到提高路由查找效率的目的。

（2）企业级路由器。

企业或校园级路由器连接许多终端系统，连接对象较多，但系统相对简单，且数据流量较小，对这类路由器的要求是以尽量方便的方法实现尽可能多的端点互连，同时还要求能够支持不同的服务质量。使用路由器连接的网络系统因能够将机器分成多个广播域，所以可以方便地控制一个网络的大小。此外，路由器还可以支持一定的服务等级（服务的优先级别）。由于路由器的每端口造价相对较贵，在使用之前还要求用户进行大量的配置工作，因此，企业级路由器的成败就在于是否可提供一定数量的低价端口、是否容易配置、是否支持 QoS、是否支持广播和组播等多项功能。

（3）接入级路由器。

接入级路由器主要应用于连接家庭或 ISP 内的小型企业客户群体。接入路由器要求能够支持多种异构的高速端口，并能在各个端口上运行多种协议。

4. 按所处网络位置划分

如果按路由器所处的网络位置划分，可以将路由器划分为"边界路由器"和"中间节点路由器"两类。边界路由器处于网络边界的边缘或末端，用于不同网络之间路由器的连接，这也是目前大多数路由器的类型，如互连网接入路由器和 VPN 路由器都属于边界路由器。边界路由器所支持的网络协议和路由协议比较广，背板带宽非常高，具有较高的吞吐能力，以满足各种不同类型网络（包括局域网和广域网）的互联。而中间节点路由器则处于局域网的内部，通常用于连接不同的局域网，起到一个数据转发的桥梁作用。中间节点路由器更注重 MAC 地址的记忆能力，需要较大的缓存。因为所连接的网络基本上是局域网，所以所支持的网络协议比较单一，背板带宽也较小，这些都是为了获得较高的性价比，适应一般企业的基本需求。

5. 按性能划分

从性能上分，路由器可分为线速路由器以及非线速路由器。所谓线速路由器就是完全可以按传输介质带宽进行通畅传输，基本上没有间断和延时。通常线速路由器是高端路由器，具有非常高的端口带宽和数据转发能力，能以媒体速率转发数据包；中低端路由器一般均为非线速路由器，但是一些新的宽带接入路由器也具备线速转发能力。

4.3.3　路由器的主要性能指标

1. 路由器的配置

（1）接口种类。

路由器能支持的接口种类体现了路由器的通用性。常见的接口种类有：通用串行接口（通过电缆转换成 RS 232 DTE/DCE 接口、V.35 DTE/DCE 接口、X.21 DTE/DCE 接口、RS 449 DTE/DCE 接口和 EIA530 DTE 接口等）、10Mbit/s 以太网接口、快速以太网接口、10Mbit/s/100Mbit/s 自适应以太网接口、吉比特以太网接口、ATM 接口（2Mbit/s、25Mbit/s、155Mbit/s、633Mbit/s 等）、POS 接口（155Mbit/s、622Mbit/s 等）、令牌环接口、FDDI 接口、E1/T1 接口、E3/T3 接口、ISDN 接口等。

（2）用户可用槽数。

用户可用槽数指模块化路由器中除 CPU 板、时钟板等必要系统板，或系统板专用槽位外用户可以使用的插槽数。根据该指标以及用户板端口密度可以计算该路由器所支持的最大端口数。

（3）CPU。

无论在中低端路由器还是在高端路由器中，CPU 都是路由器的心脏。通常在中低端路由器中，CPU 负责交换路由信息、路由表查找以及转发数据包的工作。在上述路由器中，CPU 的能力直接影响路由器的吞吐量和路由计算能力。在高端路由器中，通常包转发和查表由 ASIC 芯片完成，CPU 只实现路由协议、计算路由以及分发路由表。高端路由器中许多工作都可以由硬件（专用芯片）实现，CPU 性能并不完全反映路由器性能。路由器性能由路由器吞吐量、时延和路由计算能力等指标体现。

（4）内存。

路由器中具有多种内存，如 Flash、DRAM 等。内存提供路由器配置、操作系统、路由协议软件的存储空间。通常来说路由器内存越大越好（不考虑价格）。但是与 CPU 能力类似，内存同样不直接反映路由器的性能，因为高效的算法与优秀的软件可能大大节约内存。

（5）端口密度。

端口密度体现路由器制作的集成度。由于路由器体积不同，该指标应当折合成机架内每英寸端口数。但是出于直观和方便，通常可以使用路由器对每种端口支持的最大数量来替代。

2．对协议的支持

（1）对路由信息协议（RIP）的支持。

RIP 是基于距离向量的路由协议，通常利用跳数来作为计量标准。RIP 是一种内部网关协议。该协议收敛较慢，一般用于规模较小的网络。RIP 协议在 RFC 1058 中规定。

（2）对路由信息协议版本 2（RIPv2）的支持。

RIPv2 是 RIP 的改进版本，允许携带更多的信息，并且与 RIP 保持兼容。在 RIP 基础上增加了地址掩码（支持 CIDR）、下一跳地址、可选的认证信息等内容。该版本在 RFC 1723 中进行规范。

（3）对开放的最短路径优先协议版本 2（OSPFv2）的支持。

OSPFv2 是一种基于链路状态的路由协议，由 IETF 内部网关协议工作组专为 IP 开发。OSPF 的作用在于最小代价路由、多相同路径计算和负载均衡。OSPF 拥有开放性和使用 SPF 算法两大特性。

（4）对"中间系统－中间系统"（IS-IS）协议的支持。

IS-IS 协议同样是基于链路状态的路由协议。该协议由 ISO 提出，最初用于 OSI 网络环境，后修改成可以在双重环境下运行。该协议与 OSPF 协议类似，可用于大规模 IP 网作为内部网关协议。

（5）对边缘网关协议（BGP4）的支持。

BGP4 是当前 IP 网上最流行的也是唯一可选的自治域间路由协议。该版本协议支持 CIDR，并且可以使用路由聚合机制大大减小路由表。BGP4 协议可以利用多种属性来灵活地控制路由策略。

（6）对 802.3、802.1Q 的支持。

802.3 是 IEEE 针对以太网的标准，支持以太网接口的路由器必须符合 802.3 协议。802.1Q 是 IEEE 对虚拟网的标准，符合 802.1Q 的路由器接口可以在同一物理接口上支持多个 VLAN。

（7）对 IPv6 的支持。

未来的 IP 网可能是一个采用 IPv6 的网络。IPv6 解决的问题是扩大地址空间，同时还在

IP 层增加了认证和加密的安全措施，并且为实时业务的应用定义了流标签（Flow Label）。但是由于市场的巨大惯性以及无类别编址（CIDR）的有效应用大大推迟了 IP 地址耗尽的时间，IPv6 至今尚未得到广泛应用。但是随着业务的增加，Internet 的进一步发展，采用 IPv6 是不可避免的。

（8）对 IP 以外协议的支持。

除支持 IP 外，路由器设备还可以支持 IPX、DECNet、AppleTalk 等协议。这些协议在国外有一定应用，在国内应用较少。

（9）对 PPP 与 MLPPP 的支持。

PPP 是 Internet 协议中一个重要协议，早期的网络是由路由器使用 PPP 点到点连接起来的，并且大多数用户采用 PPP 接入。所以凡是具有串口的路由器都应当支持 PPP。MLPPP 是将多个 PPP 链路捆绑使用的方法。

（10）对 PPPOE 的支持。

PPP Over Ethernet 是一种新型的协议，用于解决对以太网接入用户的认证和计费问题。与此类似的是 PPP Over ATM 协议。当前 PPPOE 与 PPPOA 协议存在的问题是容量问题。大多数支持该协议的路由器只能处理几千个活动的会话。

3. 组播支持

互连网组管理协议（IGMP）运行于主机和与主机直接相连的组播路由器之间，是 IP 主机用来报告多址广播组成员身份的协议。通过 IGMP，一方面可以通过 IGMP 主机通知本地路由器希望加入并接收某个特定组播组的信息；另一方面，路由器通过 IGMP 周期性地查询局域网内某个已知组的成员是否处于活动状态。

4. VPN 支持

VPN（Virtual Private Network，虚拟专用网），是一条穿过公用网络的安全、稳定的隧道。通过对网络数据的封装和加密传输，在一个公用网络（通常是 Internet）建立一个临时的、安全的连接，从而实现在公网上传输私有数据、达到私有网络的安全级别。在 VPN 中可能使用的协议有 L2TP、GRE、IP Over IP、IPSec 等。

5. 全双工线速转发能力

路由器最基本且最重要的功能是数据包转发。在同样端口速率下转发小包是对路由器包转发能力最大的考验。全双工线速转发能力是指以最小包长（以太网 64 字节、POS 端口 40 字节）和最小包间隔（符合协议规定）在路由器端口上双向传输同时不引起丢包。该指标是体现路由器性能重要指标。

6. 吞吐量

（1）设备吞吐量。

设备吞吐量指设备整机包转发能力。路由器的工作在于根据 IP 包头或者 MPLS 标记进行选路。设备吞吐量通常不小于路由器所有端口吞吐量之和。

（2）端口吞吐量。

端口吞吐量是指端口包转发能力，通常使用 packet/s（包/秒）来衡量，它是路由器在某端口上的包转发能力。通常采用两个相同速率接口测试。但是测试接口可能与接口位置及关系相关。例如，同一插卡上端口间测试的吞吐量可能与不同插卡上端口间吞吐量值不同。

7. 背靠背帧数

背靠背帧数是指以最小帧间隔发送最多数据包不引起丢包时的数据包数量。该指标用于测试路由器缓存能力。具有线速全双工转发能力的路由器该指标值无限大。

8. 背板能力

背板能力是路由器的内部实现。背板能力体现在路由器吞吐量上，背板能力通常要大于依据吞吐量和测试场所计算的值。但是背板能力只能在设计中体现，一般无法测试。

9. 丢包率

丢包率是指测试中所丢失数据包数量占所发送数据包的比率，通常在吞吐量范围内测试。丢包率与数据包长度以及包发送频率相关。在测试时也可以附加路由抖动和大量路由。

10. 时延

时延是指数据包第一个比特进入路由器到最后一比特从路由器输出的时间间隔。在测试中通常使用测试仪表发出测试包到收到数据包的时间间隔来确定。时延与数据包长度相关，通常在路由器端口吞吐量范围内测试，超过吞吐量测试该指标没有意义。

11. 时延抖动

时延抖动是指时延变化。数据业务对时延抖动不敏感，只有在包括语音、视频业务的环境中，该指标才有测试的必要性。

12. 无故障工作时间

该指标按照统计方式指出设备无故障工作的时间。一般无法测试，可以通过主要器件的无故障工作时间计算或者大量相同设备的工作情况计算。

13. 路由表能力

路由器通常依靠所建立及维护的路由表来决定如何转发数据包。路由表能力是指路由表内所容纳路由表项数量的极限。该项目是路由器性能的重要体现。

14. 支持 QoS 能力

QoS（服务质量）是用来解决网络延迟和阻塞等问题的一种技术。如果没有这一功能，某些应用系统，如音频和视频就不能可靠的工作。

4.3.4　企业级路由器

近几年，伴随云计算、移动互联、物联网和社交网络技术的迅猛发展，在市场方面，除了传统的网络服务提供商、大型企业以外，中小企业也已成企业级路由器市场的生力军。截至 2015 年 10 月，全国工商注册的中小企业总量超过 6600 万家，中小企业数量占全部市场主体总量的 99% 以上。如此庞大的数量规模，令中小企业成为企业级路由器产品的主要消费者。为了满足日益增大的网络通讯量需求，2015 年企业级路由器市场保持了良好的增长势头，并加速向纵深发展，产品更新换代速度也不断加快。

在产品方面，随着互联网应用的不断加深，网络服务提供商和企业越来越多地依赖于使用互联网来开展他们的服务和运营，因此整个路由器市场不断拓展、演进，新的带宽应用和服务交付方案开始重塑现有的基础网络设施。网络设备制造商也积极开发出具有更高传输速率、规模容量，以及更广泛功能服务的路由器产品。

在技术方面，以软件定义网络（Software Defined Network，SDN）为代表的新技术兴起，未来将对传统路由器市场造成一定影响。因为大型互联网企业认为，传统路由器的功能过于复杂，有 80% 以上的功能和特性在网络应用中闲置，因此考虑凭借新技术在对传统的路由器内部功能进行优化，达到降低路由器设备成本的目的，同时可以满足企业网络通信的需求。当然，目前从整体来看，搭载新技术的设备还难以撼动路由器市场的旧有格局。

根据 ZDC 的统计数据显示，如图 4-16 所示可以看出传统的市场关注格局变化不大，仍由 H3C、Cisco、华为和 Juniper 等巨头分别占据，但他们之间的竞争却依旧惨烈，加紧部署着自己的产品战略。因此在不同的角度上，关注排名上则互有进退，相互角力。而在第二阵营中，锐捷网络的增长较为明显，吸引了行业的更多关注，这与其在 2015 年大力拓展中小企业市场不无关系。综上，依托我国企业信息化建设不断加速，以路由器为代表的核心网络设备将会同步高速发展，市场前景广阔。

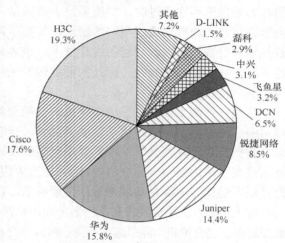

图 4-16 2015 年中国企业级路由器市场品牌关注比例分布

4.3.5 路由器与三层交换机的区别

三层交换机与路由器都工作在 OSI 参考模型的第三层——网络层，三层交换机也具有“路由”功能，与传统路由器的路由功能总体上是一致的。虽然如此，三层交换机与路由器还存在着相当大的本质区别。三层交换机与路由器的主要区别如下。

1. 主要功能不同

虽然三层交换机与路由器都具有路由功能，但它仍是交换机产品，只不过它是具备了一些基本的路由功能的交换机，它的主要功能仍是数据交换。也就是说三层交换机同时具备了数据交换和路由转发两种功能，但其主要功能还是数据交换；而路由器仅具有路由转发这一种主要功能。

2. 适用环境不同

三层交换机的路由功能通常比较简单，因为它所面对的主要是简单的局域网连接。在局域网中的主要用途还是提供快速数据交换功能，满足局域网数据交换频繁的应用特点。而路由器则不同，它的设计初衷就是为了满足不同类型的网络连接，虽然也适用于局域网之间的连接，但它的路由功能更多地体现在不同类型网络之间的互连上，如局域网与广域网之间的连接、不同协议的网络之间的连接等，所以路由器主要是用于不同类型的网络之间。它最主要的功能就是路由转发，解决好各种复杂路由路径网络的连接就是它的最终目的，所以路由器的路由功能通常非常强大，不仅适用于同种协议的局域网间，更适用于不同协议的局域网与广域网间。为了与各种类型的网络进行连接，路由器的接口类型非常丰富，而三层交换机则一般仅提供同类型的局域网接口。

3. 工作原理不同

从技术上讲，路由器和三层交换机在数据包交换操作上存在着明显区别。路由器一般由基于微处理器的软件路由引擎执行数据包交换，而三层交换机通过硬件执行数据包交换。三层交换机在对第一个数据流进行路由后，它将会产生一个 MAC 地址与 IP 地址的映射表，当同样的数据流再次通过时，将根据此表直接从二层通过而不是再次路由选择，从而消除了路由器进行路由选择而造成网络的延迟，提高了数据包转发的效率。同时，三层交换机的路由查找是针对数据流的，它利用缓存技术，很容易利用 ASIC 技术来实现，因此，可以大大节约成本，并实现快速转发。而路由器的转发采用最长匹配的方式，实现复杂，通常使用软件来实现，转发效率较低。

从整体性能上比较，三层交换机的性能要远优于路由器，非常适用于数据交换频繁的局域网中；而路由器虽然路由功能非常强大，但它的数据包转发效率远低于三层交换机，更适合于数据交换不是很频繁的不同类型网络的互连，如局域网与广域网的互连。如果把路由器，特别是高端路由器用于局域网中，则在相当大程度上是一种浪费（就其强大的路由功能而言），而且还不能很好地满足局域网通信性能需求，影响子网间的正常通信。

综上所述，三层交换机与路由器之间还是存在着本质的区别，在局域网中进行多子网连接，最好选用三层交换机，特别是在不同子网数据交换频繁的环境中，一方面可以确保子网间的通信性能需求，另一方面省去了另外购买交换机的投资。当然，如果子网间的通信不是很频繁，也可采用路由器，以可达到子网安全隔离和相互通信的目的。具体要根据实际需求来定。

4.3.6 选择路由器的基本原则

1. 制造商的技术能力

目前，国内的路由器市场除了老牌的国外厂商之外，涌现了很多国产品牌，如华为、锐捷等。因此，用户选择路由器产品组建自己的网络时，要多方考察设备制造企业的能力。这些能力包括产品本身的能力（如性能、功能和价格），整体方案能力（如安全性、可管理性、可靠性、稳定性）以及厂商的规模、服务能力、后续开发能力等。充分了解设备制造企业，对用户未来面对产品升级和网络维护服务等问题都大有好处。在高端路由器市场上国外厂商具有一定的技术优势，但国内的华为、中兴、锐捷等厂商生产的路由器产品已具有与国外产品相抗衡的技术能力。

2．路由器的基本选择原则

选择路由器时，要符合自身的需求，具体表现为以下 5 个原则。

（1）实用性原则：采用成熟的、经实践证明其实用性的技术，这既能满足现行业务的需求，又能适应 3～5 年的业务发展的需要。

（2）可靠性原则：要尽量选择可靠性高的路由器产品，保证网络系统运行的稳定性和可靠性。

（3）先进性原则：所选择的路由器应支持 HSRP （热备份路由协议）技术、OSPF 等协议，保证网络的传输性能和路由快速收敛性，抑制局域网内广播风暴，减少数据传输延时。

（4）扩展性原则：在业务不断发展的情况下，路由系统可以不断升级和扩充，并保证系统的稳定运行。

（5）性价比：不要盲目追求高性能产品，要购买适合自身需求的产品。

4.4　防　火　墙

4.4.1　防火墙概述

防火墙是指设置在不同网络（如可信任的企业内部网和不可信的公共网）或网络安全域之间的一系列部件的组合。它是不同网络或网络安全域之间信息的唯一出入口，能根据用户的安全策略控制（允许、拒绝、监测）出入网络的信息流，且本身具有较强的抗攻击能力。它是提供信息安全服务，实现网络和信息安全的基础设施。

在逻辑上，防火墙是一个分离器，一个限制器，也是一个分析器，能有效地监控内部网和 Internet 之间的任何活动，保证内部网络的安全。

典型的防火墙具有以下 3 个方面的基本特性。

1．内部网络和外部网络之间的所有网络数据流都必须经过防火墙

这是防火墙所处网络位置的特性，同时也是一个前提。只有当防火墙是内、外部网络之间通信的唯一通道时，才可以全面、有效地保护用户内部网络不受侵害。

根据美国国家安全局制定的《信息保障技术框架》，防火墙适用于用户网络系统的边界，属于用户网络边界的安全保护设备。网络边界即是采用不同安全策略的两个网络连接处，如用户网络和 Internet 之间连接、和其他业务往来单位的网络连接、用户内部网络不同部门之间的连接等。

防火墙的目的就是在网络连接之间建立一个安全控制点，通过允许、拒绝或重新定向经过防火墙的数据流，实现对进、出内部网络的服务和访问的审计和控制。典型的防火墙体系网络结构如图 4-17 所示。

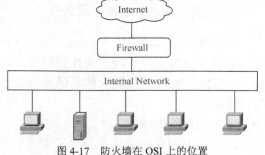

图 4-17　防火墙在 OSI 上的位置

从图中可以看出，防火墙的一端连接企事业单位内部的局域网，而另一端则连接着 Internet，所有的内、外部网络之间的通信都要经过防火墙。

2. 只有符合安全策略的数据流才能通过防火墙

防火墙最基本的功能是确保网络流量的合法性，并在此前提下将网络的流量快速的从一条链路转发到另外的链路上去。原始的防火墙是一台"双穴主机"，即具备两个网络接口，同时拥有两个网络层地址。防火墙将网络上的流量通过相应的网络接口接收，按照 OSI 协议栈的七层结构顺序上传，在适当的协议层进行访问规则和安全审查，然后将符合通过条件的报文从相应的网络接口送出，而对于那些不符合通过条件的报文则予以阻断。因此，从这个角度上来说，防火墙是一个类似于桥接或路由器的多端口的（网络接口≥2）转发设备，它跨接于多个分离的物理网段之间，并在报文转发过程之中完成对报文的审查工作。

3. 防火墙自身应具有非常强的抗攻击免疫力

这是防火墙能担当用户内部网络安全防护重任的先决条件。防火墙处于网络边缘，它就像一个边界卫士，每时每刻都要面对黑客的入侵，这样就要求防火墙自身要具有非常强的抗击入侵能力。这其中防火墙操作系统本身是关键，只有自身具有完整信任关系的操作系统才可以保证系统的安全性。其次就是防火墙自身具有非常低的服务功能，除了专门的防火墙嵌入系统外，再没有其他应用程序在防火墙上运行。当然这些安全性也只能说是相对的。

一般来说，防火墙具有以下几种功能。

（1）允许网络管理员定义一个中心点来防止非法用户进入内部网络。

（2）可以很方便地监视网络的安全性，并报警。

（3）可以作为部署网络地址变换（Network Address Translation，NAT）的地点，利用 NAT 技术，将有限的 IP 地址动态或静态地与内部的 IP 地址对应起来，用来缓解地址空间短缺的问题。

（4）审计和记录 Internet 使用费用的一个最佳地点。网络管理员可以在此向管理部门提供 Internet 连接的费用情况，查出潜在的带宽瓶颈位置，并能够依据本机构的核算模式提供部门级的计费。

（5）可以连接到一个单独的网段上，从物理上和内部网段隔开，并在此部署如 WWW 服务器和 FTP 服务器等，将其作为向外部发布内部信息的地点。从技术角度来讲，就是非军事区（DMZ）。

4.4.2 防火墙分类

1. 按防火墙的软硬件形式划分

（1）软件防火墙。

软件防火墙运行于特定的计算机上，它需要客户预先安装的计算机操作系统的支持，俗称"个人防火墙"。软件防火墙就像其他的软件产品一样需要先在计算机上安装并做好配置才可以使用。

（2）硬件防火墙。

这里说的硬件防火墙是指"所谓的硬件防火墙"。之所以加上"所谓"二字是针对芯片级防火墙所说，它们最大的差别在于是否基于专用的硬件平台。目前市场上大多数防火墙都是这种"所谓的硬件防火墙"，它们都基于 PC 架构，就是说，它们和普通的家庭用的 PC 没有太大区别。在这些 PC 架构防火墙上运行一些经过裁剪和简化的操作系统，最常用的有老版本的 UNIX、Linux 和 FreeBSD 系统。值得注意的是，此类防火墙依然会受到 OS（操作系统）本身的安全性影响。

传统硬件防火墙一般至少应具备 3 个端口，分别接内网、外网和 DMZ 区（非军事化区），现在一些新的硬件防火墙往往扩展了端口，常见四端口防火墙一般将第四个端口作为配置端口或管理端口。很多防火墙还可以进一步扩展端口数目。图 4-18 所示为 Cisco ASA5520-BUN-K8 防火墙。

图 4-18　Cisco ASA5520-BUN-K8 防火墙

（3）芯片级防火墙。

芯片级防火墙基于专门的硬件平台。专有的 ASIC 芯片促使它们比其他种类的防火墙速度更快，处理能力更强，性能更高。这类防火墙最著名的厂商有 NetScreen、FortiNet、Cisco 等。这类防火墙由于使用专用操作系统，因此防火墙本身的漏洞比较少，不过价格相对比较高昂。

2. 按防火墙的技术实现划分

（1）包过滤（Packet Filtering）型防火墙。

包过滤型防火墙工作在 OSI 参考模型的网络层和传输层，它根据数据包头源地址、目的地址、端口号和协议类型等标志确定是否允许通过。只有满足过滤条件的数据包才被转发到相应的目的地，其余数据包则被从数据流中丢弃。

包过滤方式是一种通用、廉价和有效的安全手段。之所以通用，是因为它不是针对各个具体的网络服务采取特殊的处理方式，适用于所有网络服务；之所以廉价，是因为大多数路由器都提供数据包过滤功能，所以这类防火墙多数是由路由器集成的；之所以有效，是因为它能很大程度上满足绝大多数用户的安全要求。

在整个防火墙技术的发展过程中，包过滤技术出现了两种不同版本，称为"第一代静态包过滤"和"第二代动态包过滤"。

第一代静态包过滤类型防火墙几乎是与路由器同时产生的，它是根据定义好的过滤规则审查每个数据包，以便确定其是否与某一条包过滤规则匹配。过滤规则基于数据包的报头信息进行制订。报头信息中包括 IP 源地址、IP 目标地址、传输协议（TCP、UDP、ICMP 等）、TCP/UDP 目标端口、ICMP 消息类型等。

第二代动态包过滤类型防火墙采用动态设置包过滤规则的方法，避免了静态包过滤所具有的问题。这种技术后来发展成为包状态监测（Stateful Inspection）技术。采用这种技术的防火墙对通过的每一个连接都进行跟踪，并且根据需要可动态地在过滤规则中增加或更新条目。

包过滤方式的优点是不用改动客户机和主机上的应用程序，因为它工作在网络层和传输层，与应用层无关。但其弱点也是明显的，过滤判别的依据只是网络层和传输层的有限信息，因而各种安全要求不可能充分满足；在许多过滤器中，过滤规则的数目是有限制的，且随着规则数目的增加，性能会受到很大的影响；由于缺少上下文关联信息，不能有效地过滤如 UDP、RPC 一类的协议；另外，大多数过滤器中缺少审计和报警机制，它只能依据包头信息，而不能对用户身份进行验证，很容易受到"地址欺骗型"攻击；对安全管理人员素质要求高，建立安全规则时，必须对协议本身及其在不同应用程序中的作用有较深入的理解。因此，过滤器通常是和应用网关配合使用，共同组成防火墙系统。

（2）应用代理（Application Proxy）型防火墙。

应用代理型防火墙是工作在 OSI 的最高层，即应用层。其特点是完全"阻隔"了网络通信流，通过对每种应用服务编制专门的代理程序，实现监视和控制应用层通信流的作用。其典型网络结构如图 4-19 所示。

在代理型防火墙技术的发展过程中，它也经历了两个不同的版本，即第一代应用网关型代理防火和第二代自适应代理防火墙。

第一代应用网关（Application Gateway）型防火墙是通过一种代理（Proxy）技术参与到 TCP 连接的全过程。从内部发出的数据包经过这样的防火墙处理后，就好像是源于防火墙外部网卡一样，从而可以达到隐藏内部网结构的作用。这种类型的防火墙被网络安全专家和媒体公认为是最安全的防火墙。它的核心技术就是代理服务器技术。

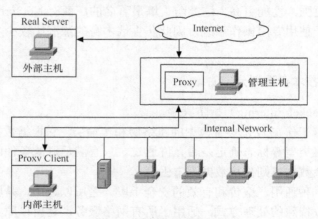

图 4-19　应用代理型防火墙

第二代自适应代理（Adaptive Proxy）型防火墙是近几年才得到广泛应用的一种新防火墙类型。它可以结合代理类型防火墙的安全性和包过滤防火墙的高速度等优点，在毫不损失安全性的基础之上将代理型防火墙的性能提高十倍以上。组成这种类型防火墙的基本要素有两个：自适应代理服务器（Adaptive Proxy Server）与动态包过滤器（Dynamic Packet Filter）。

在"自适应代理服务器"与"动态包过滤器"之间存在一个控制通道。在对防火墙进行配置时，用户仅仅将所需要的服务类型、安全级别等信息通过相应化理的管理界面进行设置就可以。然后，自适应代理就可以根据用户的配置信息，决定是使用代理服务从应用层代理请求，还是从网络层转发包。如果是后者，它将动态地通知包过滤器增减过滤规则，满足用户对速度和安全性的双重要求。

代理类型防火墙的最突出的优点就是安全。由于它工作于最高层，所以它可以对网络中任何一层数据通信进行筛选保护，而不是像包过滤，只是对网络层的数据进行过滤。

另外代理型防火墙采取是一种代理机制，它可以为每一种应用服务建立一个专门的代理，所以内、外部网络之间的通信不是直接的，而都需先经过代理服务器审核通过后再由代理服务器代为连接，根本没有给内、外部网络计算机任何直接会话的机会，从而避免了入侵者使用数据驱动类型的攻击方式入侵内部网。

代理防火墙的最大缺点就是速度相对比较慢，当用户对内、外部网络网关的吞吐量要求比较高时，代理防火墙就会成为内、外部网络之间的瓶颈。

（3）入侵状态检测防火墙（Stateful Inspection Firewall）。

入侵状态检测防火墙也叫自适应防火墙或动态包过滤防火墙。它根据过去的通信信息和其他应用程序获得的状态信息来动态生成过滤规则，根据新生成的过滤规则过滤新的通信。当新的通信结束时，新生成的过滤规则将自动从规则表中被删除。

入侵状态检测防火墙采用协议分析技术。协议分析技术不同于传统的基于已知攻击特征的模式匹配技术，而是一种智能、全面地检查网络通信的技术。它能够知道各种不同的协议是如何工作的，并且能全面分析这些协议的通信情况，发现可疑或异常的行为。对于每个应用，防火墙能够根据 RFCs 和工业标准来验证所有的通信行为，只要发现它不能满足期望就报警。它分析网络行为是否违反了标准或期望，以此来判断是否会危害网络安全，因此，它具有很高的安全性。如很多攻击都用到的 FTP 命令"SITE EXEC"，它用来执行 Shell 命令。若使用特征匹配技术，它仅仅进行字符串的完全匹配，而攻击者就可以在命令 SITE 与参数 EXEC 中插入多余的空格来逃避检查。而协议分析技术知道如何去分析这个命令，很容易发现存在的攻击。因此协议分析技术在检查攻击的性能上比传统的特征匹配技术高得多。

3．从防火墙结构上划分

（1）单一主机防火墙。

单一主机防火墙是最传统的防火墙，独立于其他网络设备，它位于网络边界。这种防火墙其实与一台计算机结构差不多，同样包括 CPU、内存、主板、磁盘等基本组件，且主板上也有南、北桥芯片。它与一般计算机最主要的区别就是单一主机防火墙都集成了两个以上的以太网卡，因为它需要连接一个以上的内、外部网络。其中的磁盘就是用来存储防火墙所用的基本程序，如包过滤程序和代理服务器程序等，有的防火墙还把日志记录也记录在此磁盘上。

（2）路由器集成式防火墙。

随着防火墙技术的发展及应用需求的提高，单一主机的防火墙现在已发生了许多变化。最明显的变化就是现在许多中、高档的路由器中已集成了防火墙功能。

（3）分布式防火墙。

还有的防火墙已不再是一个独立的硬件实体，而是由多个软、硬件组成的系统，这种防火墙，俗称"分布式防火墙"。分布式防火墙也不是只是位于网络边界，而是渗透于网络的每一台主机，对整个内部网络的主机实施保护。在网络服务器中，通常会安装一个用于防火墙系统管理软件，在服务器及各主机上安装有集成网卡功能的 PCI 防火墙卡，这样一块防火墙卡同时兼有网卡和防火墙的双重功能。这样一个防火墙系统就可以彻底保护内部网络。各主机把任何其他主机发送的通信连接都视为"不可信"的，都需要严格过滤。而不是像传统边界防火墙那样，仅对外部网络发出的通信请求"不信任"。

4．按防火墙的应用部署位置

（1）边界防火墙。

边界防火墙是最传统的防火墙，它们位于内、外部网络的边界，所起的作用是对内、外部网络实施隔离，保护边界内部网络。这类防火墙一般都是硬件类型的，价格较贵，性能较好。

（2）个人防火墙。

个人防火墙安装于单台主机中，防护的也只是单台主机。这类防火墙应用于广大的个人用户，通常为软件防火墙，价格最便宜，性能也最差。

（3）混合防火墙。

混合防火墙可以说就是"分布式防火墙"或者"嵌入式防火墙"，它是一整套防火墙系统，由若干个软、硬件组件组成，分布于内、外部网络边界和内部各主机之间，既对内、外部网络之间通信进行过滤，又对网络内部各主机间的通信进行过滤。它属于最新的防火墙技术之一，性能最好，价格也最高。

4.4.3 选择防火墙的基本原则

选择防火墙有很多因素需要考虑，但最重要的有以下几个原则。

1. 总拥有成本和价格

防火墙产品作为网络系统的安全屏障，其总拥有的成本不应该超过受保护网络系统可能遭受最大损失的成本。不同价格的防火墙所提供的安全程度是不同的。有条件的用户最好选择整套企业级的防火墙解决方案。目前国外产品集中在高端市场，价格比较昂贵。对于规模较小的企业来说，可以选择国内品牌。

2. 确定总体目标

选择防火墙产品最重要的问题是确定系统的总体目标，即防火墙应体现运行这个系统的策略。安装后的防火墙是为了明确地拒绝对网络连接至关重要的服务之外的所有服务；或者安装就绪的防火墙就是以非威胁方式对"鱼贯而入"的访问提供一种计量和审计的方法。在这些选择中，可能存在着某种程度的威胁。防火墙的最终功能将是管理的结果，而非工程上的决策。

3. 明确系统需求

明确用户需要的网络监视、冗余度以及控制水平。确定总体目标，确定可接受的风险水平，列出一个必须监测哪些数据传输、必须允许哪些数据流通行以及应当拒绝什么类型数据传输的清单。也就是开始时先列出总体目标，然后把需求分析与风险评估结合在一起，选出与风险始终对立的需求，加入到计划完成的工作清单中。

4. 基本功能

防火墙基本功能是选择防火墙产品的依据和前提，用户在选购防火墙产品时应注意下述基本功能。

（1）LAN 接口要丰富。

（2）协议支持数量要多。

（3）要支持多种安全特性。

5. 应满足用户的特殊要求

用户的安全政策中，某些特殊需求并不是每种防火墙都能提供的，这常会成为选择防火墙时需考虑的因素之一，常见的用户需求有以下几个方面。

（1）加密控制标准。

（2）军事访问控制。

（3）特殊防御功能。

6. 防火墙本身是安全的

作为信息系统安全产品，防火墙本身也应该保证安全，不给外部侵入者以可趁之机。如果像马其顿防线一样，正面虽然牢不可破，但进攻者能够轻易地绕过防线进入系统内部，网络系统也就没有任何安全可言了。

7. 不同级别用户选择防火墙的类型不同

防火墙价格从几千元到几十万元不等，部署位置从服务器、网关到客户端，所面对的应用环境千差万别。在众多的防火墙中，如何选择到适合自身的产品很关键。

（1）电信级用户（见表 4-1）。

电信级用户对防火墙产品主要需求特点如下。

① 性能需求，主要是对吞吐量的要求。

② 反拒绝服务攻击能力的需求。

③ 远程维护能力的需求。

④ 与其他安全产品互操作能力的需求。

⑤ 负载分担能力的需求。

⑥ 高可靠性的需求。

⑦ 内网安全性需求。

表 4-1　　　　　　　　　　　　　**电信级用户产品要求**

面向用户对象	一般为大的 ISP、ICP、IC
主要特点	内部网络有大量的服务器、高带宽、网络流量大、网络访问主要从外部客户端发起
能够承受的费用	能够承受高额的实施费用以及后继的维护费用
相应的技术能力	技术能力强，有能力维护防火墙的运行

（2）企业级用户（见表 4-2）。

企业级用户对防火墙产品主要需求如下。

① 内网安全性需求。

② 细度访问控制能力需求。

③ VPN 需求。

④ 统计、计费功能需求。

⑤ 带宽管理能力需求。

表 4-2　　　　　　　　　　　　　**企业级用户对防火墙产品要求**

面向用户对象	上网企业、政府机构、TSP 内部网络
主要特点	相对低带宽，网络访问主要从内部客户端向外部发起，内网一般包含关键性企业内部数据
能够承受的费用	能够承受的实施适中的费用以及后继的维护费用
相应的技术能力	中等

　　大型企业应根据部署位置选择防火墙。大型企业应该选择一套可管理的防火墙体系，将防火墙分别部署到网络的服务器、网关和客户端上。每一个位置对防火墙的性能指标要求都不一样。在服务器端部署防火墙，可限定内网的随意访问，防止来自内部的攻击。由于经常有大量的访问，对防火墙的安全性能和性能提出了较高的要求。在网关上，防火墙往往成为整个网络的效率瓶颈，如果选择不好，有可能影响整个网络的效率，因此，必须选择一款并发连接数高的高性能防火墙。在客户端，可由防火墙管理系统进行统一管理。

　　中小企业应根据网络规模选择防火墙。中小企业一般在网关级配置防火墙，可选择 100 兆或吉比特接口传输速率的防火墙。具体可根据自身应用的规模和数据流量来定，避免出现"小马拉大车"的情况，也要避免"大马拉小车"的情况。

　　如表 4-3 所示，此类用户对防火墙产品主要需求如下。

① 内网安全性需求。

② VPN 需求。

③ 网络地址翻译。

表 4-3　　　　　　　　　　　　　　中小企业对防火墙产品要求

面向用户对象	小于 50 个节点的网络用户
主要特点	相对低带宽，网络访问主要从内部客户端向外部发起，内网一般包含关键企业内部数据
能够承受的费用	低
相应的技术能力	低

　　（3）个人单机级用户（见表 4-4）。

　　个人单机级用户对防火墙产品的主要需求如下。

① 保护本机不被非授权用户访问。

② 防止本机非授权向外传送信息。

③ 每一次的连接都可以向用户做出警告。

表 4-4　　　　　　　　　　　　　　个人单机级用户对防火墙产品要求

面向用户对象	移动办公的笔记本电脑的用户，拨号上网的用户
主要特点	直接连接 Interet，只是需要保护本机
能够承受的费用	低
相应的技术能力	低

8. 管理与培训

　　管理和培训是评价一个防火墙系统的重要指标。在计算防火墙的使用成本时，不能只简单地计算购置成本，还必须考虑其总拥有成本。人员的培训和日常维护费用通常会占据较大的比例。一家优秀的安全产品供应商必须为其用户提供良好的培训和售后服务。

9. 可扩充性

　　在网络系统建设初期，由于内部信息系统的规模较小，遭受攻击造成的损失也较小，因此没有必要购置过于复杂的昂贵的防火墙产品。但随着网络的扩容和网络应用的增加，网络的风险成本也会急剧上升，因此需要增加具有更高安全性的防火墙产品。如果早期购置的防火墙没有可扩充性，或扩充性成本极高，就会造成投资的浪费。好的产品应该留给用户足够的弹性空间，在安全要求水平不高的情况下，可以只选购基本系统，而随着要求的提高，用户仍然有进一步增加选件的余地。这样不仅能够保护用户的投资，对提供防火墙产品的厂商来说，也扩大了产品覆盖面。

10. 防火墙的安全性

防火墙产品最难评估的方面是防火墙的安全性能，即防火墙是否能够有效地阻挡外部入侵。这一点同防火墙自身的安全性一样，普通用户通常无法判断，即使安装好防火墙，如果没有实际的外部入侵，也无从得知产品性能的优劣。但在实际应用中检测安全产品的性能是极为危险的，所以用户在选择防火墙产品时，应该尽量选择占市场份额较大同时又通过了国家权威认证机构认证测试的产品。

4.5 不间断电源

不间断电源（Uninterrupted Power System，UPS）是一种含有储能装置，以逆变器为主要组成部分的恒压恒频的不间断电源，主要用于给单台计算机、计算机网络系统或其他电力电子设备提供不间断的电力供应。当市电输入正常时，UPS 将市电稳压后供应给负载使用，此时的 UPS 就是一台交流市电稳压器，同时它还向机内电池充电；当市电中断（事故停电）时，UPS 立即将机内电池的电能，通过逆变转换的方法向负载继续供应 220V 交流电，使负载维持正常工作并保护负载设备软、硬件不受损坏。

4.5.1 UPS 分类

UPS 的分类方式主要是按工作方式来划分的，通常可分为后备式、在线互动式及在线式 3 大类。

1. 后备式 UPS

在市电正常时直接由市电向负载供电，当市电超出其工作范围或停电时，通过转换开关转为电池逆变供电。

后备式 UPS 的特点是结构简单、体积小、成本低，但输入电压范围窄、输出电压稳定精度差、有切换时间、且输出波形一般为方波。

2. 在线互动式 UPS

在市电正常时直接由市电向负载供电，当市电偏低或偏高时，通过 UPS 内部稳压线路稳压后输出，当市电异常或停电时，通过转换开关转为电池逆变供电。

在线互动式 UPS 的特点是有较宽的输入电压范围、噪音低、体积小等，但同样存在切换时间。

3. 在线式 UPS

在市电正常时，由市电进行整流提供直流电压给逆变器，并由逆变器向负载提供交流电；在市电异常时，逆变器由电池提供能量，逆变器始终处于工作状态，保证无间断输出。

在线式 UPS 的特点是有极宽的输入电压范围、无切换时间、且输出电压稳定精度高，特别适合对电源要求较高的场合，但是成本较高。目前，功率大于 3KVA 的 UPS 几乎都是在线式 UPS。

4.5.2 UPS 的性能指标

1. 输入电压范围

输入电压范围即保证 UPS 不转入电池逆变供电的市电电压范围。在此电压范围内，逆变器（负载）电流由市电提供，而不是电池提供。输入电压范围越宽，UPS 电池放电的可能性越小，故电池的寿命就相对延长。

2. 输入频率范围

输入频率范围即 UPS 能自动跟踪市电、保持同步的频率范围。当切换旁路时，UPS 能自动跟踪市电、保持同步，从而可避免因输入输出相位差开甚至反相，引起逆变器模块电源和交流旁路电源间出现大的环流电源而损害 UPS。

3. 输入功率因数

输入功率因数指 UPS 输入端的功率因数。输入功率因数越高，UPS 所吸收的无功功率越小，因而对市电电网的干扰就越小。一般 UPS 只能达到 0.9 左右。

4. 输出功率因数

输出功率因数指 UPS 输出端的功率因数。如果有非计算机负载，越大则带载能力越强。一般 UPS 为 0.8 左右。

5. 过载能力

过载能力实际上包括两个内容，即过载承受能力和过载保护能力。过载承受能力是指当 UPS 的负载超过额定容量一定的数额之后，UPS 能够承受多长时间；而过载保护能力是指当 UPS 的负载超过额定容量一定的数额之后，UPS 在多短的时间内能够作出保护。过载能力越大，表明逆变器的性能越好。

6. 切换时间

由于计算机开关电源，在 10ms 的间隔时间能保证计算机的输出，因此一般要求 UPS 切换时间小于 10ms，在线式 UPS 的切换时间为 0。

7. 输出电压稳定度

输出电压稳定度指 UPS 输出电压的稳定程度。输出电压稳定程度越高，UPS 输出电压的波动范围越小，也就是电压精度越高。大部分 UPS 的电压稳定度大于 5%。

8. 输出电压失真度

输出电压失真度即 UPS 输出波形中所含的谐波分量所占的比率。常见的波形失真有：削顶、毛刺、畸变等。失真度越小，对负载可能造成的干扰或破坏就越小。

9. 负载峰值因数

负载峰值因数指 UPS 输出所能达到的峰值电流与平均电流之比。一般峰值因数越高，UPS 所能承受的负载冲击电流越大。

10. 旁路功能

旁路功能指 UPS 超载或逆变器发生故障时，通过控制开关转换至市电供电，也就是旁路供电。

11. 接发电机功能

发电机的输出波形一般失真度较高，且频率波动范围很大。因此，UPS 必须具有良好的跟踪发电机频率的性能，保持与发电机同步工作，并且保持质量较高的输出波形和稳定的输出电压。

12. 电池管理水平

由于电池在 UPS 整机成本中所占比重较大（长延时 UPS 的成本占到总成本的 1/3 以上），电池故障在 UPS 故障中所占比例也较高（通常在 70%以上），所以电池管理水平的高低直接关系到 UPS 的使用寿命，但只要正确使用，并经常对电池进行维护，就能使其保持良好的状态。

4.5.3 UPS 电源的正确选择

目前，生产 UPS 电源的厂商众多，型号各异，其应用环境也各不相同。其中，伊顿、施耐德、艾默生经过整合，已完全占据 UPS 市场的主导地位，但这些知名的 UPS 电源产品的价格都相对较高。但是，随着 UPS 电源生产技术的日益成熟，只有模块化机器、特大功率 UPS电源以及多机并机等技术还掌握在少数几家大公司手上以外，像科士达、科华恒盛等这样的国内厂商生产的适合普通用户使用的性价比较高的 UPS 电源产品正在被广大用户所认可，其市场占有率也在逐年提高。正确选择适合自己工作环境的 UPS 电源，应从以下几方面来考虑。

1. UPS 的容量

UPS 的额定容量是指 UPS 的最大输出功率（电压 V 和电流 A 的乘积）。通常市场上所售的 UPS 电源，容量较小的以 W（瓦特）为单位来标识；超过 1kW 时，用 VA（伏安）标识，W 与 VA 值是有区别的。事实上，W 总是小于等于 VA。它们之间的换算关系可用如下公式计算：

$$W = VA \times 功率因数$$

功率因数在 0～1，它表示了负载电流做的有用功（W）的百分比。只有电热器或电灯泡等设备的功率因数为 1。对于其他设备来说，都有一部分负载没有作功。这部分电流是谐波或电抗电流，它是由负载特性引起的。由于有这部分电流，所以 VA 值比 W 值大，在功率因数为 1 时，W 和 VA 值相同。

正确地选择 UPS 的容量对网络管理人员来说是一件重要的事。一般来讲，UPS 的容量选择应考虑以下因素。

（1）实际负载情况：

$$P=\sum P_i/f$$

即实际所有负载的总和 $\sum P_i$，再除以功率因数 f，$f = 0.6 \sim 0.8$，即可得到实际负载容量 P。

（2）预留扩容。考虑到业务发展的可能，在不大量追加投资情况下，增加 UPS 输出容量，这可通过选择可以实现现场扩容的 UPS 产品，如现在模块化 UPS 产品及提前购买大容量 UPS 来实现。

2. 电池供电时间

电池供电时间主要受负载大小、电池容量、环境温度、电池放电截止电压等因素影响。根据延时能力，确定所需电池的容量大小，用安时（AH）值来表示，以给定电流安培数时放电的时间小时数来计算。

一般 UPS 配置用以下公式计算：

电源功率（VA）×延时时间（小时数）÷电源启动直流 = 所需蓄电池安时数（AH）

以山特 C3KSUPS 电源，延时 4h 为例（山特 C3KSUPS 的启动直流为 96V，功率为 3 000VA）

$$3\,000VA \times 4h \div 96V = 125Ah$$

结果是需要 125Ah 的电池才能满足 4h 的供电。

3. UPS 的输入电压范围

UPS 的输入电压范围，即 UPS 允许市电电压的变化范围，也就是保证 UPS 不转入电池逆变供电的市电电压范围。范围越大说明 UPS 适应性越好。一般 UPS 的输入电压范围应该在 160V～270V 之间或者更宽。在正常的输入电压范围内，逆变器（负载）电流由市电提供，而不是电池提供。输入电压范围越宽，UPS 电池放电的可能性越小，电池的寿命就相对延长。因为当地的电压波动情况直接影响 UPS 的运行，特别是有些地区电网质量比较差，白天和晚上的电压相差很大，如果 UPS 要 24 小时工作，在如此大的变化范围里，UPS 能否工作至关重要。如不能工作，只能转电池供电，这样一则电池并没有用于真正的断电，二则频繁转电池供电会影响电池的寿命。如果 UPS 的转电池供电装置为继电器，则对继电器的损坏特别严重，大大增加了 UPS 的故障率。

4. UPS 电源保护解决方案

用户应根据自己网络系统的实际需求，同 UPS 生产厂商或经销商讨论采用适宜自己系统的 UPS 电源保护解决方案。一般有以下几种解决方案。

集中式保护，整个网络系统用一台大容量 UPS 集中供电。这种方式的优点是可靠性较高。缺点是需要专门布线、专人管理、安装维护费用较高、系统不易扩容。一旦 UPS 发生故障，将影响整个网络系统的正常运行，且网络中和终端设备（PC 等）启动时的冲击电流可能会影响网络中服务器的正常运行。

分布式保护，将网络系统分成几个部分（划分的原则可以是以主机的物理位置就近原则，也可以以重要性为原则），对各部分分别用小容量 UPS 进行分布式保护。这种保护方式的优点是布线简单、系统易于扩容、安装维护简单、费用低、一般不需要专人管理，电源故障容易隔离和处理。一台 UPS 出现故障，不会导致整个系统的运行受到影响，更重要的是可以避免 PC 等终端设备起动时的冲击电流对有些服务器的影响。

综合式保护，对计算机网络系统、机房空调系统及安全系统进行全方位保护。

5．UPS 的外观、体积、重量及噪音等因素

对于大多数中小型网络用户而言，UPS 是与计算机、网络设备等一起放置在办公环境中的，所以，在选购 UPS 时，还应考虑到 UPS 的外观、体积、重量及噪声等因素。应选择外形美观、体积小、重量轻、低噪声的 UPS，尤其要注意 UPS 中电池组的摆放位置问题，要考虑楼板的负荷。

4.6　存储技术与设备

随着信息时代的到来，人们对数据的依赖性也越来越强，因此数据的存储及安全性已经提到了一个非常重要的地位。目前服务器与存储设备的连接主要有直接连接存储（DAS）、串行 SCSI 技术（SAS）和网络附加存储（NAS）、存储区域网络（SAN）、磁盘阵列（RAID)等形式。

4.6.1　直接连接存储（DAS）

直接连接存储（Direct Attached Storage，DAS），是一种早期的存储应用模式，将外置存储设备通过连接电缆，直接连接到一台计算机上，如图 4-20 所示。采用直接外挂存储方案的服务器结构如同 PC 架构，外部数据存储设备采用 SCSI 技术或者 FC（Fibre Channel）技术，直接挂接在内部总线上，数据存储设备是整个服务器结构的一部分。DAS 这种直连方式，能够解决单台服务器的存储空间扩展和高性能传输的需求，并且单台外置存储系统的容量，已经从不到 1TB 发展到了 2TB，随着大容量磁盘的推出，单台外置存储系统容量还会上升。此外，DAS 还可以构成基于磁盘阵列的双机高可用系统，满足数据存储对高可用的要求。从趋势上看，DAS 仍然会作为一种存储模式继续得到应用。

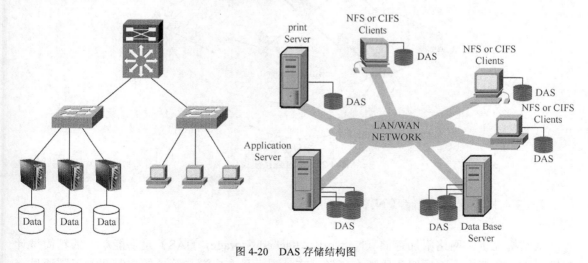

图 4-20　DAS 存储结构图

DAS 的适用环境主要为以下情况。

（1）服务器在地理分布上很分散，如商店或银行的分支。

（2）存储系统必须被直接连接到应用服务器（如 Microsoft Cluster Server 或某些数据库使用的"原始分区"）上时。

（3）包括许多数据库应用和应用服务器在内的应用，它们需要直接连接到存储器上，群件应用和一些邮件服务也包括在内。

当服务器在地理上比较分散，很难通过远程连接进行互连时，直接连接存储是比较好的解决方案，甚至可能是唯一的解决方案。

4.6.2　串行 SCSI 技术（SAS）

串行 SCSI（Serial Attached SCSI，SAS）技术，是一种磁盘连接技术，它综合了现有并行 SCSI 和串行连接技术（光纤通道、SSA、IEEE 1394 及 InfiniBand 等）的优势，以串行通信为协议基础架构，采用 SCSI-3 扩展指令集并兼容 SATA 设备，是多层次的存储设备连接协议栈。

SAS 的连接模式与光纤通道的 Fabric 交换在很多方面十分相似，如图 4-21 所示。每一个 SAS Expander 就像一台光纤通道交换机，整个交换结构被称为"域"（Domain），其意义与光纤通道技术中的"域"几乎完全一样。在光纤通道 Fabric 交换结构中，每个域有一个主成员，负责维护整个域的路由信息。在 SAS 域中，起中心交换作用的 Expander 叫作"扇出 Expander"（Fanout Expander）。SAS 域中的"扇出 Expander"既可以直接连接终端设备，也能连接其他"边缘 Expander"（Edge Expander）。唯一与光纤通道 Fabric 不同的是，SAS 域中可以没有"扇出"，而光纤通道 Fabric 域则不能没有主成员。没有"扇出"的 SAS 域，最多只可以有两个"边缘 Expander"。

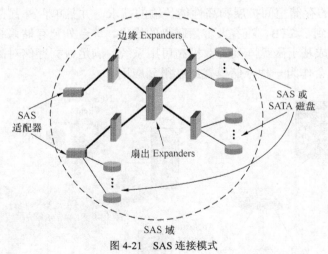

图 4-21　SAS 连接模式

4.6.3　网络附加存储（NAS）

从结构上讲，网络附加存储（Network Attached Storage，NAS）是功能单一的精简型计算机，因此在架构上不像服务器那么复杂，在外观上只有电源与简单的控制钮，只需通过一根网线连接到终端客户机上，就可以完成 NAS 的安装控制，如图 4-22 所示。

NAS 是一种专业的网络文件存储及文件备份设备，它是基于（局域网 LAN）的，按照 TCP/IP 协议簇进行通信，以文件的（输入/输出 I/O）方式进行数据传输。在 LAN 环境下，NAS 已经完全可以实现不同平台之间的数据级共享，如 NT、UNIX 等平台的共享。一个 NAS 系统，包括处理器，文件服务管理模块和多个磁盘驱动器（用于数据的存储）。NAS 可以应用在任何的网络

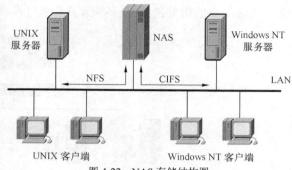

图 4-22　NAS 存储结构图

环境当中，主服务器和客户端可以非常方便地在 NAS 上存取任意格式的文件，包括 SMB 格式（WIndows）、NFS 格式（UNIX，Linux）和 CIFS（Common Internet File System）格式等。通过任何一台计算机，采用 IE 浏览器就可以对 NAS 设备进行直观方便的管理。

实际上 NAS 是一个带有瘦服务器（Thin Server）的存储设备，其作用类似于一个专用的文件服务器。这种专用存储服务器不同于传统的通用服务器，它去掉了通用的服务器原有的不适用的大多数计算功能，而仅仅提供文件系统功能，用于存储服务，大大降低了存储设备的成本。与传统的存储服务器相比，NAS 不仅响应速度快，而且数据传输速率也较高。

NAS 具有较好的协议独立性，支持 UNIX、Netware、Windows NT、OS/2 或 Intranet Web 的数据访问，客户端也不需要任何专用的软件，安装简易，甚至可以充当其他主机的网络驱动器，可以方便地利用现有的管理工具进行管理。

NAS 可以通过交换机方便地接入到用户网络上，是一种即插即用的网络设备。为用户提供了易于安装、易于使用和管理、可靠性高和可扩展性好的网络存储解决方案。NAS 使文件访问操作更为快捷，并且易于从基础设施增加文件存储容量。因为 NAS 关注的是文件服务而不是实际文件系统的执行情况，所以 NAS 设备易于部署。

NAS 具有低总体拥有成本（Total Cost of Ownership，TCO）；扩充性强；跨平台性强；高可用性；高速度；方便安装、维护和使用等特点。

4.6.4　存储区域网络（SAN）

存储区域网络（SAN）是一种高速网络或子网络，提供在计算机与存储系统之间的数据传输。存储设备是指一个或多个用以存储计算机数据的磁盘设备。一个 SAN 网络由负责网络连接的通信结构、负责组织连接的管理层、存储部件以及计算机系统构成。

SAN 以光纤通道（FC）为基础，实现了存储设备的共享；突破现有的距离限制和容量限制；服务器通过存储网络直接同存储设备交换数据，释放了宝贵的 LAN 资源。

从物理的角度看，存储区域网包括以下 4 大类的组件：终端用户平台、服务器、存储设备与存储子系统、网络连接设备，如图 4-23 所示。

从逻辑的角度看，一个存储区域网包括：存储区域网组件；资源以及它们间的关系；相关性与从属关系。

存储区域网的组件间的关系并不受物理连接的限制。在存储区域网的管理中，逻辑关系起着一个重要的作用。在存储区域网中的重要逻辑关系包括：存储子系统与连接件的逻辑关系；存储子系统间的逻辑关系；服务器系统与存储子系统（包括适配器）的关系；服务器系

统与终端用户的组件的关系；存储子系统与终端用户的组件的关系；服务器间的关系。

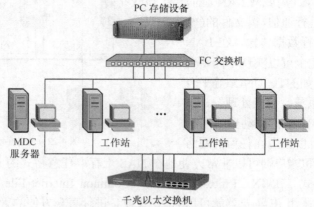

图 4-23　存储区域网（SAN）的典型结构

存储区域网（SAN）具有如下功能特点。

1.　可实现大容量存储设备数据共享

在目前的计算机应用中，存储量越来越大，如数据库中存储了大量的图片文件，网络服务中存储了多个用户的多种数据，视频制作中有大量的声音和图像文件等都需要数百个 GB 甚至几个 TB 的磁盘存储容量。SAN 提供了大容量存储设备共享的解决方案。

2.　可实现高速计算机与高速存储设备的高速互连

计算机的主频每年都要翻一倍，内存容量和存储设备容量也在不断提高，这就要求存储设备的传输速率必须适应计算机整体性能，光纤通道正是为了打破这一瓶颈提出来的。SAN 采用光纤网，不但提供了主机和存储设备之间的高速互连，而且在设备数量（可达数十个）和传输距离上（可达 10km）有较大提高。为基于 Client/Server 或 Internet/Intranet 结构的大容量数据的频繁访问及快速处理，奠定了完备的物理基础。

3.　可实现灵活的存储设备配置要求

主机和存储设备的分离是当今计算机发展的一大趋势。这主要是由于存储容量的不断提高，存储设备已不再是某个计算机的外设，而是很多计算机的共享设备。采用 SAN 技术传输距离可达 10km。在 SAN 上的主机、存储设备和磁带设备，不但在物理位置安排上十分灵活，而且可以将不同用途的设备划分为不同的区，分别建立虚拟专用网，使得主机访问 SAN 上的存储设备十分方便。

4.　可实现数据快速备份

数据备份对于大型存储设备是非常必要的，由于重要的数据都存储在存储设备中，数据的丢失会造成不可估量的损失。所以在数据库应用中，进行数据备份是必要的日常维护工作。传统的数据备份方式有两种，一种是通过数据镜像的方法，将一个存储设备通过 LAN/WAN 镜像到另一个存储设备上，在一个存储设备上的数据修改要及时传输到另一个存储设备上，这种方式极大地增加了 LAN 的负担。另一种数据备份是通过磁带，备份时占用大量的 LAN

资源，而且需要进行数小时才能完成，且存储量越大备份的时间就越长。SAN 提供了理想的快速备份工具，如果两个存储设备（如一个磁盘阵列，一个磁带库）都在 SAN 上，进行镜像式数据备份可不占用 LAN/WAN 的带宽，直接通过 SAN 存储网络进行备份。如果进行磁带备份，还可以将要备份的设备隔离开来，不受其他设备干扰，完全实现 LAN Free Backup。

5. 可以兼容以前的存储设备

新建立的 SAN 不但可以连接光纤通道设备，而且可以连接 SCSI 设备，可以有效保护用户以前的投资。

6. 提高数据的可靠性和安全性

数据的可靠性和安全性，在当前的应用中显得十分重要。存储设备中的单点故障可能引起巨大的经济损失。在以前的 SCSI 设备中，SCSI 的损坏可能引起多个存储设备失效。在 SAN 中可以采用双环的方式，建立存储设备和计算机之间的多条通路，提高了数据的可用性。

4.6.5　磁盘阵列（RAID）

磁盘阵列（Redundant Arrays of Independent Disks，RAID）是一种由多块磁盘构成的冗余阵列。虽然 RAID 包含多块磁盘，但是在操作系统下是作为一个独立的大型存储设备出现的。RAID 技术分为几种不同的等级，可以提供不同的速度，安全性和性价比。

在 RAID 技术中，常用到"RAID 级别"这个词。RAID 级别是指磁盘阵列中磁盘的组合方式，RAID 级别不同，磁盘组合的方式也就不同，为用户提供的磁盘阵列在性能上和安全性的表现上也有不同。目前常见的 RAID 级别有 RAID 0，1，3，5，10，30，50 和 JOBD 等。

RAID 0 是最简单的一种形式。RAID 0 可以把多块磁盘连接在一起形成一个容量更大的存储设备。最简单的 RAID 0 技术只是提供更多的磁盘空间，但可以通过设置，使用 RAID 0 来提高磁盘的性能和吞吐量。RAID 0 没有冗余或错误修复能力，但是实现成本是最低的。

RAID 0 最简单的实现方式就是把几块磁盘串联在一起创建一个大的卷集。磁盘之间的连接既可以使用硬件的形式通过智能磁盘控制器实现，也可以使用操作系统中的磁盘驱动程序以软件的方式实现。

在图 4-24 所示的配置中，把 4 块磁盘组合在一起形成一个独立的逻辑驱动器，容量相当于任何一块单独磁盘的 4 倍。数据被依次写入到各磁盘中。当一块磁盘的空间用尽时，数据就会被自动写入到下一块磁盘中。

这种设置方式只有一个好处，那就是可以增加磁盘的容量。至于速度则与其中任何一块磁盘的速度相同，这是因为同一时间内只能对一块磁盘进行 I/O 操作。如果其中的任何一块磁盘出现故障，整个系统将会受到破坏，无法继续使用。从这种意义上说，使用纯 RAID 0 方式的可靠性仅相当于单独使用一块磁盘的 1/4（因为本例中 RAID 0 使用了 4 块硬盘）。

虽然无法改变 RAID 0 的可靠性问题，但是可以通过改变配置方式，提高系统的性能。与前文所述的顺序写入数据不同，可以通过创建带区集，在同一时间内向多块磁盘写入数据。

系统向逻辑设备发出的 I/O 指令被转化为 4 项操作，其中的每一项操作都对应于一块磁盘。如图 4-25 所示，通过建立带区集，原来顺序写入的数据被分散到所有的 4 块磁盘中同时进行读写。4 块磁盘的并行操作使同一时间内磁盘读写的速度提升了 4 倍。

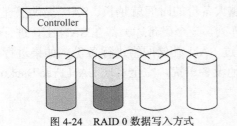

图 4-24　RAID 0 数据写入方式

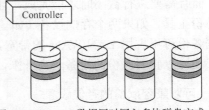

图 4-25　RAID 0 数据同时写入多快磁盘方式

　　虽然 RAID 0 可以提供更多的空间和更好的性能，但是整个系统是非常不可靠的，如果出现故障，无法进行任何补救。所以，RAID 0 一般只是在那些对数据安全性要求不高的情况下才被使用。

　　RAID 1 和 RAID 0 截然不同，其技术重点全部放在如何能够在不影响性能的情况下最大限度的保证系统的可靠性和可修复性上。RAID 1 是所有 RAID 等级中实现成本最高的一种，尽管如此，人们还是选择 RAID 1 来保存那些关键性的重要数据。

　　RAID 1 又被称为磁盘镜像，每一个磁盘都具有一个对应的镜像盘。对任何一个磁盘的数据写入都会被复制到镜像盘中；系统可以从一组镜像盘中的任何一个磁盘读取数据。显然，磁盘镜像肯定会提高系统成本，因为所能使用的空间只是所有磁盘容量总和的一半。

　　在 RAID 1 下，任何一块磁盘的故障都不会影响到系统的正常运行，而且只要能够保证任何一对镜像盘中至少有一块磁盘可以使用，系统就能够正常工作。RAID 1 甚至可以在一半数量的磁盘出现问题时，仍然提供不间断的工作。当一块磁盘失效时，系统会忽略该磁盘，转而使用剩余的镜像盘读写数据，如图 4-26 所示。

　　通常，把出现磁盘故障的 RAID 系统称为在降级模式下运行。虽然这时保存的数据仍然可以继续使用，但是 RAID 系统将不再可靠。如果剩余的镜像盘也出现问题，那么整个系统就会崩溃。因此，应当及时地更换损坏的磁盘，避免出现新的问题。更换新磁盘之后，原有好盘中的数据必须被复制到新盘中，这一操作被称为同步镜像。同步镜像一般都需要很长时间，尤其是当损害的磁盘的容量很大时更是如此。在同步镜像进行过程中，外界对数据的访问不会受到影响，但是由于复制数据需要占用一部分的带宽，所以可能会使整个系统的性能有所下降。

　　由于 RAID 1 主要是通过二次读写实现磁盘镜像，所以磁盘控制器的负载很大，尤其是在需要频繁写入数据的环境中。为了避免出现性能瓶颈，使用多个磁盘控制器就显得很有必要，如图 4-27 所示。

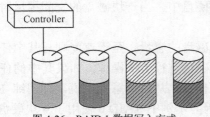

图 4-26　RAID 1 数据写入方式

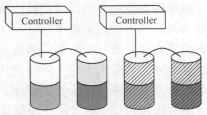

图 4-27　RAID 1 多磁盘控制器数据写入方式

　　使用两个磁盘控制器不仅可以改善性能，还可以进一步的提高数据的安全性和可用性。单独使用 RAID 1 也会出现类似单独使用 RAID 0 那样的问题，即在同一时间内只能向一块磁盘写入数据，不能充分利用所有的资源。为了解决这一问题，可以在磁盘镜像中建立带区集。因为这种配置方式综合了带区集和镜像的优势，所以被称为 RAID 0＋1。

RAID 3 采用的是一种较为简单的校验实现方式,使用一个专门的磁盘存放所有的校验数据,而在剩余的磁盘中创建带区集分散数据的读写操作。例如, 在一个由 4 块磁盘构成的 RAID 3 系统中,3 块磁盘将被用来保存数据,第四块磁盘则专门用于校验。这种配置方式可以用 3 ＋1 的形式表示,如图 4-28 所示。

在图 4-28 中,用相同的颜色表示使用同一个校验块的所有数据块,斜线标出的部分为校验块。校验块和所有对应的数据块一起构成一个带区。

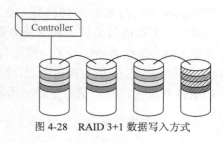

图 4-28　RAID 3+1 数据写入方式

第四块硬盘中的每一个校验块所包含的都是其他 3 块硬盘中对应数据块的校验信息。RAID 3 的成功之处就在于不仅可以像 RAID 1 那样提供容错功能,而且整体开销从 RAID 1 的 50%下降为 25%（RAID 3+1）。随着所使用磁盘数量的增多,成本开销会越来越小。例如, 如果使用 7 块磁盘,那么总开销就会降到 12.5%（1/8）。

在不同情况下,RAID 3 读写操作的复杂程度不同。最简单的情况就是从一个完好的 RAID 3 系统中读取数据。这时, 只需要在数据存储盘中找到相应的数据块进行读取操作即可, 不会增加任何额外的系统开销。

当向 RAID 3 写入数据时,情况会变得复杂一些。即使只是向一个磁盘写入一个数据块,也必须计算与该数据块同处一个带区的所有数据块的校验值,并将新值重新写入到校验块中。一个写入操作事实上包含了数据读取（读取带区中的关联数据块）,校验值计算,数据块写入和校验块写入 4 个过程,大大增加了系统的开销。

RAID 3 虽然具有容错能力,但是系统会受到影响。当一块磁盘失效时,该磁盘上的所有数据块必须使用校验信息重新建立。如果是从好盘中读取数据块,不会有任何变化。但是如果所要读取的数据块正好位于已经损坏的磁盘,则必须同时读取同一带区中的所有其他数据块,并根据校验值重建丢失的数据。

当更换了损坏的磁盘之后, 系统必须一个数据块一个数据块的重建坏盘中的数据。整个过程包括读取带区,计算丢失的数据块和向新盘写入新的数据块,都是在后台自动进行。重建操作最好是在 RAID 系统空闲的时候进行,否则整个系统的性能会受到严重的影响。

RAID 3 所存在的最大一个不足同时也是导致 RAID 3 很少被人们采用的原因,就是校验盘很容易成为整个系统的瓶颈。RAID 3 会把数据的写入操作分散到多个磁盘上进行,然而不管是向哪一个数据盘写入数据,都需要同时重写校验盘中的相关信息。因此, 对于那些经常需要执行大量写入操作的应用来说,校验盘的负载将会很大,无法满足程序的运行速度, 从而导致整个 RAID 系统性能的下降。鉴于这种原因,RAID 3 更加适合应用于那些写入操作较少,读取操作较多的应用环境,如数据库和 Web 服务器等。

RAID 3 所存在的校验盘的性能问题,使得很多的 RAID 系统都转向了 RAID 5。在运行机制上, RAID 5 和 RAID 3 完全相同,也是由同一带区内的几个数据块共享一个校验块。

RAID 5 和 RAID 3 的最大区别在于 RAID 5 不是把所有的校验块集中保存在一个专门的校验盘中,而是分散到所有的数据盘中。RAID 5 使用了一种特殊的算法,可以计算出任何一个带区校验块的存放位置。

由于 RAID10、30、50 和 JOBD 很少被使用,本书不做介绍。

4.6.6　EMC 存储解决方案

在存储界，EMC 是一艘巨型航母，具有非常完整的产品线，从最普通的磁盘阵列开始到非常高端大气的 SSD 存储阵列，从支持小企业应用的小规模存储产品，到支持海量存储的云系统，从普通的备份软件到支持海量数据去重的备份系统，EMC 都一一提供了解决方案，可以说 EMC 在存储界打造了一艘无与伦比的航空母舰。

面对 EMC 庞杂的存储系统，很多人都会无从选择。下面通过对 EMC 产品的特性，以及产品技术进行梳理，从而更好地理解 EMC 在存储界的布局。

1.　高端存储阵列（VMAX）

VMAX 产品就是在教科书上经常出现的 Symatrix 系统。该产品是一款高端的磁盘阵列系统，采用星型网络互联的 NUMA 架构，VMAX 的互连示意图如图 4-29 所示。

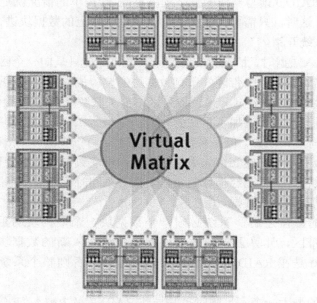

图 4-29　VMAX 的互连示意图

通过图 4-29 可以看出，VMAX 最多可以连接 8 组 head，每组 head 都是一对 active-active 双控对，也就是说整个系统最多可以互联 16 个 head。这 16 个 head 通过 rapid IO 进行两两互连，从而形成非常复杂的互连网络，这个互连网络被称之为 virtualmatrix。从整个系统来看，VMAX 是一套 CC-NUMA 系统，一个机头可以访问系统中的所有内存，位于 head 本地的内存被称之为 local 内存，其余的为 remote 内存。在软件上，为了提高系统性能，在 VMAX 中加入了 SSD 作为 cache，并且有一套 Fast Automatically Storage Tier 软件实现存储自动分层。

在市场上，和这套系统类似的还有 HP 的 3PAR 阵列，该阵列的结构和 VMAX 几乎一致，但是在硬件上做了很多特殊的定制，另外，3PAR 没有采用 rapid IO 作为互连总线，其采用了 PCI-E 作为节点之间的互连，该产品的互连网络如图 4-30 所示。

值得一提的是 3PAR 实现了 virtualRAID，该 RAID 没有采用传统 RAID 的方式，而是建立在 Chunk 的基础之上。

总体来讲，VMAX 之类的高端阵列满足对 IOPS、Throughput 有较高要求的应用，对于一般要求的应用，可以选用 EMC 的中低端存储产品 VNX。

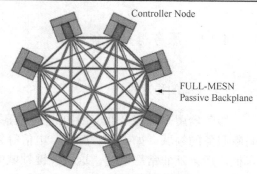

图 4-30　3PAR 的互连网络

2. 中低端存储产品（VNX）

VNX 产品包括原有的 Celerra 和 Clariion 系统。Celerra 是 NAS/ISCSI 机头，而 Clariion 则是提供后端存储的盘阵。目前，对于 VNX 产品系列提供了低端的 VNXe 和中端的 VNX 系列。图 4-31 是 VNX 盘阵的结构图。

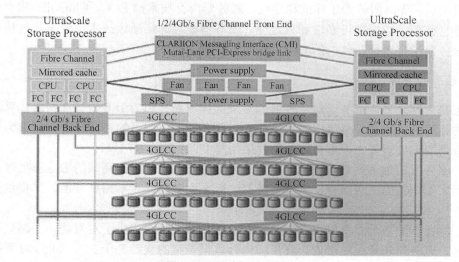

图 4-31　VNX 盘阵结构图

从这个结构图可以看出 VNX 的后端是一种典型的双控盘阵。当然，VNX 的软件有很多附加值，例如支持 offline 的重复数据删除、支持 volume 卷的 thinprovisioning，还支持块级快照等功能。在导出协议上，其支持 NFS、CIFS、MPFS、PNFS、FC、ISCSI 以及 FCoE 等协议。市面上的中低端存储，基本都是采用的这种双控模式，提高了系统的单机可靠性。IBM、HP、DELL、NetApp 和 HDS 都有相应的产品。

4.7　服　务　器

服务器（Server）指网络环境下为客户机（Client）提供某种服务的专用计算机，服务器安装有网络操作系统（如 Windows Server、Linux、UNIX 等）和各种服务器应用系统软件（如 Web 服务、电子邮件服务）。

4.7.1 服务器的性能特征

1. 较高的稳定性

服务器用来承担企业应用中的关键任务，需要长时间的无故障稳定运行。在某些需要不间断服务的领域，如银行、医疗、电信等领域，需要服务器 24×365 运行，一旦出现服务器宕机，后果是非常严重的。这些关键领域的服务器从开始运行到报废可能只开一次机，这就要求服务器具备极高的稳定性，这是普通 PC 无法达到的。

为了实现如此高的稳定性，服务器的硬件结构需要进行专门设计。如机箱、电源、风扇这些在 PC 机上要求并不苛刻的部件在服务器上就需要进行专门的设计，并且提供冗余。服务器处理器的主频、前端总线等关键参数一般低于主流消费级处理器，这样也是为了降低处理器的发热量，提高服务器工作的稳定性。服务器内存技术如 ECC、Chipkill、内存镜像、在线备份等也提高了数据的可靠性和稳定性。服务器硬盘的热插拔技术、磁盘阵列技术也是为了保证服务器稳定运行和数据的安全可靠而设计的。

2. 较高的性能

除了稳定性之外，服务器对于性能的要求同样很高。因为服务器是在网络计算环境中提供服务的计算机，承载着网络中的关键任务，维系着网络服务的正常运行，所以为了实现提供服务所需的高处理能力，服务器的硬件采用与 PC 不同的专门设计。

（1）服务器的处理器相对 PC 处理器具有更大的二级缓存，高端的服务器处理器甚至集成了远远大于 PC 的三级缓存，并且服务器一般采用双路甚至多路处理器，来提供强大的运算能力。

（2）服务器的芯片组不同于 PC 芯片组，服务器芯片组提供了对双路、多路处理器的支持。同时，服务器芯片组对于内存容量和内存数据带宽的支持高于 PC，如 5400 系列芯片组的内存最大可以支持 128GB，并且支持四通道内存技术，内存数据读取带宽可以达到 21GBit/s 左右。

（3）服务器的内存和 PC 内存也有不同。为了实现更高的数据可靠性和稳定性，服务器内存集成了 ECC、Chipkill 等内存检错纠错功能，近年来内存全缓冲技术的出现，使数据可以通过类似 PCI-E 的串行方式进行传输，显著提升了数据传输速度，提高了内存性能。

（4）在存储系统方面，服务器硬盘为了能够提供更高的数据读取速度，一般采用 SCSI 接口和 SAS 接口，转速通常都在万转或者一万五千转以上。此外服务器上一般会应用 RAID 技术，来提高磁盘性能并提供数据冗余容错。

3. 较高的扩展性能

服务器在成本上远高于 PC，并且承担企业关键任务，一旦更新换代需要投入很大的资金和维护成本，所以相对来说服务器更新换代比较慢。企业信息化的要求也不是一成不变，所以服务器要留有一定的扩展空间。相对于 PC 来说，服务器上一般提供了更多的扩展插槽，并且内存、硬盘扩展能力也高于 PC，如主流服务器上一般会提供 8 个或 12 个内存插槽，提供 6 个或 8 个硬盘托架。

4.7.2　服务器分类

1. 按应用层次划分

（1）入门级服务器。

入门级服务器通常只使用一块 CPU，并根据需要配置相应的内存（如 1GB）和大容量 IDE 磁盘，必要时也会采用 IDE RAID（目的是保证数据的可靠性和可恢复性）进行数据保护。入门级服务器主要是针对基于 Windows NT，NetWare 等网络操作系统的用户，可以满足办公室型的中小型网络用户的文件共享、打印服务、数据处理、Internet 接入及简单数据库应用的需求，也可以在小范围内完成诸如 E-mail、Proxy 、DNS 等服务。

（2）工作组级服务器。

工作组级服务器一般支持 1～2 个处理器，可支持大容量的 ECC（一种内存技术，多用于服务器内存）内存，功能全面，可管理性强且易于维护，具备了小型服务器所必备的各种特性，如采用 SCSI（一种总线接口技术）总线的 I/O（输入/输出）系统，SMP 对称多处理器结构、可选装 RAID、热插拔磁盘、热插拔电源等，具有高可用性特性。其适用于为中小企业提供 Web、E-Mail 等服务，也能够用于学校等教育部门的数字校园网、多媒体教室的建设等。

（3）部门级服务器。

部门级服务器通常可以支持 2～4 个处理器，具有较高的可靠性、可用性、可扩展性和可管理性。首先，部门级服务器集成了大量的监测及管理电路，具有全面的服务器管理能力，可监测如温度、电压、风扇、机箱等状态参数。此外，结合服务器管理软件，可以使管理人员及时了解服务器的工作状况。同时，大多数部门级服务器具有优良的系统扩展性，当用户在业务量迅速增大时能够及时在线升级系统，可保护用户的投资。目前，部门级服务器是企业网络中分散的各基层数据采集单位与最高层数据中心保持顺利连通的必要环节。适合中型企业（如金融、邮电等行业）作为数据中心、Web 站点等应用。

（4）企业级服务器。

企业级服务器属于高端服务器，普遍可支持 4～8 个处理器，拥有独立的双 PCI 通道和内存扩展设计，具有高内存带宽，大容量热插拔磁盘和热插拔电源，具有强大的数据处理能力。这类产品具有高度的容错能力、优异的扩展性能和系统性能、极长的系统连续运行时间，能在很大程度上保护用户的投资，可作为大型企业级网络的数据库服务器。

目前，企业级服务器主要适用于需要处理大量数据、高处理速度和对可靠性要求极高的大型企业和重要行业（如金融、证券、交通、邮电、通信等行业），可用于提供 ERP（企业资源计划）、电子商务等服务。

2. 按用途划分

（1）通用型服务器。

通用型服务器是没有为某种特殊服务专门设计的，可以提供各种服务功能的服务器，当前大多数服务器是通用型服务器。这类服务器因为不是专为某一功能而设计，所以在设计时就要兼顾多方面的应用需要，服务器的结构就相对较为复杂，而且要求性能较高，当然在价格上也就更贵些。

（2）专用型服务器。

专用型（或称"功能型"）服务器是专门为某一种或某几种功能专门设计的服务器。在某些方面与通用型服务器不同。如光盘镜像服务器主要是用来存放光盘镜像文件的，在服务器性能上也就需要具有相应的功能与之相适应。光盘镜像服务器需要配备大容量、高速的磁盘以及光盘镜像软件。FTP 服务器主要用于在网络上进行文件传输，这就要求服务器在磁盘稳定性、存取速度、I/O（输入/输出）带宽方面具有明显优势。而 E-mail 服务器则主要是要求服务器配置高速宽带上网工具，大容量磁盘等。这些功能型的服务器的性能要求比较低，因为它只需要满足某些需要的功能应用即可，所以结构比较简单。

3．按服务器的机箱结构来划分

（1）塔式服务器。

塔式服务器是目前应用最为广泛、最为常见的一种服务器。塔式服务器从外观上看上去就像一台体积比较大的 PC，机箱做工一般比较扎实，非常沉重。塔式服务器由于机箱很大，可以提供良好的散热性能和扩展性能，并且配置可以很高，可以配置多路处理器，多条内存和多块磁盘，当然也可以配置多个冗余电源和散热风扇。

塔式服务器由于具备良好的扩展能力，配置上可以根据用户需求进行升级，可以满足企业大多数应用的需求，所以塔式服务器是一种通用的服务器，可以集多种应用于一身，非常适合服务器采购数量要求不高的用户。塔式服务器在设计成本上要低于机架式和刀片服务器，所以价格通常也较低，目前主流应用的工作组级服务器一般都采用塔式结构，当然部门级和企业级服务器也会采用这一结构。图 4-32 所示为 IBM x3800 服务器，该服务器可以支持 4 个处理器，提供了 16 个内存插槽，内存最大可以支持 64GB，并且可以安装 12 个热插拔硬盘。

图 4-32　IBM 塔式服务器

（2）机架式服务器。

机架式服务器顾名思义就是"可以安装在机架上的服务器"。机架式服务器相对塔式服务器大大节省了空间，节省了机房的托管费用，并且随着技术的不断发展，机架式服务器有着不逊色于塔式服务器的性能，机架式服务器是一种平衡了性能和空间占用的解决方案。图 4-33 所示为惠普 DL 360 G5 机架式服务器。

机架式服务器可以统一地安装在按照国际标准设计的机柜当中，机柜的宽度为 19 英寸，机柜的高度以 U 为单位，1U 是一个基本高度单元，为 1.75 英寸，机柜的高度有多种规格，如 10U、24U、42U 等，机柜的深度没有特别要求。通过机柜安装服务器可以使管理和布线更为方便整洁，也可以方便和其他网络设备的连接。

图 4-33　惠普 DL 360 G5 机架式服务器

机架式服务器也是按照机柜的规格进行设计，高度也是以 U 为单位，比较常见的机架服务器有 1U、2U、4U、5U 等规格。通过机柜进行安装可以有效节省空间，但是机架式服务器由于机身受到限制，在扩展能力和散热能力上不如塔式服务器，需要对机架式服务器的系统结构专门进行设计，如主板、接口、散热系统等，这样就使机架式服务器的设计成本提高，所以价格一般也要高于塔式服务器。由于机箱空间有限，机架式服务器也不能像塔式服务器那样配置非常均衡，可以集多种应用于一身，所以机架式服务器还是比较适用于一些针对性比较强的应用，如需要密集型部署的服务运营商、群集计算等。

（3）刀片服务器。

刀片式结构是一种比机架式更为紧凑整合的服务器结构，它是专门为特殊行业和高密度计算环境所设计的。刀片服务器在外形上比机架服务器更小，只有机架服务器的 1/3～1/2，这样就可以使服务器密度更加集中，节省了空间，如图 4-34 所示。

每个刀片就是一台独立的服务器，具有独立的 CPU、内存、I/O 总线，通过外置磁盘可以独立的安装操作系统，可以提供不同的网络服务，相互之间并不影响。刀片服务器也可以像机架服务器那样，安装到刀片服务器机柜中，形成一个刀片服务器系统，可以实现更为密集的计算部署，如图 4-35 所示。

图 4-34　IBM 刀片服务器　　　　图 4-35　刀片服务器系统

多个刀片服务器可以通过刀片架进行连接，通过系统软件可以组成一个服务器集群，可以提供高速的网络服务，实现资源共享，为特定的用户群服务。如果需要升级，可以在集群中插入新的刀片服务器，刀片服务器可以进行热插拔，升级非常方便。每个刀片服务器不需要单独的电源等部件，可以共享服务器资源，这样可以有效降低功耗，并节省成本。刀片服务器不需要对每个服务器单独进行布线，可以通过机柜统一的进行布线和集中管理，这样为连接管理提供了非常大的方便，可以有效节省企业总体拥有成本。

4.7.3　选择服务器的基本原则

用户在选择服务器时，要注意价格与成本、产品扩展与业务扩展和售后服务 3 个方面。首先，用户要注意的是服务器产品的价格与成本，服务器价格低并不代表总拥有成本低，总拥有成本还包括后续的维护成本、升级成本等。其次，用户要注意自身业务增长的速度，一方面要满足业务的需要，另一方面也要保护原有的投资。最后，服务是购买任何产品都要考虑的，由于用户自身技术水平和人力所限，当产品出现故障后，用户更加依赖厂商的售后服务。

具体地说，选择服务器有如下 6 个原则。

1. 稳定可靠原则

为了保证网络的正常运转，用户选择的服务器首先要确保稳定，特别是运行用户重要业务的服务器或存放核心信息的数据库服务器，一旦出现死机或重启，就可能造成信息的丢失或者整个系统的瘫痪，甚至给用户造成难以估计的损失。

2. 合适够用原则

如果单纯考虑稳定可靠，就会使服务器采购走向追求性能，求高求好的误区，因此，合适够用原则是第二个要考虑的因素。对于用户来说，最重要的是从当前实际情况以及将来的扩展出发，有针对性地选择满足当前的应用需要并适当超前，投入又不太高的解决方案。另外，对于那些现有的，已经无法满足需求的服务器，可以将它改成其他性能要求较低的服务器，如 DNS、FTP 服务器等，或者进行适当扩充，采用集群的方式提升性能，将来再为新的网络需求购置新型服务器。

3. 扩展性原则

为了减少升级服务器带来的额外开销和对业务的影响，服务器应当具有较高的可扩展性，可以及时调整配置来适应用户自身的发展。服务器的可扩展性主要表现在以下两方面。
① 在机架上要为磁盘和电源的增加留有充分余地。
② 在主机板上的插槽不但种类齐全，而且要有一定数量，以便让用户可以自由地对配件进行增加，以保证运行的稳定性，同时也可提升系统配置和增加功能。

4. 易于管理原则

易于操作和管理主要是指用相应的技术来简化管理以降低维护费用成本，一般通过硬件与软件两方面来达到这个目标。硬件方面，一般服务器主板机箱、控制面板以及电源等零件上都有相应的智能芯片来监测。这些芯片监控着其他硬件的运行状态并做出日志文件，发生故障时还能做出相应的处理。而软件则是通过与硬件管理芯片的协作将其人性化地提供给管理员。如通过网络管理软件，用户可以在自己的计算机上监控制服务器的故障并及时处理。

5. 售后服务原则

选择售后服务好的厂商的产品是明智的决定。在具体选购服务器时，用户应该考察厂商是否有一套面向客户的完善的服务体系及未来在该领域的发展计划。换言之，只有"实力派"厂商才能真正将用户作为其自身发展的推动力，只有它们更了解客户的实际情况，在产品设计、价位、服务等方面更能满足客户的需求。

6. 特殊需求原则

不同用户对信息资源的要求不同，有的用户在局域网服务器存储了许多重要的业务信息，这就要求服务器能够 24 小时不间断工作，这时用户就必须选择高可用性的服务器。如果服务器中存放的信息属于企业的商业机密，那么安全性就是服务器选择时的第一要素。这时要注意服务器中是否安装了防火墙、入侵保护系统等，产品在硬件设计上是否采取了保护措施等。当然要使服务器能够满足用户的特殊需求，用户也需要更多的投入资金。

4.8　网络数据库

数据和资源共享这两种方式结合在一起即成为今天广泛使用的网络数据库（Web 数据库），它是以后台（远程）数据库为基础，加上一定的前台（本地计算机）程序，通过浏览器完成数据存储、查询等操作的系统。

网络数据库（Network Database）的含义有 3 点。

（1）跨越计算机在网络上创建、运行的数据库。

（2）网络上包含其他用户地址的数据库。

（3）信息管理中，数据记录可以以多种方式相互关联的一种数据库。

网络数据库和分层数据库相似，也是由一条条记录组成的。它们的根本区别在于网络数据库有更不严格的结构，即任何一个记录可指向多个记录，而多个记录也可以指向一个记录。实际上，网络数据库允许两个节点间有多个路径，而分层数据库只能有一个从父记录到子记录的路径。也就是说，网络数据库中数据之间的关系不是一一对应的，可能存在着一对多的关系，并且这种关系不是只有一种路径的涵盖关系，而可能会有多种路径或从属的关系。

4.8.1　典型的数据库管理系统

目前，商品化的数据库管理系统以关系型数据库为主导产品，技术比较成熟。面向对象的数据库管理系统虽然技术先进，数据库易于开发、维护，但尚没有成熟的产品。其中，主要的关系型数据库管理系统有 Oracle、Sybase、Informix 和 Ingres，这些产品都支持多平台，如 UNIX、VMS、Windows，但支持的程度不一样。此外，IBM 的 DB2 也是成熟的关系型数据库，但 DB2 是内嵌于 IBM 的 AS/400 系列机中的，只支持 OS/400 操作系统。在网络系统集成中，为了能够更好地选择数据库管理系统，需要充分了解各种数据库管理系统的综合性能。

1．Oracle 数据库管理系统

Oracle 是以高级结构化查询语言（SQL）为基础的大型关系数据库，通俗地讲它是用方便逻辑管理的语言操纵大量有规律数据的集合，是目前最流行的客户/服务器（C/S）体系结构的数据库之一。

（1）Oracle 的技术特点。

无范式要求，可根据实际系统需求构造数据库；采用标准的 SQL 结构化查询语言；具有丰富的开发工具，覆盖开发周期的各个阶段；支持大型数据库，数据类型支持数字、字符、大至 2GB 的二进制数据，为数据库的面向对象存储提供数据支持；具有第四代语言的开发工具（SQL Forms、SQL Reports、SQL Menu 等）；具有字符界面和图形界面，易于开发；通过 SQL Dba 控制用户权限，提供数据保护功能，监控数据库的运行状态，调整数据缓冲区的大

小；分布优化查询功能；具有数据透明、网络透明，支持异种网络、异构数据库系统；并行处理采用动态数据分片技术；支持客户机/服务器体系结构及混合的体系结构（集中式、分布式、客户机/服务器）；实现了两阶段提交、多线索查询手段；支持多种系统平台（HPUX、SUNOS、OSF/1、VMS、Windows、OS/2）；自动检测死锁和冲突并解决；较高的数据安全级别；具有面向制造系统的管理信息系统和财务系统的应用系统。

（2）Oracle 的开发工具。

Oracle 数据库管理系统的开发工具非常广泛，除了 Oracle 自身提供的 SQL Plus、Toad、SQL Developer、Workflow Builder、XML Publisher、Discovere、JDeveloper 等开发工具外，还有好多的更加好用的第三方开发工具。

（3）Oracle 的缺点。

Oracle 的安装相对比较复杂，自身的开发管理工具功能相对较弱。

2. Sybase 数据库管理系统

ASE 数据库系统产品包括：SQL Sybase（数据库管理系统的核心），Replication Server（实现数据库分布的服务器），Backup Server（网络环境下的快速备份服务器），Omini SQL Gateway（异构数据库库关），Navigation Server（网络上可扩充的并行处理能力服务器），Control Server（数据库管理员服务器）。属于客户机/服务器体系结构，提供了在网络环境下的各节点上的数据库数据的互访。

（1）Sybase 数据库管理系统的技术特点。

完全的客户机/服务器体系结构，能适应 OLTP（On-Link Transaction Processing）要求，能为数百用户提供高性能需求；采用单进程多线索（Single Porcess and Multi-Threaded）技术进行查询，节省系统开销，提高内存的利用率；支持存储过程，客户只需通过网络发出执行请求，就可马上执行，有效地加快了数据库访问速度，明显减少网络通讯量，有效地提高了网络环境的运行效率，增加数据库的服务容量；虚服务器体系结构与对称多处理器（SMP）技术结合，充分发挥多 CPU 硬件平台的高性能。

（2）Sybase 的不足。

多服务器系统不支持分布透明；Replication Server 数据方面的性能较差，不能与操作系统集成；对中文的支持较差。

3. Ingres 数据库管理系统

Ingres 数据库系统在技术上一直处于领先水平，Ingres 数据库不仅能管理数据，而且还能管理知识和对象。Ingres 产品分为 3 类：第一类为数据库基本系统，包括数据管理、知识管理、对象管理；第二类为开发工具；第三类为开放互联产品。

（1）Ingres 数据库管理系统的技术特点。

开放的客户机/服务器体系结构，允许用户建立多个多线索服务器；采用编译的数据库过程，有效地降低了 CPU 的占用率，减小了网络开销；根据查询语言的要求自动地在网络环境中调整查询顺序，寻找最佳路径；采用在线备份数据，无需中断系统的正常运行，保持一致性的数据库备份；提供快速提交、成组提交、多块读出与写入的技术，减少 I/O 数据量；采用多文件存储数据，便于在异常情况下对数据库的恢复；采用两阶段提交协议，保证了网络分布事务的一致性；具有数据库规则系统，自动激活满足行为条件的规则，对每个表拥有的独立规则数不受限制；具有系统报警功能，当数据在规定的数据量极限时，自动做出相应的操作；能够对用户自己定义的数据类型进行处理、存储、定义数据的有效区间；允许用户将自己定义的函数嵌入到数据库管理系统中。

（2）Ingres 系统的不足。

Ingres 系统的不足之处是产品服务比较薄弱。

4. Informix 数据库管理系统

（1）技术特点。

Informix 运行在 UNIX 平台，支持 SUNOS、HPUX、ALFAOSF/1；采用双引擎机制，占用资源小，简单易用；具有 DSA 动态可调整结构支持 SMP 查询语句、多线索查询机制、三个任务队列、虚拟处理器、并行索引功能、静态分片数据物理结构、支持双机簇族、对复杂系统应用开发的 Informix 4GL CADE 工具等功能。适用于中小型数据库管理。

（2）Informix 系统的不足。

不支持异种网络；并发控制容易出现死锁现象；数据备份速度较慢；可移植性较差，不同版本的数据结构不兼容。

5. DB2 数据库管理系统

DB2 是内嵌于 IBM 的 AS/400 系统上的数据库管理系统，直接由硬件支持。它支持标准的 SQL 语言，具有与异种数据库相连的 Gateway（网关）。因此它具有速度快、可靠性好的优点。但是，只有硬件平台选择了 IBM 的 AS/400，才能选择使用 DB2 数据库管理系统。

（1）技术特点。

首先，由于 DB2 应用程序和数据库管理系统运行在相同的进程空间当中，进行数据操作时可以避免烦琐的进程间通信，因此耗费在通信上的开销自然也就降低到了极低程度。其次，DB2 使用简单的函数调用接口来完成所有的数据库操作，而不是在数据库系统中经常用到的 SQL 语言，这样就避免了对结构化查询语言进行解析和处理所需的开销。

（2）开发工具。

DB2 是 IBM 公司的产品，IBM 提供了许多开发工具，主要有 Visualizer Query、VisualAge、VisualGen 等。

Visualizer 是客户/服务器环境中的集成工具软件，主要包括 Visualizer Query 可视化查询工具，Visualizer Ultimedia Query 可视化多媒体查询工具，Visualizer Chart 可视化图标工具，Visualizer Procedure 可视化过程工具，Visualizer Statistics 可视化统计工具，Visualizer Plans 可视化规划工具，Visualizer Development 可视化开发工具。

（3）DB2 系统的不足。

容易出现死锁等待现象；在 API（应用程序编程接口）与函数的提供上还不完善；高可用性的实现对于普通用户来说比较复杂。

4.8.2 网络数据库系统的选择

选择数据库管理系统时应从以下几个方面予以考虑。

1. 构造数据库的难易程度

需要分析数据库管理系统有没有范式的要求，即是否必须按照系统所规定的数据模型分析现实世界，建立相应的模型；数据库管理语句是否符合国际标准，以便于系统的维护、开发、移植；有没有面向用户的易用的开发工具；所支持的数据库容量，数据库的容量特性决定了数据库管理系统的使用范围。

2. 程序开发的难易程度

有无计算机辅助软件工程工具 CASE：计算机辅助软件工程工具可以帮助开发者根据软件工程的方法提供各开发阶段的维护、编码环境，便于复杂软件的开发、维护。

有无第四代语言的开发平台：第四代语言具有非过程语言的设计方法，用户不需编写复杂的过程性代码，易学、易懂、易维护。

有无面向对象的设计平台：面向对象的设计思想十分接近人类的逻辑思维方式，便于开发和维护。

对多媒体数据类型的支持：支持多媒体数据类型的数据库管理系统可以减少应用程序的开发和维护工作。

3. 数据库管理系统的性能分析

数据库管理系统的性能分析包括性能评估（响应时间、数据单位时间吞吐量）、性能监控（内外存使用情况、系统输入/输出速率、SQL 语句的执行、数据库元组控制）、性能管理（参数设定与调整）。

4. 对分布式应用的支持

对分布式应用的支持包括数据透明与网络透明程度。数据透明是指用户在应用中不需指出数据在网络中的什么节点上，数据库管理系统可以自动搜索网络，提取所需数据；网络透明是指用户在应用中无需指出网络所采用的协议，数据库管理系统自动将数据包转换成相应的协议数据。

5. 并行处理能力

数据库系统必须能够实现负载均衡、并行处理，才能应付大数据量下、大用户量的办公业务；另外，数据库系统还必须能够实现失效接管，也就是当集群系统中的一个节点或多个节点出现故障，只要还有节点能够正常工作，数据库就仍然能够正常工作。

6. 可移植性和可扩展性

可移植性指垂直扩展和水平扩展能力。垂直扩展要求新平台能够支持低版本的平台，数据库客户机/服务器机制支持集中式管理模式，这样保证用户以前的投资和系统；水平扩展要求满足硬件上的扩展，支持从单 CPU 模式转换成多 CPU 并行模式（SMP、CLUSTER、MPP）。

7. 数据完整性约束

数据完整性指数据的正确性和一致性保护，包括实体完整性、参照完整性、复杂的事务规则。

8. 并发控制功能

对于分布式数据库管理系统，并发控制功能是必不可少的。因为它面临的是多任务分布环境，可能会有多个用户点在同一时刻对同一数据进行读或写操作，为了保证数据的一致性，需要由数据库管理系统的并发控制功能来完成。评价并发控制的标准应从下面几方面加以考虑。

（1）保证查询结果一致性方法。

（2）数据锁的控制范围（表、页、元组等）。

（3）数据锁的升级管理功能。

（4）死锁的检测和解决方法。

9. 容错能力

异常情况下对数据的容错处理。主要包括硬件的容错（有无磁盘镜像处理功能）、软件的容错（有无利用软件方法处理异常情况）两个方面的容错能力。

10. 安全性控制

安全性控制包括安全保密的程度（账户管理、用户权限、网络安全控制、数据约束）。

4.9 网络操作系统

网络操作系统（Network Operating System）是网络的心脏和灵魂，是向网络计算机提供网络通信和网络资源共享功能的操作系统。它是负责管理整个网络资源和网络用户的软件的集合。由于网络操作系统是运行在服务器之上的，所以有时称之为服务器操作系统。

网络操作系统与运行在工作站上的单用户操作系统或多用户操作系统由于提供的服务类型不同而有差别。一般情况下，网络操作系统是以使网络相关特性最佳为目的的。如共享数据文件、软件应用以及共享硬盘、打印机、调制解调器、扫描仪和传真机等。

4.9.1 典型网络操作系统

目前流行的网络操作系统有 4 大类：Windows 操作系统、Linux 操作系统、UNIX 操作系统和 NetWare 操作系统，流行操作系统介绍如下。

1. Windows 操作系统

Windows 操作系统是由美国 Microsoft 公司开发的，先后推出了多个版本，而且每个版本都存在自身的特点。Windows 操作系统配置在整个局域网中是最常见的，但由于它的稳定性能不是很高，所以微软的网络操作系统一般只是用在中低档服务器中，高端服务器通常采用 UNIX、Linux 或 Solairs 等非 Windows 操作系统。目前，在局域网中常用的 Windows 操作系统主要有 Windows 2003 Server、Windows 2008 Server 以及最新的 Windows 2016 Server。

2. Linux 操作系统

1991 年，芬兰赫尔辛基大学的 Linus Torvalds 利用 Internet 发布了他在 80386 个人计算机开发的 Linux 操作系统内核的源代码，开创了 Linux 操作系统的历史，也促进了自由软件 Linux 的诞生。随后经过各地 Linux 爱好者不断补充和完善，以及 Linux 编程人员（有许多是原来从事 UNIX 开发的）的不断努力，如今 Linux 家族有近 200 个不同的版本。中文版本的 Linux，如 RedHat Linux、麒麟 Linux 等在国内也得到了广大用户的充分肯定。

Linux 网络操作系统具有开放的源代码、可运行在多种硬件平台之上、支持多种网络协议、支持多种文件系统等一系列特点，在国内外得到了广泛应用。尽管 Linux 的发展势头很好，但 Linux 存在的版本繁多，且不同版本之间存在大量的不兼容等缺点也影响了它的应用范围。

3. UNIX 操作系统

UNIX 网络操作系统出现于 20 世纪 60 年代，最初是为第一代网络所开发的，是标准的多用户终端系统。UNIX 操作系统是典型的 32 位多用户多任务的网络操作系统，它一般主要应用于小型机和大型机上从事工程设计、科学计算、CAD 等工作。

UNIX 网络操作系统的一个最突出的特点就是安全可靠。UNIX 网络操作系统本身就是为多任务和多用户工作环境而开发的，它在用户访问权限、计算机及网络管理方面有着严格的规定，使得 UNIX 有很高的安全性。当然这种优势只是相对的，随着技术的发展，也出现了攻击 UNIX 网络操作系统的病毒，而且网络黑客也可以攻击采用 UNIX 操作系统的网站，可见如何保证网络的安全是网络管理员所必须面对的最具挑战的工作。

UNIX 网络操作系统的另一突出特点就是能够很方便地与 Internet 相连。这是因为 UNIX 网络操作系统本身就是为管理网络而开发的，现在 TCP/IP 协议已成了 UNIX 网络操作系统的基本组成部分，这样 UNIX 网络操作系统就可以很容易地增强和扩展，所以不同的公司都为自己的计算机设计了不同的 UNIX 操作系统，目前市场上流行的主要是 HP、SUN、IBM 等公司的 UNIX 网络操作系统，但不同公司的 UNIX 网络操作系统的内核互不兼容，不可交换。这种互不兼容的局面成了 UNIX 网络操作系统应用推广中的最大障碍。

总的来说，对特定计算环境的支持使得每一个操作系统都有适合于自己的工作场合，这就是系统对特定计算环境的支持。例如，Windows Professional 适用于桌面计算机，Linux 和 Windows Server 适用于中小型的网络，而 UNIX 则适用于大型网络应用。因此，对于不同的网络应用，需要我们有目的地选择合适的网络操作系统。

4.9.2　网络操作系统的选择

网络操作系统是网络中的一个重要部分，它与网络的应用紧密相关。前面所介绍的 4 种网络操作系统所面向的服务领域不同，在很多方面有较大的差异，用户可以结合网络系统的需求适当选择。

1. 成本问题

价格因素是选择网络操作系统的一个主要因素。试想，拥有强大的财力和雄厚的技术支持能力当然可以选择安全可靠性更高的网络操作系统。但如果不具备这些条件，就应从实际出发，根据现有的财力、技术维护力量，选择经济适用的系统。同时，考虑到成本因素，选择网络操作系统时，也要和现有的网络硬件环境相结合，在财力有限的情况下，尽量不购买需要很大程度地升级硬件的操作系统。在购买成本上，免费的 Linux 当然占有很大的优势；而 NetWare 由于适应性较差，仅能在 Intel 等少数几种处理器硬件系统上运行，因而对硬件的要求比较高，可能会引起很大的硬件扩充费用。

在成本问题上，尽管购买操作系统的费用会有所区别，但从长远来看，购买网络操作系统的费用只是整个网络系统成本的一小部分，而网络管理的大部分费用是技术维护的费用。所以，网络操作系统越容易管理和配置，其运行成本越低。一般来说，Windows 网络操作系统比较简单易用，适合于技术维护力量较薄弱的网络环境中，而 UNIX 由于其命令比较难懂，易用性则稍差一些。

其次，是网络操作系统的稳定性和可靠性。对网络而言，稳定性和可靠性的重要性是不言而喻的，网络操作系统的稳定性及可靠性将是一个网络环境得以持续高效运行的有力保证。微软的网络操作系统，一般只用在中低档服务器中，因为其在稳定性和可靠性方面，要逊色很多。而 UNIX 主要的特性是稳定性及可靠性高。

2. 安全性问题

操作系统安全是计算机网络系统安全的基础，一个健壮的网络必须具有一定的防病毒及防外界侵入的能力，网络安全性正在受到用户越来越高的重视。从网络安全性来看，NetWare 网络操作系统的安全保护机制较为完善和科学；UNIX 的安全性也是有口皆碑的（Linux 也是 UNIX 的变种）；但 Windows 则存在着重大的安全漏洞。无论安全性能如何，各个操作系统都自带有安全服务。如 Linux、UNIX 网络操作系统提供了用户账号、文件系统权限和系统日志文件；NetWare 也提供了 4 级的安全系统：登录安全、权限安全、属性安全、服务安全；Windows Server 提供了用户账号、文件系统权限、Registry 保护、审核、性能监视等基本安全机制。

3. 可集成性与可扩展性问题

可集成性就是对硬件及软件的容纳能力，硬件平台无关性对系统来说非常重要。现在一般构建网络都有多种不同应用的要求，因而具有不同的硬件及软件环境，而网络操作系统作为这些不同环境集成的管理者，应该有较强的管理各种软硬件资源的能力。

由于 NetWare 硬件适应性较差，所以其可集成性也就较差。UNIX 系统一般都是针对自己的专用服务器和工作站进行优化，其兼容性也较差；而 Linux 对 CPU 的支持比 Windows 要好得多。在对 TCP/IP 的支持程度方面，这几种主流操作系统都是比较优秀的。

4. 兼容性问题

网络系统应当是开放的系统，只有开放才能兼容并蓄，才能真正实现网络的功能。当用户应用的需求增大时，网络处理能力也要随之增加、扩展，这样可以保证用户在早期的投资不至于浪费，也为今后的发展打好基础。

5. 可维护性问题

在购买网络操作系统时，还要考虑维护的难易程度。前面已经提过，从用户界面和易用性来看，Windows 网络操作系统明显优于其他的网络操作系统。

目前，大部分网络操作系统提供的管理工具已经能够满足网络管理员的大部分需求，所以一般都不用再购买第三方软件。

总之，在购买网络操作系统时，最重要的还是要和自己的网络环境相结合。如中小型企业及网站建设中，多选用 Windows 网络操作系统；做网站的服务器和邮件服务器时多选用 Linux；在工业控制、生产企业、证券系统的环境中，多选用 NetWare；而在安全性要求很高的情况下，如金融、银行、军事及大型企业网络上，则推荐选用 UNIX。

4.10　云　平　台

云计算平台也称为云平台。顾名思义，这种平台允许开发者们或是将写好的程序放在"云"里运行，或是使用"云"里提供的服务，或二者皆是。至于这种平台的名称，可以听到不止一种称呼，如按需平台（On-demand Platform）、平台即服务（Platform as a Service，PaaS）等。但无论称呼它什么，这种新的支持应用的方式有着巨大的潜力。

4.10.1　云平台架构

云平台架构可分为 4 层。其中有 3 层是横向的，分别是显示层、中间件层和基础设施层，通过这 3 层技术能够提供非常丰富的云计算能力和友好的用户界面；还有一层是纵向的，称为管理层，是为了更好地管理和维护横向的 3 层而存在的。

1. 显示层

显示层主要用于以友好的方式展现用户所需的内容，并利用到下面中间件层提供的多种服务，本层主要有 5 种技术。

（1）HTML：标准的 Web 页面技术，2013 年前主要以 HTML4 为主，但是目前 HTML5 在很多方面推动 Web 页面的发展，如视频和本地存储等方面。

（2）JavaScript：一种用于 Web 页面的动态语言，通过 JavaScript，能够极大地丰富 Web 页面的功能。

（3）CSS：主要用于控制 Web 页面的外观，而且能使页面的内容与表现形式之间进行分离。

（4）Flash：业界最常用的 RIA（Rich Internet Applications）技术，能够在现阶段提供 HTML 等技术所无法提供的基于 Web 的应用。

（5）Silverlight：来自业界巨擎微软的 RIA 技术，虽然其 2013 年前的市场占有率稍逊于 Flash，但由于可以使用 C#来进行编程，所以对开发者非常友好。

2. 中间层

中间层是承上启下的一层，它在下面的基础设施层所提供资源的基础上提供了多种服务，如缓存服务和 REST 服务等，而且这些服务即可用于支撑显示层，也可以直接让户调用，本层主要有 5 种技术。

（1）REST：通过 REST 技术，能够非常方便地将中间件层所支撑的部分服务提供给调用者。

（2）多租户：就是能让一个单独的应用实例可以为多个组织服务，而且保持良好的隔离性和安全性，并且通过这种技术，能有效地降低应用的购置和维护成本。

（3）并行处理：为了处理海量数据，需要利用庞大的 X86 集群进行规模巨大的并行处理，Google 的 MapReduce 是这方面的代表之作。

（4）应用服务器：在原有的应用服务器基础上为云计算做了一定程度的优化，如用于 Google App Engine 的 Jetty 应用服务器。

（5）分布式缓存：通过分布式缓存技术，不仅能有效地降低对后台服务器的压力，还能加快相应的反应速度，最典型的分布式缓存例子莫过于 Memcached。

3. 基础设施层

基础设施层的作用是为上面的中间件层或者用户提供所需的计算和存储等资源，本层主要有 3 种技术。

（1）虚拟化：也可以理解为基础设施层的“多租户”。通过虚拟化技术，能够在一个物理服务器上生成多个虚拟机，并且能够在这些虚拟机之间实现全面的隔离，这样不仅能降低服务器的购置成本，还能同时降低服务器的运维成本，成熟的 X86 虚拟化技术有 VMware 的 ESX 和开源的 Xen。

（2）分布式存储：为了承载海量数据，同时也要保证这些数据的可管理性，需要一整套分布式的存储系统。

（3）关系型数据库：基本是在原有的关系型数据库基础上做了扩展和管理等方面的优化，使其在云中更适应。

4. 管理层

管理层是为横向的 3 层服务的，并为这 3 层提供多种管理和维护等方面的技术，本层主要包含以下 6 个方面内容。

（1）账号管理：通过良好的账号管理技术，在安全的条件下方便用户登录，方便管理员对账号的管理。

（2）SLA 监控：对各个层次运行的虚拟机、服务和应用等进行性能方面的监控，使它们都能在满足预先设定的 SLA（Service Level Agreement）情况下运行。

（3）计费管理：对每个用户消耗的资源进行统计，准确地向用户索取费用。

（4）安全管理：对数据、应用和账号等 IT 资源采取全面地保护，使其免受犯罪分子和恶意程序的侵害。

（5）负载均衡：通过将流量分发给一个应用或者服务的多个实例来应对突发状况。

（6）运维管理：使运维操作尽可能地专业和自动化，从而降低云计算中心的运维成本。

4.10.2　3 种云服务

为掌握云平台，可以把通过“云”提供的服务分为以下 3 大类。

（1）软件即服务（Software as a Service，SaaS）：SaaS 应用是完全在“云”里（也就是说，一个 Internet 服务提供商的服务器上）运行的。其户内客户端（On-premises Client）通常是一个浏览器或其他简易客户端。Salesforce 可能是当前最知名的 SaaS 应用，不过除此以外也有许多其他应用。

（2）附着服务（Attached Services）：每个户内应用（On-premises Application）自身都有一定功能，它们可以不时地访问“云”里针对该应用提供的服务，以增强其功能。由于这些服务仅能为该特定应用所使用，所以可以认为它们是附着于该应用的。一个著名的消费级例子就是苹果公司的 iTunes：其桌面应用可用于播放音乐等，而附着服务令购买新的音频或视频内容成为可能。微软公司的 Exchange 托管服务是一个企业级例子，它可以为户内 Exchange 服务器增加基于"云"的垃圾邮件过滤、存档等服务。

（3）云服务：云平台提供基于"云"的服务，供开发者创建应用时采用。云平台的直接用户是开发者，而不是最终用户。要掌握云平台，首先要对这里"平台"的含义达成共识。一种普遍的想法是将平台看成"任何为开发者创建应用提供服务的软件"。

4.10.3　平台一般模型

很多人对应用平台（Application Platform）的认识，主要来源于户内平台（On-premises Platforms）。因此，一种思考云平台（Cloud Platforms）的方式，就是考察应用开发者在户内环境里所依赖的服务（Services）是如何转变为"云（Cloud）"的。

无论在户内环境、还是在"云"里，可以认为一个应用平台（Application Platform）包含以下 3 个部分。

（1）一个基础（Foundation）：几乎所有应用都会用到一些在机器上运行的平台软件。各种支撑功能（如标准的库与存储，以及基本操作系统等）均属此部分。

（2）一组基础设施服务（Infrastructure Services）：在现代分布式环境中，经常要用到由其他计算机提供的基本服务。如远程存储服务、集成服务及身份管理服务等。

（3）一套应用服务（Application Services）：随着越来越多的应用面向服务化，这些应用提供的功能可为新应用所使用。尽管这些应用主要是为最终用户提供服务的，但这同时也令它们成为应用平台的一部分。

现代工具可以帮助开发者们运用应用平台的这 3 个部分来构建应用。

1.　户内基础（On-premises Foundation）

（1）操作系统（Operating System）：Windows、Linux 及其他版本的 UNIX 是主流选择。

（2）本地支持（Local Support）：不同风格的应用采用不同的技术。例如，.NET 框架和 Java EE 应用服务器为 Web 应用等提供了一般性支持，而其他技术则面向特定类型的应用。如 Microsoft Dynamics CRM 产品提供了一个为创建特定类型的商业应用而设计的平台。类似地，不同种类的存储被用于不同目的。Windows、Linux 及其他操作系统里的文件系统提供了原始字节的存储功能，而各种数据库技术（如 Oracle DBMS、MySQL、Microsoft SQL Server 及 IBM DB2 等）则提供了更加结构化的存储功能。

2.　户内基础设施服务（On-premises Infrastructure Services）

（1）存储（Storage）：跟基础里的存储一样，基础设施里的存储也分为多种风格。远程文件系统可以提供简单的面向字节的存储，而 Microsoft SharePoint 文档库可以提供更加结构化的远程存储服务。应用也可以远程访问数据库系统，从而能够访问其他种类的结构化存储。

（2）集成（Integration）：把机构内部的应用连接起来，通常要依赖于某种集成产品提供的远程服务。例如，消息队列（message queue）是一个简单的例子，IBM 的 WebSphere Process Server 及微软的 BizTalk Server 等产品可用于更加复杂的场景。

（3）身份管理（Identity）：对许多分布式应用而言，提供身份信息是一个最基本的需求。常见的解决此问题的户内技术包括微软的 Active Directory（活动目录）及其他 LDAP（轻量级目录访问协议）服务器。

3. 户内应用服务（On-premises Application Services）

不同机构间差别很大。原因很简单，不同机构使用的是不同的应用，因而它们暴露的服务也五花八门。对于这些户内平台里的应用，一种思考方式是将它们分成两大类。

（1）套装软件（Packaged Applications）：这包括像 SAP、Oracle Applications、Microsoft Dynamics 在内的许多商业软件，以及许许多多现成的产品。虽然不是所有套装软件都向其他应用暴露服务，但越来越多的套装软件是这么做的。

（2）定制应用（Custom Applications）：许多机构对定制软件进行了大笔投资。随着这些应用逐渐将其功能以服务的形式暴露出来，它们也将成为户内应用平台的一部分。

户内应用平台是随着时间的发展而不断演化的。在计算技术的早期，应用平台只包含一个户内基础（如 IBM 主机上的 MVS 和 IMS）。到了八、九十年代，随着分布式计算的普及，户内基础设施服务也加入了进来（远程存储、集成和身份管理成为十分常见的服务）。时至今日，随着面向服务应用的出现，户内应用服务也成为应用平台的一部分了。

4.11　设备的选型实例

系统集成过程中的设备选择主要可以分为以下两种方式。

（1）由甲方提出详细的设备性能指标，乙方根据甲方提供的指标选择符合甲方需求的产品。

在这种方式中还可以分为两种情况，第一种情况，甲方直接提供给乙方具体的设备型号，乙方只能按照甲方提供的设备型号进行采购。第二种情况，甲方只提供性能指标，乙方可以自己选择相映的产品，但乙方选择产品的性能指标决不能有任何一项低于甲方提出的需求。在这里通过具体案例，对第二种方式进行举例介绍。

下面是某单位提出的网络系统集成设备需求文档。

① 核心三层交换机（一台）。

主控插槽≥1；

配置主控模块后业务插槽不少于 3 个；

背板带宽≥1Tbit/s；

配置冗余电源；

具备 POE 供电功能；

包转发能力≥260Mpacket/s；

交换容量≥400Gbit/s；

支持模块冗余及热插拔（包括交换引擎、电源模块、接口模块）；

支持接口类型：100 兆电口、100 兆光接口、吉比特电口、吉比特光接口，吉比特电口≥8 个，吉比特光纤模块≥个；

MAC 地址表≥2K；

VLAN 支持数量≥4K；

支持 IEEE 802.1X、IEEE 802.1d（STP）、802.1w（RSTP）、802.1s（MSTP）；

支持静态路由、RIP、OSPF V2、IS-IS 和 BGP；

支持 DHCP Snooping；

支持动态 ARP 检测；

能为关键业务和特定应用预留带宽；

支持流量限速功能；

支持 SNMP V1/V2/V3、RMON、SSHV2，具备命令行、Web、中文图形化管理等方式进行配置和管理。

服务要求：原生产厂商授权服务商提供的原厂商产品技术支持服务及三年金牌保修。

② 吉比特接入交换机（6 台）。

背板带宽≥48Gbit/s；

转发性能≥35Mbacket/s；

吉比特电口数量≥24，吉比特光口数量≥4 个；

支持基于端口的 VLAN，支持基于协议的 VLAN，802.1q VLAN 封装，VLAN 支持数量≥4M，支持 GVRP，支持策略 VLAN；

MAC 地址表≥16K；

堆叠数量≥16；

支持动态 LACP 链路聚合；

支持带宽控制，控制粒度≤1Kbit/s；

QOS：每端口支持 8 个队列，支持方式为 SP/SDWRR/SP+SDWRR 的队列调度，支持端口和队列的流量整形，支持 IEEE 802.1p/DSCP 优先级，支持基于端口/流量的限速，最小粒度为 1Kbit/s；

支持 IEEE 802.1X，MAC 地址集中认证，支持 TACACS+认证；

支持 IGMP Snooping，支持组播 VLAN；

支持 STP/RSTP/MSTP；

支持用户分组管理和口令保护，AAA 认证，支持 Radius 认证，支持 SSH 2.0，支持管理 VLAN，支持端口隔离，支持端口安全，支持集中式 MAC 地址认证，支持中文图形化管理；

服务要求：原生产厂商授权服务商提供的原厂商产品技术支持服务及三年金牌保修。

③ 100Mbit/s 接入交换机（12 台）。

背板交换容量≥32Gbit/s；

转发性能≥9.5Mpacket/s；

至少 24 个 100Mbit/s 口，

至少 2 个吉比特电口，

至少 2 个 SFP 接口；

吉比特插槽数量≥2；

吉比特光纤模块 1 个；

VLAN 特性：VLAN 支持数量≥4K；

路由协议：支持静态路由、RIP V1/V2、OSPF；

Voice VLAN：支持识别进入端口的流的 MAC 地址，如果是 IP 电话流，就会将该端口加入相应的 Voice VLAN；

MAC 地址表≥16K；

支持 UDP Helper；

堆叠数量≥8；

链路聚合最大支持 8 个 FE 口或 4 个 GE 端口聚合；

支持带宽控制，控制粒度≤64Kbit/s；

支持 IEEE 802.1X Sever；

支持 IEEE 802.1d（STP）；

支持 IEEE 802.1w （RSTP）；

支持 IEEE 802.1s （RSTP）；

支持 IEEE 802.1s（MSTP）；

支持 VCT（Virtual Cable Test）电缆检测功能，可快速定位网络故障点；

设备管理：支持 SNMP V1/V2/V3 协议，支持 SSH V2 协议，支持中文图形化管理；

服务要求：原生产厂商授权服务商提供的原厂商产品技术支持服务及三年金牌保修。

根据以上需求，乙方提出以下解决方案，如表 4-5 所示。

表 4-5　　　　　　　　　　　　设备配置清单

配 置 清 单		
产 品 型 号	产 品 说 明	数 量
核心交换机		
S7604-BASE	4 扩展槽主机箱（含 1 个 240W 交流电源和风扇阵列柜，不含管理引擎模块）	1
M7604-CM II	二代管理引擎模块	1
RG-PA240R	交流电源模块（可以冗余，240W）	1
M7600-6SFP/GT	6 个 SFP/GT 吉比特复用口线卡	1
M7600-48GT	48 口 10/100M/1000Mbit/s 自适应电口线卡	1
Mini-GBIC-SX	1000BASE-SX mini GBIC 转换模块	6
全吉比特接入交换机		
RG-S2724G	24 口 10/100/1000Mbit/s 自适应电口交换机，4 个复用的 SFP 接口	6
Mini-GBIC-SX	1000BASE-SX mini GBIC 转换模块	
100Mbit/s 接入交换机		
RG-S3250-24	24 口 10/100Mbit/s 自适应端口，2 个 SFP 接口和 2 个复用的 10/100/1000Mbit/s 自适应电口，1 个扩展槽，可上堆叠模块和吉比特扩展模块	12

乙方在提供设备配置清单的同时，还需要提供给甲方技术规格偏差对照表，通过技术规格偏差对照表甲方可以方便地看出乙方提供的产品是否完全符合自己的需求（由于样式相同，这里只给出核心交换机 RG-S7604 的技术规格偏差对照表，如表 4-6 所示）。

表 4-6　　　　　　　　　　技术规格偏差对照表

项　　目	文件要求规格	供应商供货规格	备　　注
背板带宽	≥1Tbit/s	1Tbit/s	无偏差
交换容量	≥400Gbit/s	432Gbit/s	正偏差
包转发率	≥256Mpacket/s	276.8Mpacket/s	正偏差

续表

项　　目	文件要求规格	供应商供货规格	备　注
整机可用业务插槽数（不包括管理引擎）	≥3 个	3 个	无偏差
吉比特光纤接口	6 个	6 个	无偏差
吉比特电接口	48 个	48 个	无偏差
MAC 地址表	≥64K	64K	无偏差
IEEE 802.1Q VLAN	≥4K	4K	无偏差
GVRP、PVLAN、Super VLAN、Protocol VLAN	支持	支持	无偏差
IGMP v1/v2/v3 Snooping	支持	支持	无偏差
路由表	≥64K	64K	无偏差
RIP v1/v2、OSPF、IS-IS、BGP	支持	支持	无偏差
IGMP v1/v2/v3、PIM（SM、DM）、DVMRP	支持	支持	无偏差
ARP Proxy、DHCP Relay、DNS Client	支持	支持	无偏差
IPV6 单播路由	支持	支持	无偏差
支持 IPV6 过渡技术：手工隧道、ISATAP、6to4 隧道，隧道数量	支持	支持	无偏差
IP Precedence、802.1P、DSCP	支持	支持	无偏差
VRRP	支持	支持	无偏差
802.1d、802.1w、802.1s	支持	支持	无偏差
冗余配置	管理冗余、支持风扇冗余、支持模块热插拔、电源冗余	管理冗余、支持风扇冗余、支持模块热插拔、电源冗余	无偏差
支持 Telnet、Web 访问的源 IP 授权控制	支持	支持	无偏差
支持管理员登录交换机的 RADIUS 远程认证	支持	支持	无偏差
支持基于端口的 IP+MAC 地址绑定	支持	支持	无偏差
标准 ACL、扩展 ACL、MAC 扩展 ACL	支持	支持	无偏差
CLI、Telnet、Console、Web、RMON、SSH 1.5/2.0、SNMP v1/v2/v3、Syslog	支持	支持	无偏差
SNTP、NTP	支持	支持	无偏差
产品资质	正规入网证	正规入网证	无偏差

在技术规格偏差对照表中一定要避免出现"不满足"的字样。

（2）甲方提供需求文档，乙方根据甲方提供的需求文档，向甲方提出整体的系统集成解决方案。这种方式，乙方要对甲方提供的需求文档进行认真的分析，再结合甲方的现场环境，分析出能够满足甲方需求的主要设备的性能指标，然后根据这些性能指标，进行设备的选择。

习　　题

一、选择题

1.（　　）是实现网络安全最基本、最经济、最有效的措施之一。

A．防火墙　　　　　B．杀毒软件　　　C．IDS　　　　　　D．IPS

2．以太网交换机的每一个端口相当于一个（　　）。

    A．网卡　　　　　　B．Hub　　　　　　C．中继器　　　　　D．网桥

3．在中低端路由器中，（　　）负责交换路由信息、路由表查找以及转发数据包。

    A．数据库　　　　　B．路由算法　　　　C．CPU　　　　　　D．NVROM

4．防火墙集成了两个以上的（　　），因为它需要连接一个以上的内网和外网。

    A．以太网卡　　　　B．防火模块　　　　C．通信卡　　　　　D．控制卡

5．VPN 是通过私有的（　　）技术，在公共数据网络上仿真点到点专线技术。

    A．VLAN　　　　　B．交换　　　　　　C．隧道　　　　　　D．安全

二、填空题

1．_____是负责计算机与网络之间连接的最基本的硬件设备之一。

2．交换机在网络中具有以下功能：_____、_____和_____。

3．路由器有两大主要功能，即_____和_____。

4．按防火墙的软、硬件形式划分为_____、_____和_____。

5．UPS 的分类方式主要是按工作方式来划分的，通常可分为_____、_____及_____三大类。

三、简答题

1．简述网卡的工作原理。

2．简述三层交换机与路由器的区别。

3．典型的防火墙具有哪些方面的基本特性？

4．简述选择核心路由器有哪些注意事项？

5．简述电信级用户、企业级用户和个人用户对防火墙有哪些需求？

6．简述选择服务器的基本原则。

7．如何正确使用与维护 UPS 电源？

8．请根据自己所在的企业或学校的实际情况，认真思考并为其选择适合的网络系统集成设备。

第 5 章　网络管理与网络安全

随着计算机网络技术的快速发展，很多企事业单位都建立了自己的网络。为了让网络更好地为企事业单位服务，需要对建成的网络进行管理。要管理好网络，需要随时掌握整个网络的状态，并对网络及时进行网络升级和防毒等保护网络的安全。本章主要介绍与网络管理和网络安全相关的内容。

5.1　网　络　管　理

5.1.1　网络管理的发展历史

广义上，任何一个系统都需要管理，根据系统的大小和复杂性的高低，管理在系统中的重要性也有差别。19 世纪末的电信网络就已有相应的管理"系统"——电话话务员，他就是整个电话网络系统的管理员，尽管他能管理的内容非常有限。而计算机网络的管理，是伴随着 1969 年世界上第一个计算机网络——ARPANET 的诞生而产生的，当时，ARPANET 就有一个相应的管理系统。随后发展的其他网络结构，如 IBM 公司的 SNA、DEC 公司的 DNA、Apple 公司的 AppleTalk 等，也都有相应的管理系统。但是网络管理却一直没有得到应有的重视，这是因为当时的网络规模较小、复杂性不高，一个简单的专用网络管理系统就可满足网络正常工作的需要，因而对其研究较少。但随着网络的发展，网络的规模增大和复杂性增加，以前的网络管理技术已经不能适应网络的迅速发展。特别是过去的网络管理系统常常是厂商开发的专用系统，很难对其他厂商的网络系统、通信设备等进行管理，这种状况很不适应网络异构互连的发展趋势。19 世纪 80 年代初期 Internet 的出现和发展更使人们意识到了这一点的重要性，研究者迅速展开了对网络管理的研究，并提出了多种网络管理方案。到 1987 年年底，Internet 的核心管理机构 IAB（Internet Activities Board）意识到需要在众多的网络管理方案中进行选择，以便集中对网络管理的研究。最终，SNMP 成为了网络管理领域中的工业标准，并得到了广泛支持和应用，目前大多数的网络管理系统和网络管理平台都基于 SNMP。

近年来，又有一些厂商和组织推出了自己的网络管理解决方案，比较有影响的包括：网络管理论坛的 OMNIPoint 和开放软件基金会（OSF）的 DME（Distributed Management Environment）。另外，各大计算机与网络通信厂商已经推出了各自的网络管理系统，如 HP 公司的 OpenView、IBM 公司的 NetView 系列、Fujitsu 公司的 NetWalker 及 SunSoft 公司的 Sunnet Manager 等。它们都在各种实际应用环境下得到了一定的应用，并且已经有了相当的影响。

网络管理是指对网络的运行状态进行监测和控制，并能提供有效、可靠、安全、经济的服务。完成两个任务：①对网络的运行状态进行监视。②对网络的运行进行控制。

通过监测了解网络当前状态是否正常；通过控制对网络资源进行合理分配，优化网络性能，保证网络服务质量。网络管理就是对网络的监测和控制。

就以简单网络管理协议（Simple Network Management Protocol，SNMP）为例，计算机网络管理体系结构如图 5-1 所示，可以概括为 5 个一：抽象语法表示，是一个数据结构，编译码的转换格式标准；管理信息库，是一个数据库；SNMP 是一个协议；RMON 是一个规范或协议，是 SNMP 的重要补充；SNMPc 是一个软件。

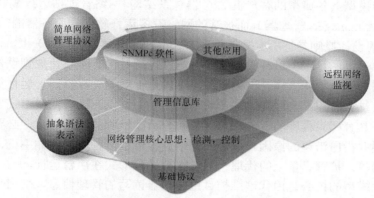

图 5-1　计算机网络管理体系结构

研究网络管理的必要性主要概况为如下两点。

（1）网络组成越来越复杂。①网络互联的规模越来越大；②联网设备越来越多样。

（2）管理难度与费用增加。①异构型设备；②多协议栈互联；③性能需求不同。

网络管理的目标如下。

（1）减少停机时间，改进响应时间，提高设备利用率。

（2）减少运行费用。

（3）减少网络瓶颈，提高效率。

（4）适应新技术（多媒体、多种平台）。

（5）使网络更容易使用。

（6）网络更安全。

集中式网络管理和分布式网络管理的区别及其各自的优缺点如下。

在集中式网络管理中，处于中心位置的是担当管理站的网络控制主机，它负责对整个网络进行统一控制和管理，网络控制主机定期向网络中其它结点发送查询信息，与之进行相关信息交换。而分布式网络管理中，分布式管理系统代替了单独的网络控制主机。集中式的优点是网络管理系统结构较简单，容易实现，管理人员可以有效地控制整个网络资源，优化网络性能。缺点是可扩展性差，对于大型网络力不从心。分布式的优点是网络管理的响应时间更快,性能更好。缺点是管理和维护比较复杂。

5.1.2　SNMP 网络管理模型

简单网络管理协议（Simple Network Management Protocol，SNMP），同它定义的管理信

息库（Management Information Base，MIB）一同提供了一种系统地监控和管理计算机网络的方案。它管理局域网和广域网中的各种网络设备，包括路由器、工作站和 PC。SNMP 提供了较为完善的差错管理和配置管理功能，同时在一定程度上也支持其他功能。SNMP 网络管理模型由 4 部分组成。

（1）网络管理站

（2）被管设备

（3）管理信息库（MIB）

（4）管理协议（SNMP）

SNMP 管理模型具备典型的客户机/服务器体系结构。网络管理站运行 SNMP 管理软件的客户端（通常称为 manager，管理器），而被管的网络设备运行软件的服务器端（通常称为 agent，代理）。SNMP 的设计原则是把所有智能和复杂性放在管理器（客户端）上，使代理（服务器端）尽可能简单，以尽量减少对被管设备的影响，也就是说，不要让被管设备因为执行网络管理功能而影响它完成本职工作。网络管理站可以是一般的计算机，它运行复杂的管理器软件，对网络设备进行监控。管理器软件一般是图形界面，以图表、曲线方式显示各种网络数据；某些产品还具有相当程度的智能，它能自动分析收集到的网络数据，必要时可以向网络管理员报告错误并指出错误的原因。被管的网络设备可以多种多样，如主机、路由器、交换机、终端服务器等。被管设备上的代理一般以守护进程形式在后台运行。

SNMP 管理模型的核心是由代理维护且由管理器读写的管理信息。在 SNMP 文档中，这些信息称为对象。网络中所有可管对象的集合称为管理信息库（MIB）。实际的网络都是由多个厂家生产的设备组成的，主机可能是 SPARC 工作站或 PC，路由器可能来自于 Cisco 公司。要使网络管理站（可能来自另一个不同的供应商）与不同种类的被管设备通信，就必须以一种与厂家无关的标准方式精确定义网络管理信息。此外，还需要为它们定义一种适于网络传输的编码方式。SNMP 模型采用 ASN.1（Abstract Syntax Notation One，1 号抽象语法表示）描述对象的语法结构以及进行信息传输。按照 ASN.1 命名方式，SNMP 代理维护的全部 MIB 对象组成一棵树，即 mib-2 子树。树中的每个节点都有一个标号（字符串）和一个数字，相同深度节点的数字按从左到右的顺序递增，而标号则互不相同。每个节点（MIB 对象）就是由从树根到该对象对应的节点的路径上的标号或数字序列唯一确定。虽然在书写 MIB 对象名称时也可以使用标号序列或标号与数字的混合序列，但在内部存储或传输时只使用数字序列表示 MIB 对象。这是因为数字表示比标号表示更紧凑，因而节省报文空间。在传输各类数据时，SNMP 首先要把内部数据转换成 ASN.1 语法表示，然后发送出去，另一端收到此 ASN.1 语法表示的数据后也必须首先变成内部数据表示，然后才执行其他的操作。这样就实现了不同系统之间的无缝通信。

ASN.1 对 MIB 对象名称规定了一种"字典排序方法"。在对象名称均用数字序列表示时，如果两个对象名称有相同的序列表示，即对应树中同一个节点，则这两个名称按字典顺序相等；如果一个名称是另一个名称的前部，或一个名称比另一个名称中第一个不同的节点具有较低的数字值，则称这个名称按字典顺序小于另一个名。

需要注意，SNMP 最终操作的不是对象，而是对象的实例（Instance），以下称为变量。对象表示一种数据类型，而不代表具体的网管信息。SNMP 协议规定了如何从对象的名称得到实例的名称方法。

SNMP 规定的主要报文类型有如下几种。SNMP 非对称的二级结构如图 5-2 所示。

（1）get（请求）：取得当前存储于指定变量内的数值。

（2）get_next（请求）：指定一个名称并要求服务器以字典顺序中下一个变量的名称和数值作为响应。

（3）set（请求）：把一个数值赋给指定的变量。

（4）get_response（响应）：返回操作的结果。

（5）trap（异常）：向管理站报告突发事件，如停机。

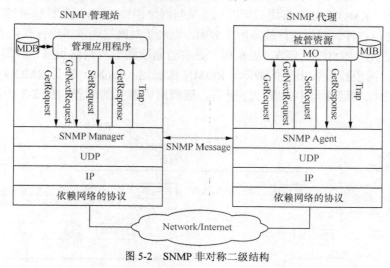

图 5-2　SNMP 非对称二级结构

5.1.3　其他网络管理协议

目前主流的网络管理协议还有如下几种。

1. CMIS/CMIP

公共管理信息服务/公共管理信息协议（CMIS/CMIP）是 OSI 提供的网络管理协议簇。CMIS 定义了每个网络组成部分提供的网络管理服务，CMIP 则是实现 CMIS 服务的协议。

OSI 网络协议旨在为所有设备在 ISO 参考模型的每一层提供一个公共网络结构，而CMIS/CMIP 正是这样一个用于所有网络设备的完整网络管理协议簇。出于通用性的考虑，CMIS/CMIP 的功能与结构跟 SNMP 不相同，SNMP 是按照简单和易于实现的原则设计的，而 CMIS/CMIP 则能够提供支持一个完整网络管理方案所需的功能。

CMIS/CMIP 的整体结构是建立在使用 ISO 网络参考模型的基础上的，网络管理应用进程使用 ISO 参考模型中的应用层。在这一层上，公共管理信息服务单元提供了应用程序使用CMIP 的接口。同时该层还包括了两个 ISO 应用协议：联系控制服务元素和远程操作服务元素。其中联系控制服务元素在应用程序之间建立和关闭联系，而远程操作服务元素则处理应用之间的请求/响应交互。另外，需要注意，OSI 没有在应用层之下特别为网络管理定义协议。

2. RMON 协议

SNMP 是 Internet 互联网中应用最广泛的网管协议，网络管理员可以使用 SNMP 监视、分析和控制网络的运行情况，但是 SNMP 也有一些明显的不足之处，例如，SNMP 提供的只是关于单个设备的管理信息，如进出某个设备的分组数或字节数，而不能提供整个网络的通信情况。

远程网络监视（Remote Network Monitoring，RMON）是对 SNMP 标准的重要补充，是简单网络管理向互联网管理过渡的重要步骤。RMON 在 SNMPv1 之后发布，完全使用 SNMPv1 的操作，其发展也经历了一个扩展过程，从 RMON1 发展为 RMON2。RMON 扩充了 SNMP 的管理信息库 MIB-2，可以提供有关互联网管理的主要信息，在不改变 SNMP 的条件下增强了网络管理的功能。例如，RMON MIB 实现后可以记录某些网络事件，可以记录网络性能数据，可以记录故障历史，可以在任何时候访问故障历史数据，以利于对网络或设备进行有效的故障诊断。

RMON 规范使 SNMP 更有效、更积极、更主动地监测远程网络设备，网络管理员可以更快地跟踪网络、网段或设备出现的故障。ROMN 探测器（Probe）称为 RMON 代理。通常每个子网配置一个探测器并与中央管理站通信。远程网络监视的配置如图 5-3 所示。

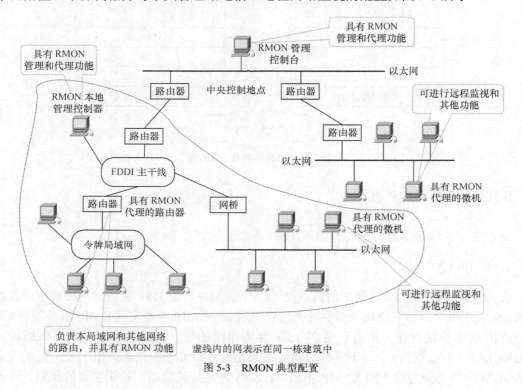

图 5-3　RMON 典型配置

3. AgentX（扩展代理）协议

人们已经制定了各组件的管理信息库，如为接口、操作系统及其相关资源、外部设备和关键的软件系统等制定相应的管理信息库。用户期望能够将这些组件作为一个统一的系统来进行管理，因此需要对原来的 SNMP 进行扩展：在被管设备上安置尽可能多的成本低廉的代理，以确保这些代理不会影响设备的原有功能，并且给定一个标准方法，使得代理与上层元素（如主代理、管理站）进行互操作。

AgentX 协议是由 Internet 工程任务组（IETF）在 1998 年提出的标准。AgentX 协议允许多个子代理来负责处理 MIB 信息，该过程对于 SNMP 管理应用程序是透明的。AgentX 协议为代理的扩展提供了一个标准的解决方法，使得各子代理将它们的职责信息通告给主代理。

每个符合 AgentX 的子代理运行在各自的进程空间里，因此比采用单个完整的 SNMP 代理具有更好的稳定性。另外，通过 AgentX 协议能够访问它们的内部状态，进而管理站随后也能通过 SNMP 访问到它们。随着服务器进程和应用程序处理的日益复杂，最后一点尤其重要。通过 AgentX 技术，可以利用标准的 SNMP 管理工具来管理大型软件系统。

5.1.4　网络管理的主要功能

ISO 在 ISO/IEC 7498-4 文档中定义了网络管理的 5 大功能，并被广泛接受。网络监视包括性能管理、故障管理和计费管理 3 大功能，监视主要目的好比是大楼里的监视设备，其关心的是捕捉监视到的异常情况，而处理方式则交给网络控制设备或管理员进行处理。网络控制是指设置和修改网络设备的参数，使设备、系统或子网改变运行状态，按照需要配置网络资源，或者重新初始化等。主要包括配置管理和安全管理两个方面的功能。

这 5 大功能内容具体如下。

1.　性能管理

性能管理（Performance Management），估价系统资源的运行状况及通信效率等系统性能。其能力包括监视和分析被管网络及其所提供服务的性能机制。性能分析的结果可能会触发某个诊断测试过程或重新配置网络以维持网络的性能。性能管理收集分析有关被管网络当前状况的数据信息，并维持和分析性能日志。性能管理一些典型的功能包括以下几方面：

（1）收集统计信息；

（2）维护并检查系统状态日志；

（3）确定自然和人工状况下系统的性能；

（4）改变系统操作模式以进行系统性能管理的操作。

2.　故障管理

故障管理（Fault Management）是网络管理中最基本的功能之一。用户都希望有一个可靠的计算机网络，当网络中某个组成部分失效时，网络管理器必须迅速查找到故障并及时排除。通常情况如下不大可能迅速隔离某个故障，因为网络故障的产生原因往往相当复杂，特别是当故障是由多个网络共同引起的。在此情况下，一般先将网络修复，然后再分析网络故障的原因。分析故障原因对于防止类似故障的再发生是相当重要的。网络故障管理包括故障检测、隔离和纠正 3 方面，应包括以下典型功能。

（1）维护并检查错误日志；

（2）接受错误检测报告并做出响应；

（3）跟踪、辨认错误；

（4）执行诊断测试；

（5）纠正错误。

对网络故障的检测，依据对网络组成部件状态的监测。不严重的简单故障通常被记录在错误日志中，并不作特别处理；而严重一些的故障则需要通知网络管理器，即所谓的"警报"。一般网络管理器应根据有关信息对警报进行处理，排除故障。当故障比较复杂时，网络管理器应能执行一些诊断测试来辨别故障原因，并通知网络管理人员进行相应的处理。

3. 计费管理

计费管理（Accounting Management）记录网络资源的使用，目的是控制和监测网络操作的费用和代价，可以估算出用户使用网络资源可能需要的费用和代价，以及已经使用的资源。网络管理员还可规定用户可使用的最大费用，从而控制用户过多占用和使用网络资源。这也从另一方面提高了网络的效率。另外，当用户为了一个通信目的需要使用多个网络中的资源时，计费管理应可计算总计费用。

4. 配置管理

配置管理（Configuration Management）同样相当重要，它初始化网络并对网络进行配置，以使其提供网络服务。配置管理是一组对辨别、定义、控制和监视组成一个通信网络的对象所必要的相关功能，目的是为了实现某个特定功能或使网络性能达到最优。配置管理包括以下内容。

（1）设置开放系统中有关路由操作的参数；
（2）被管对象和被管对象组名字的管理；
（3）初始化或关闭被管对象；
（4）根据要求收集系统当前状态的有关信息；
（5）获取系统重要变化的信息；
（6）更改系统的配置。

5. 安全管理

安全性一直是网络的薄弱环节之一，而用户对网络安全的要求又相当高，因此网络安全管理（Security Management）非常重要。网络中主要有以下几大安全问题。

（1）网络数据的私有性（保护网络数据不被侵入者非法获取）；
（2）授权（Authentication）（防止入侵者进入在网络并发送错误信息）；
（3）访问控制（控制对网络资源的访问）。

相应的，网络安全管理应包括对授权机制、访问控制和加密机制的管理，另外还要维护和检查安全日志。

5.1.5 计算机网络日常管理与维护

网络日常管理和维护是一项非常复杂的任务，虽然现在网络管理既制订了国际标准，又存在众多网络管理的平台与系统，但要真正做好网络管理的工作不是一件简单的事情。这项工作需要广泛的背景知识与大量的实际操作经验，下面介绍网络管理中的几项重要的工作。

1. VLAN 管理

VLAN 是一种将局域网设备从逻辑上划分成一个个网段（或者说是更小的局域网），从而实现虚拟工作组（单元）的数据交换技术。VLAN 的一个主要特性就是提供了更多的管理控制，减少了相对日常管理开销，提供了更大的配置灵活性。VLAN 的这些特性包括：当用户从一个地点移动到另一个地点时，简化了配置操作和过程修改；当网络阻塞时，可以重新调节流量分布；提供流量与广播行为的详细报告，同时统计 VLAN 逻辑区域的规模与组成；提供根据实际情况在 VLAN 中增加和减少用户的灵活性。

上面的这些操作必须透明地执行。虽然用户可以直接地通过设置或重置 VLAN 的端口来配置 VLAN，但缺乏智能网络管理工具的帮助，很难保证 VLAN 在若干部门之间的正常通信。

Cisco 公司提供了一组 VLAN 的管理工具：VLANView 和 Trafic View。可以通过这两个工具来提供 VLAN 管理所应具有的功能。这些工具都基于 SNMP，而且可以无缝地集成常用的网络管理平台，如 OpenView，NetView 和 SunNet Manager 等。这些工具还用可视化的图形用户界面来简化 VLAN 的设计、配置和管理，同时还可管理从小型局域网到具有多层交换的复杂大型网络。

（1）VLANView 具有图形用户界面，它的核心应用是通过图形界面上的拖曳操作模式来为 VLAN 创建的逻辑组分配端口。在这种功能中，以图形方式自动画出每个交换机在网络中的拓扑位置，并提供交换机每个端口的状态显示，然后允许用户拖曳一个或多个端口给一个 VLAN。这种图形界面下的拖曳操作方式减少了配置时间，同时使得操作简单易用。

VLANView 不仅减少了给 VLAN 配置端口的时间，而且还提供了在主干网不同交换机间配置 VLAN 的功能。该功能在相连的路由器与交换机之间传递一系列的配置选项以优化 VLAN 的流量。首先，VLANView 提供 Z 一种简单操作模式，该模式可以自动启动交换机之间的主干线路，而这些交换机都配置有 VLAN 或处于连接 VLAN 的链路之上。其次，网络管理员可以通过在冗余线路上分配 VLAN，或在一特定区域内分离 VLAN，以方便地调用它们。最后，网络管理员可以方便地通过主干网查看 VLAN 的配置情况，以及每个 VLAN 的详细连接信息，包括交换机、线路的连接配置以及端口的分配情况。

VLANView 还具备一些扩展功能，包括通过发现终端主机的 MAC 和 IP 地址给 VLAN 动态分配交换机的端口，给端口添加安全功能以识别非授权用户以及基于应用层和网络层协议对第三层 VLAN 进行动态分组的能力。

（2）Traffic View 是一个基于 RMON 的流量监听与分析工具，该工具可以提供端口和每个局域网段的流量信息。同时，该工具不仅可以为每个局域网的故障诊断与排除提供帮助，还可以提供流量趋势分析以发现主要的网络变化。这些趋势信息在网络规划阶段、网络实施阶段以及计划审批阶段都非常有用，同时利用这些趋势信息还能很快发现网络发生的故障。另一方面，Traffic View 的管理代理具有通用性，这些管理代理不仅可以给 Traffic View 提供数据，还可以给任何具有 RMON 的应用提供数据。这为网络管理功能的集成提供了保障。

2．WAN 接入管理

在网络管理的解决方案中，一个大型网络（WAN）是通过分层进行管理的。如在一个全国性的网络中心之下有许多地区性的网络中心，一般全国性的网络中心主要保证这个 WAN 的主干网正常运转，而地区性网络中心则主要负责各个网络用户的接入管理。

每个想入网的用户，首先要考虑在网络连接上怎样接入这个网络。一般用户需要找到主管自己这片地区的地区性网络中心，然后提出申请，最后该地区性网络中心再进行用户的接入操作。这些操作一般包括以下主要内容。

（1）连网用户必须租用一条网络线路，连接用户与地区性网络中心。该线路可以是已经存在的，属于某个商业网络公司或电信公司，也可以是单独为该用户铺设的一条线路。线路既可能是使用光纤的 DDN 专线，也可能是使用电话线的 DDR 线路。

（2）连网用户需要向地区网络中心申请一段属于自己的 IP 地址，然后在全国网络中心注册域名。

（3）对于接入的连网用户，一般都要向地区性网络中心一次性交纳一笔接入费用，然后地区网络中心再对该用户进行网络接入的相关配置。

（4）在连网用户端也需要进行相应的配置，然后开通该用户的网络连接，最后连网用户需要根据其使用网络资源的流量交纳网络费用。

在上面的操作中可以看到，地区网络中心对新连网用户的接入需要进行相应的配置，这些配置操作一般包括以下内容。

（1）在接入路由器上，选择一个空闲端口，在该端口上进行相应的配置，然后再根据接入的拓扑关系，配置该端口的路由信息。

（2）在接入路由器上，根据用户的 IP 地址范围建立一个 access-list 组，一旦用户要求或有其他情况（如用户没有按规定交纳费用等）发生时，可以立即断掉该用户的网络连接。

（3）把该路由器端口和连接连网用户的线路加入网络管理监视对象集，以保障提供给用户可靠、稳定的网络接入服务。

3. 网络故障的诊断与排除

网络中可能出现的故障多种多样，往往解决一个复杂的网络故障需要广泛的网络知识与丰富的工作经验。这也是一个成熟的网络管理机构制订有一整套完备的故障管理日志记录机制的原因，同时也是率先把专家系统和人工智能技术引进到网络故障管理中来的原因。另一方面，由于网络故障的多样性和复杂性，网络故障分类方法也不尽相同。可以根据网络故障的性质把故障分为物理故障与逻辑故障，也可以根据网络故障的对象，把故障分为线路故障、路由器故障和主机故障。

首先介绍按照网络故障不同性质而划分的物理故障与逻辑故障。

（1）物理故障，是指设备或线路损坏、插头松动、线路受到严重电磁干扰等情况。例如，网络中某条线路突然中断，这时网络管理人员从监控界面上发现该线路流量突然下降来或系统弹出报警界面，这时首先用 ping 命令检查线路在网络管理中心这端的端口是否连通，如果不连通，则检查端口插头是否松动，如果松动则插紧，再用 ping 检查，如果连通则故障解决。这时须把故障的特征及其解决步骤详细记录下来。也有可能是线路远离网络管理中心的一端插头松动，则需要通知对方进行解决。另一种常见的物理故障就是网络插头误接。这种情况经常是没有搞清网络插头规范或没有弄清网络拓扑规划的情况下导致的。例如，网络插头都有一些规范，只有搞清网线中每根线的颜色和意义，才能做出符合规范的插头，否则就会导致网络连接出错。

（2）逻辑故障中的一种常见情况就是配置错误，就是指因为网络设备的配置原因而导致的网络异常或故障。配置错误可能是路由器端口参数设定有误，或路由器路由配置错误以至于路由循环或找不到远端地址，或者是网络掩码设置错误等。例如，同样是网络中某条线路故障，发现该线路没有流量，但又可以 ping 通线路两端的端口，这时很可能就是路由配置错误导致循环了。诊断该故障可以用 traceroute 工具，可以发现在 traceroute 的结果中，某一段之后，两个 IP 地址循环出现。这时，一般就是线路远端把端口路由又指向了线路的近端，导致 IP 包在该线路上来回反复传递。这时需要更改远端路由器端口配置，把路由设置为正确配置，就能恢复线路畅通。当然处理该故障的所有动作都要记录在日志中。逻辑故障中另一类故障就是一些重要进程或端口关闭，以及系统的负载过高。例如，路由器的 SNMP 进程意外关闭或死机，网络管理系统将不能从路由器中采集到任何数据，因此网络管理系统失去了对该路由器的控制。又例如，也是线路中断，没有流量，用 ping 发现线路近端的端口 ping 不通，通过检查发现该端口处于 down 的状态，就是说该端口已经给关闭了，因此导致故障。这时只需重新启动该端口，就可以恢复线路的连通。另一种常见情况是路由器的负载过高，表现为路由器 CPU 温度太高、CPU 利用率过高，以及内存余量过小等，虽然这种故障不能直接影响网络的连通，但却影响到网络提供服务的质量，而且也容易导致硬件设备的损害。

网络故障根据故障的不同对象也可划分为：线路故障、路由器故障和主机故障。

（1）线路故障最常见的情况就是线路不通。线路故障可能是物理故障造成的也可能是由逻辑故障造成的。如上面所述，由于插头松动造成的线路故障，就属于物理故障，而由于路由器端口参数设定有误造成的线路故障，就属于逻辑故障。

（2）事实上，线路故障中很多情况都涉及路由器，因此也可以把一些线路故障归结为路由器故障。由于线路涉及两端的路由器，因此在考虑线路故障时要涉及多个路由器。而有些路由器故障仅仅涉及到它本身，这些故障比较典型的就是上面提到过的路由器 CPU 温度过高、CPU 利用率过高和路由器内存余量太小的故障。其中最危险的是路由器 CPU 温度过高，因为这可能导致路由器烧毁。而路由器 CPU 利用率过高和路由器内存余量太小都将直接影响到网络服务的质量，如路由器上丢包率就会随内存余量的下降而上升。检测这种类型的故障，需要利用 MIB 变量浏览器，从路由器 MIB 变量中读出有关的数据，通常情况下网络管理系统有专门的管理进程不断地检测路由器的关键数据，并及时给出报警。而解决这种故障，需要对路由器进行升级、扩大内存等，或者重新规划网络的拓扑结构。

（3）主机故障常见的现象就是主机的配置不当。例如，主机配置的 IP 地址与其他主机冲突，或 IP 地址根本就不在子网范围内，这将导致该主机不能连通。还有一些服务的设置故障，比 E-mail 服务器设置不当导致不能收发 E-mail 或者域名服务器设置不当将导致不能解析域名。主机故障的另一种可能是主机安全故障，例如，主机没有控制其上的 finger，rpc，rlogin 等多余服务，而恶意攻击者可以通过这些多余进程的正常服务或 bug 攻击该主机，甚至得到该主机的超级用户权限等。另外，还有一些主机的其他故障，如不当共享本机磁盘等，将导致恶意攻击者非法利用该主机的资源。发现主机故障是一件困难的事情，特别是别人恶意的攻击。一般可以通过监视主机的流量、或扫描主机端口和服务来防止可能的漏洞。当发现主机受到攻击后，应立即分析可能的漏洞，并加以预防。

5.2　网络安全概述

随着信息化进程的深入和 Internet 的快速发展，网络化已经成为各行业信息化的发展趋势，信息资源得到了最大程度的共享。但是，紧随信息化发展而来的网络安全问题日渐凸出，网络安全问题已成为信息时代人类共同面临的挑战，网络信息安全问题成为当务之急，如果不能很好地解决这个问题，必将阻碍信息化发展的进程。

"安全"一词在字典中被定义为"远离危险的状态或特性"和"为防范间谍活动或蓄意破坏、犯罪、攻击或逃跑而采取的措施"。从这个角度来说，计算机网络安全是指为了使计算机网络运行正常，通过采用全方位的管理措施和强有力的技术手段，保证在一个网络环境里，使得经过计算机网络的数据保持保密性、完整性和可用性。

国际标准化组织（ISO）将计算机安全定义为："为数据处理系统和采取的技术的和管理的安全保护，保护计算机硬件、软件、数据不因偶然的或恶意的原因而遭到破坏、更改、显露。"美国国防部国家计算机安全中心将计算机安全定义为："一般说来，安全的系统会利用一些专门的安全特性来控制对信息的访问，只有经过适当授权的人，或者以这些人的名义进行的进程可以读、写、创建和删除这些信息。"我国公安部计算机管理监察司将计算机安全定义为："计算机安全是指计算机资产安全，即计算机信息系统资源和信息资源不受自然和人为有害因素的威胁和危害。"

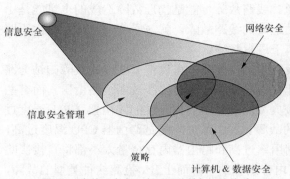

图 5-4 有关"安全"在不同学科之间的关系

上面是狭义的计算机网络安全的内容。广义上讲，凡是涉及到网络上信息的保密性、完整性、可用性、真实性和可控性的相关技术和理论都是网络信息安全所要研究的领域。广义的计算机网络安全还应该包括网络实体安全，如机房的安全保护、防火措施、防水措施、静电防护、电源系统保护等。图 5-4 形象地表达了信息安全、网络安全以及信息安全管理、策略和计算机与数据安全之间的关系。

ITU-TX.800 标准将常说的"网络安全（Network Security）"进行逻辑上的分别定义，即安全攻击（Security Attack）是指损害机构所拥有信息的安全的任何行为；安全机制（Security Mechanism）是指设计用于检测、预防安全攻击或者恢复系统的机制；安全服务（Security Service）是指采用一种或多种安全机制以抵御安全攻击、提高机构的数据处理系统安全和信息传输安全的服务。表 5-1 给出了安全攻击、安全机制与安全服务之间的关系。

表 5-1   安全攻击、安全机制、安全服务之间的关系

释放消息内容	流量分析	伪装	重放	更改消息	拒绝服务	安全攻击／安全机制／安全服务	加密	数字签名	访问控制	数据完整性	认证交换	流量填充	路由控制	公证
		√				对等实体认证	√	√			√			
		√				数据深认证	√	√						
		√				访问控制			√					
√						机密性	√						√	
	√					流量机密性	√					√	√	
			√	√		数据完整性	√	√		√				
						非否认服务		√		√				√
					√	可用性				√	√			

5.2.1 网络安全防范体系结构

为了能够有效了解用户的安全需求，选择各种安全产品和策略，有必要建立一些系统的方法来进行网络安全防范。网络安全防范体系的科学性、可行性是其可顺利实施的保障。图 5-5 所示给出了基于 DISSP 扩展的一个三维安全防范技术体系框架结构。第一维是安全服务，给出了 8 种安全属性（ITU-T REC-X.800-199103-I）；第二维是系统单元，给出了信息网络系统的组成；第三维是结构层次，给出并扩展了国际标准化组织（ISO）的 OSI 参考模型。

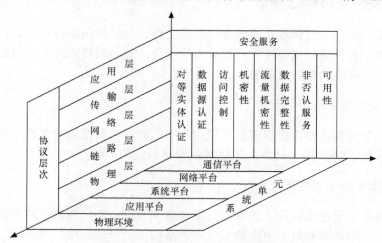

图 5-5　三维安全防范技术体系框架结构

框架结构中的每一个系统单元都对应于某一个协议层次，需要采取若干种安全服务才能保证该系统单元的安全。网络平台需要有网络节点之间的认证、访问控制，应用平台需要有针对用户的认证、访问控制，需要保证数据传输的完整性、保密性，需要有抗抵赖和审计的功能，需要保证应用系统的可用性和可靠性。针对一个信息网络系统，如果在各个系统单元都有相应的安全措施来满足其安全需求，则认为该信息网络是安全的。

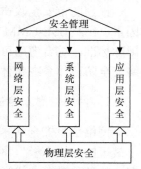

图 5-6　网络安全防范体系层次结构

5.2.2　网络安全防范体系层次

作为全方位的、整体的网络安全防范体系也是分层次的，不同层次反映了不同的安全问题，根据网络的应用情况和网络的结构，将安全防范体系的层次划分为物理层安全、系统层安全、网络层安全、应用层安全和安全管理几部分，如图 5-6 所示。

1. 物理环境的安全性（物理层安全）

该层次的安全包括通信线路的安全，物理设备的安全，机房的安全等。物理层的安全主要体现在通信线路的可靠性（线路备份、网管软件、传输介质），软硬件设备安全性（替换设备、拆卸设备、增加设备），设备的备份，防灾害能力和防干扰能力，设备的运行环境（温度、湿度、烟尘），不间断电源保障等。

2. 操作系统的安全性（系统层安全）

该层次的安全问题来自网络内使用的操作系统的安全，如 Windows Server 2008，Windows Server 2012 等。主要表现在以下 3 方面。

（1）操作系统本身的缺陷带来的不安全因素，主要包括身份认证、访问控制、系统漏洞等。

（2）对操作系统的安全配置问题。

（3）病毒对操作系统的威胁。

3．网络的安全性（网络层安全）

该层次的安全问题主要体现在网络方面的安全性，包括网络层身份认证，网络资源的访问控制，数据传输的保密与完整性，远程接入的安全，域名系统的安全，路由系统的安全，入侵检测的手段，网络设施防病毒等。

4．应用的安全性（应用层安全）

该层次的安全问题主要由提供服务所采用的应用软件和数据的安全性产生，包括 Web 服务、电子邮件系统、DNS 等。此外，还包括病毒对系统的威胁。

5．管理的安全性（管理层安全）

安全管理包括安全技术和设备的管理、安全管理制度、部门与人员的组织规则等。管理的制度化极大程度地影响着整个网络的安全，严格的安全管理制度、明确的部门安全职责划分、合理的人员角色配置都可以在很大程度上降低其他层次的安全漏洞。

5.2.3　网络安全防范体系设计原则

根据防范安全攻击的安全需求、需要达到的安全目标、对应安全机制所需的安全服务等因素，参照 SSE-CMM（系统安全工程能力成熟模型）和 ISO 17799（信息安全管理标准）等国际标准，综合考虑可实施性、可管理性、可扩展性、综合完备性、系统均衡性等方面，网络安全防范体系在整体设计过程中应遵循以下 9 项原则。

1．网络信息安全的木桶原则

网络信息安全的木桶原则是指对信息均衡、全面的进行保护，即"木桶的最大容积取决于最短的一块木板"。网络信息系统是一个复杂的计算机系统，它本身在物理上、操作上和管理上的种种漏洞造成了系统的安全脆弱性，尤其是多用户网络系统自身的复杂性和资源共享性使单纯的技术保护防不胜防。攻击者使用的"最易渗透原则"，必然在系统中最薄弱的地方进行攻击。因此，充分、全面、完整地对系统的安全漏洞和安全威胁进行分析，评估和检测（包括模拟攻击）是设计信息安全系统的必要前提条件。安全机制和安全服务设计的根本目的是提高整个系统的"安全最低点"的安全性能。

2．网络信息安全的整体性原则

本原则要求在网络发生被攻击、破坏事件的情况下，必须尽可能地快速恢复网络信息中心的服务，减少损失。因此，信息安全系统应该包括安全防护机制、安全检测机制和安全恢复机制。安全防护机制是根据具体系统存在的各种安全威胁采取的相应的防护措施，避免非法攻击的进行。安全检测机制是检测系统的运行情况，及时发现和制止对系统进行的各种攻击。安全恢复机制是在安全防护机制失效的情况下，进行应急处理和及时地恢复信息，减少攻击对网络的破坏程度。

3. 安全性评价与平衡原则

对任何网络，绝对安全难以达到，也不一定是必要的，所以需要建立合理的安全性评价与平衡体系。安全体系设计要正确处理需求、风险与代价的关系，做到安全性与可用性相容，做到组织上可执行。评价信息是否安全，没有绝对的评判标准和衡量指标，只能决定于系统的用户需求和具体的应用环境，具体取决于系统的规模和范围，系统的性质和信息的重要程度。

4. 标准化与一致性原则

网络安全系统是一个庞大的系统工程，其安全体系的设计必须遵循一系列的标准，这样才能确保各个分系统的一致性，使整个系统安全地互连互通、信息共享。

5. 技术与管理相结合原则

安全体系是一个复杂的系统工程，涉及人、技术、操作等要素，单靠技术或单靠管理都不可能实现。因此，必须将各种安全技术与运行管理机制、人员思想教育与技术培训、安全规章制度建设相结合。

6. 统筹规划，分步实施原则

由于政策规定、服务需求的不明朗，环境、条件、时间的变化，攻击手段的进步，安全防护不可能一步到位，可在一个比较全面的安全规划下，根据网络的实际需要，先建立基本的安全体系，保证基本的、必须的安全性。随着网络规模的扩大及应用的增加，调整或增强安全防护力度，保证整个网络的安全需求。

7. 等级性原则

等级是指安全层次和安全级别的等级，良好的信息安全系统必然是分为不同等级的，包括对信息保密程度分级，对用户操作权限分级，对网络安全程度分级（安全子网和安全区域），对系统实现结构的分级（应用层、网络层、链路层等），从而针对不同级别的安全对象，提供全面、可选的安全算法和安全体制，以满足网络中不同层次的各种实际需求。

8. 动态发展原则

根据网络安全的变化不断调整安全措施，适应新的网络环境，满足新的网络安全需求。

9. 易操作性原则

安全措施需要人为去完成，如果措施过于复杂，对人的要求过高，本身就降低了安全性。措施的采用不能影响系统的正常运行。

5.2.4　计算机系统安全技术标准

国际上对计算机安全问题是非常重视的，有专门的公司在研制有关产品，也制定了许多标准，下面介绍几种计算机系统安全技术标准。

（1）国际标准化组织对安全体系结构的论述。

国际标准化组织 ISO 7498-2 中描述的 OSI 参考模型安全体系结构的 5 种安全服务项目如下。

① 鉴别（Authentication）；

② 访问控制（Access Control）；

③ 数据保密（Data Confidentiality）；

④ 数据完整性（Data Integrity）；

⑤ 抗否认（Non-reputation）。

为了实现以上服务，制定了 8 种安全机制，分别如下。

① 加密机制（Encryption Mechanisms）；

② 数字签名机制（Digital Signature Mechanisms）；

③ 访问控制机制（Access Control Mechanisms）；

④ 数据完整性机制（Data Integrity Mechanisms）；

⑤ 鉴别交换机制（Authentication Mechanisms）；

⑥ 通信业务填充机制（Traffic Padding Mechanisms）；

⑦ 路由控制机制（Routing Control Mechanisms）；

⑧ 公证机制（Notarization Mechanisms）。

5 种安全服务和 8 种安全机制的关系如表 5-2 所示。

表 5-2 安全服务与安全机制的关系

安全机制 / 安全服务	加密机制	数字签名机制	访问控制机制	数据完整性机制	鉴别交换机制	通信业务填充机制	路由控制机制	公证机制
对等实例鉴别	Y	Y			Y			
数据源鉴别	Y	Y						
访问控制			Y					
连接有保密	Y						Y	
连接无保密	Y						Y	
信息流保密						Y		
可否恢复连接完整性	Y			Y				
选字段连接完整	Y		Y					
选字段无连接完整	Y	Y		Y				
无连接完整性	Y	Y		Y				
选择字段保密	Y							
抗来源否认		Y		Y				
抗交付否认		Y		Y				Y

（2）美国国家计算机安全中心的标准。

美国国家计算机安全中心的 TCSEC 提出的《可信计算机系统评测标准》（Trusted Computer System Evaluation Criteria，TCSEC），将计算机系统的安全分为 A、B、C、D 四类 7 级。不同计算机信息系统可根据需要选用不同安全保密强度的不同标准，如军事、国防为 A、B 类，金融、财贸为 BI、C2 级或更高级的计算机系统。可信系统评价准则如表 5-3 所示。

表 5-3 可信系统评价准则等级

类　别	处 理 级 别	名　　称	主要特征及适用范围
A	A1	验证设计	形式化最高级描述、验证和隐密通道分析，非形式化代码对应证明，用于绝密级
B	B3	安全域保护	存取监督器安全内核高抗渗透能力，可信恢复用于绝、机密，即使系统崩溃，也不会泄密
	B2	结构化保护	隐密通道约束，安全体系结构，较好的抗渗透能力，用于各级安全保密，实行强性控制
	B1	标志的安全保护	强制存取控制，安全标记数据、对数据流监视
C	C2	受控制存取保护	独立的可查性、广泛的审核、跟踪，用于金融
	C1	自主安全保护	自主存取控制，多用户工作中防止事故的保护，也称无条件保护，早期 UNIX 系统属于此类
D	D	低级保护	不分等级，早期商业系统属于此类

（3）其他重要标准。

其他重要标准，还有安全电子交易协议（Secure Electronic Transaction Protocol，SET）、美国国家标准学会（ANSI）的 DEI 及 RSA 加密算法标准等。

5.2.5　我国计算机信息系统安全保护等级的划分

我国计算机信息系统安全保护等级及划分标准，由中国科学院、北京大学、清华大学起草，由国家质量技术监督局于 1999 年 9 月 13 日发布，2001 年 1 月 1 日起实施，标准规定了计算机信息系统安全保护能力的 5 个等级，具体如下。

（1）第一级，用户自主保护级；

（2）第二级，系统审计保护级；

（3）第三级，安全标记保护级；

（4）第四级，结构化保护级；

（5）第五级，访问验证保护级。

该标准适用于计算机信息系统安全保护技术能力等级的划分。计算机信息系统安全保护能力随着安全保护等级的增加，逐渐增强。等级划分准则具体内容如下。

（1）第一级，用户自主保护级。

本级的计算机信息系统可信计算机通过隔离用户与数据，使用户具备自主安全保护的能力。它具有多种形式的控制能力，对用户实施访问控制，即为用户提供可行的手段，保护用户和用户组信息，又避免其他用户对数据的非法读写与破坏。

本级别包括以下内容。

① 自主访问控制。计算机信息系统可信计算机定义和控制系统中命名用户对命名客体的访问。实施机制（例如，访问控制表）允许命名用户以用户或用户组的身份规定并控制客体的共享；阻止非授权用户读取敏感信息。

② 身份鉴别。计算机信息系统可信计算机初始执行时，首先要求用户标识自己的身份，并使用保护机制（例如，口令）来鉴别用户的身份，阻止非授权用户访问用户身份鉴别数据。

③ 数据完整性。计算机信息系统可信计算机通过自主完整性策略，阻止非授权用户修改或破坏敏感信息。

（2）第二级，系统审计保护级。

与用户自主保护级相比，本级对计算机信息系统可信计算机实施了粒度更细的自主访问控制，它能通过登录规程、审计安全性相关事件和隔离资源，使用户对自己的行为负责。

本级别包括以下内容。

① 自主访问控制，控制访问权限扩散。自主访问控制机制根据用户指定方式或默认方式，阻止非授权用户访问客体。访问控制的粒度是单个用户。没有存取权的用户只允许由授权用户指定对客体的访问权。其他同用户保护级。

② 身份鉴别。通过为用户提供唯一标识。计算机信息系统可信计算机能够使用户对自己的行为负责。计算机信息系统可信计算机还具备将身份标识与该用户所有可审计行为相关联的能力。其他同用户保护级。

③ 客体重用。在计算机信息系统可信计算机的空闲存储客体空间中，对客体初始指定、分配或再分配一个主体之前，撤销该客体所含信息的所有授权。当主体获得对一个已被释放和客体的访问权时，当前主体不能获得原主体活动所产生的任何信息。

④ 审计。计算机信息系统可信计算机能创建和维护受保护客体的访问审计跟踪记录，并能阻止非授权的用户对它访问或破坏。对不能由计算机信息系统可信计算机独立分辨的审计事件，审计机制提供审计记录接口，可由授权主体调用。这些审计记录区别于计算机信息系统可信计算机独立分辨和审计记录。

⑤ 数据完整性。计算机信息系统可信计算机通过自主完整性策略，阻止非授权用户修改或破坏敏感信息。

（3）第三级，安全标记保护级。

本级的计算机信息系统可信计算机具有系统审计保护级的所有功能。此外，还需提供有关安全策略模型、数据标记以及主体对客体强制访问的非形式化描述；具有准确地标记输出信息的能力；消除通过测试发现的任何错误。

本级别包括以下内容。

① 自主访问控制，控制访问权限扩散。自主访问控制机制根据用户指定方式或默认方式，阻止非授权用户访问客体。访问控制的粒度是单个用户。没有存取权的用户只允许由授权用户指定对客体的访问权。阻止非授权用户读取敏感信息。其他同用户保护级。

② 强制访问控制。计算机信息系统可信计算机对所有主体及其所控制的客体（例如，进程、文件、设备）实施强制访问控制。为这些主体及客体指定敏感标记，这些标记是等级分类和非等级类别的组合，它们是实施强制访问控制的依据。计算机信息系统可信计算机支持两种或两种以上成分组成的安全级。计算机信息系统可信计算机控制的所有主体对客体的访问应满足：仅当主体安全级中的等级分类高于或等于客体安全级中的等级分类，且主体安全级中的非等级类别包含了客体安全级中的全部非等级类别，主体才能读客体；仅当主体安全级中的等级分类低于或等于客体安全级中的等级分类，且主体安全级中的非等级类别包含于客体安全级中的非等级类别，主体才能写一个客体。计算机信息系统可信计算机使用身份和鉴别数据，鉴别用户的身份，并保证用户创建的计算机信息系统可信计算机外部主体的安全级和授权，受该用户的安全级和授权的控制。

③ 标记。计算机信息系统可信计算机应维护与主体及其控制的存储客体（例如，进程、文件、设备）相关的敏感标记。这些标记是实施强制访问的基础。为了输入未加安全标记的数据，计算机信息系统可信计算机向授权用户要求并接受这些数据的安全级别，且可由计算

机信息系统可信计算机审计。

④ 身份鉴别。计算机信息系统可信计算机初始执行时，首先要求用户标识自己的身份，而且，计算机信息系统可信计算机维护用户身份识别数据并确定用户访问权及授权数据。其他同系统审计保护级。

⑤ 客体重用。在计算机信息系统可计算机的空闲存储客体空间中，对客体初始指定、分配或再分配一个主体之前，撤销客体所含信息的所有授权。当主体获得对一个已被释放和客体的访问权时，当前主体不能获得原主体活动所产生的任何信息。

⑥ 审计。同系统审计保护级。

⑦ 数据完整性。在网络环境中，使用完整性敏感标记来确信信息在传送中未受损。其他同系统审计保护级。

（4）第四级，结构化保护级。

本级的计算机信息系统可信计算机建立于一个明确定义的形式化安全策略模型之上，它要求将第三级系统中的自主和强制访问控制扩展到所有主体与客体中。此外，还要考虑隐蔽通道。本级的计算机信息系统可信计算机必须结构化为关键保护元素和非关键保护元素。计算机信息系统可信计算机的接口也必须明确定义，使其设计与实现能经受更充分的测试和更完整的复审。加强了鉴别机制；支持系统管理员和操作员的职能；提供可信设施管理；增强了配置管理控制。系统具有相当的渗透能力。

本级别包括以下内容。

① 自主访问控制。同安全标记保护级。

② 强制访问控制。计算机信息系统可信计算机对外部主体能够直接或间接访问的所有资源（例如，主体、存储客体和输入输出资源）实施强制访问控制。其他同安全标记保护级。

③ 标记。计算机信息系统可信计算机维护与可被外部主体直接或间接访问到的计算机信息系统资源（例如，主体、存储客体、只读存储器）相关的敏感标记。其他同安全标记保护级。

④ 身份鉴别。同安全标记保护级。

⑤ 客体重用。同安全标记保护级。

⑥ 审计。计算机信息系统可信计算机能够审计隐蔽存储信道时可能被使用的事件。其他同安全标记保护级。

⑦ 数据完整性。同安全标记保护级。

⑧ 隐蔽信道分析。系统开发者应彻底搜索隐蔽存储信道，并根据实际测量或工程估算确定每一个被标识信道的最大带宽。

⑨ 可信路径。对用户的初始登录和鉴别，计算机信息系统可信计算机在它与用户之间提供可信通信路径。该路径上的通信只能由该用户初始化。

（5）第五级，访问验证保护级。

本级的计算机信息系统可信计算机满足访问监控器需求。访问监控器仲裁主体对客体的全部访问。访问监控器本身抗篡改，访问监控器必须足够小，并能够分析和测试。为了满足访问监控器需求，计算机信息系统可信计算机在其构造时，要排除那些对实施安全策略来说并非必要的代码；在设计和实现时，从系统工程角度将其性能降低到最小限度。

本级别包括以下内容。

① 自主访问控制。访问控制机制能够为每个命名客体指定用户和用户组，并规定他们对客体的访问模式。其他同安全标记保护级。

　　② 强制访问控制。同结构化保护级。

　　③ 标记。同结构化保护级。

　　④ 身份鉴别。同安全标记保护级。

　　⑤ 客体重用。同安全标记保护级。

　　⑥ 审计。对不能由计算机信息系统可信计算机独立分辨的审计事件，审计机制提供审计记录接口，可由授权主体调用。这些审计记录区别于计算机信息系统可信计算机独立分辨的审计记录。计算机信息系统可信计算机能够审计利用隐蔽信道时可能被使用的事件。计算机信息系统可信计算机包含能够监控可审计安全事件发生与积累的机制，当超过阀值时，能够向安全管理员发出报警。并且，如果这些与安全相关的事件继续发生或积累，系统应以最小的代价中止它们。其他同系统审计保护级。

　　⑦ 数据完整性。同安全标记保护级。

　　⑧ 隐蔽信息分析。系统开发者应彻底搜索隐蔽信道，并根据实际测量或工程估算确定每一个被标识信道的最大带宽。

　　⑨ 可信路径。当连接用户时（如注册、更改主体安全级），计算机信息系统可信计算机提供它与用户之间的可信通信路径。可信路径上的通信只能由该用户或计算机信息系统可信计算机激活，且在逻辑上与其他路径上的通信相隔离，且能正确地加以区分。

　　⑩ 可信恢复。计算机信息系统可信计算机提供恢复过程和管理机制，保证计算机信息系统失效或中断后，可以进行不损害任何安全保护性能的恢复。

5.3　网络数据加密与认证技术

　　面对计算机网络存在的潜在威胁与攻击，一个计算机网络安全管理者要为自己所管辖的网络建造起强大、安全的保护手段，可以通过以下 6 个安全层次完成：修补和阻止网络漏洞，加密，认证，防火墙，安全协议和法律事务。

　　数据加密技术是网络中最基本的安全技术，主要是通过对网络中传输的信息进行数据加密来保障其安全性，这是一种主动安全防御策略，即很小的代价即可为信息提供相当大的安全保护。

5.3.1　加密的基本概念

　　“加密”是一种限制对网络上传输数据的访问权的技术。原始数据也称为明文（Plaintext），被加密设备（硬件或软件）和密钥加密而产生的经过编码的数据称为密文（Ciphertext）。将密文还原为原始明文的过程称为解密，它是加密的反向处理，但解密者必须利用相同类型的加密设备和密钥对密文进行解密。

　　密码学以研究秘密通信为目的，即研究对传输信息采取何种秘密的变换以防止第三方对信息的窃取。它是密码编码学和密码分析学的统称。其中，密码编码学研究密码体制的设计，对信息进行编码以实现隐蔽信息，从事密码编码学研究的人员称为密码编码者；而密码分析学是研究如何破解被加密信息从而获取有效信息的方法和理论，在未知密钥的情况下推演出明文和密钥的技术，从事密码分析学研究的人员称为密码分析者。密码编码学和密码分析学是相互对立，相互依存并发展的。

密码系统的体制定义：（密码体制）它是一个五元组（M、C、K、E、D），如图 5-7 所示。

（1）M 是可能明文的有限集（明文空间）。

（2）C 是可能密文的有限集（密文空间）。

（3）K 是一切可能密钥构成的有限集（密钥空间）。

（4）E 是加密算法。

（5）D 是解密算法。

对于任意 $k \in K$，有一个加密算法 $e_k \in E$ 和相应的解密算法 $d_k \in D$，使得 e_k：$M \rightarrow C$ 和 d_k：$C \rightarrow M$ 分别为加密解密函数，满足 $d_k(e_k(x))=x$，这里 $x \in M$。

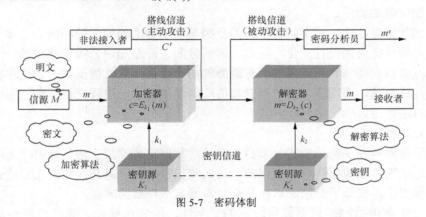

图 5-7　密码体制

加密的基本功能包括如下几方面。

（1）防止不速之客查看机密的数据文件。

（2）防止机密数据被泄露或篡改。

（3）防止特权用户（如系统管理员）查看私人数据文件。

（4）使入侵者不能轻易地查找一个系统的文件。

数据加密是确保计算机网络安全的一种重要机制，虽然由于成本、技术和管理上的复杂性等原因，目前尚未在网络中普及，但数据加密的确是实现分布式系统和网络环境下数据安全的重要手段之一。

数据加密可在网络 OSI 参考模型七层协议的多层上实现，所以从加密技术应用的逻辑位置看，有如下 3 种方式。

（1）链路加密。

通常把网络层以下的加密叫链路加密，主要用于保护通信节点间传输的数据，加解密由置于线路上的密码设备实现。根据传递的数据的同步方式又可分为同步通信加密和异步通信加密两种，同步通信加密又包含字节同步通信加密和位同步通信加密。

对于在两个网络节点间的某一次通信，链路加密能为网上传输的数据提供安全保证。对于链路加密，所有消息在被传输之前进行加密，在每一个节点对接收到的消息进行解密，然后先使用下一个链路的密钥对消息进行加密，再进行传输。在到达目的地之前，一条消息可能要经过许多通信链路的传输。

由于在每一个中间传输节点消息均被解密后重新进行加密，因此，包括路由信息在内的链路上的所有数据均以密文形式出现。这样，链路加密就掩盖了被传输消息的源点与终点。由于填充技术的使用以及填充字符在不需要传输数据的情况下就可以进行加密，这使得消息的频率和长度特性得以掩盖，从而可以防止对通信业务进行分析。

尽管链路加密在计算机网络环境中使用得相当普遍，但它并非没有漏洞。链路加密通常用在点对点的同步或异步线路上，它要求先对在链路两端的加密设备进行同步，然后使用一种链模式对链路上传输的数据进行加密。这就给网络的性能和可管理性带来了副作用。

在一个网络节点，消息以明文形式存在，因此所有节点在物理上必须是安全的，否则就会泄漏明文内容。然而保证每一个节点的安全性需要较高的费用，为每一个节点提供加密硬件设备和一个安全的物理环境所需要的费用由以下几部分组成：保护节点物理安全的雇员开销，为确保安全策略和程序的正确执行而进行审计时的费用，以及为防止安全性被破坏时带来损失而参加保险的费用。

在传统的加密算法中，用于解密消息的密钥与用于加密的密钥是相同的，该密钥必须被秘密保存，并按一定规则进行变化。这样，密钥分配在链路加密系统中就成了一个问题，因为每一个节点必须存储与其相连接的所有链路的加密密钥，这就需要对密钥进行物理传送或者建立专用网络设施。而网络节点地理分布的广阔性使得这一过程变得复杂，同时增加了密钥连续分配时的费用。

（2）节点加密。

节点加密是对链路加密的改进。节点加密是对数据在传输层上进行加密，主要是对源节点和目标节点之间传输数据进行加密保护，与链路加密类似，只是加密算法要结合在依附于节点的加密模块中，克服了链路加密在节点处易遭非法存取的缺点。

尽管节点加密能给网络数据提供较高的安全性，但它在操作方式上与链路加密是类似的，两者均在通信链路上为传输的消息提供安全性，都在中间节点先对消息进行解密，然后进行加密。因为要对所有传输的数据进行加密，所以加密过程对用户是透明的。

然而，与链路加密不同，节点加密不允许消息在网络节点以明文形式存在，它先把收到的消息进行解密，然后采用另一个不同的密钥进行加密，这一过程是在节点上的一个安全模块中进行。

节点加密要求报头和路由信息以明文形式传输，以便中间节点能得到如何处理消息的信息。因此这种方法对于防止攻击者分析通信业务是脆弱的。

（3）端到端加密。

网络层以上的加密称为端到端的加密，端到端加密面向网络层主体。对应用层的数据信息进行加密，易于用软件实现，且成本低，但密钥管理问题困难，主要适合大型网络系统中信息在多个发方和收方之间传输的情况。

端到端加密允许数据在从源点到终点的传输过程中始终以密文形式存在。采用端到端加密（又称脱线加密或包加密），消息在被传输时到达终点之前不进行解密，因为消息在整个传输过程中均受到保护，所以即使有节点被损坏也不会使消息泄露。

端到端加密系统的价格便宜，并且与链路加密和节点加密相比更可靠，更容易设计、实现和维护。端到端加密还避免了其他加密系统所固有的同步问题，因为每个包均是独立被加密的，所以一个包所发生的传输错误不会影响后续的包。此外，从用户对安全需求的直觉上讲，端到端加密更自然些。单个用户可能会选用这种加密方法，以便不影响网络上的其他用户，此方法只需要源和目的节点是保密的即可。

端到端加密系统通常不允许对消息的目的地址进行加密，这是因为每一个消息所经过的节点都要用此地址来确定如何传输消息。由于这种加密方法不能掩盖被传输消息的源点与终点，因此它对于防止攻击者分析通信业务是脆弱的。

5.3.2　加密的分类

加密类型可以简单地分为如下 3 种：根本不考虑解密问题；私用密钥加密技术；公开密钥加密技术。第一种加密技术主要是针对一些如口令加密这样的类型，它只需要被加密，并与以前的加密进行比较；第二种和第三种加密技术是按如何使用密钥上的不同来划分的。以下主要介绍第二种和第三种加密技术。

1.　私用密钥加密技术

私用密钥加密是利用一个密钥对数据进行加密，对方接收到数据后，需要用同一密钥来进行解密。这种加密技术的特点是数学运算量小，加密速度快，其主要弱点在于密钥管理困难，而且一旦密钥泄露则直接影响到信息的安全性。

对称密钥加密技术中最具有代表性的算法是 IBM 公司提出的 DES（Data Encryption Standard）算法，该算法于 1977 年被美国国家标准局（NBS）颁布为商用数据加密标准。DES 综合运用了置换、代替、代数多种密码技术，并把消息分成 64 位大小的块，使用 56 位密钥，迭代 16 轮对数据进行加密。它设计精巧，实现容易，使用方便。

对称密码通常用两种基本技术来隐藏明文：扩散和混乱。扩散（Diffusion）隐藏明文和密文之间的关系，通过将明文冗余度分散到密文中使之分散开来，即将单个明文或密钥位的影响尽可能扩大到更多的密文中去。这样就隐藏了统计关系同时也使密码分析者寻求明文冗余度将会更难，产生扩散最简单的方法是通过置换（Permutation），置换的特点是保持明文所有符号不变，只是利用置换打乱了明文的位置和次序。混乱（Confusion）用于掩盖密钥与密文之间的关系，混乱通常通过代换（Substitution）来实现，代换是明文符号被密文符号所代替。

DES 正式公布后，世界各国的许多公司都推出自己实现 DES 的软硬件产品。美国 NBS 至少已认可了 30 多种硬件和固件实现产品。硬件产品既有单片式的，也有单板式的；软件产品既有用于大中型机的，也有用于小型机和微型机的。

三重 DES（Triple DES）则是 DES 的加强版。它能够使用多个密钥，对信息逐次做 3 次加密。

随机化数据加密标准（RDES）算法是日本密码学家 Nakao Y.Kaneko T 等人于 1996 年初提出的一种新的 DES 改进算法。它只是在每轮迭代前的右半部增加了一个随机置换，其他均与 DES 相同，它比 DES 安全性要好。

IDEA（International Data Encryption Algorithm）是一种国际信息加密算法。它是 1991 年的瑞士 ETH Zurich 由 James Massey 和 Xueiia Lai 发明的，于 1992 年正式公开，是一个分组大小为 64 位，密钥为 128 位，迭代轮数为 8 轮的迭代型密码体制。IDEA 的特点是用户可以根据需求选用 64 位或 128 位密钥以满足所需的安全要求。

2.　公开密钥加密技术

1976 年，Diffie 和 Hellman 首次提出公开密钥加密体制，即每个人都有一对密钥，其中一个为公开的，一个为私有的。发送信息时用对方的公开密钥加密，收信者用自己的私用密钥进行解密。公开密钥加密算法的核心是运用一种特殊的数学函数"单向陷门函数"。单向陷门函数是从一个方向求值是容易的，但其逆向计算却非常困难，甚至在实际环境中成为不可行函数。公开密钥加密技术具有安全性高，易于管理的特点，但不足是加密和解密的时间长。

我们可以将加密和解密的过程，看作是给一扇门加锁和解锁的过程。对通常的门而言，一把钥匙既可以锁门也可以开门。对于对称密码而言，用来加密信息的设置与解密信息的设置是一样的，这样的设置——称为密钥——必须严格保密。接收者离发送者越远，那么传送加密或解密的密钥就越难以保密。假设一位间谍首脑希望手下不同领域的间谍人员都向自己发送安全的汇报信息，但是有不希望他们读懂其他人的报告，因此对每个手下需要用不同的密钥。现在如果将这些间谍人员换成数以百万计的网络购物者，对于如此规模的业务，虽然不是不可能，但也是后台程序人员的噩梦：某位顾客访问网站时，他不能立即下单，而需要等待网站传送过来的安全密钥。因此"世界万维网"（World Wide Web）就变成了"世界等待网"（World Wide Wait）。

非对称密码系统的思想简单而有趣，它就像是一扇有两把钥匙的门：钥匙 A 用来锁门，而另外一把钥匙 B 用来开门。我们不需要对钥匙 A 进行加密，因为拥有钥匙 A 并不会对安全造成任何伤害。

RSA 是 Rivet、Shamir 和 Adleman 于 1978 年在美国麻省理工学院研制出来，它是一种比较典型的公开密钥加密算法，其安全性是建立在"大数分解和素性检测"这一已知的著名数论难题的基础上，即将两个大素数相乘在计算上很容易实现，但将该乘积分解为两个大素数因子的计算量是相当巨大的，以至于在实际计算中是不能实现的。RSA 被应用于电子邮件安全、用户认证等诸多服务中。

公开密钥加密技术在密钥管理上的优势使它越来越受到人们的重视，应用也日益广泛。

5.3.3 加密技术发展趋势

（1）私用密钥加密技术与公开密钥加密技术相结合。

鉴于两种密码体制加密的特点，在实际应用中可以采用折衷方案，即结合使用 DES/IDEA 和 RSA，以 DES 为"内核"，RSA 为"外壳"，对于网络中传输的数据可用 DES 或 IDEA 加密，而加密用的密钥则用 RSA 加密传送，此种方法既保证了数据安全又提高了加密和解密的速度，这也是目前加密技术发展的方向之一。

（2）寻求新算法。

跳出以常见的迭代为基础的构造思路，脱离基于某些数学问题复杂性的构造方法。如刘尊全先生提出的刘氏算法，是一种基于密钥的公开密钥体制，它采用了随机性原理构造加解密变换，并将其全部运算控制隐匿于密钥中，密钥长度可变。它是采用选取一定长度的分割来构造大的搜索空间，从而实现一次非线性变换。此种加密算法加密强度高、速度快、计算开销低。

（3）加密最终将被集成到系统和网络中。

例如，IPv6 协议就已有了内置加密的支持，在硬件方面，Intel 公司正研制一种加密协处理器，它可以集成到微机的主机中。

5.3.4 密钥管理

根据密码假设，一个密码系统的安全性取决于对密钥的保护，而不是对系统或硬件本身的保护。即使在密码体制公开或密码设备丢失的情况下，同一型号的密码机仍可继续使用。然而一旦密钥丢失或出错，不但合法用户不能提取信息，而且可能会是非法用户窃取信息。密钥的保密和安全管理在数据系统安全中是极为重要的。

密钥管理包括密钥的产生、存储、装入、分配、保护、丢失、销毁等内容。其中密钥的分配和存储可能是最棘手的问题。密钥管理不仅影响系统的安全性，而且涉及系统的可靠性、有效性和经济性。当然，密钥管理过程中也不可能避免物理上、人事上、规程上等一些问题。

下面介绍在密钥管理过程中经常使用到的密钥分配协定、秘密共享技术、密钥托管技术。

1. 密钥分配协议

密钥分配协议是这样的一种机制：系统中的一个成员先选择一个秘密密钥，然后将它传送另一个成员或别的成员。传统的方法是通过邮递或信使护送密钥。这种方法的安全性完全取决于信使的忠诚和素质，当然很难完全消除信使被收买的可能性。另外，这种方法的传输量和存储量都很大。人们希望能设计出满足以下两个条件的密钥分配协议。

（1）传输量和存储量都比较小。

（2）每一对用户 U 和 V 都能独立地计算一个秘密密钥 K。

目前已经设计出了大量的满足上述两个条件的密钥分配协议，如 Blom 密钥分配协议、Diffie-Hellman 密钥预分配协议、KerboroS 密钥分配协议、基于身份的密钥分配协议等。

2. 秘密共享技术

存储在系统中所有密钥的安全性可能最终取决于一个主密钥。这样做存在两个明显的缺陷：一是若主密钥偶然或有意地被暴露，整个系统就易受攻击；二是若主密钥丢失或损坏，系统中的所有信息就不能用了。关于这个问题，Shamir 于 1979 年提出了一种解决方法，称为门限法，实质上是一种秘密共享的思想。这种方法的基本观点是将一个密钥 K 按下述方式破成 n 个小片 k_1，k_2，…，k_n。

（1）已知任意 t 个 K_i 的值易于计算出 K。

（2）已知任意 $t-1$ 个或更少个 K_i，则由于信息短缺而不能确定出 k。

将 n 个小片分给 n 个用户，由于要重构密钥需要 t 个小片，故暴露一个小片或大到 $t-1$ 个小片不会危及密钥，且少于 $t-1$ 个用户不可能共谋到密钥，同时，若一个小片被丢失或损坏，也可恢复密钥（只要至少有 t 个有效的小片）。

人们基于拉格朗日内插多项式法、射影几何、线性代数、孙子定理等提出了许多秘密共享方案。

3. 密钥托管技术

加密技术既可以帮助守法公民和企业保密，又可以被犯罪分子用于掩护其犯罪事实，这就为政府管理社会，法律执行部门跟踪犯罪分子带来了一定的困难。从国家的利益考虑，应该能控制加密技术的使用。美国于 1993 年提出的密钥托管加密技术正符合这种要求。密钥托管有时也叫作密钥恢复。现在密钥托管已经是一些系统的派生术语，包括密钥恢复、受信任的第三方、特别获取、数据恢复等。近几年，密钥托管加密技术已成为密码技术研究和应用的焦点。

美国政府于 1993 年 4 月 16 日通过美国商业部颁布了具有密钥托管功能的加密标准（EES）。该标准规定使用专门授权制造的且算法（将该算法称之为 Skipjack 算法，目前已公布）不予公布的 Clipper 芯片实施商用加密。Clipper 芯片是实现了 EES 标准的防窜扰芯片，它是由美国国家安全局（NSA）主持开发的硬件实现的密码部件。由于加密体制具有在法律许可时可以进行密钥合成的功能，所以政府在必要时无须花费巨大代价破译密码，而能够直接侦听。目前可以找到 40 种以上不同功能的密钥托管系统。

5.3.5　信息认证技术

信息的认证是信息安全性的一个重要方面。认证的目的有两个：一是验证信息的发送者是真正的，而不是冒充的；二是验证信息的完整性，即验证信息在传送或存储过程中是否被窜改，重放或延迟等。

对密码系统的攻击主要有两类，一类是被动攻击，攻击者只是对截获的密文进行分析；另一类是主动攻击，攻击者通过采用删除、增添、重放和伪造等手段主动向系统注入假消息。认证是防止他人对系统进行主动攻击（如伪造，窜改信息等）的一种重要技术。

信息认证技术主要包括以下 4 个方面。

1.　数字签名技术

在政治、军事、外交等活动中签署文件，商业上签定契约和合同以及日常生活中在书信、从银行取款等事务中的签字，传统上都采用手写签名或印鉴。签名起到认证、核准和生效作用。随着信息时代的来临，人们希望通过数字通信网络进行远距离的贸易合同签名，数字签名应运而生。

在文件上手写签名长期以来被用作作者身份的证明，或至少同意文件的内容。在计算机上，可以用数字签名（Digital Signature）来实现与文件上手写签名相同的功能。所谓数字签名，就是只有信息发送者才能产生的别人无法伪造的一段数字串，这段数字串同时也是对发送者发送信息真实性一个证明。数字签名也称为电子签名，是公钥密码系统的一种重要应用方式。现在，已经有很多国家制定了电子签名法。《中华人民共和国电子签名法》已于 2004 年 8 月 28 日第十届全国人民代表大会常务委员会第十一次会议通过，并已于 2005 年 4 月 1 日开始实施。

作为一种签名方式，数字签名与书面文件上的手写签名有着如下共同的特征和作用。

（1）签名是可信的：如果接收者能够用签名者的公开密钥解密，他就能够确定签名者的身份。

（2）签名不可伪造：只有签名者知道他的私人密钥，别人无法伪造他的签名。

（3）签名不可重用：签名是文件的一部分，不法之徒不可能将签名移到另一个文件上。

（4）被签名的文件是不可改变的：如果被签名的文件有任何改变，那么该签名文件就不可能用签名者的公开密钥进行解密。

（5）签名是不可抵赖的：因为别人不知道签名者的私人密钥，不可能产生同样的签名文件，因此签名是不可能抵赖的。

手写签名与数字签名的主要区别如下。

（1）体现形式不一样。手写签名印在文件的物理部分，手写签名反映某个人的个性特征，同一个人对不同文档的手写签名体现的个性特征相同；数字签名则以签名算法体现在所签的文件中。数字签名是数字串，它随被签对象不同而变化。同一个人对不同文档的数字签名是不同的。

（2）验证方式不同。一个手写签名是通过和一个真实的手写签名相比较来验证；而数字签名能通过一个公开的验证算法来验证。任何人都可以验证一个数字签名。

（3）复制形式不同。手写签名不易复制；数字签名容易复制。

一个数字签名算法主要由两部分组成，即签名算法和验证算法。签名者能使用一个（秘密）签名算法签一个消息，所得的签名能通过一个公开的验证算法来验证。给定一个签名，验证算法根据签名是否真实来作出一个"真"或"假"的问答。

目前已有大量的数字签名算法，如 RSA 数字签名算法、EIGamal 数字签名算法、Fiat-Shamir 数字签名算法、Guillou-Quisquarter 数字签名算法、Schnorr 数字签名算法、0ng-Schnorr-Shamir 数字签名算法、椭圆曲线数字签名算法和有限自动机数字签名算法等。

A 使用一个签名算法对消息 x 签名和 B 验证签名（x, y）的过程可描述为如下过程。

（1）首先 A 使用他的秘密密钥对 x 进行签名得到 y。

（2）然后 A 将（x, y）发送给 B。

（3）最后 B 用 A 的公钥验证 A 的签名的合法性。

2. 身份识别技术

通信和数据系统的安全性常常取决于能否正确识别通信用户或终端的个人身份。如银行的自动取款机可将现款发放给经它正确识别的账号持卡人。对计算机的访问和使用、安全地区的出入和放行、出入境等都是以准确的身份识别为基础的。身份识别技术能使识别者让对方识别到自己的真正身份，确保识别者的合法权益。但是从更深一层意义上来说，它是社会责任制的体现和社会管理的需要。

进入电子信息社会，虽然有不少学者试图使用电子化生物唯一识别信息（如指纹、掌纹、声纹、视网膜、脸形等）技术进行身份识别，但由于电子生物识别技术代价高、准确性低、存储空间大、传输效率低、不适合计算机读取和判别，只能作为辅助措施应用。而使用密码技术，特别是公钥密码技术，能够设计出安全性高的识别协议，因此受到人们的青睐。

身份识别的常用方式主要有两种，一种是使用通行字的方式；另一种是使用持证的方式。通行字是使用最广泛的一种身份识别方式。通行字一般由数字、字母、特殊字符、控制字符等组成。其选择规则为易记，难于被别人猜中或发现，抗分析能力强。此外，还需要考虑它的选择方法、使用期、长度、分配、存储和管理等方面。通行字方式识别的方法是识别者 A 先输入他的通行字，然后计算机确认它的正确性。A 和计算机都知道这个秘密通行字，A 每次登录时，计算机都要求 A 输入通行字。这样就要求计算机存储通行字，一旦通行字文件暴露，就可获得通行字。为了克服这种缺陷，建议采用单向函数对通行字进行计算。此时，计算机存储通行字的单项函数值而不是存储通行字。其认证过程如下。

（1）A 将他的通行字传送给计算机。

（2）计算机完成通行字的单向函数值的计算。

（3）计算机把单向函数值和机器存储的值比较。

由于计算机不再存储每个人的有效通行字表，入侵者即使侵入计算机也无法从通行字的单向函数值表中获得通行字。当然，这种保护不能抵抗全部的攻击方式。不过，它的确是一种简单而有效的识别方法。

持证（Token）是一种个人持有物，它的作用类似于钥匙，用于启动电子设备。使用比较多的是一种嵌有磁条的塑料卡，磁条上记录有用于机器识别的个人信息。这类卡通常和个人识别号（PIN）一起使用。这类卡易于制造，而且磁条上记录的数据也易于转录，因此要设法防止仿制。为了提高磁卡的安全性，建议使用一种被称作"智能卡"的磁卡来代替普通的磁卡，智能卡与普通磁卡的主要区别在于智能卡带有智能化的微处理器和存储器。智能卡已成为目前身份识别的一种更有效、更安全的方法。智能卡仅仅为身份识别提供了一个硬件基础，要想得到安全的识别，还需要与安全协议配套使用。

从实用角度来讲，人们最关心的是设计简单而且能在一张智能卡上实现的安全识别协议。一个安全的身份识别协议至少应满足以下两个条件。

（1）识别者 A 能向验证者 B 证明他的确是 A。

（2）在识别者 A 向验证者 B 证明他的身份后，验证者 B 没有获得任何有用的信息，B 不能模仿 A 向第三方证明他是 A。

目前已经设计出了许多满足这两个条件的识别协议。如 schnoor 身份识别协议、okanmto 身份识别协议、guillou-quisquater 身份识别协议等。这些识别协议均为询问-应答式协议，询问-应答式协议的基本观点是：验证者提出问题（通常是随机选择一些随机数，称作口令），由识别者回答，然后验证者验证其真实性。另一类比较重要的识别协议是零知识身份识别协议。零知识的基本思想是：称为证明者的一方试图使被称为验证者的另一方相信某个论断是正确的，却又不向验证者提供任何有用的信息。feige\fiat 和 shamir 基于零知识的思想设计了第一个零知识身份识别协议，称为 feige-fiat-shamir 零知识身份识别协议。

3. 散列函数和消息的完整性

对称密码体制和非对称密码体制都是保证消息在传输时的机密性，但消息在传输途中被主动攻击（如对消息的内容、顺序、和时间的篡改以及重发等），就需要散列函数来介入，散列函数在数据完整性验证认证、数字签名等领域有广泛应用。

一个散列函数 H（Hash）是一个有效的确定性算法，如 MD5，SHA1 等。它可将任意长度的先特串输入 $x \in \{0,1\}^*$ 映射到一个定长比特串，即 $H : \{0,1\}^* \to \{0,1\}^n$。长度用 $|H|$ 表示。

希望散列函数具有以下性质。

（1）基本属性：函数的输入可以使任意长，函数的输出是固定长。

（2）可有效计算：存在一个多项式时间算法，输入 x，输出 $H(x)$。

（3）单向性（单向 Hash 函数）：给定一个哈希值 h，找到一个原像输入 x，使得 $H(x) = h$ 在计算上是不可行的。

（4）抗弱碰撞性（弱单向 Hash 函数）：给定一个输入 x，找出另外一个不同的输入 y，使得 $H(x) = H(y)$，在计算上不可行。

（5）抗强碰撞性（强单向 Hash 函数）：找出两个不同的输入 x 和 y，使得 $H(x) = H(y)$ 在计算上不可行。

性质的补充说明：前两条是 Hash 函数用于消息认证的基本要求；第三条单向性用于带秘密值的认证技术，例如，假设待发送消息为 m，$c = H(s\|m)$，如果能求 c 的逆 $s\|m$，则秘密值 s 泄露；抗弱碰撞性用于防止 Hash 值被加密时伪造，例如，假设已知 x 能找到 y，使得 $H(x) = H(y)$ 成立，即使 Hash 值被加密，也可以用 y 伪造 x；强单向性用于抵抗生日攻击。

Hash 函数的主要用途在于提供数据的完整性校验和提高数字签名的有效性，目前国际上已提出了许多 Hash 函数的设计方案。这些 Hash 函数的构造方法主要可分为以下 3 类。

（1）基于某些数学难题如整数分解、离散对数问题的 Hash 函数设计。

（2）基于某些对称密码体制如 DES 等的 Hash 函数设计。

（3）不基于任何假设和密码体制直接构造的 Hash 函数。

其中第 3 类 Hash 函数有著名的 SHA-1，SHA-256，SHA-384，SHA-512，MD4，MD5，RIPEMD 和 HAVAL 等。

生日攻击方法没有利用 Hash 函数的结构和任何代数弱性质，它只依赖于消息摘要的长度，即 Hash 值的长度。这种攻击对 Hash 函数提出了一个必要的安全条件，即消息摘要必须足够长。生日攻击这个术语来自于所谓的生日问题（Birthday Problem）：生日问题是指，如果一个房间里有 23 个或 23 个以上的人，那么至少有两个人的生日相同的概率要大于 50%。这就意味着在一个典型的标准小学班级（30 人）中，存在两人生日相同的可能性更高。对于 60 或者更多的人，这种概率要大于 99%。从引起逻辑矛盾的角度来说生日悖论并不是一种悖论，从这个数学事实与一般直觉相抵触的意义上，它才称得上是一个悖论。大多数人会认为，23 人中有 2 人生日相同的概率应该远远小于 50%。

一般化的 4 个生日问题如下。

问题 1：一个班级中最少的学生数 k 是多少，才能使得很可能最少有一个学生要在预先确定的那一天过生日？

问题 2：一个班级中学生的最小数 k 是多少，才能使得很可能最少有一个学生和教授选出来的另一个学生在同一天过生日？

问题 3：一个班级中学生的最小数 k 是多少，才能使得很可能最少有两个学生在同一天过生日？

问题 4：有两个班，每一个班中有 k 名学生。k 的最小值是多少，才能使得很可能第一班中最少有一名学生和第二班中的一名学生在同一天过生日？

表 5-4 给出了 4 种生日问题中每个样本的概率（P）和样本大小（k）的表达式。

表 5-4　　　　　　　　　　　　　4 种生日问题解答概要

问　题	概　率	k 的一般值	$P=1/2$ 时，k 的值	学生数（$N=365$）
1	$P \approx 1-e^{-k/N}$	$k \approx \ln[1/(1-P)] \times N$	$k \approx 0.69 \times N$	253
2	$P \approx 1-e^{-(k-1)/N}$	$k \approx \ln[1/(1-P)] \times N+1$	$k \approx 0.69 \times N+1$	254
3	$P \approx 1-e^{-k^2/2N}$	$k \approx [2\ln(1/(1-P))]^{1/2} \times N^{1/2}$	$k \approx 1.18 \times N^{1/2}$	23
4	$P \approx 1-e^{-k^2/N}$	$k \approx [\ln(1/(1-P))]^{1/2} \times N^{1/2}$	$k \approx 0.83 \times N^{1/2}$	16

4．消息认证

消息认证是指使指定的消息接收者能够检验收到的消息是否真实的方法。检验的内容包括证实消息的源和宿、消息的内容是否被篡改过（即消息的完整性）、消息的序号和时间性。

消息的源和宿的认证可使用数字签名技术和身份识别技术，常用的方法有两种。一种方法是通信双方事先约定发送消息的数据加密密钥，接收者只需证实发送来的消息是否能用该密钥还原成明文就能鉴定发送者。如果双方使用同一个数据加密密钥，那么只需在消息中嵌入发送者的识别符即可。另一种方法是通信双方事先约定各自发送消息所使用的通行字，发送消息中含有此通行字并进行加密，接收者只需判别消息中解密的通行字是否等于约定的通行字就能鉴定发送者。为了安全起见，通行字应该是可变的。

消息的序号和时间性的认证主要是阻止消息的重放攻击。常用的方法有：消息的流水作业号、链接认证符、随机数认证法和时戳等。消息内容的认证即消息的完整性检验常用的方法是消息发送者在消息中加入一个认证码并经加密后发送给接收者检验（有时只需加密认证码即可），接收者利用约定的算法对解密后的消息进行运算，将得到的认证码与收到的认证码进行比较，若二者相等，则接收，否则拒绝接收。目前实现这种方法的基本途径有两条：一条是采用消息认证码（MAC）；另一条是采用窜改检测码（MDC）。MAC 法利用函数 $f(x)$ （$f(x)$ 必须满足一定的条件）和密钥 k 将要发送的明文 x 或密文 y 变换成 r 比特的消息认证码 $f(x, k)$ 或称其为认证符附加在 x 或 y 之后发出，通常将 f 选为带密钥的杂凑函数。MDC 法利用函数 $f(x)$ （$f(x)$ 必须满足一定的条件）将要发送的明文 x 变换成 r 比特的篡改检测码 $f(x)$ 附加在 x 之后，在一起加密事先保密认证。当然，也可以只对篡改检测码 $f(x)$ 加密。通常将 f 选为不带密钥的杂凑函数。接收者收到发送的消息后，按照发送方同样的方法对接收的数据或解密后的数据的前面部分进行计算，得到相应的 r 比特串，然后与接收恢复的 r 比特串逐位进行比较，若完全相同，则认为收到的消息未被篡改，否则，认为收到的消息已被篡改。

5.4 网络物理隔离

物理隔离技术作为网络与信息安全技术的重要实现手段，越来越受到业界的重视。物理隔离的概念，简单地说就是让存有用户重要数据的内网和外部的 Internet 不具有物理上的连接，将用户涉密信息与非涉密的可以公布到 Internet 上的信息隔离开来，让黑客无机可乘。这样就需要一种技术来帮助用户方便、有效地隔离内、外网络。尤其是政府部门、保安部门、军事部门、商业运作筹划部门、重要的科研部门更需要物理隔离技术。

我国非常重视计算机网络的安全，国家保密局发布的《计算机信息系统国际联网保密管理规定》中第二章第六条规定"涉及国家秘密的计算机系统，不得直接或间接地与国际 Internet 或其他公共信息网络相连接，必须实行物理隔离"。这对网络物理隔离的技术研究和产品的生产起着推动作用。

物理隔离技术的目的是保证内外网络信息的隔离。而信息是保存在存储介质上的，物理隔离就是要保证隔离双方的信息即不会出现在同一个存储介质上，也不会出现在对方的网络中。并且两个存储介质在同一时刻只能有一个在发挥作用。

物理隔离技术，需要做到以下 5 点。

（1）高度安全。物理隔离要从物理链路上切断网络连接，达到高度安全的可行性。

（2）较低的成本。建立物理隔离时要考虑其成本，如果物理隔离的成本达到或超过了两套网络的建设费用，那就失去了物理隔离的意义。

（3）容易布置。在实施物理隔离时，既要满足内外网络的功能又要易于布置，结构要简单。

（4）操作简单。物理隔离技术应用的对象是工作人员与网络专业技术人员，因此要求简单易行、方便用户，使用者不会感觉到操作的困难。

（5）灵活性与扩展性。

5.4.1 网络物理隔离的技术原理

物理隔离的技术架构在隔离上。外网是安全性不高的 Internet，内网是安全性很高的内部专用网络。正常情况下，隔离设备和外网，隔离设备和内网，外网和内网是完全断开的。保证网络之间是完全断开的。隔离设备可以理解为纯粹的存储介质和一个单纯的调度和控制电路。

　　当外网需要有数据到达内网的时候，以电子邮件为例，外部的服务器立即发起对隔离设备的非 TCP/IP 的数据连接，隔离设备将所有的协议剥离，将原始的数据写入存储介质。根据不同的应用，可能有必要对数据进行完整性和安全性检查。

　　一旦数据完全写入隔离设备的存储介质，隔离设备立即中断与外网的连接。转而发起对内网的非 TCP/IP 的数据连接。隔离设备将存储介质内的数据送达内网。内网收到数据后，立即进行 TCP/IP 的封装和应用协议的封装，并交给应用系统。

　　此时内网电子邮件系统就收到了外网的电子邮件系统通过隔离设备转发的电子邮件。在控制台收到完整的交换信号之后，隔离设备立即切断隔离设备与内网的直接连接。

　　如果内网有电子邮件发出，隔离设备收到内网建立连接的请求后，建立与内网之间的非 TCP/IP 的数据连接。隔离设备剥离所有的 TCP/IP 和应用协议，得到原始的数据，将数据写入隔离设备的存储介质，然后中断与内网的直接连接。

　　一旦数据完全写入隔离设备的存储介质，隔离设备立即中断与内网的连接。转而发起对外网的非 TCP/IP 的数据连接。隔离设备将存储介质内的数据送达外网。外网收到数据后，立即进行 TCP/IP 的封装和应用协议的封装，并交给系统。

　　控制台收到信息处理完毕后，立即中断隔离设备与外网的连接，恢复到完全隔离状态。

　　每一次数据交换，隔离设备经历了数据的接收，存储和转发 3 个过程。由于这些规则都是在内存和内核中完成的，因此速度上有保证，可以达到 100%的总线处理能力。

　　物理隔离的一个特征就是内网与外网永不连接，内网和外网在同一时间最多只有一个同隔离设备建立非 TCP/IP 的数据连接。其数据传输机制是存储、转发机制。

　　物理隔离的好处是，即使在外网环境最坏情况下，内网也不会遭到任何破坏。

5.4.2　网络物理隔离产品

物理隔离技术从出现到现在经历了 3 代产品。

1. 第一代产品

第一代产品采用的是双网机技术，其工作原理是：在一个机箱内，设有两块主机板、两套内存、两块磁盘和两个 CPU、相当于两台计算机共用一个显示器。用户通过客户端开关，分别选择两套计算机系统。

第一代产品的特点是客户端的成本很高，并要求网络布线为双网线结构，技术水平相对而言比较简单。

2. 第二代产品

第二代产品主要采用双网线的安全隔离卡技术。客户端需要增加一块 PCI 卡，客户端磁盘或其他存储设备首先连接到该卡，然后再转接到主板，这样通过该卡用户就能控制客户端的磁盘或其他存储设备。用户在选择磁盘的时候，同时也选择了该卡上所对应的网络接口，连接到不同的网络。

第二代产品与第一代产品相比，技术水平提高，成本也降低，但是这一代产品仍然要求网络布线采用双网线结构。如果用户在客户端交换两个网络的网线连接，内外网的存储介质也同时被交换了，这时信息的安全还存在着隐患。

3. 第三代产品

第三代产品采用基于单网线的安全隔离卡，加上网络选择器技术。客户端仍然采用类似于第二代双网线安全隔离卡的技术，所不同的是第三代产品只利用一个网络接口，通过网线将不同的电平信息传递到网络选择端，在网络选择端安装网络选择器，并根据不同的电平信号，选择不同的网络连接，这类产品能够有效利用用户现有的单网线网络环境，实现成本较低，由于选择网络的选择器不在客户端，系统的安全性有了很大的提高。

5.4.3 网络物理隔离技术方案

（1）方案一，双布线双磁盘网络隔离方案。

对于某些用户（尤其是政府机构），需要同时使用两个网络，并且要对两个网络进行隔离，针对有物理隔离需求并且已经建立了双布线环境的用户，可以使用以下解决方案，如图 5-8 所示。

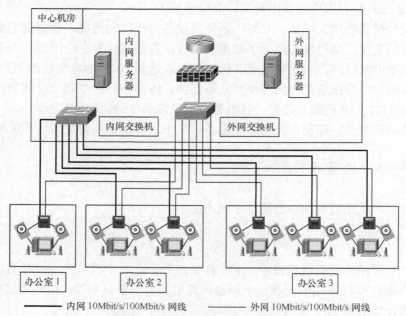

图 5-8 物理隔离卡（双布线）网络结构

用户满足双布线结构后，每位使用者只需要额外配置一套物理隔离卡和一块磁盘即可实现双网双磁盘双布线物理隔离。两块磁盘中，一块安装外网操作系统，另一块安装内网操作系统；受隔离卡控制，在同一时间，两块磁盘中只有一块处于工作状态，因此两块磁盘之间不存在物理通道，实现磁盘的物理隔离。

同时，隔离卡保障对网络状态和磁盘状态的同步，即保证选择外网磁盘（操作系统）时连通外网网络、断开内网网络，选择内网磁盘（操作系统）时连通内网网络、断开外网网络；这样在内、外网络之间，网络和非对应的磁盘之间实现物理隔离。

通过物理隔离卡实现双网双磁盘双布线，可以在达到绝对物理隔离的同时，为用户节约将近一台整机的费用。上述两块磁盘共同使用同一台计算机中所有的（磁盘之外的）配件，在节约费用的同时，节约用户空间。

（2）方案二，单布线双磁盘网络隔离方案。

在某些企、事业单位中，需要同时使用两个网络，并且要对两个网络进行隔离，但是受早期设计或当前预算的制约，从机房到用户桌面采用的是单布线（即每个用户有一条网线连接到机房交换机），如图 5-9 所示。

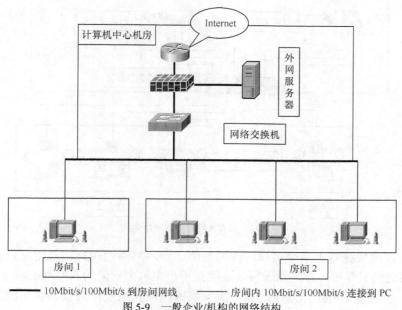

图 5-9 一般企业/机构的网络结构

实现双网隔离的前提是机房网络设备必须有两套，因此有图 5-9 所示结构的用户需要先将机房结构改造为图 5-10 所示的结构，即增加另外一套网络设备，然后通过隔离集线器和隔离卡控制网络和磁盘的状态。

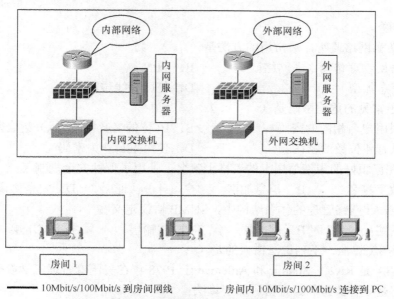

图 5-10 某些机构的双网单布线结构

采用单布线物理隔离卡进行双网隔离，需要配合隔离集线器，其网络结构如图 5-11 所示。

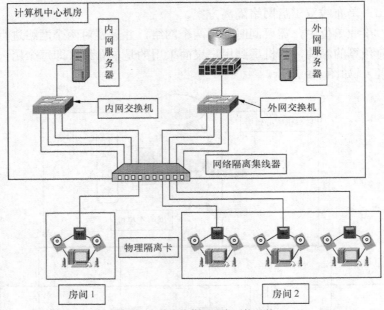

图 5-11　单布线物理隔离网络结构

　　每个用户占用集线器上 3 个端口，内网网络，外网网络由用户自己定义，通过网线连接到对应的网络交换机即可；终端通过网线连接到用户主机中安装的双网双磁盘单布线隔离卡。两块磁盘中，一块装外网操作系统，另一块安装内网操作系统。两块磁盘之间是物理隔离，可以保证绝对的安全。两个操作系统分别对应两个网络。

习　　题

一、选择题

1. 为了防御网络监听，最常用的方法是（　　　　）。

    A．采用物理传输（非网络）　　　　　　B．VPN

    C．信息加密　　　　　　　　　　　　　D．使用专线传输

2. 不属于常见的危险密码是（　　　　）。

    A．跟用户名相同的密码　　　　　　　　B．10 位的（数字+字母）组合密码

    C．只有 4 位数的密码　　　　　　　　　D．使用生日作为密码

3. 某人在已填好的申请信用卡的表格上签名，使用了哪种安全机制（　　　　）。

    A．数字签名　　　　B．消息加密　　　　C．身份认证　　　　D．安全协议

4. 在 Internet 网络管理的体系结构中，SNMP 协议定义在（　　　　）。

    A．网络接口层　　　B．网际层　　　　　C．传输层　　　　　D．应用层

5. 关于 RSA 算法，下列说法错误的是（　　　　）。

    A．RSA 是 Rivet、Shamir 和 Adleman 于 1978 年在美国麻省理工学院研制出来

    B．它是一种典型的公开密钥加密算法

    C．其安全性是建立在"大数分解和素性检测"这一已知的著名数论难题的基础上

    D．它是一种典型的对称密钥加密算法

二、填空题

1．如果把一封信锁在保险柜中，把保险柜藏在纽约的某个地方……，然后告诉你去看这封信，这并不是_____，而是_____。

2．现代密码学抗否认技术是：_____。

3．DES 算法把消息分成_____大小的块，使用_____位密钥，迭代_____轮对数据进行加密。

4．SNMP 规定的主要报文类型有_____，_____，_____，_____，_____。

5．网络管理主要包括_____和_____两个方面的功能。

三、简答题

1．简述网络管理的主要功能。

2．网络安全防范体系设计具有哪些设计原则？

3．我国将计算机信息系统安全保护划分为哪几个等级？

4．生日悖论的含义，它说明了 Hash 函数的哪种性质？

5．简述数字签名的过程。

6．简述网络物理隔离的技术的工作原理。

7．使用网络监控软件，对所在的网络环境进行监控，寻找网络环境中出现的故障点，并提供解决方案。

第 6 章　综合布线系统基础

在当今社会，智能化建筑已成为一个国家和一个城市经济科学发展水平的集中体现，是世界经济发展的必然趋势，综合布线系统（premises Distribution System，PDS），又称建筑物结构化综合布线系统（structured Cabling System，SCS），也称开放式布线系统是智能建筑中必不可少的组成部分，它为智能建筑的各应用系统提供了可靠的传输通道，使智能建筑内各应用系统便于集中管理和维护。综合布线是一项系统工程，它是建筑、通信、计算机和监控等方面的先进技术相互融合的产物。综合布线系统的兴起与发展，是在计算机和通信技术发展的基础上进一步适应社会信息化的需要而发展起来的，同时也是智能大厦发展的结果。

要掌握综合布线技术，首先要对各子系统的结构有充分的认识，在此基础上进一步学习，加强施工训练，积累一定的综合布线工程经验，才能真正掌握这一技术。

6.1　综合布线系统概述

6.1.1　综合布线定义

综合布线系统是为了顺应智能化建筑发展需求而特别设计的一套布线系统。对于现代化的大楼来说，它就如体内的神经，采用了一系列高质量的标准材料，以模块化的组合方式，把语音、数据、图像和部分控制信号系统用统一的传输媒介进行综合，经过统一的规划设计，综合在一套标准的布线系统中，将现代建筑的 3 大子系统有机地连接起来，为现代建筑的系统集成提供了物理介质。可以说结构化布线系统的成功与否直接关系到现代化的大楼的成败，选择一套高品质的综合布线系统是至关重要的。而综合布线系统就是满足实现智能大厦各综合服务需要，用于传输数位、语音、图像、图文等多种信号，并支持多厂商各类设备的集成化信息传输系统，是智能大厦的重要组成部分。

综合布线系统应用高品质的标准材料，以非屏蔽双绞线和光纤作为传输介质，采用组合压接方式，统一进行规划设计，组成一套完整而开放的布线系统。该系统将语音、数据、图像信号的布线与建筑物安全报警、监控管理信号的布线综合在一个标准的布线系统内。在墙壁上或地面上设置有标准插座，这些插座通过各种适配器与计算机、通信设备以及楼宇自动化设备相连接。

综合布线的硬件包括传输介质（非屏蔽双绞线、大对数电缆和光缆等）、配线架、标准信息插座、适配器、光电转换设备、系统保护设备等。

6.1.2　综合布线发展历史

网络综合布线的发展与建筑物自动化系统密切相关，由于传统布线各自独立的、各系统分别由不同的专业设计和安装，他们之间采用不同的线缆和不同的终端插座。而且，连接这些不同布线的插头、插座及配线架均无法互相兼容，更换设备时，就必须更换布线。其改造不仅增加投资和影响日常工作，也影响建筑物整体环境。增加了管理和维护的难度。

20 世纪 50 年代初期，一些发达国家就在大型高层建筑中采用电子器件组成的控制系统。60 年代，开始出现数字式自动化系统。70 年代，建筑物自动化系统采用专用计算机系统进行管理、控制和显示。1984 年，随着超大规模集成电路技术和信息技术的发展，首座智能大厦出现在美国，但仍采用传统布线，不足之处日益显露。Bell 实验室于 80 年代末期在美国率先推出了结构化综合布线系统（SCS）。1985 年初，计算机工业协会（CCIA）提出对大楼布线系统标准化的倡仪，1991 年 7 月，ANSI/EIA/TIA568 即《商业大楼电信布线标准》问世，同时，与布线通道及空间、管理、电缆性能及连接硬件性能等有关的相关标准也同时推出，1995 年底，EIA/TIA 568 标准正式更新为 EIA/TI A/568A，同时，国际标准化组织（ISO）推出相应标准 ISO/IEC/IS11801。1997 年 TIA 出台六类布线系统草案，同期，基于光光纤的千兆网标准推出。1999 年至今，TIA 又陆续推出了六类布线系统正式标准，ISO 推出七类布线标准。2002 年 6 月正式通过的六类布线标准成为了 TIA/EIA-568B 标准的附录，它被正式命名为 TIA/EIA-568B.2-1。

综合布线发展到今天，布线标准经历了三类、四类、五类、超五类线和六类线。五类线是为带宽 100MHz 以下的 4 对电缆发表的业界规范。六类布线标准要求布线的衰减要低，频率范围要高，甚至规定接插件规格。所以目前市场超五类线、六类布线产品普遍应用，光纤产品也开始广泛应用。

我国在 20 世纪 80 年代末期开始引入综合布线系统，90 年代中后期综合布线系统得到了迅速发展。目前，现代化建筑中广泛采用综合布线系统，"综合布线"已成为我国现代化建筑工程中的热门课题，也是建筑工程、通信工程设计及安装施工相互结合的一项十分重要的内容。

6.1.3　综合布线的优点

1. 综合布线系统的组成

综合布线系统采用模块化结构，在国标 GB/T 50311-2007 中划分为 7 个子系统，它们分别是工作区、配线子系统、干线子系统、建筑群子系统、设备间、进线间和管理区子系统。

2. 综合布线系统的优点

综合布线同传统的布线相比较，有着许多优越性，是传统布线所无法相比的。其特点主要表现在它具有兼容性、开放性、灵活性、可靠性、先进性和经济性。而且在设计、施工和维护方面也给人们带来了许多方便。

（1）兼容性。

综合布线的首要特点是它的兼容性。所谓兼容性是指它自身是完全独立的而与应用系统相对无关，可以适用于多种应用系统。过去，为一幢大楼或一个建筑群内的语音或数据线路布线时，往往是采用不同厂家生产的电缆线、配线插座以及接头等。

综合布线将语音、数据与监控设备的信号线经过统一的规划和设计，采用相同的传输媒体、信息插座、交连设备、适配器等，把这些不同信号综合到一套标准的布线中。由此可见，这种布线比传统布线大为简化，可节约大量的物资、时间和空间。

在使用时，用户可不用定义某个工作区的信息插座的具体应用，只把某种终端设备（如个人计算机、电话、视频设备等）插入这个信息插座，然后在管理间和设备间的交接设备上做相应的接线操作，这个终端设备就被接入到各自的系统中了。

（2）开放性。

对于传统的布线方式，只要用户选定了某种设备，也就选定了与之相适应的布线方式和传输媒体。如果更换另一设备，那么原来的布线就要全部更换。对于一个已经完工的建筑物，这种变化是十分困难的，要增加很多投资。

综合布线由于采用开放式体系结构，符合多种国际上现行的标准，因此它几乎对所有著名厂商的产品都是开放的，如计算机设备、交换机设备等；并对所有通信协议也是支持的，如 ISO/IEC8802-3、ISO/IEC8802-5 等。

（3）灵活性。

传统的布线方式是封闭的，其体系结构是固定的，若要迁移设备或增加设备是相当困难而麻烦的，甚至是不可能的。

综合布线采用标准的传输线缆和相关连接硬件，模块化设计。因此所有通道都是通用的。每条通道可支持终端、以太网工作站及令牌环网工作站。所有设备的开通及更改均不需要改变布线，只需增减相应的应用设备以及在配线架上进行必要的跳线管理即可。另外，组网也可灵活多样，甚至在同一房间可有多用户终端，以太网工作站、令牌环网工作站并存，为用户组织信息流提供了必要条件。

（4）可靠性。

传统的布线方式由于各个应用系统互不兼容，因而在一个建筑物中往往要有多种布线方案。因此建筑系统的可靠性要由所选用的布线可靠性来保证，当各应用系统布线不当时，还会造成交叉干扰。

综合布线采用高品质的材料和组合压接的方式构成一套高标准的信息传输通道。所有线槽和相关连接件均通过 ISO 认证，每条通道都要采用专用仪器测试链路阻抗及衰减率，以保证其电气性能。应用系统布线全部采用点到点端接，任何一条链路故障均不影响其他链路的运行，这就为链路的运行维护及故障检修提供了方便，从而保障了应用系统的可靠运行。各应用系统往往采用相同的传输媒体，因而可互为备用，提高了冗余性。

（5）先进性。

综合布线，采用光纤与双绞线混合布线方式，极为合理地构成一套完整的布线。所有布线均采用世界上最新通信标准，链路均按八芯双绞线配置。五类双绞线带宽可达 100MHz，六类双绞线带宽可达 200MHz。对于特殊用户的需求可把光纤引到桌面（Fiber To The Desk）。语音干线部分用钢缆，数据部分用光缆，为同时传输多路实时多媒体信息提供足够的带宽容量。

（6）经济性。

综合布线比传统布线具有经济性优点，综合布线可适应相当长时间需求，传统布线改造很费时间，耽误工作造成的损失更是无法用金钱计算。

随着科学技术的迅猛发展，人们对信息资源共享的要求越来越迫切，尤其以电话业务为主的通信网逐渐向综合业务数字网（ISDN）过渡，越来越重视能够同时提供语音、数据和视频传输的集成通信网。因此，综合布线取代单一、昂贵、复杂的传统布线，是"信息时代"的要求，是历史发展的必然趋势。

6.1.4　综合布线的意义

1.　网络综合布线的应用

综合布线系统是智能化建筑物连接"3A"系统的基础设施，在衡量智能化建筑的智能化程度时，既不完全看建筑物的体积是否高大巍峨和造型是否新型壮观，也不会看装修是否宏伟华丽和设备是否配备齐全，主要是看综合布线系统的配线能力，如设备配置是否成套，技术功能是否完善，网络分布是否合理，工程质量是否优良，这些都是决定智能化建筑的智能化程度高低的重要因素。综合布线系统是衡量智能化建筑智能化程度的重要标志，智能化建筑能否为用户更好地服务，综合布线系统具有决定性的作用。综合布线系统可使智能化建筑充分发挥智能化效能。目前综合布线的主要应用有以下几类。

（1）商业贸易类型：如商务贸易中心、金融机构（如银行和保险公司等）、高级宾馆饭店、股票证券市场和高级商城大厦等高层建筑。

（2）综合办公类型：如政府机关、群众团体、公司总部等办公大厦，办公、贸易和商业兼有的综合业务楼和租赁大厦等。

（3）交通运输类型：如航空港、火车站、长途汽车客运枢纽站、江海港区（包括客货运站）、城市公共交通指挥中心、出租车调度中心、邮政枢纽楼、电信枢纽楼等公共服务建筑。

（4）新闻机构类型：如广播电台、电视台、新闻通讯社、书刊出版社及报社业务楼等。

（5）其他重要建筑类型：如医院、急救中心、气象中心、科研机构、高等院校以及工业、企业的高科技业务楼等。

此外，军事基地和重要部门（如安全部门等）的建筑以及高级住宅小区等也需要采用综合布线系统。在 21 世纪，随着科学技术的发展和人类生活水平的提高，综合布线系统的应用范围和服务对象会逐步扩大和增加。例如，对于智能小区（又称智能化社区），我国建设部计划从目前起，用 5 年左右的时间在全国建成一批高度智能化的住宅小区技术示范工程，以便向全国推广。从以上所述和建设规划来看，综合布线系统具有广泛的使用前景，为智能化建筑实现传送各种信息创造有利条件，以适应信息化社会的发展需要，这已成为时代发展的必然趋势。

2.　网络综合布线的意义

应用综合布线系统，可以降低整体的实施成本，方便日后升级与维护，因而是目前企业信息化实施的主流方向。与传统布线方式相比，综台布线是一种既具有良好的初期投资特性，又具有极高的性能价格比的高科技产品。

（1）随着应用系统的增加，综合布线系统的投资增长缓慢。

综合布线与传统布线初期投资比较如图 6-1 所示。由图中可以看出，当应用系统数是 1 时，传统布线投资约为综合布线的一半，但当应用系统个数增加时，传统布线方式的投资增长得很快，其原因在于所有布线都是相对独立的，每增加一种布线就要增加一份投资。而综合布线初期投资较大，但当应用系统的个数增加时，其投资增加幅度很小。其原因在于各种布线是相互兼容的，都采用相同的绒线和相关连接硬件，电缆还可穿在同一管道内。从图 6-1 还可看出，当一座建筑物有 2～3 种传统布线时，综合布线与传统布线两条曲线相交，生成一个平衡点，此时两种布线投资大体相同。

（2）综合布线系统具有较高的性价比。

综合布线相对于传统布线在经济性方面的主要优势在于性价比随时间推移升高。从图 6-2 可以看出综合布线系统的使用时间越长，它的高性能价格比体现得越充分，从图中还可以看出，随着时间的推移，综合布线方式的曲线是上升的，而传统布线方式的曲线是下降的。在布线系统竣工初期，用于系统维护的费用比较低，综合布线方式的高性价比优势还体现不出来。但是，随着使用期的延长，系统会不断出现新的需求、新的变化、新的应用，传统布线系统显得无能为力，就需重新布线。而且由于传统布线方式管理困难，使系统维护费用急剧上升。相反，由于综合布线系统在设计之初就已经考虑了未来应用的可能变化，所以它能适应各种需求，而且管理维护也很方便，为用户节省大且运行维护费用。

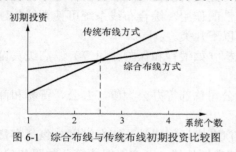

图 6-1　综合布线与传统布线初期投资比较图

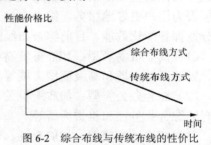

图 6-2　综合布线与传统布线的性价比

6.2　综合布线系统构成

《综合布线系统工程设计规范》（GB 50311-2007）指出，综合布线系统应为开放式网络拓扑结构，应能支持语音、数据、图像、多媒体业务等信息的传递。

《综合布线系统工程设计规范》标准规定，综合布线系统应按工作区子系统、配线子系统、干线子系统、设备间子系统、管理子系统和建筑群子系统等 6 个部分设计。

6.2.1　工作区子系统

一个独立的需要设置终端设备（Teminal Equipment，TE）的区域宜划分为一个工作区。工作区应由配线子系统的电信出口（Telecommunication Outlet，TO）延伸到终端设备处的连接缆线及适配器组成。

工作区是包括办公室、写字间、作业间、机房等需要电话、计算机或其他终端设备（如网络打印机、网络摄像头等）等设施的区域和相应设备的统称。工作区子系统处于用户终端设备（如电话、计算机、打印机等）和水平子系统的信息插座（TO）之间，起着桥梁的作用。该子系统由终端设备至信息插座的连接器件组成，如图 6-3 所示，包括跳线、连接器或适配器等，实现用户终端与网络的有效连接。工作区子系统的布线一般是非永久性的，用户根据工作需要可以随时移动、增加或减少连线，既便于连接，也易于管理。

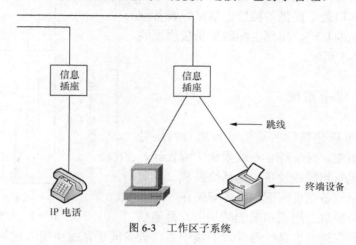

图 6-3 工作区子系统

6.2.2 配线子系统

配线子系统应由工作区的信息插座模块、信息插座模块至电信室配线设备（Floor Distributor，FD）的配线电缆和光缆、电信室的配线设备及设备缆线和跳线等组成。

配线子系统局限于同一楼层的布线系统，是指由每个楼层配线架（FD）至工作区信息插座（TO）之间的线缆、信息插座、转接点及配套设施组成的系统。水平线缆的一端与管理子系统（每个配线间的配线设备）相连，另一端与工作区子系统的信息插座相连，以便用户通过跳线连接各种终端设备，从而实现与网络的连接。如图 6-4 所示。

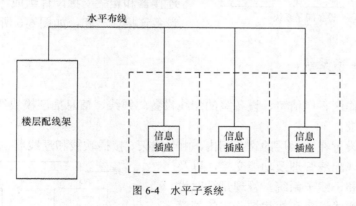

图 6-4 水平子系统

6.2.3 干线子系统

干线子系统应由设备室至电信室的干线电缆和光缆、安装在设备室的建筑物配线设备（Building Distributor，BD）及设备缆线和跳线组成。

干线子系统是建筑物内综合布线系统的主干部分，是指由从主配线架（BD）至楼层配线架（Floor Distributor，FD）之间的缆线及配套设施组成的系统。两端分别敷设到设备间子系统或管理子系统及各个楼层配线子系统引入口处，提供各楼层电信室、设备室和引入口设备之间的互连，实现主配线架与楼层配线架的连接。如图6-5所示。

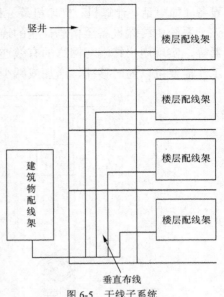

图 6-5　干线子系统

6.2.4　设备间子系统

设备室是在每栋建筑物的适当地点进行网络管理和信息交换的场地。对于综合布线系统工程设计，设备室主要安装建筑物配线设备。电话交换机、计算机主机设备及入口设备也可与配线设备安装在一起。

设备间是一个安放公用通信装置的场所，是通信设施、配线设备所在地，也是线路管理的集中点。设备间子系统由引入建筑的线缆、各种公共设备（如计算机主机、各种控制系统、网络互联设备、监控设备）和其他连接设备（如主配线架）等组成，把建筑物内公共系统需要相互连接的各种不同设备集中连接在一起，完成各个楼层水平子系统之间的通信线路的调配、连接和测试，并建立与其他建筑物的连接，从而形成对外传输的路径。

设备间子系统是建筑物中电信设备、计算机网络设备及建筑物配线设备（BD）安装的地点，同时也是网络管理的场所，由设备间电缆、连接器和相关支撑硬件组成，将各种公用系统设备连接在一起，如图6-6所示。

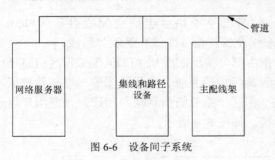

图 6-6　设备间子系统

6.2.5　管理子系统

管理应对工作区、电信室、设备室的配线设备、缆线、信息插座模块等设施按一定的模式进行标识和记录。

管理子系统设置在各楼层的设备间内，由配线架、接插软线和理线器、机柜等装置组成，其主要功能是实现配线管理及功能交换，以及连接水平子系统和干线子系统。管理是针对设备间和工作区的配线设备和缆线按一定的规模进行标识和记录的规定，其内容包括管理方式、标识、色标、交叉连接等。管理子系统采用交连和互连等方式管理垂直电缆和各楼层水平布线子系统的电缆，为连接其他子系统提供连接手段，如图6-7所示。

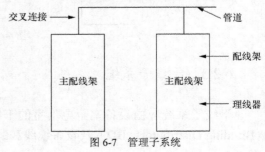

图 6-7　管理子系统

6.2.6 建筑群子系统

建筑群子系统应由连接多个建筑物的干线电缆和光缆、建筑群配线设备（Campus Distributor，CD）及设备缆线和跳线组成。

大中型网络中都拥有多栋建筑物，建筑群子系统（Campus Backbone Subsystem）用于实现建筑物之间的各种通讯。建筑群子系统是指建筑物之间使用传输介质（电缆或光缆）和各种支持设备（如配线架、交换机等）连接在一起，构成一个完整的系统，从而实现彼此实现语音、数据、图像或监控等信号的传输。建筑群子系统包括建筑物间的干线布线及建筑物中的引入口设备，由楼群配线架（Campus Distributor，CD）与其他建筑物的楼宇配线架（Building Distributor，BD）之间的缆线及配套设施组成，如图 6-8 所示。

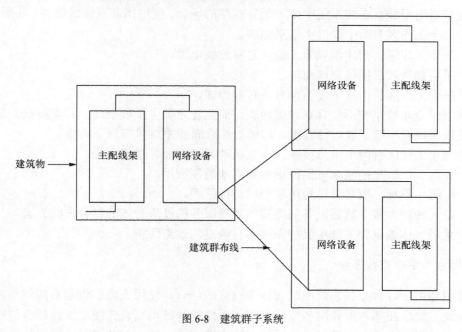

图 6-8　建筑群子系统

6.3　综合布线系统的设计等级与企业资质

6.3.1　综合布线系统设计的等级

智能建筑与智能建筑园区的工程设计，应根据实际需要，选择适当型级的综合布线系统，一般分为如下 3 个不同的布线系统型级。

1．基本型综合布线系统

基本型适用于综合布线系统中配置标准较低的场合，使用铜芯双绞线组网，其配置如下。
（1）每个工作区有一个信息插座。

（2）每个工作区配线电缆为 1 条 4 对双绞电缆。

（3）采用夹接式交接硬件。

（4）每个工作区的干线电缆至少有 2 对双绞线。

基本型综合布线系统大都能支持话音／数据，其特点如下。

（1）能支持所有话音和数据的应用，是一种富有价格竞争力的综合布线方案。

（2）应用于话音、话音。

（3）数据或高速数据便于技术人员管理。

（4）采用气体放电管式过压保护和能够自恢复的过渡保护。

（5）能支持多种计算机系统数据的传输。

2. 增强型综合布线系统

增强型适用于综合布线系统中中等配置标准的场合，使用钢芯双绞线组网。其配置如下。

（1）每个工作区有两个或以上信息插座。

（2）每个工作区的配线电缆为 2 条 4 对双绞线电缆。

（3）采用直接式或插接交接硬件。

（4）每个工作区的干线电缆至少有 3 对双绞线。

增强型综合布线系统不仅具有增强功能，而且还可提供发展余地。它支持话音和数据应用，并可按需要利用端子板进行管理。增强型综合布线系统具有以下特点。

（1）每个工作区有两个信息插座，不仅机动灵活，而且功能齐全。

（2）任何一个信息插座都可提供话音和高速数据应用。

（3）可统一色标，按需要可利用端子板进行管理。

（4）是一种能为多个数据设备创造部门环境服务的经济有效的综合布线方案。

（5）采用气体放电管式过压保护和能够自恢复的过流保护。

3. 综合型综合布线系统

综合型适用于综合布线系统中配置标准较高的场合，使用光缆和铜芯双绞线组网。综合型综合布线系统应在基本型和增强型综合布线系统的基础上增设光缆系统。综合型布线系统的主要特点是引入光缆，能适用于规模较大的智能大厦，其余与基本型或增强型相同。

综合布线系统的设计方案不是一成不变的，而是随着实际的需求来确定的，其要点如下。

（1）尽量满足用户的通信要求。

（2）了解建筑物、楼宇间的通信环境。

（3）确定合适的通信网络拓扑结构。

（4）选取合适的介质。

（5）以开放式为基准，尽量与大多数厂家产品和设备兼容。

（6）将初步的系统设计和建设费用预算告知用户。

（7）在争的用户意见并订立合同书后，在选择适当型级制定详细的设计方案。

6.3.2 建筑智能化工程专业承包企业资质

建筑智能化工程专业承包企业资质分为一级、二级、三级。

1．一级资质标准

（1）企业近 5 年承担过 2 项造价 1000 万元以上建筑智能化工程施工，工程质量合格。

（2）企业经理具有 10 年以上从事工程管理工作经历或具有高级职称；总工程师具有 10 年以上从事施工管理工作经历并具有相关专业高级职称；总会计师具有中级以上会计职称。

企业有职称的工程技术和经济管理人员不少于 100 人，其中工程技术人员不少于 60 人，且计算机、电子、通信、自动化等专业人员齐全；工程技术人员中，具有高级职称的人员不少于 5 人，具有中级以上职称的人员不少于 20 人。

企业具有的一级资质项目经理不少于 5 人。

（3）企业注册资本金 1000 万元以上，企业净资产 1200 万元以上。

（4）企业近 3 年最高年工程结算收入 3000 万元以上。

（5）企业具有与承包工程范围相适应的施工机械和质量检测设备。

2．二级资质标准

（1）企业近 5 年承担过 2 项造价 500 万元以上建筑智能化工程施工，工程质量合格。

（2）企业经理具有 5 年以上从事工程管理工作经历或具有中级以上职称；技术负责人具有 5 年以上从事施工管理工作经历并具有相关专业中级职称；财务负责人具有初级以上会计职称。

企业有职称的工程技术和经济管理人员不少于 50 人，其中工程技术人员不少于 30 人，且计算机、电子、通信、自动化等专业人员齐全；工程技术人员中，具有高级职称的人员不少于 3 人，具有中级以上职称的人员不少于 10 人。

企业具有的二级资质以上项目经理不少于 8 人。

（3）企业注册资本金 500 万元以上，企业净资产 600 万元以上。

（4）企业近 3 年最高年工程结算收入 1000 万元以上。

（5）企业具有与承包工程范围相适应的施工机械和质量检测设备。

3．三级资质标准

（1）企业近 5 年承担过 2 项造价 200 万元以上建筑智能化或综合布线工程施工，工程质量合格。

（2）企业经理具有 5 年以上从事工程管理工作经历；技术负责人具有 5 年以上从事施工管理工作经历并具有相关专业中级职称；财务负责人具有初级以上会计职称。

企业有职称的工程技术和经济管理人员不少于 20 人，其中工程技术人员不少于 12 人，且计算机、电子、通信、自动化等专业人员齐全；工程技术人员中，具有高级职称的人员不少于 1 人，具有中级以上职称的人员不少于 4 人。

企业具有的三级资质以上项目经理不少于 3 人。

（3）企业注册资本金 200 万元以上，企业净资产 240 万元以上。

（4）企业近 3 年最高年工程结算收入 300 万元以上。

（5）企业具有与承包工程范围相适应的施工机械和质量检测设备。

4．承包工程范围

一级企业：可承担各类建筑智能化工程的施工。

二级企业：可承担工程造价 1200 万元及以下的建筑智能化工程的施工。

三级企业：可承担工程造价 600 万元及以下的建筑智能化工程的施工。

习　题

一、选择题（部分为多选题）

1. 基本型综合布线系统是一种经济有效的布线方案，适用于综合布线系统中配置低的场合，主要以（　　）作为传输介质。

　　A. 同轴电缆　　　　B. 铜质双绞线　　C. 大对数电缆　　D. 光缆

2. 《综合布线系统工程设计规范》将综合布线系统分为（　　）个子系统。

　　A. 5　　　　　　　B. 6　　　　　　　C. 7　　　　　　　D. 8

3. 按照 GB50311-200 标准规定，铜缆双绞线电缆的信道长度不超过（　　）。

　　A. 50m　　　　　　B. 90m　　　　　　C. 100m　　　　　D. 150m

4. 综合布线系统的拓扑结构一般为（　　）。

　　A. 总线型　　　　　B. 星型　　　　　　C. 树型　　　　　　D. 环型

5. 在水平子系统的设计中，一般要遵循以下哪些原则（　　）。

　　A. 性价比最高原则　　　　　　　　B. 预埋管原则

　　C. 水平缆线最短原则　　　　　　　D. 使用光缆原则

二、填空题

1. 综合布线系统应用高品质的标准材料，以_____和_____、作为传输介质，采用组合压接方式，统一进行规划设计，组成一套完整而开放的布线系统。

2. 综合布线系统是集成网络系统的基础，它能满足_____、_____及_____等的传输要求，是智能大厦的实现基础。

3. 建筑物的综合布线系统，一般根据用户的需要和复杂程度，可分为 3 种不同的布线系统等级，它们是_____、_____、_____。

4. 工作区应由配线子系统的_____延伸到_____处的连接缆线及适配器组成。

5. 《综合布线系统工程设计规范》国家标准规定，在智能建筑工程设计中宜将综合布线系统分为_____、_____、_____三种常用形式。

三、简答题

1. 简述综合布线的概念及系统的组成。

2. 如何理解综合布线系统的设计原则？

3. 管理间子系统的布线设计原则有哪些？

4. 简述综合布线系统的优点。

第 7 章　传输介质与传输特性

综合布线系统的发展可用日新月异来形容，从 1984 年世界上第一座智能大厦落成以来，至 80 年代末期综合布线系统概念的产生；并伴随以太网技术日益成熟而飞速发展；短短二十年的时间，综合布线系统从无到有，从三类标准发布到六类标准占据主流市场，从支持十兆以太网到 10 吉比特以太网的应用。

综合布线系统的传输介质的选择也随着网络技术的发展而变迁，从最初的铜轴电缆到双绞线；而欧洲和北美的屏蔽和非屏蔽之争也让用户难于决择；再有随着光纤技术的成熟和光处理设备的成本下降，光纤的加入，使这一问题变的更为复杂。本章将主要介绍电缆，光缆的规格种类和性能，配线架的种类、功能及作用以及线槽、机柜、施工工具的规格及选用。

7.1　双　绞　线

双绞线是综合布线系统工程中最常使用的一种传输介质。由一对或多对相互绝缘的导线按照一定的规格互相缠绕在一起并包裹绝缘护套层而制成的一种通用配线，属于信息通信网络传输介质。双绞线的对绞方式用来抵御一部分外界电磁波干扰，更主要的是降低自身信号的对外干扰。把两根绝缘的铜导线按一定密度互相绞在一起，可以降低信号干扰的程度，每一根导线在传输中辐射的电波会被另一根线上发出的电波抵消。外层电缆护套可以保护其中的导线免遭机械损伤和其他有害物质的损坏。

7.1.1　双绞线的分类与适用

1. 按电气性能划分

按电气性能划分的话，美国通信工业协会（TIA）制定的标准是 EIA/TIA-568B，双绞线可以分为：一类、二类、三类、四类、五类、超五类、六类、超六类、七类共 9 种双绞线类型。类型数字越大，版本越新、技术越先进、带宽也越宽，当然价格也越贵。这些不同类型的双绞线标注方法是这样规定的：如果是标准类型则按"catx"方式标注，如常用的五类线，则在线的外包皮上标注为"cat5"，注意字母通常是小写，而不是大写。而如果是改进版，就按"xe"进行标注，如超五类线就标注为"5e"，同样字母是小写，而不是大写。具体如下。

（1）一类（Category 1）线是 ANSI/EIA/TIA-568A 标准中最原始的非屏蔽双绞铜线电缆，但它开发之初的目的不是用于计算机网络数据通信的，而是用于电话语音通信的。

（2）二类（Category 2）线是 ANSI/EIA/TIA-568A 和 ISO 2 类/A 级标准中第一个可用于计算机网络数据传输的非屏蔽双绞线电缆，传输频率为 1MHz，传输速率达 4Mbit/s，主要用于旧的令牌网。

（3）三类（Category 3）线是 ANSI/EIA/TIA-568A 和 ISO 3 类/B 级标准中专用于 10BASE-T 以太网络的非屏蔽双绞线电缆，传输频率为 16MHz，传输速率可达 10Mbit/s。

（4）四类（Category 4）线是 ANSI/EIA/TIA-568A 和 ISO 4 类/C 级标准中用于令牌环网络的非屏蔽双绞线电缆，传输频率为 20MHz，传输速率达 16Mbit/s。主要用于基于令牌的局域网和 10BASE-T/100BASE-T。

（5）五类（Category 5）线是 ANSI/EIA/TIA-568A 和 ISO 5 类/D 级标准中用于运行 CDDI（CDDI 是基于双绞铜线的 FDDI 网络）和快速以太网的非屏蔽双绞线电缆，传输频率为 100MHz，传输速率达 100Mbit/s。

（6）超五类（Category excess 5）线是 ANSI/EIA/TIA-568B.1 和 ISO 5 类/D 级标准中用于运行快速以太网的非屏蔽双绞线电缆，传输频率也为 100MHz，传输速率也可达到 100Mb/s。与五类线缆相比，超五类在近端串扰、串扰总和、衰减和信噪比 4 个主要指标上都有较大的改进。

（7）六类（Category 6）线是 ANSI/EIA/TIA-568B.2 和 ISO 6 类/E 级标准中规定的一种非屏蔽双绞线电缆，它主要应用于百兆位快速以太网和千兆位以太网中。因为它的传输频率可达 200～250MHz，是超五类线带宽的 2 倍，最大速率可达到 1 000Mbit/s，满足吉比特以太网需求。

（8）超六类（Category excess 6）线是六类线的改进版，同样是 ANSI/EIA/TIA-568B.2 和 ISO 6 类/E 级标准中规定的一种非屏蔽双绞线电缆，主要应用于千兆网络中。在传输频率方面与六类线一样，也是 200～250MHz，最大传输速率也可达到 1 000Mbit/s，只是在串扰、衰减和信噪比等方面有较大改善。

（9）七类（Category 7）线是 ISO 7 类/F 级标准中最新的一种双绞线，主要为了适应 10 吉比特以太网技术的应用和发展。但它不再是一种非屏蔽双绞线了，而是一种屏蔽双绞线，所以它的传输频率至少可达 500MHz，又是六类线和超六类线的 2 倍以上，传输速率可达 10Gbit/s。

2. 按双绞线包缠是否有金属屏蔽层分

按双绞线包缠是否有金属屏蔽层分，双绞线可分为屏蔽双绞线（Shielded Twisted Pair，STP）和非屏蔽双绞线（Unshielded Twisted Pair，UTP）两种。

（1）屏蔽双绞线。

屏蔽双绞线是指带有总屏蔽或每对都有屏蔽物的双绞电缆。优点主要体现在它具有的很强的抵抗外界电磁干扰、射频干扰的能力；同时也能够防止内部传输信号向外界的能量辐射，具有很好的系统安全性。但也有重量大，体积大，价格高和施工相对困难等缺点。

屏蔽双绞线根据防护的要求可分为 F/UTP 双绞线（总屏蔽层为铝箔屏蔽，没有线对屏蔽层的屏蔽双绞线）；U/FTP 双绞线（没有总屏蔽层，线对屏蔽为铝箔屏蔽的屏蔽双绞线）；SF/UTP 双绞线（总屏蔽层为丝网＋铝箔的双重屏蔽，线对没有屏蔽的双重屏蔽双绞线）；S/FTP 双绞线（总屏蔽层为丝网，线对屏蔽为铝箔屏蔽的双重屏蔽双绞线）。

① F/UTP 屏蔽双绞线，铝箔总屏蔽屏蔽双绞线（F/UTP）是最传统的屏蔽双绞线，主要用于将 8 芯双绞线与外部电磁场隔离，对线对之间电磁干扰没有作用。F/UTP 双绞线在 8 芯双绞线外层包裹了一层铝箔。即在 8 根芯线外、护套内有一层铝箔，在铝箔的导电面上铺设了一根接地导线。F/UTP 双绞线主要用于五类、超五类，在六类中也有应用。

② U/FTP 屏蔽双绞线，线对屏蔽双绞线（U/FTP）的屏蔽层同样由铝箔和接地导线组成，所不同的是：铝箔层分有 4 张，分别包裹 4 个线对，切断了每个线对之间电磁干扰途径。因此它除了可以抵御外来的电磁干扰外，还可以对抗线对之间的电磁干扰（串扰）。U/FTP 线对屏蔽双绞线来自七类双绞线，目前主要用于六类屏蔽双绞线，也可以用于超五类屏蔽双绞线。

③ SF/UTP 屏蔽双绞线，SF/UTP 屏蔽双绞线的总屏蔽层为铝箔＋铜丝网，它不需要接地导线作为引流线：铜丝网具有很好的韧性，不易折断，因此它本身就可以作为铝箔层的引流线，万一铝箔层断裂，丝网将起到将铝箔层继续连接的作用。SF/UTP 双绞线在 4 个双绞线的线对上，没有各自的屏蔽层。因此它属于只有综屏蔽层的屏蔽双绞线。

④ S/FTP 屏蔽双绞线，S/FTP 屏蔽双绞线属于双重屏蔽双绞线，它是应用于七类屏蔽双绞线的线缆产品，也用于六类屏蔽双绞线。

不同的屏蔽电缆会产生不同的屏蔽效果。金属箔对高频、金属编织网对低频的电磁屏蔽效果较好，如果采用双层屏蔽，则屏蔽效果最理想。不过屏蔽布线系统的功能体现需要做到所有连接硬件都使用屏蔽产品，包括传输电缆、配线架、模块和跳线。如果只是传输信道的一部分使用了屏蔽产品（如水平电缆），则起不到系统整体屏蔽的作用。另外屏蔽布线系统必须要有良好接地，如果传输信道各连接元件的屏蔽层不连续或者接地不良，可能会比非屏蔽系统提供的传输性能更差。

（2）非屏蔽双绞线。

非屏蔽双绞线是指没有任何屏蔽物的双绞线，只通过导线的对绞来消除电磁干扰，所能抵御的外部电磁干扰的能力是与双绞线的绞矩成正比的。非屏蔽双绞线重量轻，体积小，弹性好，价格便宜并且易于施工。

7.1.2　双绞线的工程应用与选择

除了传统的语音系统仍然使用三类双绞线以外，网络布线目前基本上都在采用超五类或六类非屏蔽双绞线。五类非屏蔽双绞线虽仍然可以支持 1000Base-T，但由于在价格上与超五类非屏蔽双绞线相差无几，因此，已经逐渐淡出布线市场。

1．六类非屏蔽双绞线

六类非屏蔽双绞线的各项参数都比超五类双绞线有大幅提高，带宽也扩展至 250MHz 或更高。六类双绞线的导体规格不同于超五类双绞线的 24AWG，而多采用 23AWG，六类双绞线在外形上和结构上与五类或超五类双绞线都有一定的差别，如图 7-1 所示，不仅增加了绝缘的十字骨架，将双绞线的 4 对线分别置于十字骨架的 4 个凹槽内，而且电缆的直径也更粗。

电缆中央的十字骨架随长度的变化而旋转角度，将 4 对双绞线卡在骨架的凹槽内，保持 4 对双绞线的相对位置，提高电缆的平衡特性和串扰衰减。另外，保证在安装过程中电缆的平衡结构不遭到破坏。

六类非屏蔽双绞线虽然价格略高，但由于与超五类布线系统具有非常好的兼容性，且能够非常好地支持 1000Base-T，已经成为综合布线的主流。七类屏蔽双绞线由于是一种全新的布线系统，虽然性能优异，但由于价格昂贵。施工复杂且可选择的产品较少，因此很少在布线工程中采用。

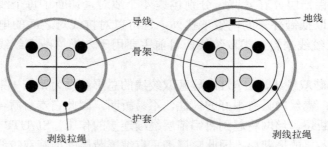

导线　地线　骨架　护套　剥线拉绳　剥线拉绳

图 7-1　六类 4 对非屏蔽双绞线与屏蔽双绞线结构

影响双绞线性能的因素很多，在选取双绞线时，除考虑其种类和规格外，还应注意以下事项。

（1）从外观上看，仔细查看线缆的箱体包装是否完好。双绞线外护套上应清晰印有产地、执行标准、产品类别、线长之类的字样。六类线的标识是"cat6"，超五类线的标识是"cat5e"。印刷的字符应非常清晰、圆滑，基本上没有锯齿状。

（2）切开双绞线的外护套，查看线对中两根导线的扭绕密度是否符合技术要求，同一电缆中的不同线对具有不同的绞合度。除线对的两条绝缘铜导线要按要求进行绞合外，电缆中的线对之间也要按逆时针方向进行绞合。一般六类双绞线中线对的扭绕度要比超五类双绞线密，超五类则要比五类双绞线密。

（3）注意双绞线的粗细是否与外套上所印 AWG 值相同，线芯的直径是否均匀且符合标准。注意双绞线线芯的硬度，观看其外表是否具有一定的自然弯曲，通常这种弯曲更容易下场施工，因为多次对一条线芯硬度较高的双绞线进行弯折会大大增加其串音和衰减值，同时还可能改变其回波损耗特性。

（4）注意双绞线的阻燃特性是否与线缆外护套打印的规格一致。可在 35℃～40℃时，线缆外护套是否变软，正品网线是不会变软的。或用明火直接对着外皮燃烧，外护套会在烧烤之下逐渐熔化变形，但不应当燃烧。

2. 大对数电缆

在一般的干线敷设中，由于用缆量较大，经常使用大对数电缆，如图 7-2 所示，大对数即多对数的意思，是指很多一对一对的电缆组成一小捆，再由很多小捆组成一大捆，更大对数的电缆则再由一大捆一大捆组成一根大电缆。

图 7-2　大对数电缆

由于线特别多，且颜色固定在某几种色，因此没有掌握技巧是不容易区分出所有线缆对应的线序的。下面介绍一下如何区分线序：a 白红黑黄紫，b 蓝桔绿综灰，每对线由 a 和 b 色组成。如 a 色的白色分别与 b 色中各色组成 1～5 号线对。依此类推可组成 25 对，这 25 对为一基本单位，基本单位间用不同颜色的扎带扎起来以区分顺序。扎带颜色也由基本色组成，顺序与线对排列顺序相同。若白蓝扎带为第一组，线序号 1～25；白桔扎带为第二组线，序号 26～50，依此类推。

7.1.3　RJ-45 连接器

RJ-45 连接器是一种只能沿固定方向插入并自动防止脱落的塑料接头，俗称"水晶头"如图 7-3 所示，专业术语为 RJ-45 连接器（RJ-45 是一种网络接口规范，类似的还有 RJ-11 接口，就是我们平常所用的"电话接口"，用来连接电话线）。指的是由 IEC（60）603-7 标准化，使用由国际性的接插件标准定义的 8 个位置的模块化插孔或者插头。IEC（60）603-7 也是 ISO/IEC 11801 国际通用综合布线标准的连接硬件的参考标准。ISO/IEC 11801 标准关于连接硬件需求的规定：信息插座连接处的物理尺寸参考 IEC（60）603-7，8 针'RJ-45'标准。信息插座的电缆端接导体数量也为 8。

之所把它称为"水晶头"，是因为它的外表晶莹透亮的原因。双绞线的两端必须都安装这种 RJ-45 插头，以便插在网卡（NIC）、集线器（Hub）或交换机（Switch）的 RJ-45 接口上，进行网络通信。

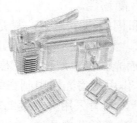 

非屏蔽 RJ-45 连接器　　　　　　　　屏蔽 RJ-45 连接器

图 7-3　屏蔽与非屏蔽 RJ-45 连接器

图 7-4 所示为 RJ-45 连接器（水晶头）的截面示意图，从左到右的引脚顺序分别为 1～8。

常用的 RJ-45 连接器的直通和交叉连接方法如图 7-5 所示，水晶头虽小，但在网络中的重要性一点都不能小看，在许多网络故障中就有相当一部分是因为水晶头质量不好而造成的。

选用水晶头要选择接触探针为纯铜的，若接触探针是镀铜的，容易生锈，造成接触不良，网络不通。挑选晶莹透亮可塑性强的，用线钳压制时可塑性差的水晶头会发生碎裂等现象，质量好的水晶头用手指拨动弹片会听到铮铮的声音，将弹片向前拨动到 90 度，弹片也不会折断，而且会恢复原状并且弹性不会改变。质量差的水晶头塑料扣位不紧（通常是变形所致）也很容易造成接触不良，网络中断。

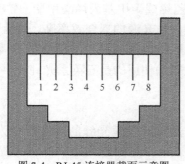 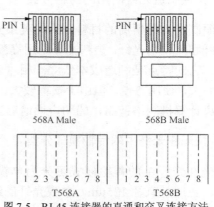

图 7-4　RJ-45 连接器截面示意图　　　　图 7-5　RJ-45 连接器的直通和交叉连接方法

7.2 光缆与光纤

通常光纤与光缆两个名词会被混淆。多数光纤在使用前必须由几层保护结构包覆，包覆后的缆线即被称为光缆。光纤外层的保护结构可防止周遭环境对光纤的伤害，如水、火、电击等。光缆分为光纤、缓冲层及披覆。

7.2.1 光纤

光纤是一种将信息从一端传送到另一端的媒介。是一条玻璃或塑胶纤维，作为让信息通过的传输媒介。由于光纤是一种传输媒介，它可以像一般铜缆线，传送电话通话或计算机数据等资料，所不同的是，光纤传送的是光信号而非电信号。因此，光纤具有很多独特的优点。如宽频宽、低损耗、屏蔽电磁辐射、重量轻、安全性、隐秘性。

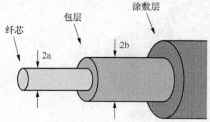

图 7-6 光纤的结构示意图

光纤的结构和同轴电缆相似，只是没有网状屏蔽层，如图 7-6 所示。纤芯位于光纤中心，直径 2a 为 5～75μm，作用是传输光波。包层位于纤芯外层，直径 2b 为 100～150μm，作用是将光波限制在纤芯中。纤芯和包层即组成裸光纤，两者采用高纯度二氧化硅（SiO_2）制成，但为了使光波在纤芯中传送，应对材料进行不同掺杂，使包层材料折射率 $n2$ 比纤芯材料折射率 $n1$ 小，即光纤导光的条件是 $n1 > n2$。一次涂敷层是为了保护裸纤而在其表面涂上的聚氨基甲酸乙脂或硅酮树脂层，厚度一般为 30～150μm。套层又称二次涂覆或被覆层，多采用聚乙烯塑料或聚丙烯塑料、尼龙等材料。经过二次涂敷的裸光纤称为光纤芯线。

光纤系统的传输过程与任何通信传输的过程大致相同，包括：编码→传输→解码，电子信号输入后，透过传输器将信号数位编码，成为光信号，光线以光纤为媒介，传送到另一端的接受器，接受器再将信号解码，还原成原先的电子信号输出。光纤的种类很多，分类方法也是各种各样的。

1. 按照制造光纤所用的材料分类

按照制造光纤所用的材料分为石英系光纤、多组分玻璃光纤、塑料包层石英芯光纤、全塑料光纤和氟化物光纤。塑料光纤是用高度透明的聚苯乙烯或聚甲基丙烯酸甲酯（有机玻璃）制成的。它的特点是制造成本低廉，相对来说芯径较大，与光源的耦合效率高，耦合进光纤的光功率大，使用方便。但由于损耗较大，带宽较小，这种光纤只适用于短距离低速率通信，如短距离计算机网络链路、船舶内通信等。目前通信中普遍使用的是石英系光纤。

2. 按光在光纤中的传输模式分类

按光在光纤中的传输模式可分为单模光纤和多模光纤。多模光纤的纤芯直径为 50～62.5μm，包层外直径 125μm，单模光纤的纤芯直径为 8.3μm，包层外直径 125μm。光纤的工作波长有短波长 0.85μm、长波长 1.31μm 和 1.55μm。光纤损耗一般是随波长加长而减小，

0.85μm 的损耗为 2.5dB/km，1.31μm 的损耗为 0.35dB/km，1.55μm 的损耗为 0.20dB/km，这是光纤的最低损耗，波长 1.65μm 以上的损耗趋向加大。由于 OH⁻ 的吸收作用，0.90～1.30μm 和 1.34～1.52μm 范围内都有损耗高峰，这两个范围未能充分利用。20 世纪 80 年代起，倾向于多用单模光纤，而且先用长波长 1.31μm。

（1）多模光纤。

多模光纤（Multi-Mode Fiber）：中心玻璃芯较粗（50μm 或 62.5μm），可传多种模式的光。但其模间色散较大，这就限制了传输数字信号的频率，而且随距离的增加会更加严重。例如，600MB/km 的光纤在 2km 时则只有 300MB 的带宽了。因此，多模光纤传输的距离就比较近，一般只有几公里。

（2）单模光纤。

单模光纤（Single-Mode Fiber）：中心玻璃芯很细（芯径一般为 9μm 或 10μm），只能传一种模式的光。因此，其模间色散很小，适用于远程通信，但还存在着材料色散和波导色散，这样单模光纤对光源的谱宽和稳定性有较高的要求，即谱宽要窄，稳定性要好。后来又发现在 1.31μm 波长处，单模光纤的材料色散和波导色散一为正、一为负，大小也正好相等。这就是说在 1.31μm 波长处，单模光纤的总色散为零。从光纤的损耗特性来看，1.31μm 处正好是光纤的一个低损耗窗口。这样，1.31μm 波长区就成了光纤通信的一个很理想的工作窗口，也是现在实用光纤通信系统的主要工作波段。1.31μm 常规单模光纤的主要参数是由国际电信联盟 ITU－T 在 G652 建议中确定的，因此这种光纤又称 G652 光纤。

3．按最佳传输频率窗口分类

按最佳传输频率窗口可分为常规型单模光纤和色散位移型单模光纤。

（1）常规型：光纤生产长家将光纤传输频率最佳化在单一波长的光上，如 1.31μm。

（2）色散位移型：光纤生产厂家将光纤传输频率最佳化在两个波长的光上，如：1.31μm 和 1.55μm。

我们知道单模光纤没有模式色散，所以具有很高的带宽，那么如果让单模光纤工作在 1.55μm 波长区，不就可以实现高带宽、低损耗传输了吗？但是实际上并不是这么简单。常规单模光纤在 1.31μm 处的色散比在 1.55μm 处色散小得多。这种光纤如工作在 1.55μm 波长区，虽然损耗较低，但由于色散较大，仍会给高速光通信系统造成严重影响。因此，这种光纤仍然不是理想的传输媒介。

为了使光纤较好地工作在 1.55μm 处，人们设计出一种新的光纤，叫作色散位移光纤（DSF）。这种光纤可以对色散进行补偿，使光纤的零色散点从 1.31μm 处移到 1.55μm 附近。这种光纤又称为 1.55μm 零色散单模光纤，代号为 G653。

G653 光纤是单信道、超高速传输的极好的传输媒介。现在这种光纤已用于通信干线网，特别是用于海缆通信类的超高速率、长中继距离的光纤通信系统中。

色散位移光纤虽然用于单信道、超高速传输是很理想的传输媒介，但当它用于波分复用多信道传输时，又会由于光纤的非线性效应而对传输的信号产生干扰。特别是在色散为零的波长附近，干扰尤为严重。为此，人们又研制了一种非零色散位移光纤即 G655 光纤，将光纤的零色散点移到 1.55μm 工作区以外的 1.60μm 以后或在 1.53μm 以前，但在 1.55μm 波长区内仍保持很低的色散。这种非零色散位移光纤不仅可用于现在的单信道、超高速传输，而且还可适应于将来用波分复用来扩容，是一种既满足当前需要，又兼顾将来发展的理想传输媒介。

还有一种单模光纤是色散平坦型单模光纤。这种光纤在 1.31μm～1.55μm 整个波段上的色散都很平坦，接近于零。但是这种光纤的损耗难以降低，体现不出色散降低带来的优点，所以目前尚未进入实用化阶段。

4．按折射率分布情况分类

按折射率分布情况可分为阶跃型和渐变型光纤。

（1）阶跃型：光纤的纤芯折射率高于包层折射率，使得输入的光能在纤芯—包层交界面上不断产生全反射而前进。这种光纤纤芯的折射率是均匀的，包层的折射率稍低一些。光纤中心芯到玻璃包层的折射率是突变的，只有一个台阶，所以称为阶跃型折射率多模光纤，简称阶跃光纤，也称突变光纤。这种光纤的传输模式很多，各种模式的传输路径不一样，经传输后到达终点的时间也不相同，因而产生时延差，使光脉冲受到展宽。所以这种光纤的模间色散高，传输频带不宽，传输速率不能太高，用于通信不够理想，只适用于短途低速通信，如工控。但单模光纤由于模间色散很小，所以单模光纤都采用突变型。这是研究开发较早的一种光纤，现在已逐渐被淘汰了。

（2）渐变型光纤：为了解决阶跃光纤存在的弊端，人们又研制、开发了渐变折射率多模光纤，简称渐变光纤。光纤中心芯到玻璃包层的折射率是逐渐变小，可使高次模的光按正弦形式传播，这能减少模间色散，提高光纤带宽，增加传输距离，但成本较高，现在的多模光纤多为渐变型光纤。渐变光纤的包层折射率分布与阶跃光纤一样，为均匀的。渐变光纤的纤芯折射率中心最大，沿纤芯半径方向逐渐减小。由于高次模和低次模的光线分别在不同的折射率层界面上按折射定律产生折射，进入低折射率层中去，因此，光的行进方向与光纤轴方向所形成的角度将逐渐变小。同样的过程不断发生，直至光在某一折射率层产生全反射，使光改变方向，朝中心较高的折射率层行进。这时，光的行进方向与光纤轴方向所构成的角度，在各折射率层中每折射一次，其值就增大一次，最后达到中心折射率最大的地方。在这以后。和上述完全相同的过程不断重复进行，由此实现了光波的传输。可以看出，光在渐变光纤中会自觉地进行调整，从而最终到达目的地，这叫作自聚焦。

5．按光纤的工作波长分类

按光纤的工作波长可分为短波长光纤、长波长光纤和超长波长光纤。短波长光纤是指 0.8～0.9μm 的光纤；长波长光纤是指 1.0～1.7μm 的光纤；而超长波长光纤则是指 2μm 以上的光纤。

光纤使用应注意光纤跳线两端的光模块的收发波长必须一致，也就是说光纤的两端必须是相同波长的光模块，简单的区分方法是光模块的颜色要一致。一般的情况下，短波光模块使用多模光纤（橙色的光纤），长波光模块使用单模光纤（黄色的光纤），以保证数据传输的准确性。光纤在使用中不要过度弯曲和绕环，这样会增加光在传输过程的衰减。光纤跳线使用后一定要用保护套将光纤接头保护起来，灰尘和油污会损害光纤的耦合。

7.2.2　光缆

光纤是一种传输光束的细微而柔韧的媒质。光缆由一捆纤维组成，简称为光缆。光缆是数据传输中最有效的一种传输介质，它有以下几个优点。

（1）频带较宽。

（2）电磁绝缘性能好。光纤电缆中传输的是光束，由于光束不受外界电磁干扰与影响，而且本身也不向外辐射信号，因此它适用于长距离的信息传输以及要求高度安全的场合。当然，抽头困难是它固有的难题，因为割开的光缆需要再生和重发信号。

（3）衰减较小。可以说在较长距离和范围内信号是一个常数。

（4）中继器的间隔较大，因此可以减少整个通道中继器的数目，可降低成本。根据贝尔实验室的测试，当数据的传输速率为 420Mbit/s 且距离为 119 公里无中继器时，其误码率为 10^{-8}，可见其传输质量很好。而同轴电缆和双绞线每隔几千米就需要接一个中继器。

在使用光缆互联多个小型机的应用中，必须考虑光纤的单向特性，如果要进行双向通信，那么就应使用双股光纤。由于要对不同频率的光进行多路传输和多路选择，因此在通信器件市场上又出现了光学多路转换器。

光缆一般由缆芯、加强元件和护层 3 部分组成，如图 7-7 所示。缆芯：由单根或多根光纤芯线组成，有紧套和松套两种结构。紧套光纤有二层和三层结构。加强元件：用于增强光缆敷设时可承受的负荷。一般是金属丝或非金属纤维。护层：具有阻燃、防潮、耐压、耐腐蚀等特性，主要是对已成缆的光纤芯线进行保护。根据敷设条件可由铝带/聚乙烯综合纵包带粘界外护层（LAP）、钢带（或钢丝）铠装和聚乙烯护层等组成。

实际使用的光缆分类及使用如下。

（1）GYXTW——金属加强构件、中心管填充式、夹带钢丝的钢－聚乙烯粘结护层通信用室外光缆，适用于管道及架空敷设。

（2）GYXTW53——金属加强构件、中心管填充式、夹带钢丝的钢－聚乙烯粘结护套、纵包皱纹钢带铠装聚乙烯护层通信用室外光缆，适用于直埋敷设。

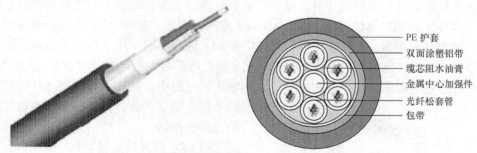

PE 护套
双面涂塑铝带
缆芯阻水油膏
金属中心加强件
光纤松套管
包带

图 7-7　光缆外观及内部结构

（3）GYTA——金属加强构件、松套层绞填充式、铝－聚乙烯粘结护套通信用室外光缆，适用于管道及架空敷设。

（4）GYTS——金属加强构件、松套层绞填充式、钢－聚乙烯粘结护套通信用室外光缆，适用于管道及架空敷设。

（5）GYTY53——金属加强构件、松套层绞填充式、聚乙烯护套、纵包皱纹钢带铠装、聚乙烯套通信用室外光缆，适用于直埋敷设。

（6）GYTA53——金属加强构件、松套层绞填充式、铝－聚乙烯粘结护套、纵包皱纹钢带铠装、聚乙烯套通信用室外光缆，适用于直埋敷设。

（7）GYTA33——金属加强构件、松套层绞填充式、铝－聚乙烯粘结护套、单细圆钢丝铠装、聚乙烯套通信用室外光缆，适用于直埋及水下敷设。

（8）GYFTY——非金属加强构件、松套层绞填充式、聚乙烯护套通信用室外光缆，适用于管道及架空敷设，主要用于有强电磁危害的场合。

（9）GYXTC8S——金属加强构件、中心管填充式、8 字型自承式、钢聚乙烯粘结护套通信用室外光缆，适用于自承式架空敷设。

（10）GYTC8S——金属加强构件、室外层绞填充式、8 字型自承式、钢聚乙烯粘结护套通信用室外光缆，适用于自承式架空敷设。

（11）ADSS－PE——非金属加强构件、松套层绞填充式、圆型自承式、纺纶加强聚乙烯护套通信用室外光缆，适用于高压铁塔自承式架空敷设。

（12）MGTJSV——金属加强构件、松套层绞填充式、钢聚乙烯粘结护套、聚氯乙烯外护套煤矿用阻燃通信光缆，适用于煤矿井下敷设。

（13）GJFJV——非金属加强构件、紧套光纤、聚氯乙烯护套室内通信光缆，主要用于大楼及室内敷设或做光缆跳线使用。

（14）GYTS（GYTA)-RV（BV）X*Y——光电混合缆、馈电光缆，节约成本，主要用于通信基站建设。

7.2.3　光纤连接器

光纤连接器是光纤与光纤之间进行可拆卸（活动）连接的器件，它是把光纤的两个端面精密对接起来，以使发射光纤输出的光能量能最大限度地耦合到接收光纤中去，并使由于其介入光链路而对系统造成的影响减到最小，这是光纤连接器的基本要求。在一定程度上，光纤连接器也影响了光传输系统的可靠性和各项性能。光纤连接器按传输媒介的不同可分为常见的硅基光纤的单模、多模连接器，还有其他如以塑胶等为传输媒介的光纤连接器；按连接头结构形式可分为 FC、SC、ST、LC、MU-RJ 等各种形式。其中，ST 连接器通常用于布线设备端，如光纤配线架、光纤模块等；而 SC 和 MT 连接器通常用于网络设备端。按光纤端面形状分有 FC、PC（包括 SPC 或 UPC）和 APC；按光纤芯数划分还有单芯和多芯（如 MT-RJ）之分。光纤连接器应用广泛，品种繁多。在实际应用过程中，我们一般按照光纤连接器结构的不同来加以区分。以下是一些目前比较常见的光纤连接器。

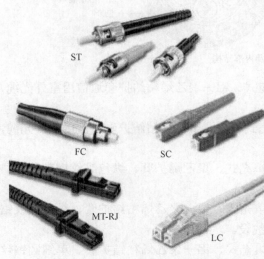

图 7-8　ST、SC、FC、LC、MT-RJ 示意图

（1）FC 型光纤连接器：外部加强方式是采用金属套，紧固方式为圆型带螺纹扣。一般在 ODF 侧采用（配线架上用的最多），如图 7-8 所示。

（2）SC 型光纤连接器：连接 GBIC 光模块的连接器，它的外壳呈矩形，紧固方式是采用卡接式方型，不须旋转（路由器交换机上用得最多），如图 7-8 所示。

（3）ST 型光纤连接器：常用于光纤配线架，外壳呈圆形，紧固方式为螺丝扣（对于 10Base-F 连接来说，连接器通常是 ST 类型。常用于光纤配线架），如图 7-8 所示。

（4）LC 型光纤连接器：连接 SFP 模块的连接器，它采用操作方便的模块化插孔（RJ）闪锁机理制成（路由器常用），如图 7-8 所示。

（5）MT-RJ：收发一体的方形光纤连接器，一头双纤收发一体，如图 7-8 所示。

7.3　综合布线设备

在综合布线设备中，除了最为主要的传输介质，如双绞线和光纤线缆等以外，还有很多的布线设备在使用。常用的有 RJ-45 插头、信息插座、配线架、光纤连接器、剥线钳、打线钳、网线钳、网线模块，还有构建综合布线系统缆线通道的线管与线槽，以及安放布线配线设备的机柜等。

7.3.1　配线架

配线架是管理子系统中最重要的组件，是实现垂直干线和水平布线两个子系统交叉连接的枢纽，一般同理线架一同使用。配线架通常安装在机柜或墙上。通过安装附件，配线架可以全线满足 UTP、STP、同轴电缆、光纤的需要。在网络工程中常用的配线架有双绞线配线架和光纤配线架。双绞线配线架的作用是在管理子系统中将双绞线进行交叉连接，用在主配线间和各分配线间。双绞线配线架的型号很多，每个厂商都有自己的产品系列，并且对应超五类、六类和七类线缆分别有不同的规格和型号，光纤配线架的作用是在管理子系统中将光缆进行连接，通常在主配线间和各分配线间。

1. 双绞线配线架

配线架由其操作界面可划分为模块化配线架（Patch Panel）如图 7-9 所示和 IDC 式配线架如图 7-10 所示，模块化配线架采用模块化跳线（RJ-45 跳线）进行线路连接，IDC 式配线架可采用模块化的 IDC 跳插线（俗称"鸭嘴跳线"如 BIX-BIX、BIX-RJ45 跳插线），以及交叉连接跳线（Jumper Wire, Crossconnect Wire）进行线路连接。模块化跳线和 IDC 跳插线可方便地插拔，而交叉连接跳线则需要专用的压线工具（如 BIX 压线刀）将跳线压如 IDC 连接器的卡线夹中。

图 7-9　模块化配线架

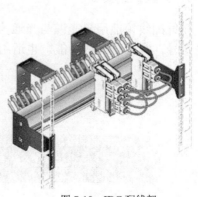

图 7-10　IDC 配线架

配线架由其安装方式又可分为墙装式或架装式，一般模块化配线架是设计成架装安装，通过墙装支架等附件也可墙装；一般的 IDC 式配线架通常设计用于墙上安装，通过一些架装附件或专门的设计也可用于架装。

2. 110 配线架

110 型连接管理系统基本部件是配线架、连接块、跳线和标签。110 型连接管理系统核心部分如图 7-11 所示，110 配线架是由阻燃、注模塑料做的基本器件，布线系统中的电缆线对就端接在其上。

110 配线架作为综合布线系统的核心产品，起着传输信号的灵活转接、灵活分配以及综合统一管理的作用，又因为综合布线系统的最大特性就是利用同一接口和同一种传输介质，让各种不同信息在上面传输，而这一特性的实现主要通过连接不同信息的配线架之间的跳接来完成的。

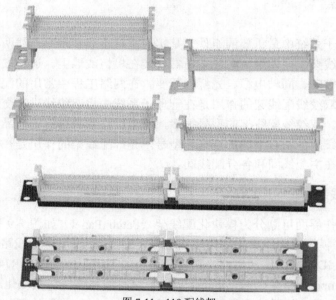

图 7-11　110 配线架

3. 光纤配线架

光纤配线箱适用于光缆与光通信设备的配线连接，通过配线箱内的适配器，用光跳线引出光信号，实现光配线功能。也适用于光缆和配线尾纤的保护性连接如图 7-12 所示。

图 7-12　光纤配线架

7.3.2　信息插座

信息插座一般是安装在墙面上的，也有桌面型和地面型的，借助于信息插座，不仅方便计算机等设备的移动使布线系统变得更加规范和灵活，而且也更加美观、方便，不会影响房间原有的布局和风格并且保持整个布线的美观。

1．电缆信息插座

电缆信息插座有墙面型、地面型和桌面型如图 7-13 所示，由信息模块、面板与底盒组成。

图 7-13　信息插座

（1）面板。

国内一般使用 86 规格（86mm×86mm）的面板，就面板上的信息口数而言，有单口双口及多口之分；就信息插座安装完后，面板表面与安装体表面的平行而言，有平口和斜口两种结构；就面板的安装方式而言，有暗装和明装两种。

（2）信息模块。

模块与信息面板是嵌套在一起的，埋在墙中的网线是通过信息模块与外部网线进行连接的，墙内部网线与信息模块的连接是通过把网线的 8 条芯线按 T568A 或 T568B 线序规定卡入信息模块的对应线槽中的。模块按照是否屏蔽可分为非屏蔽模块和屏蔽模块如图 7-14 所示，按照模块连接双绞线是否使用工具可分为打线式模块和免打线模块如图 7-14 所示。

UTP 模块　　　　　　屏蔽模块　　　　　　　　　　免打模块

图 7-14　模块示意图

2．光纤信息插座

光纤信息插座如图 7-15 所示按照接口不同也分成 ST、SC、LC、MT-RJ 和其他几种类型。

按连接的光纤类型可分成单模和多模。信息插座的规格有单孔、二孔、四孔、多用户等。每条光纤传输通道包括两根光纤，一根用来接收信号，另一根用来发送信号，也就是光信号只能是单向传输。如果只是收对收，发对发，光纤传输系统肯定不能工作。如何保证正确的极性就是在综合布线中需要考虑的问题。ST 型可通过繁冗的编号方式保证光纤极性；SC 型为双工接头，在施工中对号入坐就可以完全解决极性问题。综合布线采用的光纤连接器配有单工和双工光纤软线。

图 7-15   光纤信息插座示意图

7.3.3   跳线

跳线主要用于配线架到交换机之间、信息插座到计算机的连接。如果线路需要改动，不需要重新走线而直接在跳线架上修改相应通路，以达到改动线路的目的。跳线分为 RJ-45 跳线和光纤跳线。

1. RJ-45 跳线

RJ-45 跳线结构主要由跳线线缆导体、RJ-45 水晶头、保护套这 3 个方面组成，如图 7-16 所示。

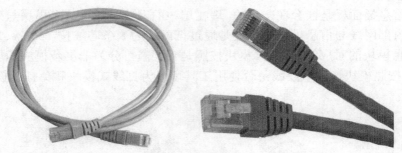

图 7-16   RJ-45 跳线

2. 光纤跳线

光纤跳线是从设备到光纤布线链路的跳接线，有较厚的保护层，一般用于光纤配线架到交换机光口或光电转换器之间、光纤插座到计算机的连接，根据需要，光纤跳线两端的连接器可以是同类型的，也可以是不同类型的，其长度一般在 5m 之内。有单模和多模两类，单模跳线一般用黄色表示，接头和保护套为蓝色；多模光纤跳线用橙色表示，也有的用灰色表示，接头和保护套用米色或者黑色，如图 7-17 所示。

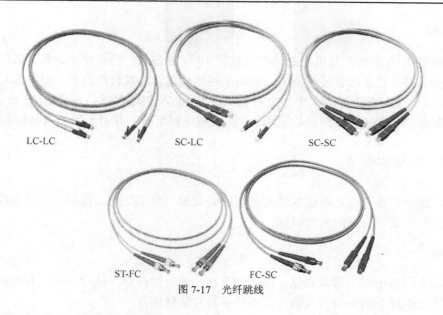

图 7-17　光纤跳线

7.3.4　机柜和机架

随着计算机与网络技术的发展，服务器、网络通信设备等 IT 设备正在向着小型化、网络化、机架化的方向发展，机房对机柜管理的需求将日益增长。机柜与机架将不再只是用来容纳服务器等设备的容器，不再是 IT 应用中的低值、附属产品。在综合布线领域，机柜正成为其建设中的重要组成部分越来越受到关注。

1. 机柜

机柜如图 7-18 所示，具有增强电磁屏蔽，削弱设备工作噪音，减少占地面积等优点。19 寸标准机柜内设备安装所占高度用一个特殊单位"U"来表示，1U=44.45mm。U 是指机柜的内部有效使用空间，也就是能装多少 U 的 19 寸标准设备，使用 19 寸标准机柜的标准设备的面板一般都是按 n 个 U 的规格制造。

网络机柜主要是存放路由器，交换机，配线架等网络设备及配件，深度一般小于 800mm，宽度 600mm 和 800mm 都有，前门一般为透明钢化玻璃门，对散热及环境要求较低。

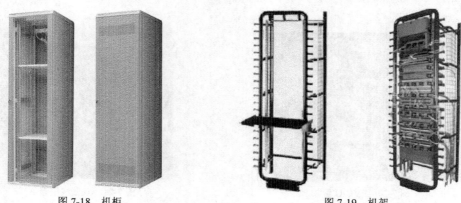

图 7-18　机柜　　　　　　　　　　图 7-19　机架

2. 机架

机架如图 7-19 所示，与机柜都是用来放置 19 寸设备的，但机架就是敞开式的，前后左右没有门便于相关设备的安装与施工，但防尘性比较差，相对机柜而言，对外部环境要求更高一些。4 立柱机架承重能力大于 2 立柱机架，2 立柱机架配件都是悬臂安装，2 点固定，4 立柱机架配件安装方式同机柜，4 点固定，而机柜是封闭的，有利于保护内部设备。

7.3.5　线槽和管道

线槽、线管是构建综合布线系统缆线通道的元素，用于隐蔽、保护和引导缆线，是综合布线系统工程中必不可少的基础设施。

1. 钢管

钢管具有屏蔽电磁干扰能力强、机械强度高、密封性能好、抗弯、抗压和抗拉性能好等特点。钢管按壁厚不同分为普通钢管、加厚钢管和薄壁钢管。

普通钢管和加厚钢管统称为水管，有时简称为厚管，它有管壁较厚、机械强度高和承压能力较大等特点，在综合布线系统中主要用在垂直干线上升管路、房屋底层。

薄壁钢管又简称薄管或电管，因管壁较薄承受压力不能太大，常用于建筑物天花板内外部受力较小的暗敷管路。

工程施工中常用的金属管有 D16、D20、D25、D32、D40、D50、D63 等规格。还有金属软管（俗称蛇皮管）供弯曲的地方使用。

2. 塑料管

综合布线常用的塑料管有聚氯乙烯管材（PVC- U 管）、高密聚乙烯管材（HDPE 管）、双壁波纹管、子管、铝塑复合管、硅芯管和混凝土管等。

（1）聚氯乙烯管（PVC-U 管）。

它是综合布线工程中使用最多的一种塑料管，管长通常为 4m、5.5m 或 6m，PVC 管具有优异的耐酸、耐碱、耐腐蚀性，耐外压强度、耐冲击强度等都非常高，具有优异的电气绝缘性能，适用于各种条件下的电线、电缆的保护套管配管工程，图 7-20 所示为 PVC-U 管。

图 7-20　PVC-U 管　　　　　　　　　　图 7-21　双壁波纹管

（2）双壁波纹管。

双壁波纹管如图 7-21 所示，是一种新型轻质管材，内壁光滑平整，外壁呈梯形波纹状，内外壁间有夹壁中空层，其独特的管壁结构设计使此类管材具有环刚度大、质量轻、耐高压、韧性好、耐腐蚀、耐磨性好、施工方便、安装成本低、使用寿命长等特点，其他材质管的最佳替代产品。

双壁波纹管刚性大，耐压强度高于同等规格之普通光身塑料管；重量是同规格普通塑料管的一半，从而方便施工，减轻工人劳动强度；密封好，在地下水位高的地方使用更能显示其优越性；波纹结构能加强管道对土壤负荷抵抗力，便于连续敷设在凹凸不平的地面上；使用双壁波纹管工程造价比普通塑料管降低 1/3。

（3）子管。

子管如图 7-22 所示，小口径，管材质软，具有耐腐蚀、抗老化、抗冲击、机械强度高、使用寿命长、电气绝缘性能优良等性能特点。适用于光纤电缆的保护。管材颜色多样，通常为红色、白色、黑色、蓝色等。

（4）铝塑复合管。

铝塑复合管如图 7-23 所示，内外壁不易腐蚀，因内壁光滑，对流体阻力很小；又因为可随意弯曲，所以安装施工方便。作为供水管道，铝塑复合管有足够的强度，但如横向受力太大时，会影响强度，所以宜作明管施工或埋于墙体内，但不宜埋入地下（铝塑复合管也可以埋入地下，如地暖中用的管子其中一种就是铝塑复合管）。铝塑复合管的连接是卡套式的（也可以是卡压式的），因此施工中一是要通过严格的试压，检验连接是否牢固。二是防止经常振动，使卡套松脱。三是长度方向应留足安装量，以免拉脱。

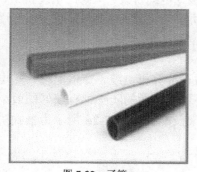

图 7-22 子管

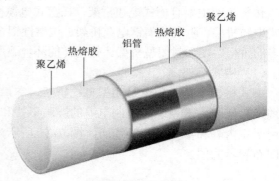

图 7-23 铝塑复合管

3. 线槽（PVC 塑料槽）

线槽如图 7-24 所示，是一种带盖板封闭式的管槽材料，盖板和槽体通过卡槽合紧。从型号上分有 PVC-20 系列、PVC-40 系列、PVC-60 系列等。用来将电源线、数据线等线材规范的整理常见线槽有绝缘配线槽、拨开式配线槽、迷你型配线槽、分隔型配线槽、室内装潢配线槽、一体式绝缘配线槽、电话配线槽、明线配线槽、圆形配线管、展览会用隔板配线槽、圆形地板配线槽、软式圆形地板配线槽、盖式配线槽等。与 PVC 槽配套的连接件有阳角、阴角、直转角、平三通、左三通、右三通、连接头、终端头等。

图 7-24　铝塑复合管

4. 桥架

电缆桥架是使电线、电缆、管缆铺设达到标准化、系列化、通用化的电缆铺设装置。它是承载导线的一个载体，使导线到达建筑物内很多位置，且不会影响建筑物美观，是应用在水平布线和垂直布线系统的安装通道。桥架是由托盘、梯架的直线段、弯通、附件以及支、吊架等构成，用以支承电缆的具有连续的刚性结构系统的总称。

桥架与线槽存在很大的区别，桥架主要用于敷设电力电缆和控制电缆，线槽用于敷设导线和通讯线缆；桥架相对大，线槽相对较小；桥架拐弯半径比较大，线槽大部分拐直角弯；桥架跨距比较大，线槽比较小；固定、安装方式不同；在某些场所，桥架没盖，线槽通常全是带盖封闭的线槽来走线，桥架则是用来走电缆的。

传统桥架主要有槽式电缆桥架、托盘式电缆桥架、梯级式电缆桥架、大跨距电缆桥架、组合式电缆桥架、阻燃玻璃钢电缆桥架、抗腐蚀铝合金电缆桥架等。这些也是目前在中国应用比较多的桥架，多为封闭型桥架。什么样的环境下用什么类型的桥架，这是非常重要的问题。

（1）槽式桥架。

槽式桥架，是一种全封闭型电缆桥架，它最适用于敷设计算机电缆、通信电缆、热电偶电缆及其他高灵敏系统的控制电缆的屏蔽干扰和重腐蚀环境中电缆的防护都有较好的效果。适用于室内外和需要屏蔽的场所。图 7-25 所示为槽式桥架及配件，图 7-26 所示为槽式桥架空间布置示意图。

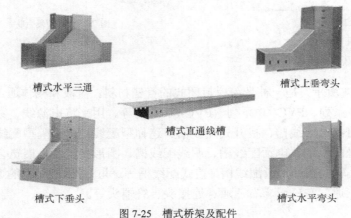

槽式水平三通　　槽式上垂弯头　　槽式直通线槽　　槽式下垂头　　槽式水平弯头

图 7-25　槽式桥架及配件

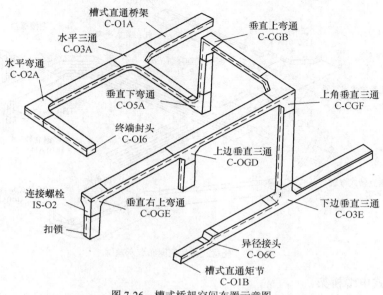

图 7-26　槽式桥架空间布置示意图

（2）托盘式电缆桥架。

托盘式电缆桥架，它具有重量轻、载荷大、造型美观、结构简单、安装方便等优点，它既适合用于动力电缆的安装，也适用于控制电缆的敷设。图 7-27 所示为托盘式桥架及配件，图 7-28 所示为托盘式桥架空间布置示意图。

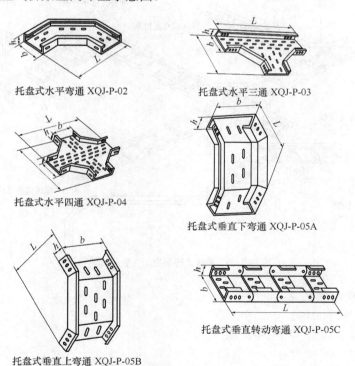

托盘式水平弯通 XQJ-P-02

托盘式水平三通 XQJ-P-03

托盘式水平四通 XQJ-P-04

托盘式垂直下弯通 XQJ-P-05A

托盘式垂直上弯通 XQJ-P-05B

托盘式垂直转动弯通 XQJ-P-05C

图 7-27　托盘式桥架及配件

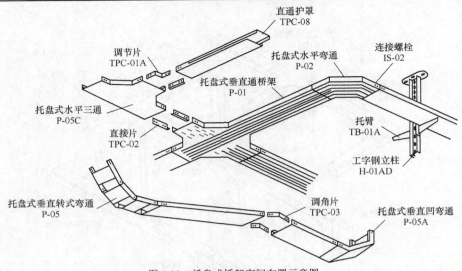

图 7-28 托盘式桥架空间布置示意图

（3）梯级式电缆桥架。

梯级式电缆桥架，适用于一般直径较大电缆的敷设，特别适用于高、低动力电缆的敷设。适用于地下层、竖井、活动地板下河设备间的缆线敷设。图 7-29 所示为梯级式桥架空间布置示意图。

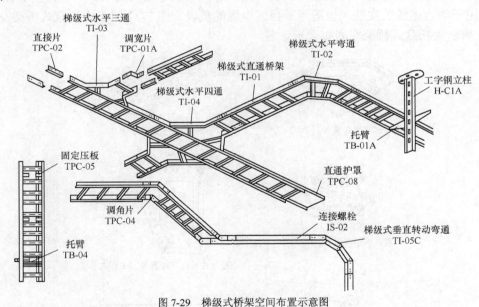

图 7-29 梯级式桥架空间布置示意图

7.3.6 其他布线设备

1. 理线架

理线架如图 7-30 所示，可安装于机架的前端提供配线或设备用跳线的水平方向线缆管理；理线架简化了交叉连接系统的规划与安装，简单说，就是理清网线的，别搞得太乱。跟网络没什么直接的关系，只为以后好管理。

2. 尼龙扎带

扎带如图 7-31 所示，也称为尼龙扎带或束线带，分为普通尼龙扎带，自锁式尼龙扎带，标牌扎带等。采用ＵＬ认可的尼龙 66 料制成，防火等级 94V-2，耐酸、腐蚀、绝缘性良好、不易老化、承受力强。扎带具有绑扎快速、绝缘性好、自锁禁固、使用方便等特点。汽车线束扎带，顾名思义为捆扎东西的带子，设计有止退功能，只能越扎越紧，也有可拆卸的扎带。

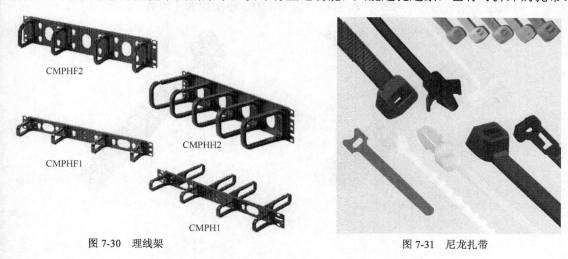

图 7-30　理线架　　　　　　　　　　图 7-31　尼龙扎带

7.4　布线系统常用工具

7.4.1　RJ-45 压线钳

制作 RJ-45 水晶头的工具一般选用 RJ-45 多用网线钳，这类网线钳集剥线、剪线、压线等功能于一身，使用起来非常方便，如图 7-32 所示，选购 RJ-45 多用网线钳时应该注意以下几点。

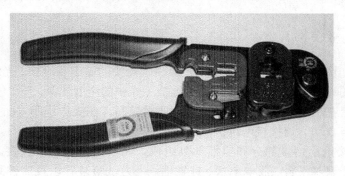

图 7-32　RJ-45 压线钳

（1）用于剥线的金属刀片一定要锋利耐用，用它切出的端口应该是平整的，刀口的距离要适中，否则影响剥线。

（2）压制 RJ-45 插头的插槽应该标准，如果压不到底会影响网络传输的速度和质量。

（3）网线钳的簧丝弹性要好，压下后应该能够迅速弹起。

7.4.2 打线工具

打线工具用于双绞线的终接，有单对打线工具如图 7-33 所示和 5 对打线工具如图 7-34 所示两种。其中单对打线工具用于将双绞线接到信息模块和数据配线架上，具有压线和截线功能，能截断多余的线头。5 对打线工具专用于 110C 连接块和 110 配线架的链接。

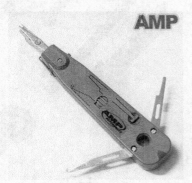

图 7-33　单对打线工具　　　　　　　　　　图 7-34　5 对打线工具

7.4.3 剥线器

剥线器也称剥线刀如图 7-35 所示，它的主要功能是剥掉双绞线外部的绝缘层，其中的电缆剥线钳使用了高度可调的刀片，操作者可以自行调整切入的深度。使用它进行剥皮不仅比使用压线钳快，而且还比较安全，一般不会损坏到包裹芯线的绝缘层。

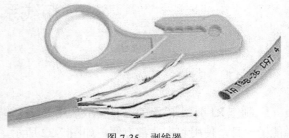

图 7-35　剥线器

7.4.4 光纤熔接机

光纤熔接机如图 7-36 所示，主要用于光通信中光缆的施工和维护。光纤熔接机是用电弧放电式连接光纤的设备，是光纤光缆施工和维护工作中的主要工具之一。光纤熔接机有多模和单模之分，后者在机械结构和分辨能力方面要求较高，在操作程序方面又可分为自动熔接机和非自动（或半自动）熔接机两种。

一般光纤熔接机由熔接部分和监控部分组成，两者用多芯软线连接。熔接部分为执行机构，主要有光纤调芯平台、放电电极、计数器、张力试验装置以及监控系统的传感器（TV 摄像头）和光学系统等。张力试验装置和光纤夹具装在一起，用来试验熔接后接头的强度，传感器和光学系统示意图，由于光纤径向折射率各点分布不同，光线通过时透过率不同，经反射进入摄像管的光亦不相同，这样即可分辨出待接光纤而在监视器荧光屏上成像。从而监测和显示光纤耦合和熔接情况，并将信息反馈给中央处理机，后者再回控微调架执行调接，直至耦合最佳。

现有熔接机国外品牌有日新、古河、藤仓、住友光纤熔接机。国内品牌有电子 41 所，南京吉隆和迪威普。其中日新为现场工程师设计最小、最轻、最快、最方便的新概念熔接机在进口品牌中性价比最好。古河、藤仓和住友次之，大部分部件采用塑料做材料。国产熔接机的价格较低，熔接质量比早几年好很多，但不稳定而且熔接速度较慢。

图 7-36　光纤熔接机

<h1 style="text-align:center">习　　题</h1>

一、选择题

1. 按双绞线包缠是否有金属屏蔽层分，双绞线可分为屏蔽双绞线和非屏蔽双绞线，非屏蔽双绞线的简称为（　　　）。

    A．STP　　　　　　B．UTP　　　　　　C．FTP　　　　　　D．UDP

2. 光纤具有很多独特的优点，下列选项不是光纤优点的是（　　　）。

    A．宽频宽　　　　B．容易安装　　　C．屏蔽电磁辐射　　D．安全性

3. 网络主干常用哪种传输介质（　　　）？

    A．同轴电缆　　　B．双绞线　　　　C．卫星通信　　　　D．光缆

4. 房间内网络跳线最常用的传输介质是（　　　）？

    A．同轴电缆　　　B．双绞线　　　　C．屏蔽双绞线　　　D．光缆

5. 光缆一般由三部分组成，下列哪项不是其组成部分（　　　）。

    A．缆芯　　　　　B．加强元件　　　C．护层　　　　　　D．屏蔽层

二、填空题

1. 按电气性能划分的话，美国通信工业协会（TIA）制定的标准是_____，双绞线可以分为：1 类、2 类、3 类、4 类、5 类、超 5 类、6 类、超 6 类、7 类共 9 种双绞线类型。

2. _____是一种只能沿固定方向插入并自动防止脱落的塑料接头，俗称"水晶头"。

3. 按光在光纤中的传输模式可分为_____和_____。

4. _____是管理子系统中最重要的组件，是实现垂直干线和水平布线两个子系统交叉连接的枢纽，一般同理线架一同使用。

5. _____主要用于配线架到交换机之间、信息插座到计算机的连接。

三、简答题

1. 简述双绞线的分类，及其优缺点。

2. 简述光缆的分类，及其优缺点。

3. 简述光纤连接件的类型及作用。

4. 简述布线用线管，线槽和桥架的选择应用。

5. 简述机柜与机架的作用及功能。

第8章 网络综合布线系统标准与设计

综合布线标准是设计、实施、测试、验收和监理综合布线工程的重要依据。就目前布线市场的情况来看，得以广泛执行的综合布线标准主要有两个：一是 ANTI/TIA/EIA 美国综合布线标准，二是 GB 或 GB/T 中国综合布线标准。在各种网络布线方案设计中，大多执行的仍是美国综合布线标准。

8.1 网络综合布线标准

布线工业标准是布线制造商和布线工程行业共同遵循的技术法规，规定了从网络布线产品制造到布线系统设计、安装施工、测试等一系列技术规范。遵照标准进行综合布线系统建设是系统集成商成功的前提。布线工业标准不仅为元器件和整个布线系统确定性能要求，同时为线缆和连接件生产商、元器件和整个系统提供质量保证的布线系统生产商、手提式现场测试器生产商和安装与测试整个布线系统的代理商提供了准则。

8.1.1 布线标准化组织

综合布线系统标准问世已经有相当长的一段时间了。随着电信与计算机网络技术的发展，许多新的布线系统和方案被开发出来。国际标准化委员会（ISO/IEC）、欧洲标准化委员会（CENELEC）和北美工业技术标准化委员会（TIA/EIA）都在努力制定更新的标准，以满足技术和市场的需求。

由于标准极大地影响着网络布线的设备选型和施工要求，而且是国内系统集成行业必须遵从的技术法规，因此了解一些制定标准的标准化组织及其相互关系，将对综合布线系统集成方案的确立和产品选型大有帮助。表 8-1 列出了有关综合布线系统最主要的几个标准化组织的情况，主要分布在北美和欧洲。我国的布线专业标准，一般都是参照北美和 ISO 标准制定的。尤其是北美标准，更具有指导意义。

表 8-1　　　　　　　　　**最主要的网络综合布线系统相关标准化组织**

标准化组织	简　介	影响范围
电子工业联合会（EIA）	EIA（Electronic Industries Association）是一个由 7 个北美地区的电子工业分会或组织组成的联合会。这些组织包括 TIA、CEMA、ECA、EIG、GEIA、JEDEC 和 EIF	美国和加拿大 世界其他地区
通信工业协会（TIA）	TIA（Telecommunications Industry Association）是一个主要由北美和加拿大的一些提供通信与信息技术产品、材料、系统及其销售业务和专业服务的公司组成的专业协会。TIA 是世界最主要的综合布线标准化组织	美国和加拿大 世界大部分地区

标准化组织	简　介	影 响 范 围
电气与电子工程师学会（IEEE）	IEEE（Institute of Electrical and Electronics Engineers）802.3 工作组开发了以太网（CSMA/CD）标准，包括快速以太网和千兆以太网。以太网标准对网络综合布线标准的影响是巨大的	全世界
美国国家标准委员会（ANSI）	ANSI（American National Standards Institute）是 1918 年由各个厂商参加成立的组织，总部位于纽约。目前会员约有 1400 个公司于组织	全世界
国际标准化组织（ISO）	ISO（International Standards Organization）是有 130 多个会员国的国家标准组织联盟。ISO 的职责是保证所有普遍性的标准得到所有成员国的一致认可。ISO 所负责的标准范围从制造和质量控制规程到电气与电信分布布线系统	全世界（但侧重于欧洲的习惯）
国际电工委员会（IEC）	IEC（International Electrotechnical Commission）是国际上所有电工领域国际标准的制定机构和标准认证机构	全世界
欧洲电工标准委员会（CENELEC）	CENELEC 为欧洲市场、欧盟经济圈开发电工技术标准。CENELEC 有很多布线标准是 ISO 标准的翻版，改动非常少	欧洲
加拿大标准协会（CSA）	CSA（Canadian Standards Association）是一个无政府、非盈利的、通过测试和认证为产品和服务制定标准的联合组织。在 TIA/EIA 内开发布线标准的过程中，决定 CSA 应参与结构化布线标准的进一步开发工作，以保证将加拿大独特的要求包含在标准内	加拿大
ATM 论坛（AF）	ATM 论坛是国际性的、是非盈利的学术组织，主要为 ATM 网络产品和业务制定标准	全世界

8.1.2　美国布线标准

美国国家标准学会（ANSI）是 ISO 的主要成员，在国际标准化方面扮演重要的角色。ANSI 布线的美洲标准主要由 TIA/EIA 制定，ANSI/TIA/EIA 标准在全世界一直起着综合布线产品的导向工作。美洲标准主要包括 TIA/EIA 568-A、TIA/EIA 568-B、TIA/EIA 569-A、TIA/EIA 569-B、TIA/EIA 570-A、TIA/EIA 606-A 和 TIA/EIA 607-A。

1. ANSI/TIA/EIA-568-A

ANSI/TIA/EIA-568-A 定义了综合布线系统的线缆与相关组成部件的物理和电器指标。该标准规定了 100 欧姆 UTP（非屏蔽双绞线）、150 欧姆 STP（屏蔽双绞线）、50 欧姆同轴线缆和 62.5/125μm 光纤的参数指标，列出了三类、四类、五类线的物理和电气参数指标，明确了布线的具体操作规范。同时，该标准还附加了 UTP 的信道（Channel）在较差情况下布线系统的电气性能参数，定义了语音与数据通信布线系统，适用于多个厂家和多种产品的应用环境。该标准为商业布线系统提供了设备和布线产品设计的指导，制定了不同类型电缆与连接硬件的性能与技术条款，用于布线系统的设计和安装。在该标准之后，又有 5 个增编。

（1）增编 1（A1）：100 欧姆 4 对电缆的传输延迟和延迟偏移规范。在最初的 568-A 标准中，由于这两个指标并不重要，所以没有定义。但是，在 100VGA LAN 网络应用出现后，由于是在三类双绞线布线中使用所有 4 个线对实现 100Mbit/s 传输，所以对传输延迟和延迟偏移参数提出了要求。

（2）增编 2（A2）：ANSI/TIA/EIA-568-A 标准修正与增编。该增编对 568-A 进行了修正，增加了在水平布线采用 62.5/125μm 光纤集中光纤布线的定义以及将 TSB-67 作为现场测试方法等项。TSB-67 的主要目的是更加明确地定义了综合布线系统的性能指标和现场测试的具体细节。

（3）增编 3（A3）：ANSI/TIA/EIA-568-A 标准修正与增编。为满足开放式办公室结构的布线要求，本增编修订了混合电缆的性能规范，要求所有非光纤类电缆间的综合近端串扰（Power Sum NEXT）要比每条电缆内的线对间的近端串扰（NEXT）好 3dB。

（4）增编 4（A4）：非屏蔽双绞线布线模块化线缆的 NEXT 损耗测试方法。该增编所定义的测试方法并非由现场测试仪完成，而且只涉及五类电缆的 NEXT。

（5）增编 5（A5）：100 欧姆 4 对增强五类布线传输性能规范。由于 1000Base-T 是在 4 个非屏蔽双绞线线对间同时双向传输，因此 TIA 对现有的五类指标加入了一些参数，以保证布线系统对这种双向传输的质量。与 TSB-95 不同，该文件中的所有测试参数都是强制性的，不再像 TSB-95 那样是推荐性的。新的性能指标比原有的五类系统严格得多，包括了对现场测试仪的精度要求，即要求使用 IIe 级精度的现场测试仪。

TIA/EIA TSB-95 是 100 欧姆 4 对五类布线附加传输性能指南。TSB-95 提出了关于回波损耗和等效远端串扰（ELFEXT）的信道参数要求，以保证传统五类布线系统支持吉比特以太网传输。该标准为指导性标准，而不是强制性标准。

ANSI/TIA/EIA/IS-729 是 100 欧姆外屏蔽双绞线布线的技术规范。TIA/EIA/IS-729 是一个针对 TIA-568-A 和 ISO/IEC 11801 外屏蔽（ScTP）双绞线布线规范的临时性标准，定义了 ScTP 链路和元器件的插座接口、屏蔽效能、安装方法等参数。

2. ANSI/TIA/EIA-568-B

ANSI/TIA/EIA-568-B 用于取代 ANSI/TIA/EIA-568-A 标准。ANSI/TIA/EIA-568-B 主要内容如下所示。

（1）ANSI/TIA/EIA-568-B.1：第 1 部分，一般要求。

该标准着重于水平和干线布线拓扑、距离、介质选择、工作区连接、开放办公布线和电信与设备室的定义，以及安装方法和现场测试等内容。

（2）ANSI/TIA/EIA-568-B.2：第 2 部分，平衡双绞线布线系统。

该标准着重于平衡双绞线电缆、跳线、连接硬件（包括 ScTP 和 150 欧姆的 STPA 器件）的电气和机械性能规范，以及部件可靠性测试规范、现场测试仪性能规范和实验室与现场测试仪比对方法等内容。

（3）ANSI/TIA/EIA-568-B.3：第 3 部分，光纤布线部件标准。

该标准定义光纤布线系统的部件和传输性能指标，包括光缆、光跳线和连接硬件的电气与机械性能要求，以及器件可靠性测试规范和现场测试性能规范。

虽然 ANSI/TIA/EIA 568-B 大部分内容与 ANSI/TIA/EIA 568-A 相同，但还是有几个显著不同，主要包括以下几个方面。

① 建议的商业建筑 UTP 电缆最低级别为 5e 类。

② 四类 UTP 电缆不能作为水平介质和主干介质。

③ 在新的布线系统中，STP-A 电缆不能作为水平介质和主干介质。

④ 在新的布线系统中，50/125μm 多模光缆可以被用于水平介质和主干介质。

⑤ 小型化（SPF）光纤连接器允许作为 TR、ER 和 EF 内单模和多模光纤终端连接器类型。

⑥ 工作区电缆的最大距离增加 5m。

⑦ TR 内设备接插软线或跳线的最大距离减为 5m。

⑧ 工作区和 TR 设备接插软线或跳线的规定仍为 10m。

⑨ 干线距离略有改变，但全长最大距离保持不变。从 HC（Horizontal Cross-connect，水平交叉连接）到 IC（Intermediate Cross-connect，中间交叉连接）之间的最大距离减为 300m，使得从 IC 到 MC（Main Cross-connect，主交叉连接）之间的电缆距离增加了 200m。

3. ANSI/TIA/EIA-569-A

ANSI/TIA/EIA-569-A（商业建筑电信路径和空间标准）标准主要为所有与电信系统和部件相关的建筑设计提供规范和规则，规定了建筑基础设施的设计和尺寸，以及网络接口的物理规格，用于支持结构化布线，进而实现建筑群之间的连接。此外，该标准还规定了设备室的设备布线。设备室是布线系统最主要的管理区域，所有楼层的资料都由电缆或光纤电缆传送至此。制定该标准的目的是使电信介质和设备的建筑物内部及建筑物之间设计与施工标准化，尽可能地减少对厂商设备和介质的依赖性。

4. ANSI/TIA/EIA-569-B

ANSI/TIA/EIA-569-B 规定了 6 种不同的从电信室到工作区的水平布线方法。

（1）地下管道。

（2）活动地板。

（3）管道。

（4）电缆桥架和管道。

（5）天花板路径。

（6）周围配线路径。

水平介质可以采用的类型如下。

（1）非屏蔽双绞线。

（2）屏蔽双绞线。

（3）多模光缆。

ANSI/TIA/EIA-569-B 规定了 4 种不同的园区内多栋建筑物之间干线布线的敷设方法。

（1）地下主干路径，包括使用导管、电线管道和地沟。

（2）直接掩埋主干路径。对电缆直接掩埋，无需使用导管、挖管沟、规划或打孔。

（3）架空主干路径。将电缆架空在地面上，包括使用电杆、支撑电缆、将电缆与电力线分开、保护电缆以及将电缆接入建筑。

（4）坑道主干路径。坑道中的导线管、托架、电线管道的布线，以及支持胶合线的规范。

ANSI/TIA/EIA-569-B 给出了商业建筑内电信室的位置和尺寸。所有关于尺寸的建议都是基于建筑物内可使用面积的。建议如下所示。

（1）每层最少有一个电信室。

（2）当遇到如下情况时，建议增加电信室。

① 可使用地面面积超过 100m^2。

② 连接工作区的水平配线电缆长度超过 90m。

（3）尽量将电信室的位置靠近建筑中心或建筑核心。

（4）如果每层有多个电信室，建议至少用一根 10cm 导管将其互连。

5．ANSI/TIA/EIA-570-A

TIA/EIA-570-A 制定了新一代家居电信布线标准，主要提出有关布线的新等级，并建立一个布线介质的基本规范及标准，支持话音、数据、影像、视频、多媒体、家居自动系统、环境管理、保安、音频、电视、探头、警报和对讲机等服务。标准主要规划于新建筑、新增加设备、单一住宅及建筑群等。

等级系统的建立有助于选择适合每个家居单元不同服务的布线基础结构。

（1）等级一，提供可满足通信服务最低要求的通用布线系统。

该等级可提供电话、CATV 和数据服务。等级一主要采用双绞线及使用星状拓扑方法连接，其布线最低要求为一根 4 对非屏蔽双绞线（UTP）和一根 75 欧姆同轴电缆（Coaxial）。其中，双绞线必须满足或超出 ANSI/TIA/EIA-568A 规定的三类电缆传输特性要求，同轴电缆必须满足或超出 SCTE IPS-SP-001 的要求。建议安装五类非屏蔽双绞线（UTP）以方便升级至等级二。

（2）等级二，提供可满足基础、高级和多媒体通信服务的通用布线系统。

该等级可支持当前和正在发展的通信服务。等级二布线的最低要求为 1～2 根的 4 对 100 欧姆非屏蔽双绞线（UTP）及 1～2 根 75 欧姆同轴电缆。其中，双绞线必须满足或超出 ANSI/TIA/EIA-568-A 规定的五类电缆传输特性要求，同轴电缆必须满足或超出 SCTE ZPS-SP-001 的要求。可选择的光缆必须满足或超出 ANSI/ICEAS-87-640 的传输特性要求。

6．ANSI/TIA/EIA-606-A

ANSI/TIA/EIA-606-A（商业建筑物电信基础结构管理标准）用于对布线和硬件进行标识，目的是为与应用无关的结构化布线系统部件提供统一管理方案。有效的布线管理对于布线系统和网络的有效运作与维护具有重要意义。

对于布线系统而言，标记管理是日渐突出的问题。这个问题会影响到布线系统能否有效地管理和运用。与布线系统一样，布线的管理系统必须独立于应用之外，这是因为在建筑物的使用寿命内，应用系统大多会有多次的变化。布线系统的标签管理可以使系统移动、增添及更改设备更加容易、快捷。对于布线的标记系统来说，标签的材质是关键。标签除了要满足 TIA/EIA 606-A 标准中要求的标识分类规定外，还要通过标准中要求的 UL969 认证。这样的标签可以保证长期不会脱落，而且防水、防撕、防腐，以及耐高温、低温，适用于不同环境及特殊恶劣户外环境的应用。

该标准基于以下 3 个管理概念。

（1）唯一标识符。为结构化布线系统的每个部件所支持的硬件分配一个唯一的标识符，根据此标识符可以确定该部件的记录。

（2）记录。记录含有与专用布线和基础设施部件有关的信息。

（3）链接，即标识符和记录之间的逻辑连接。如果需要，还可以用链接连接两个记录。

确定了以下 5 个主要管理区域。

（1）电信间。

（2）电信路径。

（3）传输介质。

（4）终端硬件。

（5）焊接和接地。

该标准还确定了分配给结构化布线系统中每个子系统中设施的颜色编码。颜色编码可以简化结构化布线系统的管理。

7. ANSI/TIA/EIA-607-A

制定 TIA/EIA-607-A（商业建筑物接地和连接规范）标准的目的是要了解安装电信系统时对建筑物内的电信接地系统进行规划、设计和安装，以支持多厂商多产品环境及可能安装在住宅的工作系统接地。

标准文档中给出了用于结构化布线系统中接地和焊接的 3 种主要部件。

（1）电信主接地总线。

电信主接地总线（Telecommunication Main Grounding Busbar，TMGB）作为电信接地和焊接系统的核心，是专用的接地和焊接元件，连接接地系统和焊接系统。电信主接地总线是专用于电信设备、电缆布线和支撑结构的建筑物接地系统的扩充。每栋建筑物中只能安装一条 TMGB，而每个电信室都必须安装电信接地总线（Telecommunication Grounding Busbar，TGB）。电信室中的电信接地总线都要通过电信接地棒（TBB）焊接到电信主接地总线（TMGB）上。

（2）电信接地总线。

电信接地总线（TGB）是电信室中唯一的接地端，电信室中的所有通信设备、电缆布线和电缆支撑结构都通过它接地。每个电信室都应该安装 TGB，每个 TGB 通过 TBB 连接到 TMGB 上。

（3）电信接地棒。

电信接地棒（Telecommunication Bonding Backbone，TBB）是用于连接电信主接地总线和电信接地总线之间的铜质导体。当两条或多条 TBB 垂直安装在建筑物主干路径上时，这些 TBB 必须被焊接在一起。电信接地棒互连导体（Telecommunication Bonding Backbone Interconnecting Bonding Conductor，TBBIBC）是 TBB 间的互连结合导体。

8.1.3　国际布线标准

国际标准化组织（ISO）和国际电工委员会（IEC）颁布了 ISO/IEC 11801 国际标准，名为"普通建筑的基本布线"。与 TIA/EIA-568-A 标准一样，ISO/IEC 11801 标准把信道定义为包括跳线（除少数设备跳线外）在内的所有水平布线。此外，ISO 还定义了链路（Link），即从配线架到工作区信息插座的所有部件，而墙内的设备也应考虑在内。链路包括两个连接块之间的跳线，但不包括设备线缆。链路模式通常被定义为最低性能，4 种链路的性能级别被定义为 A、B、C 和 D，其中 D 级具有最高的性能，并且规定带宽要达到 100MHz。ISO/IEC 11801 标准与 TIA/EIA-568-A 标准的差别在于，此标准包括了 120 欧姆 UTP 和 100 欧姆、120 欧姆 FTP（有一个金属屏蔽层的双绞线）及 SFTP（每对线均独立屏蔽的双绞线）。另外，链路和信道在配置和组件的数目上有所不同。

ISO/IEC 11801:2000 把 D 级链路（五类铜缆）系统按照超五类（Cat.5+）重新定义，以确保所有的五类系统均可运行千兆位以太网。更为重要的是，该版本还定义了 E 级链路（六类）和 F 级链路（七类），并考虑了布线系统的电磁兼容性（EMC）问题。

ISO/IEC 在 2001 年推出了第二版的 ISO/IEC 11801 规范，即 ISO/IEC 11801:2001。该修订稿对链路的定义进行了修正，ISO/IEC 认为以往的链路定义应被永久链路和路径的定义所取代。

六类布线标准作为 TIA/EIA-568B 标准的附录，被正式命名 ANSI/TIA/EIA-568B.2-1-2002。该标准也将被国际标准化组织（ISO）批准，标准号为 ISO/IEC 11801-2002。这两个标准的绝大部分内容是完全一致的，也就是说，两个标准越来越趋于一致。

当然，ISO/IEC-11801:2002 Class E 与 ANSI/TIA/EIA-568B.2-1 也有不同之处。

（1）3dB 原则。当回波损耗小于 3dB 时，可以忽略回波损耗（Return Loss）值。这一原则适用于 TIA 和 ISO 的标准。

（2）4dB 原则。当回波损耗小于 4dB 时，可以忽略近端串扰（NEXT）值。这一原则只适用于 ISO-11801 标准的修订版。

ISO/IEC 11801-A 是即将公布的下一个 11801 规范，它集合了以前版本的修正并加入了对 E 级和 F 级布线电缆和连接硬件的规范。同时，该规范也将增加关于带宽多模光纤（50/125μm）的标准化问题，这类系统将在 300m 距离内支持 10Gbit/s 数据传输。

8.1.4 欧洲布线标准

欧洲标准有 EN50173、EN55014、EN50167、EN50168、EN50288-5-1 等。一般而言，CELENEC-EN50173 标准与 ISO/IEC11801 标准是一致的。但是，EN50173 比 ISO/IEC11801 严格。EN50173 标准代表信息技术（特指综合布线系统），可支持吉比特以太网和 ATM155。

EN50173（信息技术—综合布线系统）的第一版是 1995 年发布的，至今经历了 1995、2000、2001 等 3 个版本。最新发布的标准定义了支持吉比特以太网和 ATM155 的 ELFEXT 和 PSELFEXT，也制定了测试布线系统的规范。EN50174 是在 EN50173 基础上产生的工程施工标准，它包括布线中平衡双绞线和光纤布线的定义，以及实现和实施等规范，通常作为布线商与用户签署合同的参考。EN50174 不包括某些布线部件的性能，链路设计和安装性能的定义，所以在应用时需要参考 EN50173。

8.1.5 中国布线标准

现有国内综合布线系统标准大致分为两类，即通信行业标准（如大楼通信综合布线系统）和国家标准（如综合布线系统工程设计规范和综合布线系统工程验收规范）。

1. 国家标准

国家标准是指对国家经济、技术和管理发展具有重大意义而且必须在全国范围内统一的标准，而行业标准是指没有国家标准而又需要在全国本行业范围内统一的标准。通用标准往往是国家标准，产品标准往往是行业标准。国家标准的内容主要倾向于布线系统的指标，规范了布线系统信道及永久链路的指标，并没有规定系统中产品的指标。

由于综合布线系统往往与建筑紧密联系在一起，因此布线系统国家标准主要由建设部（现住房和城乡建设部）负责组织起草和颁布。新版《综合布线系统工程设计规范》（GB 50311—2007）和《综合布线系统工程验收规范》（GB 50312—2007）于 2007 年 10 月 1 日正式实施。新标准不再是推荐性标准，而是强制性标准。其中《综合布线系统工程设计规范》第 7.0.9 条和《综合布线系统工程验收规范》第 5.2.5 条规定的"当电缆从建筑物外面进入建筑物时，应选用适配的信号线路浪涌保护器，信号线路浪涌保护器应符合设计要求。"为强制性条文，必须严格执行。

与综合布线系统设计、实施和验收有关的国家标准主要包括如下。

（1）综合布线系统工程设计规范（GB 50311—2007）

（2）综合布线系统工程验收规范（GB 50312—2007）

（3）智能建筑设计标准（GB/T 50314—2006）

（4）智能建筑工程质量验收规范（GB 50309—2003）

（5）民用建筑设计通则（GB 50352—2005）

（6）建筑物电气装置（GB 16895—2000）

（7）电子计算机场地通用规范（GB/T 2887—2000）

（8）电子计算机机房设计规范（GB 50174—1993）

（9）计算站场地安全要求（GB 9631—1998）

（10）火灾自动报警系统设计规范（GB 50116—1998）

（11）建筑物防雷设计规范（GB 50057—2000）

（12）建筑物电子信息系统防雷技术规范（GB 50343—2004）

（13）建筑照明设计标准（GB 50034—2004）

（14）电气装置安装工程电缆线路施工及验收规范（GB 50168—2006）

（15）电气装置安装工程接地装置施工及验收规范（GB 50169—2006）

（16）电气装置安装工程蓄电池施工及验收规范（GB 50172—1992）

（17）建筑灭火器配置设计规范（GB 50140—2005）

（18）气体灭火系统施工及验收规范（GB 50263—2007）

（19）通信管道与路径工程设计规范（GB 50373—2006）

（20）通信管道工程施工及验收规范（GB 50374—2006）

（21）入侵报警系统工程设计规范（GB 50394—2007）

（22）视频安防监控系统工程设计规范（GB 50395—2007）

2．行业标准

行业标准的内容主要倾向于布线系统中产品的指标，规范了线缆、连接硬件（配线架及模块）等布线系统产品的指标，尤其是线缆类产品、数字通信用实心聚烯烃绝缘水平对绞电缆（YD/T 1019—2001）和数字通信用对绞/星绞电缆（YD/T 838.2—2003）等都有更详细的具体要求。在相同的指标中，产品的指标要求是最高的，永久链路指标其次，信道指标要求最低。

通信行业标准《大楼通信综合布线系统》（YD/T 926—2001）是针对国内综合布线产品开发、生产、检验、使用的权威性文件。该标准包括以下 3 个部分。

（1）第 1 部分（YD/T 926.1—2001）总规范。

该规范规定了接入网内大楼通信综合布线系统的总体结构、要求、试验方法与验收等。标准中的大楼指各种商务大楼、办公大楼及综合性大楼等，但不包括普通住宅楼。大楼可以是单个的建筑物或包含多个建筑物的建筑群。

（2）第 2 部分（YD/T 926.2—2001）综合布线用电缆、光缆技术要求。

该要求规定了综合布线中的水平布线子系统和干线布线子系统用电缆、光缆的主要技术要求、试验方法和检验规则，以及工作区和接插软线用对称软电缆的附加要求。标准适用于综合布线用对称电缆、光缆的设计、生产和选用，不包括某些应用对称综合布线用电缆、光缆的特殊要求。

（3）第 3 部分（YD/T 926.3-2001）综合布线用连接硬件技术要求。

该要求规定了综合布线用连接硬件的主要机械物理性能、电气特性、环境试验要求、试验方法、检验规则及安装要求等。标准规定的连接硬件包括连接器（包括插头、插座）及其组件和接插软线，不包括某些应用系统对连接硬件的特殊要求，以及有源或无源电子线路的中间适配器或其他器件（如变量器、匹配电阻、滤波器和保护器件等）的技术要求。标准适用于综合布线用连接硬件的设计、生产与选用。

由于综合布线行业发展迅速，标准自 2001 年修订以来已经有很多方面不能符合实际应用需要，特别是缺少了关于六类布线产品的技术要求和相应检验规范，需要及时进行补充和修订。新版的通信行业标准 YD/T 926 正在修订当中。本次修订主要针对大楼通信综合布线系统第 3 部分（YD/T 926.3），即综合布线用连接硬件技术要求。修订内容主要参考 TIA/EIA-568-B.2-1 的最新要求，同时增加了一些国内综合布线产品应用所关注内容。

8.2　网络综合布线系统设计

网络综合布线系统设计是整个网络工程建设的蓝图和总体框架结构，网络方案的质量将直接影响到网络工程的质量和性价比。在设计综合布线系统方案时，应该从综合布线系统的设计原则出发，在详尽的用户需求分析的基础上对各子系统进行详细设计，应保证综合布线系统工程的整体性和系统性。

8.2.1　综合布线系统设计原则

随着通信事业的发展，用户不仅仅需要使用电话同外界进行交流，而且需要通过 Internet 网络获取语音、数据、视频等大量的、动态的多媒体网络信息。通信功能的智能化已成为人们日常生活和工作不可缺少的一部分。

综合布线系统的设计，既要充分考虑所能预见的计算机技术，通信技术和控制技术飞速进步发展的因素，同时又要考虑政府宏观政策、法规、标准、规范的指导和实施的原则。使整个设计通过对建筑物结构、系统、服务与管理 4 个要素的合理优化，最终成为一个功能明确、投资合理、应用高效、扩容方便的实用综合布线系统。

具体设计应满足以下 6 大原则。

1. 标准化原则

（1）EIA/TIA 568 工业标准及国际商务建筑布线标准。
（2）ISO/IEC 标准。
（3）国内综合布线标准。

2. 实用性原则

实施后的通信布线系统，将能够在现在和将来适应技术的发展，并且实现数据通信、语音通信、图像通信。

3. 灵活性原则

布线系统能够满足灵活应用的要求，即任一信息点能够连接不同类型的设备，如计算机、打印机、终端或电话、传真机。

4. 模块化原则

布线系统中，除去布设在建筑内的线缆外，其余所有的接插件都应是积木式的标准件，以方便管理和使用。

5. 可扩充性原则

布线系统是可扩充的，以便将来有更大的发展时，很容易将设备扩充进去。

6. 经济性原则

在满足应用要求的基础上，尽可能降低造价。

8.2.2　工作区子系统设计

在综合布线系统中，一个独立的、需要设置终端设备的区域称为一个工作区。工作区的终端包括、计算机等设备，工作区是指办公室、写字间、工作间、机房等需用电话、计算机等终端设施的区域。工作区应由配线子系统的信息插座模块（TO）延伸到终端设备处的连接线缆及适配器组成。

目前建筑物的功能类型较多，大体上可以分为商业、文化、媒体、体育、医院、学校、交通、住宅、通用工业等类型，因此，对工作区面积的划分应根据应用的场合做具体的分析后确定，工作区面积需求可参照表 8-2 执行。但对于应用场合，如终端设备的安装位置和数量无法确定时或使用彻底为大客户租用并考虑自行设置计算机网络时，工作区面积可按区域（租用场地）面积确定。对于 IDC 机房（为数据通信托管业务机房或数据中心机房）可按生产机房每个配线架的设置区域考虑工作区面积。对于此类项目，涉及数据通信设备的安装工程应单独考虑实施方案。

表 8-2　　　　　　　　　　　　　　工作区面积划分表

建筑物类型及功能	工作区面积（m²）
网管中心、呼叫中心、信息中心等终端设备较为密集的场地	3～5
办公区	5～10
会议、会展	10～60
商场、生产机房、娱乐场所	20～60

续表

建筑物类型及功能	工作区面积（m²）
体育场馆、候机室、公共设施区	20～100
工业生产区	60～200

1. 信息插座的要求

（1）每一个工作区信息插座模块（电、光）数量不宜少于 2 个，并满足各种业务的需求。

（2）底盒数量应以插座盒面板设置的开口数来确定，每一个底盒支持安装的信息点数量不宜大于 2 个。

（3）光纤信息插座模块安装的底盒大小应充分考虑到水平光缆（2 芯或 4 芯）终接处的光缆盘留空间和满足光缆对弯曲半径的要求。

（4）工作区的信息插座模块应支持不同的终端设备接入，每一个 8 位模块通用插座应连接 1 根 4 对对绞电缆；对每一个双工或 2 个单工光纤连接器件及适配器连接 1 根 2 芯光缆。

（5）从电信间至每一个工作区水平光缆宜按 2 芯光缆配置。

（6）安装在地面上的信息插座应采用防水和抗压的接线盒。

（7）安装在墙面或柱子上的信息插座的底部离地面的高度宜为 300 mm。

（8）信息模块材料预算方式如下。

$$m=n+n\times 3\%$$

式中：m——信息模块的总需求量；

n——信息点的总量；

$n\times 3\%$——富余量。

2. 跳接软线要求

（1）工作区连接信息插座和计算机间的跳接软线应小于 5m。

（2）跳接软线可订购也可现场压接。一条链路需要两条跳线，一条从配线架跳接到交换设备，另一条从信息插座连到计算机。

（3）现场压接跳线 RJ-45 所需的数量。RJ-45 头材料预算方式如下。

$$m=n\times 4+n\times 4\times 5\%$$

式中：m——RJ-45 的总需求量；

n——信息点的总量；

$n\times 4\times 5\%$——留有的富余量。

当然，当语音链路需从水平数据配线架跳接到语音干线 110 配线架时，还需要 RJ-45-110 跳接线。

3. 用电配置要求

在综合布线工程中设计工作区子系统时，要同时考虑终端设备的用电需求。每组信息插座附近宜配备 220V 电源三孔插座为设备供电，暗装信息插座（RJ-45）与其旁边的电源插座应保持 200mm 的距离，工作区的电源插座应选用带保护接地的单相电源插座，保护接地与零线应严格分开，如图 8-1 所示。

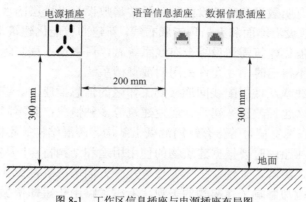

图 8-1 工作区信息插座与电源插座布局图

8.2.3 配线子系统设计

配线子系统（水平子系统）应由工作区的信息插座模块、信息插座模块至电信间配线设备（FD）的配线电缆和光缆、电信间的配线设备及设备线缆和跳线等组成。它的布线路由遍及整个智能建筑，与每个房间和管槽系统密切相关，是综合布线工程中工程量最大、最难施工的一个子系统。配线子系统的设计涉及水平布线系统的网络拓扑结构、布线路由、管槽的设计、线缆类型的选择、线缆长度的确定、线缆布放和设备的配置等内容，它们既相对独立又密切相关，在设计中要考虑相互间的配合。

配线子系统通常采用星形网络拓扑结构，它以楼层配线架 FD 为主结点，各工作区信息插座为分结点，二者之间采用独立的线路相互连接，形成以 FD 为中心向工作区信息插座辐射的星形网络。通常用双绞线敷设水平布线系统，此时水平布线子系统的最大长度为 90m。这种结构的线路长度较短，工程造价低，维护方便，保障了通信质量。

1. 管槽布线路由设计

管槽系统是综合布线系统的基础设施之一，对于新建建筑物，要求与建筑设计和施工同步进行。所以在综合布线系统总体方案决定后，对于管槽系统需要预留管槽的位置和尺寸、洞孔的规格和数量以及其他特殊工艺要求（如防火要求或与其他管线的间距等）。这些资料要及早提供给建筑设计单位，以便在建筑设计中一并考虑，使管槽系统能满足综合布线系统线缆敷设和设备安装的需要。

管槽系统建成后，与房屋建筑成为一个整体，属于永久性设施，因此，它的使用年限应与建筑物的使用年限一致。这说明管槽系统的使用年限应大于综合布线系统线缆的使用年限。这样，管槽系统的规格尺寸和数量要依据建筑物的终期需要从整体和长远角度来考虑。

管槽系统由引入管路、电缆竖井、槽道、楼层管路（包括槽道和工作区管路）、联络管路等组成。它们的走向、路由、位置、管径和槽道的规格以及与设备间、电信间等的连接，都要从整体和系统的角度来统一考虑。此外，对于引入管路和公用通信网的地下管路的连接，也要做到互相衔接，配合协调，不应产生脱节和矛盾等现象。

对于原有建筑改造成智能建筑而增设综合布线系统的管槽系统设计，应仔细了解建筑物的结构，设计出合理的垂直和水平管槽系统。

由于水平布线路由遍及整座建筑物，因此水平布线路由是影响综合布线工程美观程度的关键。水平管槽系统有明敷设和暗敷设两种，通常暗敷设是沿楼层的地板、楼顶吊顶和墙体内预埋管槽布线，明敷设沿墙面和无吊顶走廊布线。新建的智能化建筑中应采用暗敷设方式，对原有建筑改造成智能化建筑需增设综合布线系统时，可根据工程实际尽量创造条件采用暗敷管槽系统，只有在不得已时，才允许采用明敷管槽系统。

水平布线就是将线缆从楼层配线间连接到工作区的信息插座上。综合布线工程施工的对象有新建建筑、扩建（包括改造）建筑、已建建筑等多种情况；有不同用途的办公楼、写字楼、教学楼、住宅楼、学生宿舍等；有钢筋混凝土结构、砖混结构等不同的建筑结构。因此，设计水平布线子系统的路由时要根据建筑物的使用用途和结构特点，从布线规范、便于施工、路由最短、工程造价、隐蔽、美观、扩充方便等几个方面考虑。在设计中，往往会存在一些矛盾，考虑了布线规范却影响了建筑物的美观，考虑了路由长短却增加了施工难度，所以，设计水平子系统必须折中考虑，对于结构复杂的建筑物一般都设计多套路由方案，通过对比分析，选取一个较佳的水平布线方案。

（1）暗敷设布线方式。

暗敷设通常沿楼层的地板、楼顶吊顶、墙体内预埋管布线，这种方式适合于建筑物设计与建设时已考虑综合布线系统的场合。

以下介绍常见的电缆槽道方式和高架地板布线方式。

① 电缆槽道方式。这是使用最多的天花板吊顶内敷设线缆方式。线槽可选用金属线槽，也可选用阻燃、高强度的 PVC 槽，通常安装在吊顶内或悬挂在天花板上，用在大型建筑物或布线比较复杂而需要有额外支持物的场合，用横梁式线槽将线缆引向所要布线的区域。由配线间出来的线缆先走吊顶内的线槽，到各房间的位置后，经分支线槽把横梁式线槽分叉后，将电缆穿过一段支管引向墙柱或墙壁，沿墙而下到本层的信息出口，或沿墙而土引到上一层墙上的暗装信息出口，最后端接在用户的信息插座上。线槽的容量可按照线槽的外径来确定，即线槽的横截面积等于线缆截面积之和的 3 倍左右。在设计、安装线槽时应多方考虑，尽量将线槽放在走廊的吊顶内，并且去各房间的支管应适当集中至检修孔附近，便于维护。由于楼层内总是走廊最后吊顶，所以集中布线施工只要赶在走廊吊顶前即可，不仅减少了布线工时，还利于对已穿线缆的保护，不影响房内装修。一般走廊处于中间位置，布线的平均距离最短，可节约线缆费用，但电缆槽道法对线缆路由有一定限制，灵活性较差，安装施工费用较高，技术较复杂，有可能使天花板增加荷重。

如图 8-2 所示，由电信间出来的线缆先走吊顶内的线槽，到各房间后，经分支线槽从横梁式电缆管道分叉后将电缆穿过一段支管引向墙柱或墙壁，预埋暗管沿墙而下到本层的信息出口，或沿墙而上引到上一层墙上的暗装信息出口，最后端接在用户的信息插座上。

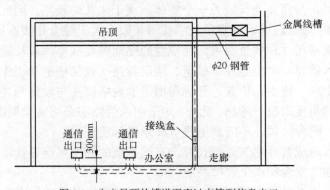

图 8-2　先走吊顶的槽道再穿过支管到信息出口

② 高架地板布线方式。高架地板为活动地板，由许多方块面板组成，放置在钢制支架上的每块板均能活动，如图 8-3 所示。

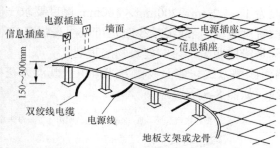

图 8-3　高架地板布线方式

高架地板布线方式具有安装和检修线缆方便、布线灵活、适应性强、不受限制、操作空间大、布放线缆容量大、隐蔽性好、安全和美观等特点，但初次工程投资大，降低了房间净高。

（2）明敷设布线方式。

明敷设布线方式主要用于既没有天花板吊顶又没有预埋管槽的建筑物的综合布线系统，通常采用走廊槽式桥架和墙面线槽相结合的方式来设计布线路由。通常水平布线路由由从 FD 开始，经走廊槽式桥架，用支管到各房间，再经墙面线槽将线缆布放至信息插座（明装）。当布放的线缆较少时，从配线间到工作区信息插座布线时也可全部采用墙面线槽方式。

① 走廊槽式桥架方式。走廊槽式桥架是指将线槽用吊杆或托臂架设在走廊的上方，如图 8-4 所示。

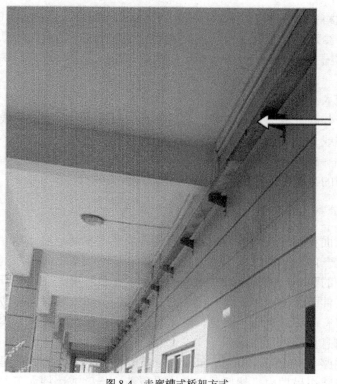

图 8-4　走廊槽式桥架方式

　　线槽可采用不锈钢、铝合金、镀锌或镀彩的铁质金属线槽，规格有 50mm×25mm、100mm×50mm、200mm×100mm 等型号，厚度有 0.8mm、1mm、1.2mm、1.5mm、2mm 等规格，槽径越大，要求厚度越厚。50mm×25mm 的厚度要求一般为 0.8～1mm，100mm×50mm 厚度要求一般为 1～1.2mm，200mm×100mm 厚度要求一般为 1.2～1.5mm，也可根据线缆数量向厂家定做特型线槽。当线缆较少时也可采用高强度 PVC 线槽。槽式桥架方式设计施工方便，最大的缺陷是线槽明敷，影响建筑物的美观。

　　② 墙面线槽方式。墙面线槽方式适用于既没天花板吊顶又没有预埋管槽的已建建筑物的水平布线，如图 8-5 所示。

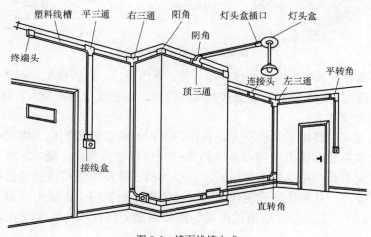

图 8-5　墙面线槽方式

　　墙面线槽的规格有 20mm×12mm、39mm×19mm、59mm×29mm、100mm×30mm 等型号，根据线缆的多少选择合适的线槽，主要用于房间内布线，当楼层信息，点较少时也用于走廊布线，和走廊槽式桥架方式一样，墙面线槽设计施工方便，最大的缺陷是线槽明敷，影响建筑物的美观。

　　（3）管槽系统大小选择。

　　线缆布放在管与线槽内的管径与截面利用率，应根据不同类型的缆线做不同的选择。管内穿放大对数电缆或 4 芯以上光缆时，直线管路的管径利用率应为 50%～60%，弯管路的管径利用率应为 40%～50%。管内穿放 4 对对绞电缆或 4 芯光缆时，截面利用率应为 25%～30%。布放缆线在线槽内的截面利用率应为 30%～50%。

　　2．开放型办公室布线系统

　　有些楼层房间面积较大，而且房间办公用具布局经常变动，墙（地）面又不易安装信息插座。为了解决这一问题，可以采用"大开间办公环境附加水平布线惯例"。大开间是指由办公用具或可移动的隔断代替建筑墙面构成的分隔式办公环境。在这种开放型办公室中，将线缆和相关的连接件配合使用，就会有很大的灵活性，节省安装时间和费用。开放型办公室布线系统设计方案有两种：多用户信息、插座设计方案；集合点设计方案。

　　（1）多用户信息插座设计方案。

　　多用户信息插座（Multiuser Information Outlet，MIO）设计方案就是将多个多种信息模块组合在一起，安装在吊顶内，然后用接插线沿隔断、墙壁或墙柱而下，接到终端设备上。

混合电缆和多用户信息插座结合使用就是其中的一种，如美国 AVAYA 科技公司的 MI06SMB 型就是 6 个信息模块组合在一起的，可连接 6 台工作终端。水平布线可用混合电缆，从配线间引出，走吊顶辐射到各个大开间。每个大开间再根据需求采用厚壁管或薄壁金属管，从房间的墙壁内或墙柱内将线缆引至接线盒，与组合式信息插座相连接。多用户信息插座连接方式如图 8-6 所示。

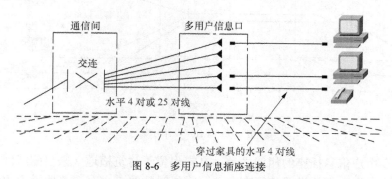

图 8-6　多用户信息插座连接

多用户信息插座为在一个用具组合空间中办公的多个用户提供了一个单一的工作区插座集合。接插线通过内部的槽道将设备直接连至多用户信息插座。多用户信息插座应该放在像立柱或墙面这样的永久性位置上，而且应该保证水平布线在用具重新组合时保持完整性。多用户信息插座适用于那些重新组合非常频繁的办公区域使用。组合时只需重新配备接插线即可。

采用多用户信息插座时，每一个多用户插座包括适当的备用量在内，宜能支持 12 个工作区所需的 8 位模块通用插座各段线缆长度按下式计算也可按表 8-3 选用。

$$C = (102 - H) \div 1.2$$
$$W = C - 5$$

式中：$C = W + D$ 工作区电缆、电信间跳线和设备电缆的长度之和；

　　　　D——电信间跳线和设备电缆的总长度；

　　　　W——工作区电缆的最大长度，且 $W \leq 22m$；

　　　　H——水平电缆的长度。

表 8-3　　　　　　　　　　　　　各段线缆长度限值

电缆总长度（m）	水平布线电缆 H（m）	工作区电缆 W（m）	交接间跳线和设备电缆 D（m）
100	90	3	7
99	85	7	7
98	80	11	7
97	75	15	7
97	70	20	7

（2）集合点（CP）设计方案。

集合点是水平布线中的一个互连点，它将水平布线延长至单独的工作区，是水平布线的一个逻辑集合点（从这里连接工作区终端电缆）。和多用户信息插座一样，集合点应安装在可接近的且永久的地点，如建筑物内的柱子上或固定的墙上，尽量紧靠办公用具。这样可使重组用具的时候能够保持水平布线的完整。在集合点和信息插座之间敷设很短的水平电缆服务于专用区域。集合点可用模块化表面安装盒（6口，12口）、配线架（25对，50对）、区域布线盒（6口）等。集合点设计方案如图8-7所示。

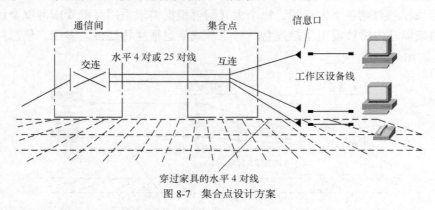

图 8-7　集合点设计方案

集合点和多用户信息插座的相似之处，是它也位于建筑槽道（来自配线间）和开放办公区的集合点。这个集合点的设置使得在办公区重组时能够减少对建筑槽道内电缆的破坏。设置集合点的目的是针对那些偶尔进行重组的场合，不像多用户信息插座所针对的是重组非常频繁的办公区，集合点应该容纳尽量多的工作区。

比较图 8-6 和图 8-7 可以看出，图 8-6 中是直接用接插线将工作终端插入组合式插座的，图 8-7 中是将工作终端经一次接插线转接后插入组合式插座的。

对于大厅的站点，可采用打地槽铺设厚壁镀辞管或薄壁电线管的方法将线缆引到地面接线盒。地面接线盒用钢面铝座制作，直径为 10cm～12cm，高为 5cm～8cm。地面接线盒用铜面铝座，高度可调节。在地面浇灌混凝土时预埋。大楼竣工后，可将信息插座安装在地面接线盒内，再把电缆从管内拉到地面接线盒，端接在信息插座上。需要使用信息插座时，只要把地面接线盒盖上的小窗口向上翻，用接插线把工作终端连接到信息插座即可。平常小窗口向下，与地面平齐，可保持地面平整。

注意，集合点和多用户信息插座水平布线部分的区别。

大开间附加水平布线把水平布线划分为永久和可调整两部分。永久部分是水平线缆先从配线间到集合点，再从集合点到信息插座。当集合点变动时，水平布线部分也随之改变。多用户信息插座可直接端接一根 25 对双绞电缆，也可端接 12 芯光纤。当有变动时，不要改变水平布线部分。

在吊顶内设置集合点的方法如图 8-8 所示。

集中点可用大对数线缆，距楼层配线间应大于 15m，集合点配线设备容量宜以满足 12 个工作区信息点需求设置。同一个水平电缆路由不允许超过一个集合点（CP），从集合点引出的 CP 线缆应终接于工作区的信息插座或多用户信息插座上，多用户信息插座和集合点的配线设备应安装于墙体或柱子等建筑物固定的位置。

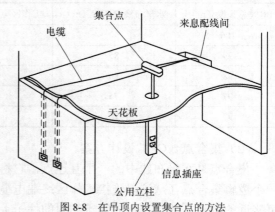

图 8-8　在吊顶内设置集合点的方法

3. 水平线缆系统

水平子系统的线缆要依据建筑物信息的类型、容量、带宽或传输速率来确定。双绞线电缆是水平布线的首选。但当传输带宽要求较高，管理间到工作区超过 90m 时就会选择光纤作为传输介质。

（1）线缆类型选择。

水平子系统中推荐采用的线缆型号如下。

① 100Ω 双绞电缆。

② 50/25μm 多模光纤。

③ 62.5/25μm 多模光纤。

④ 8.3/125μm 单模光纤。

在水平子系统中，也可以使用混合电缆。采用双绞电缆时，根据需要可选用非屏蔽双绞电缆或屏蔽双绞电缆。在一些特殊应用场合，可选用阻燃、低烟、无毒等线缆。

（2）水平子系统布线。

水平线缆是指从楼层配线架到信息插座间的固定布线，一般采用 100Ω 双绞电缆，水平电缆最大长度为 90m，配线架跳接至交换设备、信息模块跳接至计算机的跳线总长度不超过 10m，通信通道总长度不超过 100m。在信息点比较集中的区域，如一些较大的房间，可以在楼层配线架与信息插座之间设置集合点（CP 最多转接一次），这种集合点到楼层配线架的电缆长度不能过短（至少 15m），但整个水平电缆最长 90m 的传输特性保持不变。

（3）电缆长度估算。

在估算电缆长度时做好以下几项工作。

① 确定布线方法和走向。

② 确立每个楼层配线间所要服务的区域。

③ 确认离楼层配线间距离最远的信息插座位置。

④ 确认离楼层配线间距离最近的信息插座位置。

⑤ 用平均电缆长度估算每根电缆长度。

平均电缆长度=（信息插座至配线间的最远距离+信息插座至配线间的最近距离）÷2

总电缆长度=平均电缆长度+备用部分（平均电缆长度的 10%）+端接容余 6m

每个楼层用线量（m）的计算公式如下。

$$C = [0.55(L+S) +6] \times n$$

式中：C——每个楼层的用线量；

　　　L——服务区域内信息插座至配线间的最远距离；

　　　S——服务区域内信息插座至配线间的最近距离；

　　　n——每层楼的信息插座（IO）的数量。

整座楼的用线量如下。

$$W=\sum MC（M 为楼层数）$$

⑥ 电缆订购数。

按 4 对双绞电缆包装标准 1 箱线长=305m，电缆订购数=W/305 箱（不够一箱时按一箱计）。

8.2.4 干线子系统设计

干线子系统由建筑物设备间和楼层配线间之间的连接线缆组成，它是智能化建筑综合布线系统的中枢部分，与建筑设计密切相关，主要确定垂直路由的多少和位置、垂直部分的建筑方式（包括占用上升房间的面积大小）和干线系统的连接方式。

现代建筑物的通道有封闭型和开放型两大类型。封闭型通道是指一连串上下对齐的交接间，每层楼都有一间，利用电缆竖井、电缆孔、管道电缆和电缆桥架等穿过这些房间的地板层，每个空间通常还有一些便于固定电缆的设施和消防装置。开放型通道是指从建筑物的地下室到楼顶的一个开放空间，中间没有任何楼板隔开，如通风通道或电梯通道，不能敷设干线子系统电缆。对于没有垂直通道的老式建筑物，一般采用敷设垂直墙面线槽的方式。

在综合布线中，干线子系统的线缆并非一定是垂直布置的，从概念上讲，它是建筑物内的干线通信线缆。在某些特定环境中，如低矮而又宽阔的单层平面大型厂房，干线子系统的线缆就是平面布置的，同样起着连接各配线间的作用。对于 FD/BD 一级布线结构来说，配线子系统和干线子系统是一体的。

1. 干线子系统基本要求

（1）干线子系统所需要的电缆总对数和光纤总芯数，应满足工程的实际需求，并留有适当的备份容量。主干线缆宜设置电缆与光缆，并互相作为备份路由。

（2）点对点端接是最简单、最直接的接合方法，干线电缆宜采用点对点端接，大楼与配线间的每根干线电缆直接延伸到指定的楼层配线间。也可采用分支递减端接，分支递减端接有一根大对数干线电缆足以支持若干楼层的通信容量，经过电缆接头保护箱分出若干根小电缆，它们分别延伸到每个楼层，并端接于目的地的连接硬件。

（3）如果电话交换机和计算机主机设置在建筑物内不同的设备间，宜采用不同的主干线缆来分别满足语音和数据的需要。

（4）为便于综合布线的路由管理，干线电缆、干线光缆布线的交接不应多于两次。从楼层配线架到建筑群配线架只能通过一个配线架，即建筑物配线架。当综合布线只用一级干线布线进行配线时，放置干线配线架的二级交接间可以并入楼层配线间。

（5）主干电缆和光缆所需的容量要求及配置应符合以下规定。

对语音业务，大对数主干电缆的对数应按每一个电话 8 位模块通用插座配置 1 对线，并在总需求线对的基础上至少预留约 10%的备用线对。

对于数据业务应以集线器（Hub）或交换机（SW）群（按 4 个 Hub 或 SW 组成 1 群）；或以每个 Hub 或 SW 设备设置 1 个主干端口配置。每 1 群网络设备或每 4 个网络设备宜考虑 1 个备份端口。主干端口为电端口时，应按 4 对线容量，为光端口时则按 2 芯光纤容量配置。

（6）在同一层若干电信间之间宜设置干线路由。

（7）主干路由应选在该管辖区域的中间，使楼层管路和水平布线的平均长度适中，有利于保证信息传输质量，宜选择带门的封闭型综合布线专用的通道敷设干线电缆，也可与弱电竖井合用。

（8）线缆不应布放在电梯、供水、供气、供暖、强电等竖井中。

（9）设备间连线设备的跳线应选用综合布线专用的插接软跳线，在语音应用时也可选用双芯跳线。

（10）干线子系统垂直通道有电缆孔、电缆竖井和管道等 3 种方式可供选择，宜采用电缆竖井方式。水平通道可选择预埋暗管或槽式桥架方式。

2. 干线子系统的布线路由

建筑物垂直干线布线通道可采用电缆孔、电缆竖井和管道 3 种方法，下面介绍前 2 种方法。

（1）电缆孔方法。

干线通道中所用的电缆孔是很短的管道，通常是用一根或数根直径为 10cm 的钢管做成。它们嵌在混凝土地板中，这是在浇注混凝土地板时嵌入的，比地板表面高出 2.5～10cm。也可直接在地板中预留一个大小适当的孔洞。电缆往往捆在钢绳上，而钢绳又固定到墙上已销好的金属条上。当楼层配线间上下都对齐时，一般采用电缆孔方法，如图 8-9 所示。

（2）电缆井方法。

电缆井方法常用于干线通道，也就是常说的竖井。电缆井是指在每层楼板上开出一些方孔，使电缆可以穿过这些电缆井从这层楼伸到相邻的楼层，上下应对齐，如图 8-10 所示。

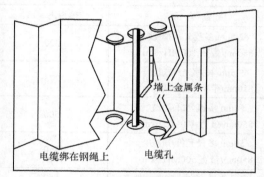

图 8-9　电缆孔方法

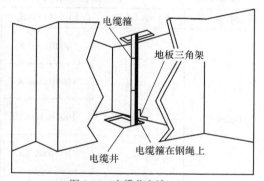

图 8-10　电缆井方法

电缆井的大小依所用电缆的数量而定。与电缆孔方法一样，电缆也是捆在或箍在支撑用的钢绳上，钢绳由墙上的金属条或地板三角架固定。离电缆很近的墙上的立式金属架可以支撑很多电缆。电缆井可以让粗细不同的各种电缆以任何组合方式通过。电缆井虽然比电缆孔灵活，但在原有建筑物中采用电缆井安装电缆造价较高，它的另一个缺点是不使用的电缆井很难防火。如果在安装过程中没有采取措施去防止损坏楼板的支撑件，则楼板的结构完整性将受到破坏。

在多层楼房中，经常需要使用横向通道，干线电缆才能从设备间连接到干线通道或在各个楼层上从二级交接间连接到任何一个楼层配线间。横向走线需要寻找一条易于安装的方便通路，因而两个端点之间很少是一条直线。在水平干线和干线子系统布线时，可考虑数据线、语音线以及其他弱电系统共槽问题。

3. 干线子系统线缆类型的选择

可根据建筑物的楼层面积、建筑物的高度、建筑物的用途和信息点数量来选择干线子系统的线缆类型。在干线子系统中可采用以下 4 种类型的线缆。

（1）100Ω 双绞线电缆；

（2）62.5/125μm 多模光缆；

（3）50/125μm 多模光缆；

（4）8.3/125μm 单模光缆。

无论是电缆还是光缆，综合布线干线子系统都受到最大布线距离的限制，即建筑群配线架（CD）到楼层配线架（FD）的距离不应超过 2000m，建筑物配线架（BD）到楼层配线架（FD）距离不应超过 500m。通常将设备间的主配线架放在建筑物的中部附近使线缆的距离最短。当超出上述距离限制，可以分成几个区域布线，使每个区域满足规定的距离要求。配线子系统和干线子系统布线的距离与信息传输速率、信息编码技术和选用的线缆及相关连接件有关。根据使用介质和传输速率要求，布线距离还有变化。

（1）数据通信采用双绞线电缆时，布线距离不宜超过 90m，否则宜选用单模或多模光缆。

（2）在建筑群配线架和建筑物配线架上，接插线和跳线长度不宜超过 20m，超过 20m 的长度应从允许的干线线缆最大长度中扣除。

（3）100Mbit/s 网的光纤应用距离为 2000m，1 吉比特以太网和 10 吉比特以太网的光纤应用距离如表 8-4 所示。

表 8-4　　　　　　　　1 吉比特以太网和 10 吉比特以太网的光纤应用距离

传 输 速 率	网 络 标 准	物理接口标准	传 输 介 质	传输距离（m）
1GMbit/s	802.3z	1000Base-SX	62.5μm 多模光纤/短波 850nm/带宽 160MHz·km	220
		1000Base-SX	62.5μm 多模光纤/短波 850nm/带宽 200MHz·km	275
		1000Base-SX	50μm 多模光纤/短波 850nm/带宽 400MHz·km	500
		1000Base-SX	50μm 多模光纤/短波 850nm/带宽 500MHz·km	550
		1000Base-LX	多模光纤/长波 1300nm	550
		1000Base-LX	单模光纤	5000
10GMbit/s	802.3ae	10GBase-SR	62.5μm 多模光纤/850nm	26
		10GBase-SR	50μm 多模光纤/850nm	65
		10GBase-LR	9μm 单模光纤/1310nm	10000
		10GBase-ER	9μm 单模光纤/1550nm	40000
		10GBase-LX4	9μm 单模光纤/1310nm	10000
		10GBase-SW	62.5μm 多模光纤/850nm	26
		10GBase-SW	50μm 多模光纤/850nm	65
		10GBase-LW	9μm 单模光纤 / 1310nm	10000
		10GBase-EW	9μm 单模光纤/1550nm	40000

（4）延伸业务（如通过天线接收）可能从远离配线架的地方进入建筑群或建筑物，这些延伸业务引入点到连接这些业务的配线架间的距离，应包括在干线布线的距离之内。如果有延伸业务接口，与延伸业务接口位置有关的特殊要求也会影响这个距离。应记录所用线缆的型号和长度，必要时还应提交给延伸业务提供者。

（5）把电信设备（如程控用户交换机）直接连接到建筑群配线架或建筑物配线架的设备电缆、设备光缆长度不宜超过 30m。如果使用的设备电缆、设备光缆超过 30m，干线电缆、干线光缆的长度宜相应减少。

4. 语音干线子系统的接合方法

在确定主干线路连接方法时，最重要的是根据建筑物结构和用户要求，确定采用哪些接合方法。通常有两种接合方法可供选择。

（1）点对点端接法。

点对点端接是最简单、最直接的接合方法。首先要选择一根双绞线电缆或光缆，其数量（指电缆对数或光纤根数）可以满足一个楼层的全部信息插座的需要，而且这个楼层只需设一个配线间。然后从设备间引出这根电缆，经过干线通道，端接于该楼层的一个指定配线间内的连接件。这根电缆到此为止，不再往别处延伸。所以，这根电缆的长度取决于它要连往哪个楼层以及端接的配线间与干线通道之间的距离，如图 8-11 所示。

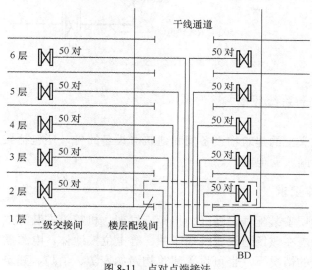

图 8-11 点对点端接法

选用点对点端接法，可能引起干线中每根电缆的长度各不相同（每根电缆的长度要足以延伸到指定的楼层和配线间），而且粗细也可能不同。在设计阶段，电缆的材料清单应反映出这一情况。此外，还要在施工图纸上详细说明哪根电缆接到哪一楼层的哪个配线间。

点对点端接法的主要优点是可以在干线中采用较小、较轻、较灵活的电缆，不必使用昂贵的绞接盒。缺点是电缆数目较多。

（2）分支接合法。

顾名思义，分支接合就是干线中的一根多对电缆通过干线通道到达某个指定楼层，其容量足以支持该楼层所有配线间的信息插座的需要。接着安装人员用一个适当大小的绞接盒把这根主电缆与粗细合适的若干根小电缆连接起来，后者分别连往各个二级交接间。典型的分支接合如图 8-12 所示。

分支接合法的优点是干线中的主干电缆总数较少，可以节省一些空间。在某些情况下，分支接合法的成本低于点对点端接法。对一座建筑物来说，这两种接合方法中究竟哪一种更适宜，通常要根据电缆成本和所需的工程费通盘考虑。如果设备间与计算机机房处于不同的地点，而且需要把语音电缆连至设备间，把数据电缆连至计算机机房，则可以采取直接的连接方法。

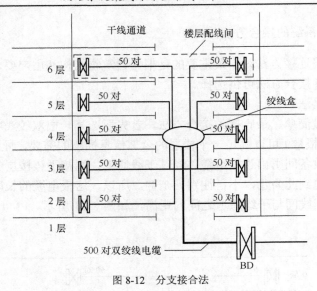

图 8-12 分支接合法

9.2.5 设备间子系统设计

设备间除一般意义上的建筑物设备间和建筑群设备间外，还包括楼层电信间（又称为楼层设备间、楼层配线间、弱电间）。

1. 电信间的基本要求

电信间主要为楼层安装配线设备（为机柜、机架、机箱等安装方式）和楼层计算机网络设备的场地，并可考虑在该场地设置线缆竖井、等电位接地体、电源插座、UPS 配电箱等设施。在场地面积满足的情况下，也可设置建筑物诸如安防、消防、建筑设备监控系统、无线信号覆盖等系统的安装。如果综合布线系统与弱电系统设备合设于同一场地，从建筑的角度出发，称为弱电间。

一般情况下，综合布线系统的配线设备和计算机网络设备采用 19 英寸标准机柜安装。机柜内可安装光纤配线架、RJ-45（24 口）配线架、110 配线架、理线架、网络设备等。如果按建筑物每层电话和数据信息点各为200 个考虑，配置上述设备大约需要有2 个19 英寸（42U）的机柜空间，以此测算电信间面积至少应为 $5m^2$（2.5m×2.0m）。如果布线系统需设置内、外网或专用网时，19 英寸机柜应分别设置，并在保持一定间距的情况下预测电信间的面积。

电信间温、湿度按配线设备要求提出，如在机柜中安装计算机网络设备时的环境应满足设备提出的要求，温、湿度的保证措施由空调系统负责解决。

基本要求如下。

（1）电信间的数量应按所服务的楼层范围及工作区面积来确定。如果该层信息点数量不大于400 个，水平线缆长度在90m 范围以内，宜设置一个电信间；当超出这一范围时宜设两个或多个电信间；每层的信息点数量数较少，且水平线缆长度不大于90m 的情况下，宜几个楼层合设一个电信间。

（2）电信间应与强电间分开设置，电信间内或其紧邻处应设置线缆竖井。

（3）电信间的使用面积不应小于 $5m^2$，也可根据工程中配线设备和网络设备的容量进行调整。

（4）电信间应提供不少于两个 220V 带保护接地的单相电源插座，但不作为设备供电电源。电信间如果安装电信设备或其他信息网络设备时，设备供电应符合相应的设计要求。

（5）电信间应采用外开丙级防火门，门宽大于 0.7m。电信间内温度应为 10℃～35℃，相对湿度宜为 20%～80%。如果安装信息网络设备时，应符合相应的设计要求。

2. 设备间基本要求

设备间是综合布线系统的关键部分，是大楼的电话交换机设备和计算机网络设备，以及建筑物配线设备（BD）安装的地点，也是进行网络管理的场所。对综合布线工程设计而言，设备间主要安装总配线设备。当信息通信设施与配线设备分别设置时，考虑到设备电缆有长度限制的要求，安装总配线架的设备间与安装电话交换机及计算机主机的设备间之间的距离不宜太远。如果一个设备间以 10m^2 计，大约能安装 5 个 19 英寸的机柜。在机柜中安装电话大对数电缆 110 配线设备，数据主干线缆配线设备模块，大约能支持总量为 6000 个信息点所需（其中电话和数据信息点各占 50%）的建筑物配线设备安装空间。在设计中一般要考虑以下几点。

（1）设备间位置应根据设备的数量、规模、网络构成等因素，综合考虑确定。

（2）每幢建筑物内应至少设置 1 个设备间，如果电话交换机与计算机网络设备分别安装在不同的场地或根据安全需要，也可设置 2 个或 2 个以上设备间，以满足不同业务的设备安装需要。

（3）建筑物综合布线系统与外部配线网连接时，应遵循相应的接口标准要求。

（4）设备间的设计应符合下列规定。

① 设备间宜处于干线子系统的中间位置，并考虑主干线缆的传输距离与数量。

② 设备间宜尽可能靠近建筑物线缆竖井位置，有利于主干线缆的引入。

③ 设备间的位置宜便于设备接地。

④ 设备间应尽量远离高低压变配电、电机、X 射线、无线电发射等有干扰源存在的场地。

⑤ 设备间室温度应为 10～35℃，相对湿度应为 20%～80%，通风良好。

⑥ 设备间内应有足够的设备安装空间，其使用面积不应小于 10m^2，该面积不包括程控用户交换机、计算机网络设备等设施所需的面积在内。

⑦ 设备间梁下净高不应小于 2.5m，采用外开双扇门，门宽不应小于 1.5m。

（5）设备间应防止有害气体（如氯、碳水化合物、硫化氢、氮氧化物、二氧化碳等）侵入，并应有良好的防尘措施，尘埃含量限值宜符合表 8-5 所示的规定。

表 8-5 尘埃限值

灰尘颗粒的最大直径（μm）	0.5	1	3	5
灰尘颗粒的最大浓度（粒子数/m^3）	1.4×10^7	7×10^5	2.4×10^5	1.3×10^7

注：灰尘粒子应是不导电的，非铁磁性和非腐蚀性的。

（6）设备间应按防火标准安装相应的防火报警装置，使用防火防盗门。墙壁不允许采用易燃材料，应有至少能耐火 1h 的防火墙。地面、楼板和天花板均应涂刷防火涂料，所有穿放线缆的管材、洞孔和线槽都应采用防火材料堵严密封。

（7）在地震区的区域内，设备安装应按规定进行抗震加固。

（8）设备安装宜符合下列规定。

① 机架或机柜前面的净空不应小于 800mm，后面的净空不应小于 600mm。

② 壁挂式配线设备底部离地面的高度不宜小于 300mm。

（9）设备间应提供不少于两个 220V 带保护接地的单相电源插座，但不作为设备供电电源。

（10）设备间如果安装电信设备或其他信息网络设备时，设备供电应符合相应的设计要求。

在设备间内应有可靠的 50Hz，220V 交流电源，必要时可设置备用电源和不间断电源。当设备间内装设计算机主机时，应根据需要配置电源设备。

3．设备间线缆敷设

（1）活动地板。

活动地板一般在建筑物建成后安装敷设。目前有以下两种敷设方法。

① 正常活动地板。高度为 300～500mm，地板下面空间较大，除敷设各种线缆外还可兼作空调送风通道。

② 简易活动地板。高度为 60～200mm，地板下面空间小，只作线缆敷设用，不能作为空调送风通道。

两种活动地板在新建建筑中均可使用，一般用于电话交换机房、计算机主机房和设备间。简易活动地板下空间较小，在层高不高的楼层尤为适用，可节省净高空间，也适用于已建成的原有建筑或地下管线和障碍物较复杂且断面位置受限制的区域。

其优点如下。

① 线缆敷设和拆除均简单方便，能适应线路增减变化，有较高的灵活性，便于维护管理。

② 地板下空间大，线缆容量和条数多，路由自由短捷，节省线缆费用。

③ 不改变建筑结构。

其缺点如下。

① 造价较高。

② 减少房屋的净高。

③ 对地板表面材料在耐冲击性、耐火性和抗静电方面有一定的要求。

（2）地板或墙壁内沟槽。

线缆在建筑的预先建成的墙壁或地板内的沟槽中敷设时，沟槽的大小根据线缆容量来设计，上面设置盖板保护，地板或墙壁内沟槽敷设方式只适用于新建建筑，在已建建筑中较难采用，因不易制成暗敷沟槽，沟槽敷设方式只能在局部段落中使用，不宜在面积较大的房间内全部采用。在今后有可能变化的建筑中不宜使用沟槽敷设方式，因为沟槽方式是在建筑中预先制成的，所以主使用时会受到限制，线缆路由不能自由选择和变动。

其优点如下。

① 沟槽内部尺寸较大（但受墙壁或地板的建筑要求限制），能容纳线缆条数较多。

② 便于施工和维护，也有利于扩建。

③ 造价较活动地板低。

其缺点如下。

① 沟槽设计和施工必须与建筑设计和施工同时进行，在配合协调上较为复杂。

② 沟槽对建筑结构有所要求，技术较复杂。

③ 沟槽上有盖板，在地面上的沟槽不易平整，会影响人员活动且不美观。

④ 沟槽预先制成，线缆路由不能变动，难以适应变化。

（3）预埋管路。

在建筑的墙壁或楼板内预埋管路，其管径和根数根据线缆需要来设计，预埋管路只适用于新建建筑，管路敷设段落必须根据线缆分布方案要求设计，预埋管路必须在建筑施工中建成，所以使用会受到限制，必须精心设计和考虑。

其优点如下。

① 穿放线缆比较容易，对维护、检修和扩建均有利。

② 造价低廉，技术要求不高。

③ 不会影响房屋建筑结构。

其缺点如下。

① 管路容纳线缆的条数少，设备密度较高的场所不宜采用。

② 线缆改建或增设有所限制。

③ 线缆路由受管路限制，不能变动。

（4）机架。

图 8-13 所示为在机架柜上安装桥架的敷设方式，桥架的尺寸根据线缆需要设计，在已建或新建的建筑中均可使用这种敷设方式（除楼层层高较低的建筑外），它的适应性较强，使用场合较多。

其优点如下。

① 不受建筑的设计和施工限制，可以在建成后安装。

② 便于施工和维护，也有利于扩建。

③ 能适应今后变动的需要。

其缺点如下。

① 线缆敷设不隐蔽、不美观（除暗敷外）。

② 在设备（机架）上或沿墙安装走线架（或槽道）较复杂，增加施工操作程序。

③ 机架上安装走线架或槽道在层高较低的建筑中不宜使用。

图 8-13　设备间桥架进线方式

8.2.6　进线间子系统设计

进线间是建筑物外部通信和信息管线的入口部位，并可作为入口设施和建筑群配线设备的安装场地。进线间一个建筑物宜设置 1 个，一般位于地下层外线宜从两个不同的路由引入进线间，有利于与外部管道沟通。进线间与建筑物红外线范围内的人孔或手孔采用管道或通道的方式互连。进线间因涉及因素较多，难以统一提出具体所需面积，可根据建筑物实际情况，并参照通信行业和国家的现行标准要求进行设计，其基本要求如下。

（1）进线间应设置管道入口。

（2）进线间应满足线缆的敷设路由、光缆的盘长空间、线缆的弯曲半径、维护设备、配线设备安装所需要的场地空间和面积。

（3）进线间的大小应按进线间的进楼管道最终容量及入口设施的最终容量设计。同时应考虑满足多家电信业务经营者安装入口设施等设备的面积。

（4）进线间宜靠近外墙和在地下设置，以便于线缆引入。进线间设计应符合下列规定。

① 进线间应防止渗水，宜设有抽排水装置。

② 进线间应与布线系统垂直竖井沟通。

③ 进线间应采用相应防火级别的防火门，门向外开宽度不小于 1000mm。

④ 进线间应设置防有害气体措施和通风装置，排风量按每小时不小于 5 次容积计算。

（5）与进线间无关的管道不宜通过。

（6）进线间入口管道口所有布放线缆和空闲的管孔应采取防火材料封堵，做好防水处理。

（7）进线间如安装配线设备和信息通信设施时，应符合设备安装设计的要求。

8.2.7 管理子系统设计

1. 管理子系统的基本要求

管理是对工作区、电信间、设备间、进线间的配线设备、线缆、信息插座模块等设施按一定的模式进行标识和记录。内容包括管理方式、标识、色标、连接等。这些内容的实施，将给今后维护和管理带来很大的方便，有利于提高管理水平和工作效率。

（1）对设备间、电信间、进线间和工作区的配线设备、线缆、信息点等设施应按一定的模式进行标识和记录，并宜符合下列规定。

① 综合布线系统工程宜采用计算机进行文档记录与保存。目前，市场上已有商用的管理软件可供选用。简单且规模较小的综合布线系统工程可按图纸资料等纸质文档进行管理，并做到记录准确、及时更新、便于查阅；文档资料应实现汉化。

② 综合布线的每一电缆、光缆、配线设备、端接点、接地装置、敷设管线等组成部分均应给定唯一的标识符，并设置标签。标识符应采用相同数量的字母和数字等标明。

③ 电缆和光缆的两端均应标明相同的标识符。

④ 设备间、电信间、进线间的配线设备宜采用统一的色标区别各类业务与用途的配线区，同时，还应采用标签表明端接区域、物理位置、编号、容量、规格等，便于维护人员在现场一目了然地加以识别。

（2）在每个配线区实现线路管理的方式是在各色标区域之间按应用的要求，采用跳线连接。色标用来区分配线设备的性质，分别由按性质划分的配线模块组成，且按垂直或水平结构进行排列。

（3）所有标签应保持清晰、完整，并满足使用环境要求。

（4）对于规模较大的布线系统工程，为提高布线工程维护水平与网络安全，宜采用电子配线设备对信息点或配线设备进行管理，以显示与记录配线设备的连接、使用及变更状况。电子配线设备目前应用的技术有多种在工程设计中应考虑到电子配线设备的功能，在管理范围、组网方式、管理软件、工程投资等方面，合理地加以选用。

（5）综合布线系统相关设施的工作状态信息应包括设备和线缆的用途、使用部门、组成局域网的拓扑结构、传输信息速率、终端设备配置状况、占用器件编号、色标、链路与信道的功能和各项主要指标参数及完好状况、故障记录等，还应包括设备位置、线缆走向等内容。

2. 连接管理结构

在电信间/设备间，综合布线系统主要有两类连接结构：一种是互相连接结构，简称互连结构，另一种是交叉连接结构，简称交连结构。

（1）互相连接方式。

互相连接方式是一种结构简单的连接方式，这种结构主要应用于计算机通信的综合布线系统。它的连接安装主要有信息模块、RJ-45 连接头、RJ-45 插口的配线架。对于互连结构，信息点的线缆是通过数据配线架的面板进行管理，数据配线架有 12 口、24 口、48 口等规格，应根据信息点的多少配置配线架，并进行标准定位管理。

（2）交叉连接方式。

交叉连接结构与互连结构的区别在于配线架上的连接方式不同，水平电缆和干线电缆连接在 110 配线架的不同区域，它们之间通过跳线或接插线有选择地连接在一起。这种交连结构主要应用于语音通信的综合布线系统。和互连结构相比，它的连接安装采用 110 配线架。110 配线架主要有 110A 和 110P 两种规格，它们的电气功能和管理的线路数据相同，但其规模和所占用的墙空间或面板面积有所不同。交连结构有不同的管理方式，通过跳线连接可安排或重新安排线路路由，管理整个用户终端，从而实现综合布线系统的灵活性。110A 型适用于用户不经常对楼层的线路进行修改、移动或重组的情况，110P 型适用于用户经常对楼层的线路进行修改、移动或重组的情况。

3. 标识管理

在综合布线标准中，EIA/TIA606 标准专门对布线标识系统作了规定和建议，该标准是为了提供一套独立于系统应用之外的统一管理方案。

标识管理是综合布线的一个重要组成部分。在综合布线中，应用系统的变化会导致连接点经常移动或增加。没有标识或使用不恰当的标识，都会给用户管理带来不便。所以引入标识管理，可以进一步完善和规范综合布线工程。

（1）标识信息。

完整的标识应提供以下的信息：建筑物的名称、位置、区号和起始点。综合布线使用了3 种标识：电缆标识、场标识和插入标识。

① 电缆标识。由背面有不干胶的材料制成，可以直接贴到各种电缆表面上，配线间安装和做标识之前利用这些电缆标识来辨别电缆的源发地和目的地。

②场标识。也是由背面为不干胶的材料制成，可贴在设备间、配线间、二级交接间、建筑物布线场所的平整表面上。

③ 插入标识。它是硬纸片，通常由安装人员在需要时取下来使用。每个标识都用色标来指明电缆的源发地，这些电缆端接于设备间和配线间的管理场所。对于 110 配线架，可以插在位于 110 型接线块上的两个水平齿条之间的透明塑料夹内。对于数据配线架，可插入插孔面板上/下部的插槽内。

（2）线缆标签种类与印刷。

《商业建筑物电信基础设施管理标准》ANSI/TIA/EIA 606 中推荐了两类：一类是专用标签，另一类电缆标签是套管和热缩套管。

① 专用标签。专用标签可直接粘贴缠绕在线缆上。这类标签通常以耐用的化学材料作

为基层面，绝非纸质。

② 套管和热缩套管。套管类产品只能在布线工程完成前使用，因为需要从线缆的一端套入并调整到适当位置。如果为热缩套管还要使用加热枪使其收缩固定。套管线标的优势在于紧贴线缆，提供最大的绝缘和永久性。

标签可通过几种方式印制而成：使用预先印制的标签；使用手写的标签；借助软件设计和打印标签；使用手持式标签打印机现场打印。

（3）标识管理要求。

① 应该由施工方和用户方的管理人员共同确定标识管理方案的制定原则，所有的标识方案均应规定各种识别步骤，以便查清交连场的各种线路和设备端接点，为了有效地进行线路管理，方案必须作为技术文件存档。

② 需要标识的物理件有线缆、通道（线槽/管）、空间（设备间）、端接件和接地 5 个部分。五者的标识相互联系互为补充，而每种标识的方法及使用的材料又各有特点。像线缆的标识，要求在线缆的两端都进行标识，严格的话，每隔一定距离都要进行标识，在维修口、接合处、牵引盒处的电缆位置也要进行标识。空间的标识和接地的标识要求清晰、醒目，让人一眼就能注意到。

③ 标识除了清晰、简洁易懂外，还要整齐美观。

④ 标识材料要求。线缆的标识，尤其是跳线的标识要求使用带有透明保护膜（带白色打印区域和透明尾部）的耐磨损、抗拉的标签材料，像乙烯基这种适合于包裹和伸展性的材料最好。这样的话，线缆的弯曲变形以及经常的磨损才不会使标签脱落和字迹模糊不清。另外，套管和热封套管也是线缆标签的很好选择。面板和配线架的标签要使用连续的标签，材料以聚酯的为好，可以满足外露的要求。由于各厂家的配线架规格不同，所留标识的宽度也不同，所以选择标签时，宽度和高度都要多加注意。

⑤ 标识编码。越是简单易识别的标识越易被用户接受，因此标识编码要简单明了，符合日常的命名习惯。如信息点的编码可以按信息点类另加楼栋号+楼层号+房间号+信息点位置号来编码。

⑥ 变更记录。随时做好移动或重组的各种记录。

8.2.8 建筑群子系统设计

建筑群干线子系统是指由多幢相邻或不相邻的房屋建筑组成的小区或园区的建筑物间的布线系统。

1. 建筑群干线子系统的设计特点

建筑群干线子系统的设计特点如下。

（1）由于建筑群干线子系统的线路设施主要在户外，且工程范围大，易受外界条件的影响较难控制施工，因此和其他子系统相比，更应注意协调各方关系，建设中更需加以重视。

（2）由于综合布线系统较多采用有线通信方式，一般通过建筑群干线子系统与公用通信网连成整体，从全程全网来看，也是公用通信网的组成部分，它们的使用性质和技术性能基本一致其技术要求也是相同的。因此，要从保证全程全网的通信质量来考虑。

（3）建筑群干线子系统的线缆是室外通信线路，通常建在城市市区道路两侧。其建设原则、网络分布、建筑方式、工艺要求以及与其他管线之间的配合协调均与市区内的其他通信管线要求相同，必须按照本地区通信线路的有关规定办理。

（4）当建筑群干线子系统的线缆在校园式小区或智能小区内敷设成为公用管线设施时，其建设计划应纳入该小区的规划，具体分布应符合智能小区的远期发展规划要求（包括总平面布置），且与近期需要和现状相结合，尽量不与城市建设和有关部门的规定发生矛盾，使传输线路建设后能长期稳定、安全可靠地运行。

（5）在已建或正在建的智能小区内，如已有地下电缆管道或架空通信线路时，应尽量设法利用，以避免重复建设，节省工程投资，使小区内管线设施减少，有利于环境美观和小区布置。

2. 建筑群干线子系统的工程设计的步骤

建筑群干线子系统的设计步骤如下。
（1）确定敷设现场的特点。
（2）确定电缆系统的一般参数。
（3）确定建筑物的电缆入口。
（4）确定明显障碍物的位置。
（5）确定主电缆路由和备用电缆路由。
（6）选择所需电缆类型和规格。
（7）确定每种选择方案所需的劳务成本。
（8）确定每种选择方案的材料成本。
（9）选择最经济、最实用的设计方案。

3. 建筑群干线子系统管槽路由设计

建筑群干线子系统的线缆设计有架空和地下 2 种类型。架空方式又分为架空杆路和墙壁挂放 2 种类型。地下方式分为地下电缆管道、电缆沟和直埋方式 3 种类型。

（1）地下方式。

① 管道电缆。管道电缆如图 8-14 所示。管道电缆一般采用塑料护套电缆，不宜采用钢带铠装电缆。其优点为电缆有最佳的保护措施，比较安全，可延长电缆使用年限；产生障碍机会少，不易影响通信，有利于使用和维护；维护工作量小，费用少；线路隐蔽，环境美观，整齐有序，较好布置；敷设电缆方便，易于扩建或更换。缺点为因建筑管道和人孔等施工难度大，土方量多，技术要求复杂；初次工程投资较高；要有较好的建筑条件（如有定型的道路和管线）；与各种地下管线设施产生的矛盾较多，协调工作较复杂。管道电缆适用于较为定型的智能小区和道路基本不变的地段、要求环境美观的校园式小区或对外开放的示范性街区、广场或绿化地带的特殊地段和交通道路或其他建筑方式不适用时的场合。它不适用于小区或道路尚不定型，今后有可能变化的地段、地下有化学腐蚀或电气腐蚀的地段、地下管线和障碍物较复杂且断面位置受限制的地段、地质情况不稳定土质松软塌陷的地段和地面高程相差较大和地下水位较高的地段等场合。

② 电缆沟。电缆沟如图 8-15 所示。电缆沟有线路隐蔽、安全稳定，不受外界影响，施工简单，工作条件较直埋好，查修障碍和今后扩建均较方便和可与其他弱电线路合建综合性公用设施，可节省初次工程投资等优点。缺点是若作为专用电缆沟道等设施，初次工程投资较高；与其他弱电线路共建时，在施工和维护中要求配合和相互制约，有时会发生矛盾；如

在公用设施中设有有害于通信的管线，需要增设保护措施，从而增加了维护费用和工作量。适用于在较为定型的小区和道路基本不变的地段、在特殊场合或重要场所，要求各种管线综合建设公共设施的地段和已有电缆沟道且可使用的地段场合。不适用于附近有影响人身和电缆安全的地段和地面要求特别美观的广场等地段的场合。

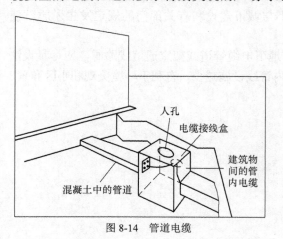

图 8-14　管道电缆　　　　　　　　　　　　　　图 8-15　电缆沟

③ 直埋电缆。直埋电缆如图 8-16 所示。直埋电缆应按不同环境条件采用不同方式的铠装电缆，一般不用塑料护套电缆。其优点为较架空电缆安全，产生障碍机会少，有利于使用和维护；维护工作费用较少；线路隐蔽，环境美观；初次工程投资较管道电缆低，不需建人孔和管道，施工技术也较简单；受建筑条件限制，与其他地下管线发生矛盾时，易于躲让和处理。缺点为维护、更换和扩建都不方便，发生障碍后必须挖掘，修复时间长，影响通信；如果电缆与其他地下管线过于邻近，双方在维修时会增加机械损伤机会。适用于用户数量比较固定，电缆容量和条数不多的地段和今后不会扩建的场所；要求电缆隐蔽，但电缆条数不多，采用管道不经济或不能建设的场合；敷设电缆条数虽少，但却是特殊或重要的地段；不宜采用架空电缆的校园式小区，要求敷设直埋电缆等场合。不适用今后需要翻建的道路或广场、规划用地或今后发展用地、地下有化学腐蚀或电气腐蚀以及土质不好的地段、地下管线和建筑物比较复杂，常有可能挖掘的地段、已建成高级路面的地段等场合。

（2）架空方式。

① 架空电缆。架空电缆（立杆架设）如图 8-17 所示。架空电缆宜采用塑料电缆，不宜采用钢带铠装电缆。

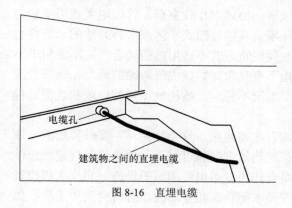

图 8-16　直埋电缆　　　　　　　　　　　　　　图 8-17　架空电缆

其优点为施工建筑技术较简单，建设速度较快；能适应今后变动，易于拆除、迁移、更换或调整，便于扩建增容；初次工程投资较低。缺点为产生障碍的机会较多，对通信安全有所影响；易受外界腐蚀和机械损伤，影响电缆使用寿命；维护工作量和费用较多，对周围环境的美观有影响。适用于不定型的街坊或刚刚建设的小区以及道路有可能变化的地段。有其他架空杆路可利用，可采取合杆的地段；因客观条件限制无法采用地下方式，需采用架空方式的地段等场合。不适用于附近有空气腐蚀或高压电力线、环境要求美观的街坊或校园式小区、特别重要的地段如广场等场合。

② 墙壁电缆。其优点为初次工程投资费用较低，施工和维护较方便；较架空电缆美观。缺点为产生障碍的机会较多，对通信安全有所影响，安全性不如地下方式；对房屋建筑的立面美观有影响；今后扩建、拆换时不太方便。适用于建筑较坚固整齐的小区，且墙面较为平坦齐直的地段；相邻的办公楼等建筑和内外沿墙可以敷设的地段；不宜采用其他建筑方式的地段；已建成的房屋建筑采用地下引入有困难的地段等。不适用于要求房屋建筑立面极为美观的场合；排列不整齐的、不坚固或临时性的房屋建筑；今后可能拆除或变化的房屋建筑；房屋建筑布置分散，相距较远；电缆跨距太大的段落等场合。

8.2.9　防护系统设计

1. 电气防护设计

为向建筑物中人们提供舒适的工作与生活环境，建筑物除需安装综合布线系统外，还有供电系统、供水系统、供暖系统、煤气系统，以及高电平电磁干扰的电动机、电力变压器、射频应用设备等电器设备。射频应用设备又称为 ISM 设备，我国目前常用的 ISM 设备大致有 15 种。表 8-6 列出了国际无线电干扰特别委员会（CISPR）推荐设备及我国常见的 ISM 设备。

表 8-6　　　　　　　　　　**CISPR 推荐设备及我国常见 ISM 设备一览表**

序　号	CISPR 推荐设备	我国常见 ISM 设备
1	塑料缝焊机	介质加热设备，如热合机等
2	微波加热器	微波炉
3	超声波焊接与洗涤设备	超声波焊接与洗涤设备
4	非金属干燥器	计算机及数控设备
5	木材胶合干燥器	电子仪器，如信号发生器
6	塑料预热器	超声波探测仪器
7	微波烹饪设备	高频感应加热设备，如高频熔炼炉等
8	医用射频设备	射频溅射设备、医用射频设备
9	超声波医疗器械	超声波医疗器械，如超声波诊断仪等
10	电灼器械、透热疗设备	透热疗设备，如超短波理疗机等
11	电火花设备	电火花设备
12	射频引弧弧焊机	射频引弧弧焊机
13	火花透热疗法设备	高频手术刀
14	摄谱仪	摄谱仪用等离子电源
15	塑料表面腐蚀设备	高频电火花真空检漏仪

这些系统都对综合布线系统的通信产生严重的影响，为了保障通信质量，布线系统与其他系统之间应保持必要的间距。

（1）综合布线系统与电力电缆的间距应符合表 8-7 所列要求。

表 8-7 综合布线电缆与电力电缆的间距

类　　别	与综合布线接近状况	最小间距（mm）
380V 电力电缆<2kVA	与缆线平行敷设	130
	有-方在接地的金属线槽或钢管中	70
	双方都在接地的金属线槽或钢管中①	10①
380V 电力电缆 2～5kVA	与缆线平行敷设	300
	有-方在接地的金属线槽或钢管中	150
	双方都在接地的金属线槽或钢管中②	80
380V 电力电缆>5kVA	与缆线平行敷设	600
	有-方在接地的金属线槽或钢管中	300
	双方都在接地的金属线槽或钢管中②	150

注：① 当 380V 电力电缆<2kVA，双方都在接地的线槽中，且平等长度≤10m 时，最小间距可以是 10mm。

② 双方都在接地的线槽中，可用两个不同线槽。也可以在同一线槽中用金属板隔开。

（2）综合布线系统线缆与配电箱、变电室、电梯机房、空调机房之间的最小净距宜符合表 8-8 所列规定。

表 8-8 综合布线线缆与电气设备的最小净距

名　　称	最小净距（m）	名　　称	最小净距（m）
配电箱	1	电梯机房	2
变电室	2	空调机房	2

（3）综合布线电缆、光缆及管线与其他管线的间距应符合表 8-9 所列规定。

表 8-9 墙上颠设的综合布线电缆、光缆及管线与其他管线的间距

其 他 管 线	平行净距（mm）	垂直交叉净距（mm）
避雷引下线	1000	300
保护地线	50	20
给水管	150	20
压缩空气管	150	20
热力管（不包封）	500	500
热力管（包封）	300	300
煤气管	300	20

注：如墙壁电缆敷设高度超过 6000mm 时，与避雷引下线的交叉净距应按 $S \geq 0.05L$ 计算确定（S——交叉净距（mm）；L——交叉处避雷引下线距地面的高度（mm））。

（4）综合布线系统应根据环境条件选用相应的线缆和配线设备，或采取防护措施，并应符合下列规定。

①　当综合布线区域内存在的电磁干扰场强低于 3V/m 时，宜采用非屏蔽电缆和非屏蔽配线设备。

②　当综合布线区域内存在的电磁干扰场强高于 3V/m 时，或用户对电磁兼容性有较高要求时，可采用屏蔽布线系统和光缆布线系统。

③当综合布线路由上存在干扰源，且不能满足最小净距要求时，宜采用金属管线进行屏蔽，或采用屏蔽布线系统及光缆布线系统。

2．接地设计

综合布线系统接地系统的好坏将直接影响到综合布线系统的运行质量，接地设计要求如下。

（1）在电信间、设备间及进线间应设置楼层或局部等电位接地端子板。

（2）综合布线系统应采用共用接地的接地系统，如单独设置接地体时，接地电阻不应大于 4Ω。如布线系统的接地系统中存在两个不同的接地体时，其接地电位差不应大于 1Vr.m.s（Vr.m.s，电压有效值）。

（3）楼层安装的各个配线柜（架、箱）应采用适当截面的绝缘铜导线单独布线至就近的等电位接地装置，也可采用竖井内等电位接地铜排引到建筑物共用接地装置，铜导线的截面应符合设计要求。

（4）线缆在雷电防护区交界处，屏蔽电缆屏蔽层的两端应做等电位连接并接地。

（5）综合布线的电缆采用金属线槽或钢管敷设时，线槽或钢管应保持连续的电气连接，并应有不少于两点的良好接地。

（6）安装机柜、机架、配线设备屏蔽层及金属管、线槽、桥架使用的接地体应符合设计要求，就近接地，并应保持良好的电气连接。当线缆从建筑物外面进入建筑物时，电缆和光缆的金属护套或金属件应在入口处就近与等电位接地端子板连接。

（7）当电缆从建筑物外面进入建筑物时，应选用适配的信号线路浪涌保护器，信号线路浪涌保护器应符合设计要求。

（8）综合布线系统接地导线截面积可参考表 8-10 确定。

表 8-10　　　　　　　　　　　　　接地导线选择表

名　　称	楼层配线设备至大楼总接地体的距离	
	30m	100m
信息点的数量/个	75	>75450
选用绝缘铜导线的截面/mm²	6～16	16～50

（9）对于屏蔽布线系统的接地做法，一般在配线设备（FD，BD，CD）的安装机柜（机架）内设有接地端子，接地端子与屏蔽模块的屏蔽罩相连通，机柜（机架）接地端子则经过接地导体连至大楼等电位接地体。

3．防火设计

防火安全保护是指在发生火灾时，系统能够有一定程度的屏障作用，防止火与烟的扩散。防火安全保护设计包括线缆穿越楼板及墙体的防火措施、选用阻燃防毒线缆材料两个方面。

（1）在智能化建筑中，线缆穿越墙体及电缆竖井内楼板时，综合布线系统所有的电缆或光缆都要采用阻燃护套。如果这些线缆是穿放在不可燃的管道内，或在每个楼层均采取了切实有效的防火措施（如用防火堵料或防火板材堵封严密）时，可以不设阻挡燃护套。

（2）在电缆竖井或易燃区域中，所有敷设的电缆或光缆宜选用防火、防毒的产品。这样万一发生火灾，因电缆或光缆具有防火、低烟、阻燃或非燃等性能，不会或很少散发有害气体，对于救火人员和疏散人流都有较好作用。目前，采用的有低烟无卤阻燃型（LSHF-FR）、低烟无卤型（LSOH）、低烟非燃型（LSNC）、低烟阻燃型（LSLC）等多种产品。此外，配套的接续设备也应采用阻燃型的材料和结构。如果电缆和光缆穿放在钢管等非燃烧的管材中，且不是主要段落时，可考虑采用普通外护层。在重要布线段落且是主干线缆时，考虑到火灾发生后钢管受到烧烤，管材内部形成高温空间会使线缆护层发生变化或损伤，也应选用带有防火、阻燃护层的电缆或光缆，以保证通信线路安全。

（3）对于防火线缆的应用分级，北美、欧盟、国际（IEC）的相应标准中主要以线缆受火的燃烧程度及着火以后，火焰在线缆上蔓延的距离、燃烧的时间、热量与烟雾的释放气体的毒性等指标，并通过实验室模拟线缆燃烧的现场状况实测取得。表 8-11 所示为通信线缆北美测试标准及分级。

表 8-11　　　通信线缆北美测试标准及分级表（参考现行 NEC2002 版）

测 试 标 准	NEC 标准（自高向低排列）	
	电 缆 分 级	光 缆 分 级
UL910（NFPA262）	CMP（阻燃级）	OFNP 或 OFCP
UL1666	CMR（主干级）	OFNR 或 OFCR
UL1581	CM、CMG（通用级）	OFN（G）或 OFC（G）
VW-1	CMX（住宅级）	

对照北美线缆测试标准，建筑物的线缆在不同的场合以及采用不同的安装敷设方式时，建议选用符合相应防火等级的线缆，并按以下几种情况分别列出。

（1）在通风空间内（如吊顶内及高架地板下等）采用敞开方式敷设线缆时，可选用 CMP 级（光缆为 OFNP 或 OFCP）。

（2）在线缆竖井内的主干线缆采用敞开的方式敷设时，可选用 CMR 级（光缆为 OFNR 或 OFCR）。

（3）在使用密封的金属管槽做防火保护的敷设条件下，线缆可选用 CM 级（光缆为 OFN 或 OFC）。

8.3　综合布线系统计算机辅助设计软件

综合布线工程图在综合布线工程中起到很关键的作用，设计人员首先通过建筑图纸来了解和熟悉建筑物结构并设计综合布线工程图，施工人员根据设计图纸组织施工，验收阶段将相关技术图纸移交给建设方。图纸简单清晰直观地反映了网络和布线系统的结构、管线路由和信息点分布等情况。因此，识图、绘图能力是综合布线工程设计与施工组织人员必备的基本功。综合布线工程中主要采用两种绘图软件：AutoCAD 和 Visio，也可以采用专门的综合布线设计/管理软件，如 VisualNet、NetViz 等。

1．综合布线工程图

综合布线工程图一般包括以下 6 类图纸。

（1）网络拓扑结构图，通常用 Visio 绘制。

（2）综合布线系统拓扑图，通常用 Visio 绘制。

（3）综合布线管线路由图，通常用 AutoCAD 绘制。

（4）楼层信息点平面分布图，楼层管线路由图可与信息点平面分布图合二为一，通常用 AutoCAD 绘制。

（5）机柜配线架信息点布局图，通常用 AutoCAD 绘制。

（6）机柜设备布局图，通常用 Visio 绘制。

其中楼层综合布线管线路由图和楼层信息点平面分布图可在一张图纸上绘出。通过以上工程图，反映以下信息。

（1）网络拓扑结构。

（2）布线路由、管槽型号和规格。

（3）工作区子系统中各楼层信息插座的类型和数量。

（4）水平子系统、干线子系统、建筑群子系统的电缆型号和数量。

（5）楼层配线架（FD）、建筑物配线架（BD）、建筑群配线架（CD）、光纤互联单元的数量及分布位置。

（6）机柜内配线架及网络设备分布情况。

2．用 AutoCAD 绘图

AutoCAD 广泛应用于综合布线系统的设计当中，特别是在设计中，当建设单位提供了建筑物的 CAD 建筑图纸的电子文档后，设计人员可以在 CAD 建筑图纸上进行布线系统的设计，起到事半功倍的效果。AutoCAD 主要用于绘制综合布线管线设计图、楼层信息点分布图、布线施工图等。图 8-18 所示为用 AutoCAD 绘制楼层信息点分布图。AutoCAD 绘图方法参阅相关书籍，在此不一一介绍。

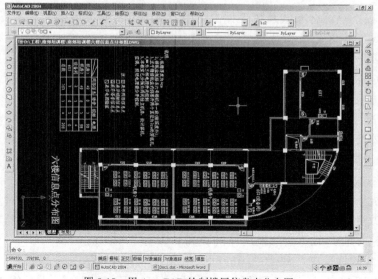

图 8-18　用 AutoCAD 绘制楼层信息点分布图

3. 用 Visio 绘图

Visio 是一个图表绘制程序，图库内容丰富。在综合布线中常用 Visio 绘制网络拓扑图、布线系统拓扑图、信息点分布图等。图 8-19 所示为用 Visio 绘制综合布线系统拓扑图。Visio 绘图方法参阅相关书籍，在此不一一介绍。

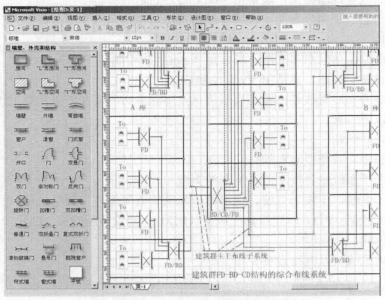

图 8-19　用 Visio 绘制综合布线系统拓扑图

习　　题

一、选择题

1. 下列哪项不是综合布线系统工程中，用户需求分析必须遵循的基本要求。（　　　　）

    A．确定工作区数量和性质

    B．主要考虑近期需求，兼顾长远发

    C．制定详细的设计方案

    D．多方征求意见

2. 以下标准中，哪项不属于综合布线系统工程常用的标准。（　　　　）

    A．日本标准　　　　B．国际标准　　　　C．北美标准　　　　D．中国国家标准

3. 下列关于防静电活动地板的描述，哪项是错误的。（　　　　）

    A．缆线敷设和拆除均简单、方便，能适应线路增减变化

    B．地板下空间大，电缆容量和条数多，路由自由短接，节省电缆费用

    C．不改变建筑结构，即可以实现灵活布线

    D．价格便宜，且不会影响房屋的净高

4. 综合布线的标准中，属于中国的标准是（　　　　）。

    A．TIA/EIA568　　B．GB/T50311-2000　　C．EN50173　　D．ISO/IEC11801

5．18U 的机柜高度为（　　　　）。

A．1.0 米　　　　B．1.2 米　　　　C．1.4 米　　　　D．1.6 米

二、填空题

1．1.5 类双绞线线缆的最高频率带宽为_____，最高传输速率为_____。

2．双绞线的电气特性参数中，_____是指信号传输时在一定长度的线缆中的损耗，是一个信号损失的度量，_____是指信号从信道的一端到达另一端所需要的时间。

3．综合布线器材包括各种规格的_____、_____、桥架、机柜、面板与底盒、理线扎带和辅助材料等。

4．水平子系统工程中，有 4 种布线路由方式：_____方式、_____方式、走廊桥架方式和墙面线槽方式。

5．与单模相比，多模光纤的传输距离_____，成本_____。

三、简答题

1．简述主要的标准化制定组织有哪些及它们制定的标准的适用范围。

2．简述美国布线标准的主要类别及它们之间的区别。

3．简述中国综合布线系统由哪些部分组成，每一部分在实际施工时要注意哪些事项？

4．综合布线系统中如何核算水平布线中双绞线的数量？

5．简述综合布线系统中标识的种类和用途。

6．简述综合布线系统接地系统要求。

第9章 综合布线施工

综合布线工程施工是实施布线设计方案，完成网络布线的关键环节，是每一位从事综合布线技术人员必须具备的技能。良好的综合布线设计有利于良好的综合布线施工，反过来也只有做好施工环节才能更好地体现出设计的优良。为了保证布线施工的顺利进行，在工程开工前必须明确施工的要求，并切实做好各项施工准备工作。

9.1 综合布线工程安装施工的要求和准备

9.1.1 综合布线工程安装施工的要求

综合布线工程的组织管理工作主要分为 3 个阶段，即工程实施前的准备工作、施工过程中组织管理工作、工程竣工验收工作。要确保综合布线工程的质量就必须在这 3 个阶段中认真按照工程规范的要求进行工程组织管理工作。

综合布线系统设施及管线的建设，应纳入建筑与建筑群相应的规划设计之中。工程设计时，应根据工程项目的性质、功能、环境条件和近、远期用户需求进行设计，并应考虑施工和维护方便，确保综合布线系统工程的质量和安全，做到技术先进、经济合理。

综合布线系统应与信息设施系统、信息化应用系统、公共安全系统、建筑设备管理系统等统筹规划，相互协调，并按照各系统信息的传输要求优化设计。

综合布线系统作为建筑物的公用通信配套设施，在工程设计中应满足为多家电信业务经营者提供业务的需求。

综合布线系统的设备应选用经过国家认可的产品质量检验机构鉴定合格的，符合国家有关技术标准的定型产品。

综合布线系统的工程设计，除应符合本规范外，还应符合国家现行有关标准的规定。

9.1.2 综合布线工程安装施工前的准备

施工前的准备工作主要包括技术准备、施工前的环境检查、施工前设备器材及施工工具检查、施工组织准备等环节。

1. 技术准备工作

（1）熟悉综合布线系统工程设计、施工、验收的规范要求，掌握综合布线各子系统的施工技术以及整个工程的施工组织技术。

（2）熟悉和会审施工图纸。施工图纸是工程人员施工的依据，因此作为施工人员必须认真读懂施工图纸，理解图纸设计的内容，掌握设计人员的设计思想。只有对施工图纸了如指掌后，才能明确工程的施工要求，明确工程所需的设备和材料，明确与土建工程及其他安装工程的交叉配合情况，确保施工过程不破坏建筑物的外观，不与其他安装工程发生冲突。

（3）熟悉与工程有关的技术资料，如厂家提供的说明书和产品测试报告、技术规程、质量验收评定标准等内容。

（4）技术交底。技术交底工作主要由设计单位的设计人员和工程安装承包单位的项目技术负责人一起进行。技术交底的主要内容包括设计和施工组织设计中的有关要求：

① 工程使用的材料、设备性能参数；

② 工程施工条件、施工顺序、施工方法；

③ 施工中采用的新技术、新设备、新材料的性能和操作使用方法；

④ 预埋部件注意事项；

⑤ 工程质量标准和验收评定标准；

⑥ 施工中安全注意事项。

技术交底的方式有书面技术交底、会议交底、设计交底、施工组织设计交底、口头交底等形式。表 9-1 所示为技术交底常用的表格。

表 9-1 技术交底参考表格

施工技术交底

年　月　日

工程名称		工程项目	
内容：			
工程技术负责人：		施工班组：	

（5）编制施工方案。在全面熟悉施工图纸的基础上，依据图纸及施工现场情况、技术力量及技术准备情况，综合做出合理的施工方案。

（6）编制工程预算。工程预算具体包括工程材料清单和施工预算。

2. 施工前的环境检查

在工程施工开始以前应对楼层配线间、二级交接间、设备间的建筑和环境条件进行检查，具备下列条件方可开工。

（1）楼层配线间、二级交接间、设备间、工作区土建工程已全部竣工。房屋地面平整、光洁，门的高度和宽度应不妨碍设备和器材的搬运，门锁和钥匙齐全。

（2）房屋预留地槽、暗管、孔洞的位置、数量、尺寸均应符合设计要求。

（3）对设备间布设活动地板应专门检查，地板板块布设必须严密坚固。每平方米水平允许偏差不应大于 2mm，地板支柱牢固，活动地板防静电措施的接地应符合设计和产品说明要求。

（4）楼层配线间、二级交接间、设备间应提供可靠的电源和接地装置。

（5）楼层配线间、二级交接间、设备间的面积，环境温湿度、照明、防火等均应符合设计要求和相关规定。

3. 施工前的器材检查

工程施工前应认真对施工器材进行检查，经检验的器材应做好记录，对不合格的器材应单独存放，以备检查和处理。

（1）型材、管材与铁件的检查要求。

① 各种型材的材质、规格、型号应符合设计文件的规定，表面应光滑、平整，不得变形、断裂。预埋金属线槽、过线盒、接线盒及桥架表面涂覆或镀层均匀、完整，不得变形、损坏。

② 管材采用钢管、硬质聚氯乙烯管时，其管身应光滑、无伤痕，管孔无变形，孔径、壁厚应符合设计要求。

③ 管道采用水泥管道时，应按通信管道工程施工及验收中相关规定进行检验。

④ 各种铁件的材质、规格均应符合质量标准，不得有歪斜、扭曲、飞刺、断裂或破损。

⑤ 铁件的表面处理和镀层应均匀、完整，表面光洁，无脱落、气泡等缺陷。

（2）电缆和光缆的检查要求。

① 工程中所用的电缆、光缆的规格和型号应符合设计的规定。

② 每箱电缆或每圈光缆的型号和长度应与出厂质量合格证内容一致。

③ 缆线的外护套应完整无损，芯线无断线和混线，并应有明显的色标。

④ 电缆外套具有阻燃特性的，应取一小截电缆进行燃烧测试。

⑤ 对进入施工现场的线缆应进行性能抽测。抽测方法可以采用随机方式抽出某一段电缆（最好是 100m），然后使用测线仪器进行各项参数的测试，以检验该电缆是否符合工程所要求的性能指标。

（3）配线设备的检查要求。

① 检查机柜或机架上的各种零件是否脱落或碰坏，表面如有脱落应予以补漆。各种零件应完整、清晰。

② 检查各种配线设备的型号，规格是否符合设计要求。各类标志是否统一、清晰。

③ 检查各配线设备的部件是否完整，是否安装到位。

9.2　施工阶段各个环节的技术要求

工程实施工程中要求注意以下问题。

（1）施工督导人员要认真负责，及时处理施工进程中出现的各种情况，协调处理各方意见。

（2）如果现场施工碰到不可预见的问题，应及时向工程单位汇报，并提出解决办法供工程单位当场研究解决，以免影响工程进度。

（3）对工程单位计划不周的问题，在施工过程中发现后应及时与工程单位协商，及时妥善解决。

（4）对工程单位提出新增加的信息点，要履行确认手续并及时在施工图中反映出来。

（5）对部分场地或工段要及时进行阶段检查验收，确保工程质量。

（6）制订工程进度表。为了确保工程能按进度推进，必须认真做好工程的组织管理工作，保证每项工作能按时间表及时完成，建议使用督导指派任务表、工作间施工表等工程管理表格，督导人员依据这些表格对工程进行监督管理。

9.2.1　工作区子系统

1. 工作区信息插座的安装规定

（1）安装在地面上的接线盒应防水和抗压。

（2）安装在墙面或柱子上的信息插座底盒、多用户信息插座盒及集合点配线箱体的底部离地面的高度宜为 300mm。

2. 工作区的电源安装规定

（1）每 1 个工作区至少应配置 1 个 220V 交流电源插座。

（2）工作区的电源插座应选用带保护接地的单相电源插座，保护接地与零线应严格分开。

9.2.2　配线子系统

配线子系统电缆宜穿管或沿金属电缆桥架布设，当电缆在地板下布放时，应根据环境条件选用地板下线槽布线、网络地板布线、高架（活动）地板布线、地板下管道布线等安装方式。

配线子系统在施工时要注意下列要点。

（1）在墙上标记好配线架安装的水平和垂直位置。

（2）根据所用配线系统不同，沿垂直或水平方向安装线缆管理槽和配线架并用螺丝固定在墙上。

（3）每 6 根 4 对电缆为一组绑扎好，然后布放到配线架内。注意线缆不要绑扎太紧，要让电缆能自由移动。

（4）确定线缆安装在配线架上各接线块的位置，用笔在胶条上做标记。

（5）根据线缆的编号，按顺序整理线缆以靠近配线架的对应接线块位置。

（6）按电缆的编号顺序剥除电缆的外皮。

（7）按照规定的线序将线对逐一压入连接块的槽位内。

（8）使用专用的压线工具，将线对冲压入线槽内，确保将每个线对可靠地压入槽内。注意在冲压线对之前，重新检查对线的排列顺序是否符合要求。

（9）在配线架上下两槽位之间安装胶条及标签。

9.2.3 干线子系统

干线子系统垂直通道有电缆孔、管道、电缆竖井 3 种方式可供选择，宜采用电缆竖井方式。水平通道可选择预埋暗管或电缆桥架方式。

干线系统线缆施工过程，要注意遵守以下规范要求。

（1）采用金属桥架或槽道布设主干线缆，以提供线缆的支撑和保护功能，金属桥架或槽道要与接地装置可靠连接。

（2）在智能建筑中有多个系统综合布线时，要注意各系统使用的线缆的布设间距要符合规范要求。

（3）在线缆布放过程中，线缆不应产生扭绞或打圈等有可能影响线缆本身质量的现象。

（4）线缆布放后，应平直处于安全稳定的状态，不应受到外界的挤压或遭受损伤而产生故障。

（5）在线缆布放过程中，布放线缆的牵引力不宜过大，应小于线缆允许的拉力的 80%，在牵引过程中要防止线缆被拖、蹭、磨等损伤。

（6）主干线缆一般较长，在布放线缆时可以考虑使用机械装置辅助人工进行牵引，在牵引过程中各楼层的人员要同步牵引，不要用力拽拉线缆。

9.2.4 设备间子系统

EIA/TIA-569 标准规定了设备间的设备布线。它是布线系统中最主要的管理区域，所有楼层的资料都由电缆或光纤电缆传送至此。通常，此系统安装在计算机系统、网络系统和程控机系统的主机房内。

设备间是在每一幢大楼的适当地点设置进线设备，进行网络管理及管理人员值班的场所。设备间子系统应由综合布线系统的建筑物进线设备、电话、数据、计算机等各种主机设备及其保安配线设备等组成。

设备间内的所有进线终端设备应采用色标区别各类用途的配线区。设备间的位置及大小应根据设备的数量、规模、最佳网络中心等内容综合考虑确定。

9.2.5 管理子系统

（1）管理应对设备间、交接间和工作区的配线设备、缆线、信息插座等设施，按一定的模式进行标识和记录，并且符合下列规定。

① 规模较大的综合布线系统宜采用计算机进行管理，简单的综合布线系统宜按图纸资料进行管理，并应做到记录准确、及时更新、便于查阅。

② 综合布线的每条电缆、光缆、配线设备、端接点、安装通道和安装空间均应给定唯一的标志。标志中可包括名称、颜色、编号、字符串或其他组合。

③ 配线设备、缆线、信息插座等硬件均应设置不易脱落和磨损的标识，并应有详细的书面记录和图纸资料。

④ 电缆和光缆的两端均应标明相同的编号。

⑤ 设备间、交换间的配线设备宜采用统一的色标区别各类用途的配线区。

（2）配线机架应留出适当的空间，供未来扩充之用。

9.2.6 建筑群子系统

（1）建筑群子系统应由连接各建筑物之间的综合布线缆线、建筑群配线设备（CD）和跳线等组成。

（2）建筑物之间的缆线宜采用地下管道或电缆沟的布设方式，并应符合相关规范的规定。

（3）建筑物群干线电缆、光缆、公用网和专用网电缆、光缆（包括天线馈线）进入建筑物时，都应设置引入设备，并在适当位置终端转换为室内电缆、光缆。引入设备还包括必要的保护装置。引入设备宜单独设置房间，如条件合适也可与 BD 或 CD 合设。引入设备的安装应符合相关规定。

（4）建筑群和建筑物的干线电缆、主干光缆布线的交接不应多于两次。从楼层配线架（FD）到建筑群配线架（CD）之间只应通过一个建筑物配线架（BD）。

9.3 弱电沟与线槽

在智能建筑内的综合布线系统经常利用暗敷管路或桥架和槽道进行线缆布设，它们对综合布线系统的线缆起到很好的支撑和保护的作用。在综合布线工程施工中管路和槽道的安装是一项重要工作。

9.3.1 路径选择

两点间最短的距离是直线，布线目标就要寻找最短和最便捷的路径。然而敷设电缆的具体布线工作不容易实现，即使找到最短的路径，也不一定就是最佳的便捷路径。在选择布线路径时，要考虑便于施工，便于操作。

如果所做的布线方案不是很好，则应换一种思路选择另一种布线方案。在某些场合，没有更多的选择余地。例如，一个潜在的路径可能被其他线缆塞满了，第二路径又没有可通过的天花板，也就是说，这两种路径都不可能实现。这就要考虑安装新的管道，但由于成本费用问题，用户又不同意。这时，只能采用布明线，将线缆固定在墙上和地板上。总之，如何布线要根据建筑结构及用户的要求来决定，选择好的路径，布线人员要考虑以下几点。

（1）了解建筑物的结构。

对布线施工人员来说，需要彻底了解建筑物的结构。由于绝大多数的线缆是走地板下或天花板，故对地板和吊顶内的情况了解得要很清楚，就是说要准确地知道，什么地方能布线，什么地方不易布线，并向用户方说明。

（2）检查拉（牵引）线。

对于现存的已经预埋在建筑物中的管道，安装任何类型的线缆之前，都必须检查有无拉线。拉线是某种细绳，它沿着要布放线缆的路径在管道中安放好。拉线必须是路径的全长，绝大多数的管道安装者都为后继的安装者留下一条拉线，使线缆布放容易进行。如果没有拉线，则首先考虑穿接线问题，管道是否通畅和是否需要疏通管道问题。

（3）确定现有线缆的状况。

如果布线的环境是一座旧楼，则需要了解旧线缆布放的现状，已用的是什么管道，这些管道是如何走向的。了解这些有助于为新的线缆建立路径，在某些情况下可以利用原来的路径。

（4）提供线缆支撑。

根据安装情况和线缆的长度，要考虑使用托架或吊杆槽，并根据实际情况决定托架吊杆，使新安装的电缆加在原有结构上的重量不致于超重。

9.3.2　弱电沟

（1）根据以下原则确定开沟路线。

① 路线最短原则；

② 不破坏原有强电原则；

③ 不破坏防水原则。

（2）确定开沟宽度，根据信号线的多少确定 PVC 管的多少，进而确定槽的宽度。

（3）确定开沟深度，若选用 16mm 的 PVC 管，则开槽深度为 20mm；若选用 20mm 的 PVC 管，则开槽深度为 25mm。

（4）弱电沟外观要求，横平竖直，大小均匀。

（5）弱电沟的测量，暗盒、弱电沟独立计算，所有按弱电沟起点到弱电沟终点测量，弱电沟如果放两根以上的管，应按两倍以上计算长度。

9.3.3　线　槽

1．常用的线槽

根据综合布线施工的场合可以选用不同类型和规格的线槽。下面简要地介绍施工中常用的线槽。

（1）明敷管路。

旧建筑物的布线施工常使用明敷管路，新的建筑物应少用或尽量不用明敷管路。在综合布线系统中明敷管路常见的有钢管、PVC 线槽、PVC 管等。钢管具有机械强度高、密封性能好、抗弯、抗压和抗拉能力强等特点，尤其是有屏蔽电磁干扰的作用，管材可根据现场需要任意截锯勒弯，施工安装方便。但是它存在材质较重、价格高且易腐蚀等缺点。PVC 线槽和 PVC 管具有材质较轻、安装方便、抗腐蚀、价格低等特点，因此在一些造价较低、要求不高的综合布线场合需要使用 PVC 线槽和 PVC 管。

在潮湿场所中明敷的钢管应采用管壁厚度大于 2.5mm 以上的厚壁钢管，在干燥场所中明敷的钢管，可采用管壁厚度为 1.6～2.5mm 的薄壁钢管。使用镀锌钢管时，必须检查管身的镀锌层是否完整，如有镀锌层剥落或有锈蚀的地方应刷防锈漆或采用其他防锈措施。

PVC 线槽和 PVC 管有多种规格，具体要根据布设的线缆容量来选定规格，常见的有 25×25mm、25×50mm、50×50mm、100×100mm 等规格的 PVC 线槽，10mm、15mm、20mm、100mm 等规格的 PVC 管。PVC 线槽除了直通的线槽外，还要考虑选用足够数量的弯角、三通等辅材。PVC 管则要考虑选用足够的管卡，以固定 PVC 管。

（2）暗敷管路。

新建的智能建筑物内一般都采用暗敷管路来布设线缆。在建筑物土建施工时，一般同时预埋暗敷管路，因此在设计建筑物时就应同时考虑暗敷管路的设计内容。暗敷管路是水平子系统中经常使用的支持保护方式之一。

暗敷管路常见的有钢管和硬质的 PVC 管。常见钢管的内径为 15.8mm、27mm、41mm、43mm、68mm 等。

（3）桥架和槽道。

生产桥架和槽道的厂家很多，目前桥架和槽道的规格标准尚未制定。桥架和槽道产品的长度、宽度和高度等规格尺寸均按厂家规定的标准生产，如直线段长度为 2m、3m、4m、6m，转弯角度都为 300、450、600、900。

在新建的智能建筑中安装槽道时，要根据施工现场的具体尺寸，进行切割锯裁后加工组装，因而安装施工费时费力，不易达到美观要求。尤其是在已建的建筑物中施工更加困难。为此，最好在订购桥架和槽道时，由生产厂家做好售前服务，到现场根据实地测定桥架和槽道的各段尺寸和转弯角度等，尤其是梁、柱等突出部位。根据实际安装的槽道规格尺寸和外观色彩，进行生产（包括槽道、桥架和有关附件及连接件）。在安装施工时，只需按照组装图纸顺序施工，做到对号入座，这样既便于施工，也可以达到美观要求，还能节省材料并降低工程造价。

2. 管路和槽道的安装要求

（1）管路的安装要求。

① 预埋暗敷管路应采用直线管道为好，尽量不采用弯曲管道，直线管道超过 30m 需延长距离时，应使用暗线箱等装置，以利于牵引布设电缆。如必须采用弯曲管道时，要求每隔 15m 处设置暗线箱等装置。

② 暗敷管路如必须转弯时，其转弯角度应大于 90°。暗敷管路曲率半径不应小于该管路外径的 6 倍。要求每根暗敷管路在整个路由上需要转弯的次数不得多于两个，暗敷管路的弯曲处不应有折皱、凹穴和裂缝。

③ 明敷管路应排列整齐，横平竖直，且要求管路每个固定点（或支撑点）的间隔均匀。

④ 要求在管路中放有牵引线或拉绳，以便牵引线缆。

⑤ 在管路的两端应设有标志，其内容包含序号、长度等，应与所布设的线缆对应，以使布线施工中不容易发生错误。

（2）桥架和槽道的安装要求。

① 桥架及槽道的安装位置应符合施工图规定，左右偏差不应超过 50mm。

② 桥架及槽道水平度每平米偏差不应超过 2mm。

③ 垂直桥架及槽道应与地面保持垂直，并无倾斜现象，垂直度偏差不应超过 3mm。

④ 两槽道拼接处水平偏差不应超过 2mm。

⑤ 线槽转弯半径不应小于其槽内的线缆最小允许弯曲半径的最大值。

⑥ 吊顶安装应保持垂直，整齐牢固，无歪斜现象。

⑦ 金属桥架及槽道节与节间应接触良好，安装牢固。

⑧ 管道内应无阻挡，道口应无毛刺，并安置牵引线或拉线。

⑨ 为了实现良好的屏蔽效果，金属桥架和槽道接地体应符合设计要求，并保持良好的电气连接。

管内穿放大对数电缆时，直线管路的管径利用率为 50%～60%，弯管路的管径利用率应为 40%～50%。管内穿放 4 对双绞电缆时，截面利用率应为 25%～30%。线槽的截面利用率不应超过 50%。

9.4 电缆施工技术

9.4.1 电缆的布设方法

1. 线缆牵引技术

在线缆布设之前，建筑物内的各种暗敷的管路和槽道已安装完成，因此线缆要布设在管路或槽道内就必须使用线缆牵引技术。为了方便线缆牵引，在安装各种管路或槽道时已内置了一根拉绳（一般为钢绳），使用拉绳可以方便地将线缆从管道的一端牵引到另一端。

根据施工过程中布设的电缆类型，可以使用三种牵引技术，即牵引 4 对双绞线电缆、牵引单根 25 对双绞线电缆、牵引多根 25 对或更多对线电缆。

（1）牵引 4 对双绞线电缆。

主要方法是使用电工胶布将多根双绞线电缆与拉绳绑紧，使用拉绳均匀用力缓慢牵引电缆。具体操作步骤如下。

① 将多根双绞线电缆的末端缠绕在电工胶布上，如图 9-1 所示。

② 在电缆缠绕端绑扎好拉绳，然后牵引拉绳，如图 9-2 所示。

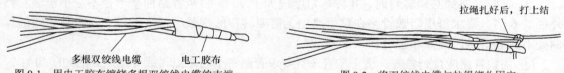

图 9-1 用电工胶布缠绕多根双绞线电缆的末端　　　　图 9-2 将双绞线电缆与拉绳绑扎固定

4 对双绞线电缆的另一种牵引方法也经常使用，具体操作步骤如下。

① 剥除双绞线电缆的外表皮，并整理为两扎裸露金属导线，如图 9-3 所示。

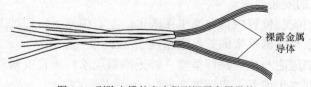

图 9-3 剥除电缆外表皮得到裸露金属导体

② 将金属导体编织成一个环，拉绳绑扎在金属环上，然后牵引拉绳，如图 9-4 所示。

（2）牵引单根 25 对双绞线电缆。

主要方法是将电缆末端编制成一个环，然后绑扎好拉绳后，牵引电缆，具体的操作步骤如下。

① 将电缆末端与电缆自身打结成一个闭合的环，如图 9-5 所示。

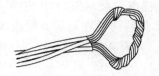

编织成金属环

图 9-4　编织成金属环以供拉绳牵引

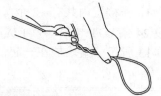

图 9-5　电缆末端与电缆自身打结为一个环

② 用电工胶布加固，以形成一个坚固的环，如图 9-6 所示。

③ 在缆环上固定好拉绳，用拉绳牵引电缆，如图 9-7 所示。

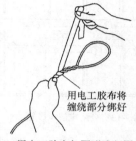

用电工胶布将
缠绕部分绑好

图 9-6　用电工胶布加固形成坚固的环

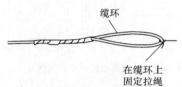

缆环

在缆环上
固定拉绳

图 9-7　在缆环上固定好拉绳

（3）牵引多根 25 对双绞线电缆或更多线对的电缆。

主要操作方法是将线缆外表皮剥除后，将线缆末端与拉绳绞合固定，然后通过拉绳牵引电缆，具体操作步骤如下。

① 将线缆外表皮剥除后，将线对均匀分为两组线缆，如图 9-8 所示。

② 将两组线缆交叉地穿过接线环，如图 9-9 所示。

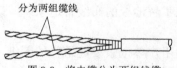

分为两组缆线

图 9-8　将电缆分为两组线缆

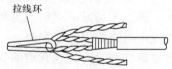

拉线环

图 9-9　两组线缆交叉地穿过接线环

③ 将两组线缆缠纽在自身电缆上，加固与接线环的连接，如图 9-10 所示。

④ 在线缆缠纽部分紧密缠绕多层电工胶布，以进一步加固电缆与接线环的连接，如图 9-11 所示。

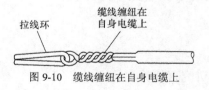

拉线环　　　缆线缠纽在
自身电缆上

图 9-10　缆线缠纽在自身电缆上

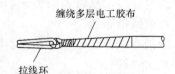

缠绕多层电工胶布

拉线环

图 9-11　在电缆缠纽部分紧密缠绕电工胶布

2．水平布线技术

（1）确定布线路由。

① 沿着所设计的布线路由，打开天花板吊顶，用双手推开每块镶板，如图 9-12 所示。楼层布线的信息点较多的情况下，多根水平线缆会较重，为了减轻线缆对天花板吊顶的压力，可使用 J 形钩、吊索及其他支撑物来支撑线缆。

② 例如，一楼层内共有 12 个房间，每个房间的信息插座安装两条 UTP 电缆，则共需要一次性布设 24 条 UTP 电缆。为了提高布线效率，可将 24 箱线缆放在一起并使线缆接管嘴向上，如图 9-13 所示分组堆放在一起，每组有 6 个线缆箱，共有 4 组。

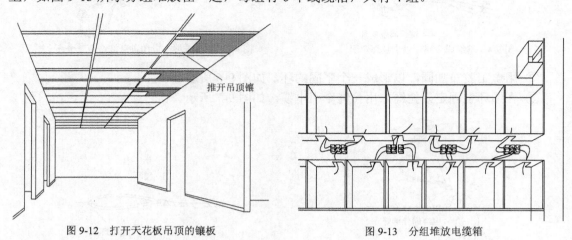

图 9-12　打开天花板吊顶的镶板　　　　　　　图 9-13　分组堆放电缆箱

③ 为了方便区分电缆，在电缆的末端应贴上标签以注明来源地，在对应的线缆箱上也写上相同的标注。

④ 在离楼层管理间最远的一端开始，拉到管理间。

⑤ 电缆从信息插座布放到管理间并预留足够的长度后，从线缆箱一端切断电缆，然后在电缆末端上贴上标签并标注上与线缆箱相同的标注信息。

（2）暗道布线。

暗道布线方式是在建筑物浇筑混凝土时把管道预埋在地板内，管道内附有牵引电缆线的钢丝或铁丝。施工人员只需根据建筑物的管道图纸来了解地板的布线管道系统，确定布线路由，就可以确定布线施工的方案。

对于老建筑物或没有预埋管道的新建筑物，要向用户单位索要建筑物的图纸，并到要布线的建筑物现场，查清建筑物内水、电、气管路的布局和走向，然后详细绘制布线图纸，确定布线施工方案。

对于没有预埋管道的新建筑物，施工可以与建筑物装修同步进行，这样既便于布线，又不影响建筑物的美观。管道一般从配线间埋到信息插座安装孔。安装人员只要将线缆固定在信息插座的拉线端，从管道的另一端牵引拉线就可将线缆布设到楼层配线间。

（3）墙壁线槽布线。

墙壁线槽布线方法一般按如下步骤施工。

① 确定布线路由。

② 沿着布线路由方向安装线槽，线槽安装要讲究直线美观。

③ 线槽每隔 50cm 要安装固定镙钉。

④ 布放线缆时，线槽内的线缆容量不超过线槽截面积的 70%。

⑤ 布放线缆的同时盖上线槽的塑料槽盖。

3. 主干线缆布线技术

干线电缆提供了从设备间到每个楼层的水平子系统之间信号传输的通道，主干电缆通常安装在竖井通道中。在竖井中布设干线电缆一般有两种方式：向下垂放电缆和向上牵引电缆。相比而言，向下垂放电缆比向上牵引电缆要容易些。

（1）向下垂放电缆。

如果干线电缆经由垂直孔洞向下垂直布放，则具体操作步骤如下。

① 首先把线缆卷轴搬放到建筑物的最高层。

② 在离楼层的垂直孔洞处 3～4m 处安装好线缆卷轴，并从卷轴顶部馈线。

③ 在线缆卷轴处安排所需的布线施工人员，每层上要安排一个工人以便引寻下垂的线缆。

④ 开始旋转卷轴，将线缆从卷轴上拉出。

⑤ 将拉出的线缆引导进竖井中的孔洞。在此之前先在孔洞中安放一个塑料的套状保护物，以防止孔洞不光滑的边缘擦破线缆的外皮，如图 9-14 所示。

⑥ 慢慢地从卷轴上放缆并进入孔洞向下垂放，注意不要快速地放缆。

⑦ 继续向下垂放线缆，直到下一层布线工人能将线缆引到下一个孔洞。

⑧ 按前面的步骤，继续慢慢地向下垂放线缆，并将线缆引入各层的孔洞。

如果干线电缆经由一个大孔垂直向下布设，就无法使用塑料保护套，最好使用一个滑车轮，通过它来下垂布线，具体操作如下。

① 在大孔的中心上方安装上一个滑轮车，如图 9-15 所示。

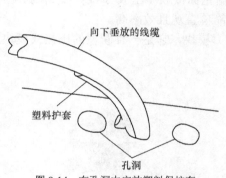

图 9-14　在孔洞中安放塑料保护套

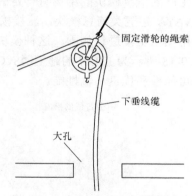

图 9-15　在大孔上方安装滑轮车

② 将线缆从卷轴拉出并绕在滑轮车上。

③ 按上面所介绍的方法牵引线缆穿过每层的大孔，当线缆到达目的地时，把每层上的线缆绕成卷放在架子上固定起来，等待以后的端接。

（2）向上牵引电缆。

向上牵引线缆可借用电动牵引绞车将干线电缆从底层向上牵引到顶层，如图 9-16 所示。具体的操作步骤如下。

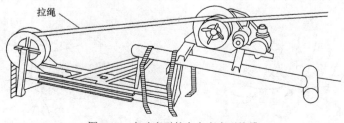

图 9-16　电动牵引绞车向上牵引线缆

① 先往绞车上穿一条拉绳。

② 启动绞车，并往下垂放一条拉绳，拉绳向下垂放直到安放线缆的底层。

③ 将线缆与拉绳牢固地绑扎在一起。

④ 启动绞车，慢慢地将线缆通过各层的孔洞向上牵引。

⑤ 线缆的末端到达顶层时，停止绞车。

⑥ 在地板孔边沿上用夹具将线缆固定好。

⑦ 当所有连接制作好之后，从绞车上释放线缆的末端。

9.4.2 线缆的终端和连接

线缆的连接离不开信息模块，它是是信息插座的主要组成部件，它提供了与各种终端设备连接的接口。连接终端设备类型不同，安装的信息模块的类型也不同。在这里主要介绍常用的连接计算机的信息模块。

1. 信息模块简介

连接计算机的信息模块根据传输性能的要求，可以分为五类、超五类、六类信息模块。各厂家生产的信息模块的结构有一定的差异性，但功能及端接方法是相类似的。如图 9-17 所示为 AVAYA 超五类信息模块，压接模块时可根据色标按顺序压放 8 根导线到模块槽位内，然后使用槽帽压接进行加固。这种模块压接方法简单直观且效率高。

图 9-18 所示为 IBDN 的超五类（GigaFlex5E）模块，它是一种新型的压接式模块，具有良好的可靠性和优良传输性能。

图 9-17　AYAVA 模块结构　　　　　　　图 9-18　IBDN GigaFlex5E 模块

2. 信息模块端接技术要点

各厂家的信息模块结构有所差异，因此具体的模块压接方法各不相同，下面介绍 IBDN GigaFlex 模块压接的具体操作步骤。

（1）使用剥线工具，在距线缆末端 5cm 处剥除线缆的外皮，如图 9-19 所示。

（2）使用线缆的抗拉线将线缆外皮剥除至线缆末端 10cm，如图 9-20 所示。

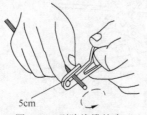
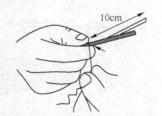

图 9-19　剥除线缆外皮　　　　　　　图 9-20　剥除线缆至末端 10cm 处

（3）剪除线缆的外皮及抗拉线，如图 9-21 所示。

（4）按色标顺序将 4 个线对分别插入模块的槽帽内，如图 9-22 所示。

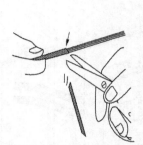

图 9-21 剪除线缆的外皮及抗拉线

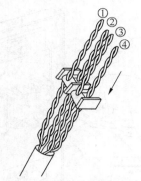

图 9-22 插入模块的槽帽

（5）将模块的槽帽压近线缆外皮，顺着槽位的方向将 4 个线对逐一弯曲，如图 9-23 所示。

（6）将线缆及槽帽一起压入模块插座，如图 9-24 所示。

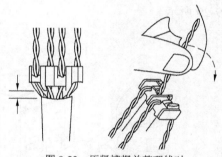

图 9-23 压紧槽帽并整理线对

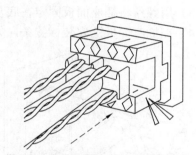

图 9-24 线缆及槽帽一起压入模块插座

（7）将各线对分别按色标顺序压入模块的各个槽位内，如图 9-25 所示。

（8）使用 IBDN 打线工具加固各线对与插槽的连接，如图 9-26 所示。

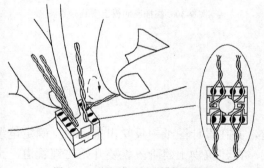

图 9-25 将各线对压入模块各槽位内

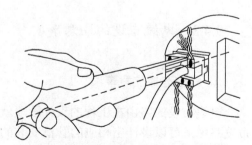

图 9-26 使用打线工具加固线对与插座的连接

3．信息插座安装要求

模块端接完成后，接下来就要安装到信息插座内，以便工作区内终端设备的使用。各厂家信息插座安装方法有相似性，具体可以参考厂家说明资料即可。下面以 IBDN EZ-MDVO 插座安装为例，介绍信息插座的安装步骤。

（1）将已端接好的 IBDN GigaFlex 模块卡接在插座面板槽位内，如图 9-27 所示。

（2）将已卡接了模块的面板与暗埋在墙内的底盒接合在一起，如图 9-28 所示。

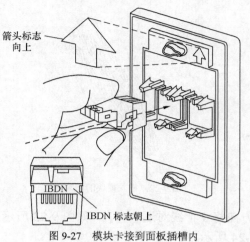

图 9-27　模块卡接到面板插槽内

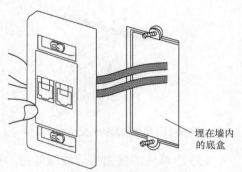

图 9-28　面板与底盒接合在一起

（3）用螺丝将插座面板固定在底盒上，如图 9-29 所示。

（4）在插座面板上安装标签条，如图 9-30 所示。

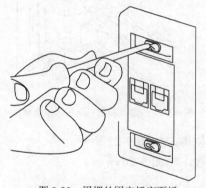

图 9-29　用螺丝固定插座面板

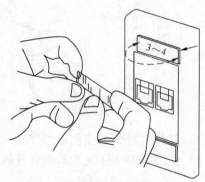

图 9-30　在插座面板上安装标签条

9.4.3　电缆布设的注意事项

1. 路由选择注意事项

电缆布设的路由在工程的设计阶段就应确定，并在设计图纸中反映出来。根据确定电缆布设路由，可以设计出相应的管槽安装的路由图。在建筑物土建阶段就要开始暗埋管道，土建工程完成后可以开始桥架和槽道的施工。当建筑物内的管路、桥架和槽道安装完毕后，就可以开始布设线缆。

选择线缆布设路由时，要根据建筑物结构的允许条件尽量选择最短距离，并保证线缆长度不超过标准中规定的长度，如水平链路长度不超过 90m。水平电缆布设的路由根据水平布线所采用的布线方案，有穿过地下线槽管道的，有经过活动地板下面的，有房屋吊顶的，形式多种多样。

　　干线电缆布设的路由主要根据建筑物内竖井或垂直管路的路径以及其他一些垂直走线路径来决定的。根据建筑物结构，干线电缆布设路由有垂直路由和水平路由，单层建筑物一般采用水平路由，有些建筑物结构较复杂也有采用垂直路由和水平路由的。

　　建筑群子系统的干线线缆布设路由与采用的布线方案有关。如果采用架空布线方法，则应尽量选择原有电话系统或有线电视系统的干线路由；如果采用直埋电缆布线法，则路由的选择要综合考虑土质、天然障碍物、公用设施（如下水道、水、气、电）的位置等因素；如果采用管道布线法，则路由的选择应考虑地下已布设的各种管道，要注意管道内与其他管路保持一定的距离。

　　2．水平布线技术注意事项

　　水平线缆在布设过程中，不管采用何种布线方式，都应遵循以下技术规范。

　　（1）为了考虑以后线缆的变更，在线槽内布设的电缆容量不应超过线槽截面积的 70%。

　　（2）水平线缆布设完成后，线缆两端应贴上相应的标签，以识别线缆的来源地。

　　（3）非屏蔽 4 对双绞线缆的弯曲半径应至少为电缆外径的 4 倍，屏蔽双绞线电缆的弯曲半径应至少为电缆外径的 6～10 倍。

　　（4）线缆在布放过程中应平直，不得产生扭绞、打圈等现象，不应受到外力的挤压和损伤。

　　（5）线缆在线槽内布设时，要注意与电力线等电磁干扰源的距离要达到规范的要求。

　　（6）线缆在牵引过程中，要均匀用力缓慢牵引，线缆牵引力度规定如下。

　　1 根 4 对双绞线电缆的拉力为 100N；

　　2 根 4 对双绞线电缆的拉力为 150N；

　　3 根 4 对双绞线电缆的拉力为 200N；

　　不管多少根线对电缆，最大拉力不能超过 400N。

　　3．主干线缆布线注意事项

　　（1）主干线缆布线施工过程，要注意遵守以下规范要求。

　　① 应采用金属桥架或槽道布设主干线缆，以提供线缆的支撑和保护功能，金属桥架或槽道要与接地装置可靠连接。

　　② 在智能建筑中有多个系统综合布线时，要注意各系统使用的线缆的布设间距要符合规范要求。

　　③ 在线缆布放过程中，线缆不应产生扭绞或打圈等有可能影响线缆本身质量的现象。

　　④ 线缆布放后，应平直处于安全稳定的状态，不应受到外界的挤压或遭受损伤而产生故障。

　　⑤ 在线缆布放过程中，布放线缆的牵引力不宜过大，应小于线缆允许的拉力的 80%，在牵引过程中要防止线缆被拖、蹭、磨等损伤。

　　⑥ 主干线缆一般较长，在布放线缆时可以考虑使用机械装置辅助人工进行牵引，在牵引过程中各楼层的人员要同步牵引，不要用力拽拉线缆。

　　（2）综合布线区域内存在的电磁干扰场强大于 3V/m 时，应采取防护措施。

　　（3）综合布线电缆与附近可能产生高平电磁干扰的电动机、电力变压器等电气设备之间应保持必要的间距。

综合布线电缆与电力电缆的间距应符合表 9-2 的规定。

表 9-2　　　　　　　　　　综合布线电缆与电力电缆的间距

类　　别	与综合布线接近状况	最小净距（mm）
380V 电力电缆<2kVA	与缆线平行布设	130
	有一方在接地的金属线槽或钢管中	70
	双方都在接地的金属线槽或钢管中	10
380V 电力电缆 2～5kVA	与缆线平行布设	300
	有一方在接地的金属线槽或钢管中	150
	双方都在接地的金属线槽或钢管中	80
380V 电力电缆>5kVA	与缆线平行布设	600
	有一方在接地的金属线槽或钢管中	300
	双方都在接地的金属线槽钢管中	150

注：① 当 380V 电力电缆<2kVA，双方都在接地的线槽中，且平行长度≤10m 时，最小间距可以是 10mm。

② 电话用户存在振铃电流时，不能与计算机网络在一根双绞电缆中一起运用。

③ 双方都在接地的线槽中，系统可在两个不同的线槽，也可在同一线槽中用金属板隔开。

（4）墙上布设的综合布线电缆、光缆及管线与其他管线的间距应符合表 9-3 的规定。

表 9-3　　　　墙上布设的综合布线电缆、光缆及管线与其他管线的间距

其 他 管 线	最小平行净距（mm） 电缆、光缆或管线	最小交叉净距（mm） 电缆、光缆或管线
避雷引下线	1 000	300
保护地线	50	20
给水管	150	20
压缩空气管	150	20
热力管（不包封）	500	500
热力管（包封）	300	300
煤气管	300	20

注：如墙壁电缆布设高度超过 6 000mm 时，与避雷引下线的交叉净距应按下式计算：$S \geq 0.05L$。式中，S—交叉净距（mm）；L—交叉处避雷引下线距地面的高度（mm）

（5）综合布线系统应根据环境条件选用相应的缆线和配线设备，或采取防护措施，并应符合下列规定。

① 当综合布线区域内存在的干扰低于上述规定时，宜采用非屏蔽缆线和非屏蔽配线设备进行布线。

② 当综合布线区域内存在的干扰高于上述规定时，或用户对电磁兼容性有较高要求时，宜采用屏蔽缆线和屏蔽配线设备进行布线，也可采用光缆系统。

③ 当综合布线路由上存在干扰源，且不能满足最小净距要求时，宜采用金属管线进行屏蔽。

（6）综合布线系统采用屏蔽措施时，必须有良好的接地系统，并应符合下列规定。

① 保护地线的接地电阻值，单独设置接地体时，不应大于 4Ω；采用接地体时，不应大于 1Ω。

② 采用屏蔽布线系统时，所有屏蔽层应保持连续性。

③ 采用屏蔽布线系统时，屏蔽层的配线设备（FD 或 BD）端必须良好接地，用户（终端设备）端视具体情况宜接地，两端的接地应连接至同一接地体。若接地系统中存在两个不同的接地体时，其接地电位差不应大于 1Vr.m.s。

（7）采用屏蔽布线系统时，每一楼层的配线柜都应采用适当截面的铜导线单独布线至接地体，也可采用竖井内集中用铜排或粗铜线引到接地体，导线或铜导体的截面应符合标准，接地导线应接成树状结构的接地网，避免构成直流环路。

（8）干线电缆应尽可能位于建筑物的中心位置。

（9）当电缆从建筑物外进入建筑物时，电缆的金属护套或光缆的金属件均应有良好的接地。

（10）当电缆从建筑物外面进入建筑物时，应采用过压，过流保护措施，并符合相关规定。

（11）根据建筑物的防火等级和对材料的耐火要求，综合布线应采取相应措施。

在易燃的区域和大楼竖井内布放电缆或光缆，应采用阻燃的电缆和光缆；在大型公共场所宜采用阻燃、低燃、低毒的电缆或光缆；相邻的设备间或交换间应采用阻燃型配线设备。

9.5　光缆施工技术

9.5.1　光缆的施工方法

综合布线系统中，光缆主要应用于水平子系统、干线子系统、建筑群子系统的场合。光缆布线技术在某些方面与主干电缆的布线技术类似。

1. 光缆的户外施工

较长距离的光缆布设最重要的是选择一条合适的路径。这里不一定最短的路径就是最好的，还要注意土地的使用权，架设或地埋的可能性等。

必须要有很完备的设计和施工图纸，以便施工和今后检查方便可靠。施工中要时刻注意不要使光缆受到重压或被坚硬的物体扎伤。

光缆转弯时，其转弯半径要大于光缆自身直径的 20 倍。

（1）户外架空光缆施工。

① 吊线托挂架空方式，这种方式简单便宜，我国应用最广泛，但挂钩加挂、整理较费时。

② 吊线缠绕式架空方式，这种方式较稳固，维护工作少。但需要专门的缠扎机。

③ 自承重式架空方式，对线杆要求高，施工、维护难度大，造价高，国内目前很少采用。

④ 架空时，光缆引上线杆处须加导引装置，并避免光缆拖地。光缆牵引时注意减小摩擦力。每个杆上要余留一段用于伸缩的光缆。

⑤ 要注意光缆中金属物体的可靠接地。特别是在山区、高电压电网区和多地区一般要每公里有 3 个接地点，甚至选用非金属光缆。

（2）户外管道光缆施工。

① 施工前应核对管道占用情况，清洗、安放塑料子管，同时放入牵引线。

② 计算好布放长度，一定要有足够的预留长度，详见表9-4。

表 9-4 　　　　　　　　　　　　　　　　　　　　　光缆长度表

自然弯曲增加长度（m/km）	入孔内拐弯增加长度（m/孔）	接头重叠长度（m/侧）	局内预留长度（m）	注
5	0.5～1	8～10	15～20	其他余留安设计预留

③ 一次布放长度不要太长（一般2km），布线时应从中间开始向两边牵引。

④ 布缆牵引力一般不大于120kg，而且应牵引光缆的加强心部分，并做好光缆头部的防水加强处理。

⑤ 光缆引入和引出处须加顺引装置，不可直接拖地。

⑥ 管道光缆也要注意可靠接地。

（3）直接地埋光缆的布设。

① 直埋光缆沟深度要按标准进行挖掘，标准如表9-5所示。

表 9-5 　　　　　　　　　　　　　　　　　　　直埋光缆埋深标准

布设地段或土质	埋深（m）	备　注
普通土（硬土）	≥1.2	
半石质（沙砾土、风化石）	≥1.0	
全石质	≥0.8	从沟底加垫10cm细土或沙土
市郊、流沙	≥0.8	
村镇	≥1.2	
市内人行道	≥1.0	
穿越铁路、公路	≥1.2	距道渣底或距路面
沟、渠、塘	≥1.2	
农田排水沟	≥0.8	

② 不能挖沟的地方可以架空或钻孔预埋管道布设。

③ 沟底应保正平缓坚固，需要时可预填一部分沙子、水泥或支撑物。

④ 布设时可用人工或机械牵引，但要注意导向和润滑。

⑤ 布设完成后，应尽快回土覆盖并夯实。

（4）埋地光缆保护管材如图9-31所示。

2. 建筑物内光缆的布设

（1）垂直布设时，应特别注意光缆的承重问题，一般每两层要将光缆固定一次。

图9-31　埋地光缆保护管材

（2）光缆穿墙或穿楼层时，要加带护口的保护用塑料管，并且要用阻燃的填充物将管子填满。

（3）在建筑物内也可以预先布设一定量的塑料管道，待以后要敷射光缆时再用牵引或真空法布光缆。

3. 光缆的选用

光缆的选用除了根据光纤芯数和光纤种类以外，还要根据光缆的使用环境来选择光缆的外护套。

（1）户外用光缆直埋时，宜选用铠装光缆。架空时，可选用带两根或多根加强筋的黑色塑料外护套的光缆。

（2）建筑物内用的光缆在选用时应注意其阻燃、毒和烟的特性。一般在管道中或强制通风处可选用阻燃但有烟的类型（Plenum），暴露的环境中应选用阻燃、无毒和无烟的类型（Riser）。

（3）楼内垂直布缆时，可选用层绞式光缆（Distribution Cables）；水平布线时，可选用可分支光缆（Breakout Cables）。

（4）传输距离在 2km 以内的，可选择多模光缆，超过 2km 可用中继或选用单模光缆。

9.5.2　光缆的终端和连接

光纤具有高带宽、传输性能优良、保密性好等优点，广泛应用于综合布线系统中。建筑群子系统、干线子系统等经常采用光缆作为传输介质，因此在综合布线工程中往往会遇到光缆端接的场合。光缆端接的形式主要有光缆与光缆的续接、光缆与连接器的连接两种形式。

1. 光纤连接器制作工艺和材料

（1）光纤连接器简介。

光纤连接器可分为单工、双工、多通道连接器，单工连接器只连接单根光纤，双工连接器连接两根光纤，多通道连接器可以连接多根光纤。光纤连接器包含光纤接头和光纤耦合器。如图 9-32 所示为双芯 ST 型连接器连接的方法，两个光纤接头通过光纤耦合器实现对准连接，以实现光纤通道的连接。

在综合布线系统中应用最多的光纤接头是以 2.5mm 陶瓷插针为主的 FC、ST 和 SC 型接头，以 LC、VF-45、MT-RJ 为代表的超小型光纤接头应用也逐步增长。各种常见的光纤接头外观，如图 9-33 所示。

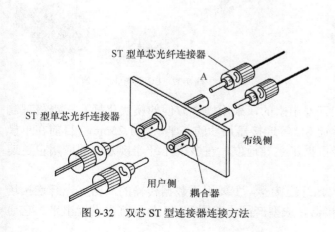

图 9-32　双芯 ST 型连接器连接方法

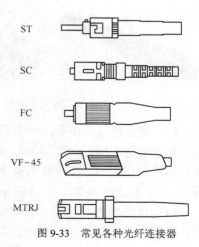

图 9-33　常见各种光纤连接器

ST 型连接器是综合布线系统经常使用的光纤连接器，代表性产品是由美国贝尔实验室开发研制的 ST II 型光纤连接器。ST II 型光纤接头的部件如图 9-34 所示，包含如下。

① 连接器主体；

② 用于 2.4mm 和 3.0mm 直径的单光纤缆的套管；

③ 缓冲层光纤缆支撑器；

④ 带螺绞帽的扩展器。

SC 光纤接头的部件，如图 9-35 所示，包含如下。

① 连接器主体；

② 束线器；

③ 挤压套管；

④ 松套管。

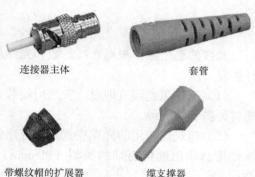

连接器主体　　　　　　套管

带螺纹帽的扩展器　　　缆支撑器

图 9-34　ST II 型光纤接头的部件

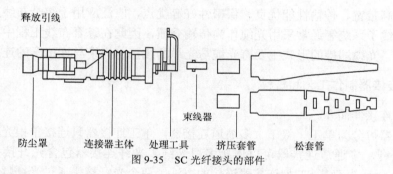

图 9-35　SC 光纤接头的部件

FC 光纤连接器由日本 NTT 公司研制，其外部加强方式是采用金属套，紧固方式为螺丝扣。最早的 FC 类型的连接器，采用陶瓷插针的对接端面是平面接触方式。FC 连接器结构简单，操作方便，制作容易，但光纤端面对微尘较为敏感，FC 连接器如图 9-36 所示。

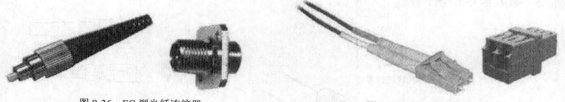

图 9-36　FC 型光纤连接器　　　　　　　　图 9-37　LC 型光纤连接器

LC 型连接器是由美国贝尔研究室开发出来的，采用操作方便的模块化插孔闩锁机理制成。其所采用的插针和套筒的尺寸是普通 SC 等连接器尺寸的一半，为 1.25mm。目前在单模光纤连接方面，LC 型连接器实际已经占据了主导地位，在多模光纤连接方面的应用也迅速增长。LC 型连接器如图 9-37 所示。

MT-RJ 光纤连接器是一种超小型的光纤连接器，主要用于数据传输的高密度光纤连接场合。它起步于 NTT 公司开发的 MT 连接器，成型产品由美国 AMP 公司首先设计出来。它通过安装于小型套管两侧的导向销对准光纤，为便于与光收发装置相连，连接器端面光纤为双芯排列设计。MT-RJ 光纤连接器如图 9-38 所示。

VF-45 光纤连接器是由 3M 公司推出的小型光纤连接器，主要用于全光纤局域网络，如图 9-39 所示。VF-45 连接器的优势是价格较低，制作简易，快速安装，只需要 2min 即可制作完成。

图 9-38　MT-RJ 光纤连接器

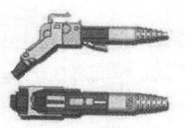

图 9-39　VF45 光纤连接器

（2）光纤连接器制作工艺。

光纤连接器有陶瓷和塑料两种材质，它制作工艺主要有磨接和压接两种方式。磨接方式是光纤接头传统的制作工艺，它的制作工艺较为复杂，制作时间较长，但制作成本较低。压接方式是较先进的光纤接头制作工艺，如 IBDN、3M 的光纤接头均采用压接方式。压接方式制作工艺简单，制作时间快，但成本高于磨接方式，压接方式的专用设备较昂贵。

对于光纤连接工程量较大且要求连接性能较高的场合，经常使用熔纤技术来实现光纤接头的制作。使用熔纤设备可以快速地将尾纤（连接单光纤头的光纤）与光纤续接起来。

2.　光纤连接器磨接制作技术

采用光纤磨接技术制作的光纤连接器有 SC 光纤接头和和 ST 光纤接头两类，以下为采用光纤磨接技术制作 ST 光纤接头的过程。

（1）布置好磨接光纤连接器所需要的工作区，要确保平整、稳定。

（2）使用光纤环切工具，环切光缆外护套，如图 9-40 所示。

（3）从环切口处，将已切断的光缆外护套滑出，如图 9-41 所示。

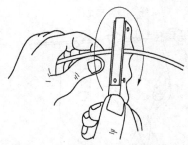

图 9-40　环切光缆外护套

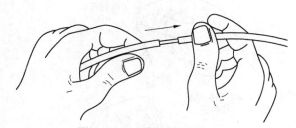

图 9-41　将光缆外护套滑出

（4）安装连接器的缆支撑部件和扩展器帽，如图 9-42 所示。

（5）将光纤套入剥线工具的导槽并通过标尺定位要剥除的长度后，闭合剥线工具将光纤的外衣剥去，如图 9-43 所示。

（6）用浸有纯度 99%以上乙醇擦拭纸细心地擦拭光纤两次，如图 9-44 所示。

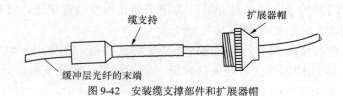
图 9-42　安装缆支撑部件和扩展器帽

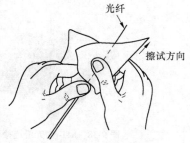
图 9-44　擦拭光纤

图 9-43　用剥线工具将光纤外衣剥除

（7）使用剥线工具，逐次剥去光纤的缓冲层，如图 9-45 所示。

（8）将光纤存放在保护块中，如图 9-46 所示。

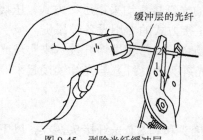
图 9-45　剥除光纤缓冲层

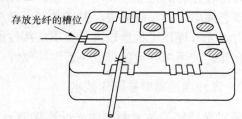
图 9-46　光纤存放在保护块中

（9）将环氧树脂注射入连接器主体内，直至在连接器尖上冒出环氧树脂泡，如图 9-47 所示。

（10）把已剥除好的光纤插入连接器中，如图 9-48 所示。

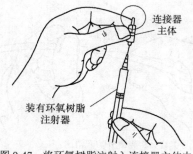
图 9-47　将环氧树脂注射入连接器主体内

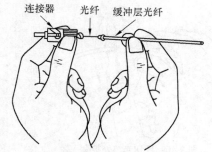
图 9-48　将光纤插入连接器中

（11）组装连接器的缆支撑，加上连接器的扩展器帽，如图 9-49 所示。

（12）将连接器插入到保持器的槽内，保持器锁定到连接器上去，如图 9-50 所示。

（13）将已锁到保持器中的组件放到烘烤箱端口中，进行加热烘烧，如图 9-51 所示。

（14）烘烧完成后，将已锁在保持器内组件插入保持块内进行冷却，如图 9-52 所示。

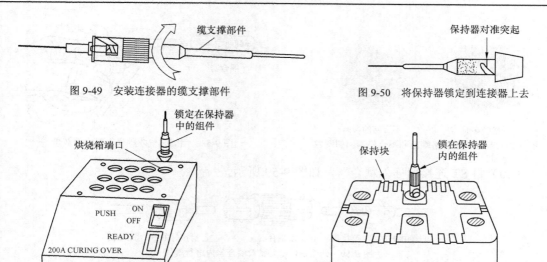

图 9-49　安装连接器的缆支撑部件

图 9-50　将保持器锁定到连接器上去

图 9-51　将已锁到保持器中的组件放到烘烧箱端口中

图 9-52　将锁在保持器内组件插入保持块内冷却

（15）使用光纤刻断工具将插入连接器中突出部分的光纤进行截断，如图 9-53 所示。

（16）将光纤连接器头朝下插入打磨器件内，然后用 8 字形运动在专用砂纸上进行初始磨光，如图 9-54 所示。

（17）检查连接器尖头，如图 9-55 所示。

（18）将连接器插入显微镜中，观察连接器接头端面是否符合要求，如图 9-56 所示。通过显微镜可以看到放大的连接器端面，根据看到的图像可以判断端面是否合格，如图 9-57 所示。

（19）用罐装气吹除耦合器中的灰尘，如图 9-58 所示。

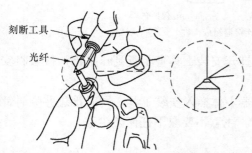

图 9-53　使用刻断工具截断突出连接器的部分光纤

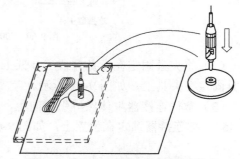

图 9-54　用 8 字形运动来磨光连接器接头

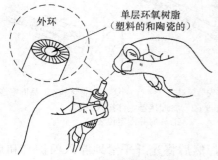

图 9-55　检查连接器尖头

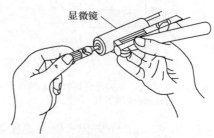

图 9-56　用显微镜检查连接器接头端面

合格的端面

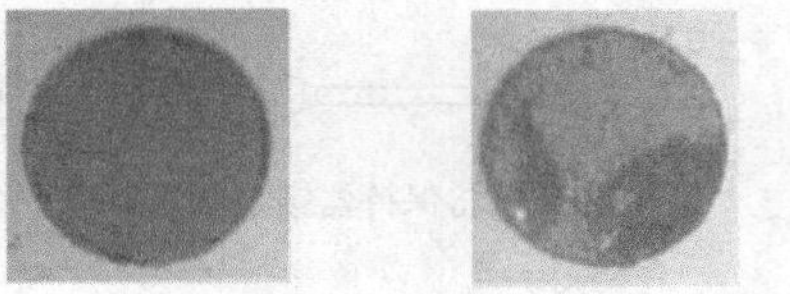

不合格的端面

图 9-57　显微镜下合格端面和不合格端面的图像

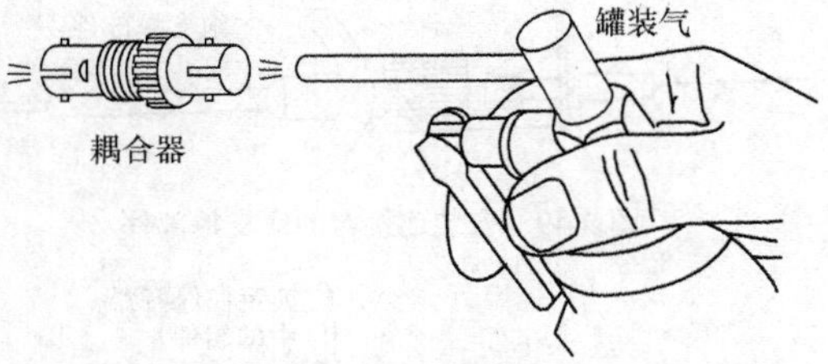

罐装气

耦合器

图 9-58　用罐装气吹除耦合器中的灰尘

（20）将 ST 连接器插入耦合器，如图 9-59 所示。

已磨接好的 ST 型接头　　　　耦合器　　　　已磨接好的 ST 型接头

图 9-59　两个 ST 接头插入耦合器内进行端接

3．光纤连接器压接制作技术

光纤连接器的压接技术以 IBDN 和 3M 公司为代表，下面以 IBDN Optimax 现场安装 900μm 缓冲层光纤 ST 连接器安装过程为例详细地介绍压接技术的实施过程。

（1）检查安装工具是否齐全，打开 900μm 光纤连接器的包装袋，检查连接器的防尘罩是否完整。如果防尘罩不齐全，则不能用来压接光纤。900μm 光纤连接器主要由连接器主体、后罩壳、900μm 保护套，如图 9-60 所示。

连接器主体　　　　　　　　　后罩壳　　　　900μm 保护套

图 9-60　900μm 光纤连接器组成部件

（2）将夹具固定在设备台或工具架上，旋转打开安装工具直至听到咔嗒声，接着将安装工具固定在夹具上，如图 9-61 所示。

（3）拿住连接器主体保持引线向上，将连接器主体插入安装工具，同时推进并顺时针旋转 45°，把连接器锁定在位置上，如图 9-62 所示。注意不要取下任何防尘盖。

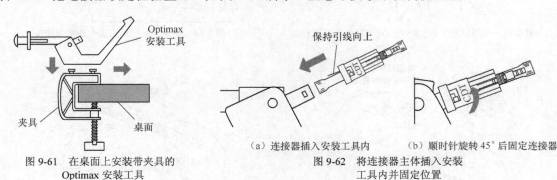

Optimax 安装工具

夹具　　　桌面

图 9-61　在桌面上安装带夹具的 Optimax 安装工具

保持引线向上

（a）连接器插入安装工具内　　（b）顺时针旋转 45°后固定连接器

图 9-62　将连接器主体插入安装工具内并固定位置

（4）将 900μm 保护套紧固在连接器后罩壳后部，然后将光纤平滑地穿入保护套和后罩壳组件，如图 9-63 所示。

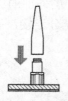
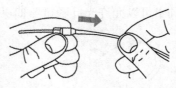

（a）保护套紧固在后罩壳后面　（b）光纤平滑穿入已固定的后罩壳组件

图 9-63　保护套与后罩壳连接成组件并穿入光纤

（5）使用剥除工具从 900μm 缓冲层光纤的末端剥除 40mm 的缓冲层，为了确保不折断光纤可按每次 5mm 逐段剥离。剥除完成后，从缓冲层末端测量 9mm 并做上标记，如图 9-64 所示。

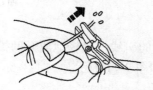
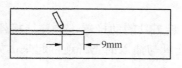

（a）从末端剥除 40mm 光纤缓冲层　（b）从末端测量 9mm 并做标记

图 9-64　剥除光纤缓冲层并做标记

（6）用一块折叠的乙醇擦拭布清洁裸露的光纤两到三次，不要触摸清洁后的裸露光纤，如图 9-65 所示。

（7）使用光纤切割工具将光纤从末端切断 7mm，然后使用镊子将切断的光纤放入废料盒内，如图 9-66 所示。

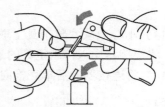

图 9-65　用乙醇擦拭布清洁光纤

图 9-66　使用光纤切割工具切断光纤

（8）将已切割好的光纤插入显微镜中进行观察，如图 9-67 所示。

（9）通过显微镜观察到的光纤切割端面，判断光纤端面是否符合要求，如图 9-68 所示为不合格端面和合格端的图像。

不合格的切割端面

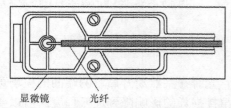

合格的切割端面

图 9-67　将已切割好的光纤插入显微镜中进行观察

图 9-68　观察光纤切割端面是否符合要求

显微镜　　　光纤

（10）将连接器主体的后防尘罩拔除并放入垃圾箱内，如图 9-69 所示。

（11）小心将裸露的光纤插入到连接器芯柱直到缓冲层外部的标志恰好在芯柱外部，然后将光纤固定在夹具中可以允许光纤轻微弯曲以便光纤充分连接，如图 9-70 所示。

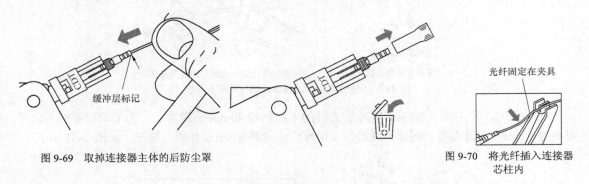

图 9-69　取掉连接器主体的后防尘罩　　　　　　　　　图 9-70　将光纤插入连接器芯柱内

（12）压下安装工具的助推器，钩住连接器的引线，轻轻地放开助推器，通过拉紧引线可以使连接器内光纤与插入的光纤连接起来，如图 9-71 所示。

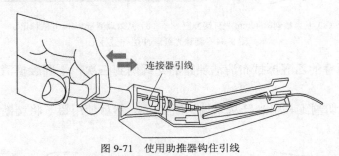

图 9-71　使用助推器钩住引线

（13）小心地从安装工具上取下连接器，水平地拿着挤压工具并压下工具直至哒哒哒三声响，将连接器插入挤压工具的最小的槽内，用力挤压连接器，如图 9-72 所示。

（14）将连接器的后罩壳推向前罩壳并确保连接固定，如图 9-73 所示。

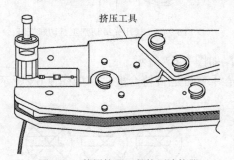 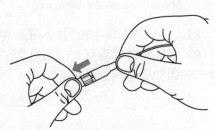

图 9-72　使用挤压工具挤压连接器　　　　　　　图 9-73　将连接器的后罩壳与前罩壳连接

9.5.3　光缆布设的注意事项

（1）同一批次的光纤，其模场直径基本相同，光纤在某点断开后，两端间的模场可视为一致，因而在此断开点熔接可使模场直径对光纤熔接损耗的影响降到最低程度。所以要求光缆生产厂家用同一批次的裸纤，按要求的光缆长度连续生产，在每盘上顺序编号，并分别标明 A（红色）、B（绿色）端，不得跳号。架设光缆时需按编号沿确定的路由顺序布放，并保证前盘光缆的 B 端要和后一盘光缆的 A 端相连，从而保证接续时两光纤端面模场直径基本相同，使熔接损耗值达到最小。

（2）架空光缆可用 72.2mm 的镀锌钢绞线作悬挂光缆的吊线。吊线与光缆要良好接地，要有防雷、防电措施，并有防震、防风的机械性能。架空吊线与电力线的水平与垂直距离要 2m 以上，离地面最小高度为 5m，离房顶最小距离为 1.5m。架空光缆的挂式有 3 种：吊线托挂式、吊线缠绕式与自承式。自承式不用钢绞吊线，光缆下垂，承受风荷力较差，因此常用吊挂式。

（3）架空光缆布放。由于光缆的卷盘长度比电缆长得多，长度可能达几千米，故受到允许的额定拉力和弯曲半径的限制，在施工中特别注意不能猛拉和发生扭结现象。一般光缆可允许的拉力约为 150～200kg，光缆转弯时弯曲半径应大于或等于光缆外径的 10～15 倍，施工布放时弯曲半径应大于或等于 20 倍。为了避免由于光缆放置于路段中间，离电杆约 20m 处向两反方向架设，先架设前半卷，在把后半卷光缆从盘上放下来，按 "8" 字型方式放在地上，然后布放。

（4）在光缆布放时，严禁光缆打小圈及折、扭曲，并要配备一定数量的对讲机，"前走后跟，光缆上肩" 的放缆方法，能够有效地防止背扣的发生，还要注意用力均匀，牵引力不超过光缆允许的 80%，瞬间最大牵引力不超过 100%。另外，架设时，在光缆的转弯处或地形较复杂处应有专人负责，严禁车辆碾压。架空布放光缆使用滑轮车，在架杆和吊线上预先挂好滑轮（一般每 10～20m 挂一个滑轮），在光缆引上滑轮、引下滑轮处减少垂度，减小所受张力。然后在滑轮间穿好牵引绳，牵引绳系住光缆的牵引头，用一定牵引力让光缆爬上架杆，吊挂在吊线上。光缆挂钩的间距为 40cm，挂钩在吊线上的搭扣方向要一致，每根电杆处要有凸型滴水沟，每盘光缆在接头处应留有杆长加 3m 的余量，以便接续盒地面熔接操作，并且每隔几百米要有一定的盘留。

9.6 综合布线施工中常用材料和施工工具及其施工配合

1. 综合布线施工中常用材料

网络工程施工过程中需要许多的施工材料，这些材料有的必须在开工前准备好，有的可以在工程过程中准备。

光缆、双绞线、信息插座、信息模块、配线架、交换机、Hub、服务器、UPS、桥架、机柜等接插件和设备等都要落实到位，确定具体的到货时间和送货地点。

不同规格的塑料线槽、金属线槽、PVC 防火管、蛇皮管、螺丝等辅料。

2. 综合布线施工中常用施工工具

选择各种工具。依据项目选择的标准，选择打线钳、压线钳、剥线钳、螺丝刀、剪线钳、测试仪器、冲击钻、开孔器等。

3. 综合布线工程的施工配合

综合布线要与土建的施工配合、与计算机系统的配合、与公用通信网的配合、与其他系统的配合。

在进行系统总体方案设计时，还应考虑其他系统（如有线电视系统、闭路视频监控系统、消防监控管理系统等）的特点和要求，提出互相密切配合，统一协调的技术方案。例如，各个主机之间的线路连接，同一路由的铺设方式等，都应有明确要求并有切实可行的具体方案，同时，还应注意与建筑结构和内部装修以及其他管槽设施之间的配合，这些问题在系统总体方案设计中都应予以考虑。

9.7 机房工程施工

机房工程建设的目标是：一方面机房建设要满足计算机系统网络设备，安全可靠，正常运行，延长设备的使用寿命，提供一个符合国家各项有关标准及规范的、优秀的技术场地；另一方面，机房建设还应给机房工作人员、网络客户提供一个舒适典雅的工作环境。因此，在机房设计中要具有先进性、可靠性及高品质，保证各类信息通信畅通无阻，为今后的业务进行和发展提供服务。一般需要由专业技术企业来完成。在施工过程中，承建方应按照 ISO9001 质量管理体系的要求，重视各类人员培训，提高施工人员的专业技能，实行全过程的质量控制。为了保证工程质量，在施工过程中实施工程监理是非常必要的，做到子系统（分工程）完工，有阶段性验收，直至整个工程完工。

9.7.1 机房工程各子系统的施工

1. 机房装修子系统

计算机房的室内装修工程的施工和验收主要包括天花吊顶、地面装修、墙面装饰、门窗等的施工验收及其他室内作业。

在施工时应保证现场、材料和设备的清洁。隐蔽工程（如地板下、吊顶上、假墙、夹层内）在封口前必须先除尘、清洁处理，暗处表层应能保持长期不起尘、不起皮和不龟裂。

机房所有管线穿墙处的裁口必须做防尘处理，然后对缝隙必须用密封材料填堵。在裱糊、粘接贴面及进行其他涂复施工时，其环境条件应符合材料说明书的规定。

装修材料应尽量选择无毒、无刺激性的材料，尽量选择难燃、阻燃材料，否则应尽可能涂刷防火涂料。

（1）天花吊顶。

机房吊顶板表面应平整，不得起尘、变色和腐蚀；其边缘应整齐、无翘曲，封边处理后不得脱胶；填充顶棚的保温、隔音材料应平整、干燥，并做包缝处理。

按设计及安装位置严格放线。吊顶及马道应坚固、平直，并有可靠的防锈涂复。金属连接件、铆固件除锈后，应涂两遍防锈漆。

吊顶上的灯具、各种风口、火灾探测器底座及灭火喷嘴等应定准位置，整齐划一，并与龙骨和吊顶紧密配合安装。从表面看应布局合理、美观、不显凌乱。

吊顶内空调作为静压箱时，其内表面应按设计要求做防尘处理，不得起皮和龟裂。

固定式吊顶的顶板应与龙骨垂直安装。双层顶板的接缝不得落在同一根龙骨上。

用自攻螺钉固定吊顶板，不得损坏板面。

当设计未作明确规定时应符合五类要求。

螺钉间距，沿板周边间距 150～200mm，中间间距为 200～3 000mm，均匀布置。螺钉距板边 10～15mm，钉眼、接缝和阴阳角处必须根据顶板材质用相应的材料嵌平、磨光。

保温吊顶的检修盖板应用与保温吊顶相同的材料制作。

活动式顶板的安装必须牢固、下表面平整、接缝紧密平直、靠墙、柱处按实际尺寸裁板镶补。根据顶板材质作相应的封边处理。

安装过程中随时擦拭顶板表面，并及时清除顶板内的余料和杂物，做到上不留余物，下不留污迹。

（2）地面装修。

计算机房用活动地板应符合国标 GB 6650—86《计算机房用活动地板技术条件》。

一般采用抗静电活动地板。敷设前必须做好地面找平，清洁后刷防尘乳胶漆，敷设 13mm 橡塑保温棉；然后架设抗静电活动地板，并按规范均匀铺设抗静电通风地板。活动地板要求安装高度 30cm，做符合安全要求的等电位联接和接地。根据机房安装的设备要求在对应位置必须做好承重加固、防移动措施。

（3）墙面、隔断装饰。

墙面、隔断装饰效果要持久；漆膜遮盖力好，经济耐用；无不良气味，符合环保要求。机房所有窗均须做防水防潮防渗漏处理，窗位封堵要严密。

形成漆保护后的墙面可擦洗，要具有优质的防火性能。

安装隔断墙板时，板边与建筑墙面间隙应用嵌缝材料可靠密封。

隔断墙两面墙板接缝不得在同一根龙骨上，每面的双层墙板接缝亦不得在同一根龙骨上。

安装在隔断墙上的设备和电气装置固定在龙骨上，墙板不得受力。

隔断墙上需安装门窗时，门框、窗框应固定在龙骨上，并按设计要求对其缝隙进行密封。

无框玻璃隔断，应采用槽钢、全钢结构框架。墙面玻璃厚度不小于 10mm，门玻璃厚度不小于 12mm。表面不锈钢厚度应保证压延成型后平如镜面，无不平的视觉效果。

石膏板、吸音板等隔断墙的沿地、沿顶及沿墙龙骨建筑围护结构内表面之间应衬垫弹性密封材料后固定。当设计无明确规定时固定点间距不宜大于 800mm。

竖龙骨准确定位并校正垂直后与沿地、沿顶龙骨可靠固定。

有耐火极限要求的隔断墙竖龙骨的长度应比隔断墙的实际高度短 30mm，上、下分别形成 15mm 膨胀缝，其间用难燃弹性材料填实。全钢防火大玻璃隔断，钢管架刷防火漆，玻璃厚度不小于 12mm，无气泡。

当设计无明确规定时，用自攻螺钉固定墙板宜符合螺钉间距沿板周边间距不大于 200mm，板中部间距不大于 300mm，均匀布置，其他要求同吊顶要求相同。

有耐火极限要求的隔断墙板应与竖龙骨平等铺设，不得与沿地、沿顶龙骨固定。

（4）门窗工程。

机房出入口门，首先必须满足消防防火方面的要求，必须有效地起到防尘、防潮、防火作用，具有良好的安全性能，其次还要保证最大设备的进出，最后还必须考虑操作安全、可靠和安装门禁系统的需要。

机房的内门要求与墙体装饰协调，铝合金门框、窗框的规格型号应符合设计要求，安装应牢固、平整，其间隙用非腐蚀性材料密封。门扇、窗扇应平整、接缝严密、安装牢固、开闭自如、推拉灵活。

2. 机房配电子系统

为保护计算机、网络设备、通信设备以及机房其他用电设备和工作人员正常工作和人身安全，要求配电系统安全可靠，因此该配电系统按照一级负荷考虑进行设计。

计算机中心机房内供电宜采用两路电源供电，一路为机房辅助用电，主要供应照明、维修插座、空调等非 UPS 用电，一路为 UPS 输入回路，供机房内 UPS 设备用电，两路电源各成系统。

机房进线电源采用三相五线制。用电设备、配电线路装设过流和过载两段保护，同时配电系统各级之间有选择性地配合，配电以放射式向用电设备供电。

机房配电系统所用线缆均为阻燃聚氯乙烯绝缘导线及阻燃交联电力电缆，敷设镀锌铁线槽 SR 及镀锌钢管 SC 及金属软管 CP，配电设备与消防系统联动。

机房内的电气施工应选择优质电缆、线槽和插座。电缆宜采用铜芯屏蔽导线，敷设在金属线槽内，尽可能远离计算机信号线。插座应分为市电、UPS 及主要设备专用的防水插座，并应有明显区别标记。照明应选择专用的无眩光高级灯具。

对要求电源的质量与可靠性较高的设备，设计中采用电源由市电供电加备用发电机这种运行方式，以保障电源可靠性的要求；系统中同时考虑采用 UPS 不间断电源，最大限度满足机房计算机设备对供电电源质量的要求。

机房内通常采用 UPS 不间断电源供电来保证供电的稳定性和可靠性。在市电突然中断供电时，UPS 能迅速在线切换运行，主机系统不会丢失数据，并可保证机房内计算机设备在一定时间内的连续运行。

3. 机房空调与新风子系统

为保证计算机网络系统的正常运行，对机房工作环境中的温度、湿度和洁净度都要有明确要求。一般机房的温度应控制在 10℃～35℃，相对湿度要控制在 30%～80%。因此要拥有这样一个恒久的良好的机房环境。机房专用空调应采用下送风，上回风的送风方式，主要满足机房设备制冷量和恒温恒湿需求。应选择的机房专用空调是模块化设计的，这样可根据需要增加或减少模块；也可根据机房布局及几何图形的不同任意组合或拆分模块，且模块与模块之间可联动或集中或分开控制。所有操作控制器柄等应安装在易于操作的位置上，所选精密空调必须易于维护，且运行维护费用相对较低等。空调要求配置承重钢架，确保满足承重要求。

根据机房的围护结构特点（主要是墙体、顶面和地面，包括楼层、朝向、外墙、内墙及墙体材料、门窗型式、单双层结构及缝隙、散热），人员的发热量，照明灯具的发热量，新风负荷等各种因素，计算出计算机房所需的制冷量，因此选定空调的容量。新风系统的风管及风口位置应配合空调系统和室内结构来合理布局，其风量根据空调送风量大小而定。

4. 机房监控子系统

（1）门禁。

在进入机房的地方给工作人员分别设置了进入权限和历史记录的门禁系统。主机房，工作区，网络配线间及机房入口大门均安装门禁。可设计多套门禁系统，如密码系统、电锁、感应式卡片等。通过在各出入口安装读卡机及电控设备，自动控制大门开关，形成一个总体网络，可以全面掌握出入口的运行状态，了解来访者的身份，并为迅速排除治安事件提供科学依据。还可以根据实际的需要，对各门禁系统进行分级授权，从而实现人员进出的电子化管理。

（2）电视监控。

机房中有大量的服务器及机柜、机架。由于这些机柜及机架一般比较高，所以监控的死角比较多，因此在电视监控布点时主要考虑各个出入口，每一排机柜之间安装摄像机。如果机房有多个房间的话，可以考虑在 UPS 房和控制机房内安装摄像机。

（3）自动报警。

在安装闭路电视的同时，也可考虑在重要的机房档案库安装防盗报警系统以加强防范手段。在收到警报时，系统能根据预设程序通过门禁控制器将相关门户自动开启。发生报警事件或其他事件，操作系统会自动以形象的方式显示有关信息和发生声响提示，值班人员从计算机上可以马上了解到信号的发生地，信号类别和发生的原因，从而相应做出处理。

5．机房防雷、接地子系统

机房防雷、接地工程一般要做以下工作。

（1）做好机房接地。

根据国际 GB 50174－93《电子计算机房设计规范》，交流工作地，直流工作地，保护地，防雷地宜共用一组接地装置，其接地电阻按其中最小值要求确定，如果计算机系统直流地与其他地线分开接地，则两地极间应间隔 25m。

（2）做好线路防雷。

为防止感应雷，侧击雷高脉冲电压沿电源线进入机房损坏机房内的重要设备，在电源配电柜电源进线处安装浪涌防雷器。

① 在动力室电源线总配电盘上安装并联式专用避雷器构成第一级衰减。

② 在机房配电柜进线处，安装并联式电源避雷器构成第二级衰减。

③ 机房布线不能延墙敷设，以防止雷击时墙内钢筋瞬间传导墙雷电流时，瞬间变化的磁场在机房内的线路上感应出瞬间的高脉冲浪涌电压把设备击坏。

9.7.2　机房工程施工的注意事项

1．机房装修子系统注意事项

（1）防静电地板接地环节处理不当，导致正常情况下产生的静电没有良好的泄放路径，不但影响工作人员身体健康，甚至烧毁机器。

（2）装修过程中环境卫生，空气洁净度不好，灰尘的长时间积累可引起绝缘等级降低、电路短路。

（3）活动地板下的地表面没有做好地台保温处理，在送冷风的过程中地表面因地面和冷风的温差而结霜。

（4）活动地板安装时，要绝对保持围护结构的严密，尽量不留孔洞，有孔洞如管、槽，则要做好封堵。

（5）室内顶棚上安装的灯具、风口、火灾控测器及喷嘴等应协调布置，并应满足各专业的技术要求。

（6）电子计算机机房各门的尺寸均应保证设备运输方便。

为防止机房内漏水，现代机房常常设计安装漏水自动检测报警系统。安装系统后，一旦机房内有漏水的出现，立即自动发出报警信号，值班人员立即采取措施，可避免机房受到不应有的损失。

2. 机房配电子系统注意事项

（1）为保证电压、频率的稳定，UPS 必不可少，选用 UPS 应注意以下事项。

① UPS 的使用环境应注意通风良好，利于散热，并保持环境的清洁。

② 切勿带感性负载，如点钞机、日光灯、空调等，以免造成损坏。

③ UPS 的输出负载控制在 60% 左右为最佳，可靠性最高。

④ UPS 带载过轻（如 1000VA 的 UPS 带 100VA 负载）有可能造成电池的深度放电，会降低电池的使用寿命，应尽量避免。

⑤ 适当的放电，有助于电池的激活，如长期不停市电，每隔 3 个月应人为断掉市电用 UPS 带负载放电一次，这样可以延长电池的使用寿命。

⑥ 对于多数小型 UPS，上班再开启 UPS，开机时要避免带载启动，下班时应关闭 UPS；对于网络机房的 UPS，由于多数网络是 24 小时工作的，所以 UPS 也必须全天候运行。

⑦ UPS 放电后应及时充电，避免电池因过度自放电而损坏。

（2）配电回路线间绝缘电阻不达标，容易引起线路短路，发生火灾。

（3）机房紧急照明亮度不达标，无法通过消防验收，发生火灾时易导致人员伤亡。

3. 机房空调子系统注意事项

（1）空调用电要单独走线，区别于主设备用电系统。

（2）空调机的上下水问题：设计中机房上下水管不宜经过机房。

（3）机房空调机的上下水管应尽量靠近机房的四周，把上下水管送到空调机室。上下水管另一端送至同层的卫生间内。空调机四周用砖砌成防水墙，并加地漏。

4. 机房防雷、接地子系统注意事项

在机房接地时应注意如下两点。

（1）信号系统和电源系统、高压系统和低压系统不应使用共地回路。

（2）灵敏电路的接地应各自隔离或屏蔽，以防止地回流和静电感应而产生干扰。机房接地宜采用综合接地方案，综合接地电阻应小于 1Ω，并应按现行国家标准《建筑防雷设计规范》要求采取防止地电位反击措施。

机房雷电分为直击雷和感应雷。对直击雷的防护主要由建筑物所装的避雷针完成；机房的防雷（包括机房电源系统和弱电信息系统防雷）工作主要是防感应雷引起的雷电浪涌和其他原因引起的过电压。

习　　题

一、填空题

1. 综合布线工程的组织管理工作主要分为 3 个阶段，即工程实施前的_____工作、施工过程中_____工作、工程竣工_____工作。

2. 施工前的准备工作主要包括_____、_____、施工前设备器材及施工工具检查、（施工组织准备）等环节。

3. 安装在墙面或柱子上的信息插座底盒、多用户信息插座盒及集合点配线箱体的底部离地面的高度宜为_____mm。

4. 建筑群子系统应由连接各建筑物之间的综合布线缆线、_____和跳线等组成。

5. 干线电缆布设的路由主要根据_____或_____以及其他一些垂直走线路径来决定的。

二、简答题

1. 简述综合布线工程施工前准备工作的主要内容。

2. 简述管理子系统在施工阶段有哪些主要的技术要求？

3. 简述电缆的布设有哪些需要注意事项？

4. 简述光缆的施工方法主要有哪些？

5. 简述机房工程施工中有哪些需要注意事项？

第 10 章　综合布线工程测试与验收

综合布线工程实施完成后，需要对布线工程进行全面的测试工作，以确认系统的施工是否达到工程设计方案的要求，它是工程竣工验收的主要环节，是鉴定综合布线工程各建设环节质量的手段，测试资料也必须作为验收文件存档。掌握综合布线工程测试技术，关键是掌握综合布线工程测试标准及测试内容、测试仪器的使用方法、电缆和光缆的测试方法。

10.1　综合布线工程测试

当网络工程施工接近尾声时，最主要的工作就是对布线系统进行严格的测试。对于综合布线的施工方来说，测试主要有两个目的，一是提高施工的质量和速度；二是向用户证明他们的投资得到了应有的质量保证。对于采用了五类电缆及相关连接硬件的综合布线来说，如果不用高精度的仪器进行系统测试，很可能会在传输高速信息时出现问题。光纤的种类很多，对于应用光纤的综合布线系统的测试也有许多需要注意的问题。

测试仪对维护人员是非常有帮助的工具，对综合布线施工人员来说也是必不可少的。测试仪的功能具有选择性，根据测试的对象不同，测试仪器的功能也不同。例如，在现场安装的综合布线人员希望使用的是操作简单，能快速测试与定位连接故障的测试仪器，而施工监理或工程测试人员则需要使用具有权威性的高精度的综合布线认证工具。有些测试需要将测试结果存入计算机，在必要时可绘出链路特性的分析图，而有些则只要求存入测试仪的存储单元中。

从工程的角度，可将综合布线工程的测试分为两类，即验证测试和认证测试。验证测试一般是在施工的过程中由施工人员边施工边测试，以保证所完成的每个连接的正确性。认证测试是指对布线系统依照标准例行逐项检测，以确定布线是否能达到设计要求，包括连接性能测试和电气性能测试。本章主要介绍电气性能测试。

10.1.1　测试标准

2007 年我国为同一建筑与建筑综合布线系统工程施工质量检查、随工检查和竣工验收的技术要求，根据国际电子工业协会（EIA）和国际电信工业协会（TIA）2002 年制定的结构化布线系统标准 TSB—67、568B，中华人民共和国建设部制定了中华人民共和国国家标准《综合布线系统工程验收规范》GB 50312—2007，自 2007 年 10 月 1 日开始实施。标准规定，在施工过程中，施工单位必须严格执行该标准中有关质量检查的规定。GB 50312—2007 与 TIA/EIA 568B 基本兼容，但是更符合我国的国情。

在 2008 年 8 月 29 日的临时会议上，国际电信工业协会（TIA）的 TR-42.1 商业建筑布线小组委员会同意发布 TIA-568-C.0 以及 TIA-568-C.1 标准文件，在 TR-42 委员会的 10 月全体会议上，这两个标准最终将会被批准出版，从而现行的 TIA-568-B 系列标准将会被逐步替代。经过漫长的修订工作，新一代北美布线系列标准 TIA-568-C 已是呼之欲出。下面主要结合该标准与 TIA-568-B 的区别进行介绍。

新的 TIA-568-C 版本系列标准分为以下 4 个部分。

（1）TIA-568-C.0 用户建筑物通用布线标准。

（2）TIA-568-C.1 商业楼宇电信布线标准。

（3）TIA -568-C.2 布线标准第二部分：平衡双绞线电信布线和连接硬件标准。

（4）TIA-568-C.3 光纤布线和连接硬件标准。

原来的 TIA-568B 标准，则是针对商业环境的，包括以下 3 个部分。

（1）ANSI/TIA/EIA-568-B.1-2001：商业楼宇电信布线标准 第一部分：通用要求。

（2）ANSI/TIA/EIA-568-B.2-2001：商业楼宇电信布线标准 第二部分：平衡双绞线布线连接硬件。

（3）ANSI/TIA/EIA-568-B.3-2000：光纤布线连接硬件标准。

对比发现，原来的 B.1 标准在新的体系中分为了 C.0，C.1 两个部分，一个为通用的标准文档，一个为侧重商业环境的布线标准。这是因为 TR-42 委员会希望以 568-C 的修订为契机，为更好地发展和维护标准打好基础。像 568-B.1 标准，原先是定位于商业办公建筑的通用布线标准，实际上已被广泛用于其他类型的商业建筑，如机场、学校和体育馆场等设计，因为目前针对这些建筑没有量身定做的标准，所以 568-B.1 成了一个事实上的参照。另外，布线标准的发展和应用领域息息相关，如新的技术或应用的出现会导致几个布线标准文档的同时更新，这使得相应的修订工作变得很复杂；同时，在创建新的标准时候，许多已在其他标准文档中实施良好的规范（例如，数据中心标准必须包括已经在 568-B.1 中明确的分级星状拓扑结构的描述）又得经过标委会长时间的争论才能被接纳，这使得新标准的出台颇不容易。考虑到上述因素，TIA-568-C.0 被设计成为一个普遍适用的知识库，其中的要求和指导是 TIA 系列标准中重复性的和常规适用的，如认可的媒介、布线长度、极性、安装需求、支持应用等细节。这样，如果某些适用于特殊环境（如卫生保健、工业）的布线标准暂缺，568-C.0 就可以成为一个通用的标准参考文档。这样的调整既简化了标准升级的过程，又可以加快新标准的发展过程。在以后的修订过程中，如涉及普遍性的信息，可以只在 C.0 中进行更新而不用在多个标准文件中进行复制。而适用于其他建筑环境的标准，如工业环境、数据中心、学校、医疗设施等，可以集中考虑例外情况，这些专用标准文档应更加简洁和集中，并能够被快速开发出来。下面对各部分的内容特点分别进行介绍。

1. 568-C.0 标准

568-C.0 标准将是其他现行和待开发标准的基石，具有最广泛的通用性，如目前，每个独特的用户环境标准都是基于分级星状拓扑结构的，所以这种共性的要求会保留在 TIA-568-C.0 中。标准中还融合了其他许多 TIA 标准的通用部分，如 TIA-569-C 通道和空间；TIA-570-B 家居布线标准；TIA-606-B 管理标准等。对布线所处的环境进行 MICE（机械、侵入、气候化学、电磁）分类，以区分一般和极端的工业环境，并采取不同措施。

屏蔽以及非屏蔽平衡双绞线缆最小安装弯曲半径统一调整为 4 倍于外径；平衡双绞线跳

线弯曲半径被改为 1 倍于线缆外径，以适应较大的线缆直径；对于 6A 布线系统，最大的线对开绞距离被增设为 13mm（与六类保持一致）；扩展六类（6A 等级）布线系统被增加确认为合格的媒介类型；光纤布线性能和测试要求被移入这个标准文档（铜缆布线及测试要求被移入的 568-C.2 文件中）。

2. 568-C.1 标准

568-C.1 是现有的 568-B.1 的修订标准，该标准不是一个独立的文档，除了包括 568-C.0 通用标准部分以外，所有适用于商业建筑环境的指导和要求，都在 C.1 标准中的"例外"和"允许"部分进行说明。这使得 C.1 标准更聚焦于办公用类型的商业楼宇，而不是其他建筑环境。568-C.1 中的技术改进还包括以下部分。

（1）认可了 TIA-568-B.2 附录中定义的六类、扩展六类（6A）平衡双绞线布线系统。

（2）认可了 850nm 激光优化万兆 50/125µm 多模光缆。

（3）原先 568-B.1 中常用的布线信息部分转到了 568-C.0 中。

（4）150Ω 的 STP 布线，五类布线，50Ω 和 75Ω 的同轴布线被取消。

（5）平衡双绞线布线性能和测试要求被取消，而在 ANSI/TIA-568-C.2 文档中体现出来。

3. 568-C.2 连接硬件标准

此标准针对铜缆连接硬件标准 568-B.2 进行修订，主要是为铜缆布线生产厂家提供具体的生产技术指标。所有有关铜缆的性能和测试要求都包括在这个标准文件中，其中的性能级别将主要支持三类，超五类、六类、扩展六类。

568-C.2 的修订工作受制于 568-B.2 标准的最后一个附录 10（扩展六类标准，支持 10 吉比特铜缆以太网应用）的进度，所以一直比较缓慢，由于现在扩展六类标准已经出版，TR-42.7 委员会终于可以集中精力来加快 568-C.2 标准的进程，该标准已于 2009 年底出版，它是最晚出台的 568-C 系列标准成员。

4. 568-C.3 连接硬件标准

此标准针对光缆连接硬件标准 568-B.3 进行修订，主要是为光缆布线生产厂家提供具体的生产技术指标。

目前，568-C.3 标准已经完成并发布出版，与 568-B.3 比较，主要有如下几个变化。

（1）国际布线标准 ISO 11801 的术语（OM1，OM2，OM3，OS1，OS2 等）被加进来，其中单模光缆又分为室内室外通用、室内、室外 3 种类型，这些光纤类型以补充表格形式予以了认可。

（2）连接头的应力消除及锁定、适配器彩色编码相关要求被改进，用于识别光纤类型（彩色编码不是强制性的，颜色可用于其他用途）。

（3）OM1 级别，62.5/125µm 多模光缆、跳线的最小 OFL 带宽提升到 200/500MHz·km（原来的是 160/500）；附件 A 中有关连接头的测试参数与 IEC 61753-1，C 级规范文档相一致，这表示与 IEC 相适应的光纤连接头，如 Array Connectors 光纤阵列连接器，将适用于 568-C.3 标准。

TIA 系列布线标准，过去、现在都对我国的布线行业有着巨大的影响，像我国的国家布线标准 GB 50311，50312 的 2000 年版本、2007 年修订标准均基本参照了 TIA 的现行标准及修订中的草案，可以预计，TIA-568-C 系列新布线标准实施后同样会对国内的通信基础建设产生积极的推动力。

10.1.2　测试项目

（1）接线图。

测试布线链路有无终接错误的一项基本检查，测试的接线图显示出所测每条 8 芯电缆与配线模块接线端子的连接实际状态。

（2）衰减。

由于绝缘损耗、阻抗不匹配、连接电阻等因素，信号沿链路传输损失的能量为衰减。

传输衰减主要测试传输信号在每个线对两端间传输损耗值及同一条电缆内所有线对中最差线对的衰减量，相对于所允许最大衰减值的差值。

（3）近端串音（NEXT）。

近端串扰值（dB）和导致该串扰的发送信号（参考值定为 0）之差值为近端串扰损耗。

在一条链路中处于线缆一侧的某发送线对，对于同侧的其他相邻（接收）线对通过电磁感应所造成的信号耦合（由发射机在近端传送信号，在相邻线对近端测出的不良信号耦合）为近端串扰。

（4）近端串音功率 5N（PS NEXT）。

在 4 对对绞电缆一侧测量 3 个相邻线对对某线对近端串扰总和（所有近端干扰信号同时工作时，在接收线对上形成的组合串扰）。

（5）衰减串音比值（ACR）。

在受相邻发送信号线对串扰的线对上，其串扰损耗（NEXT）与本线对传输信号衰减值（A）的差值。

（6）等电平远端串音（ELFEXT）。

某线对上远端串扰损耗与该线路传输信号衰减的差值。从链路或信道近端线缆的一个线对发送信号，经过线路衰减从链路远端干扰相邻接收线对（由发射机在远端传送信号，在相邻线对近端测出的不良信号耦合）为远端串音（FEXT）。

（7）等电平远端串音功率和（PS ELFEXT）。

在 4 对对绞电缆一侧测量 3 个相邻线对对某线对远端串扰总和（所有远端干扰信号同时工作，在接收线对上形成的组合串扰）。

（8）回波损耗（RL）。

由于链路或信道特性阻抗偏离标准值导致功率反射而引起（布线系统中阻抗不匹配产生的反射能量）。由输出线对的信号幅度和该线对所构成的链路上反射回来的信号幅度的差值导出。

（9）传播时延。

信号从链路或信道一端传播到另一端所需的时间。

（10）传播时延偏差。

以同一缆线中信号传播时延最小的线对作为参考，其余线对与参考线对时延差值（最快线对与最慢线对信号传输时延的差值）。

（11）插入损耗。

发射机与接受机之间插入电缆或元器件产生的信号损耗，通常指衰减。

10.1.3　测试链路模型

1. TSB-67 测试内容

美国国家标准协会（EIA/TIA）制定的 TSB-67《非屏蔽双绞电缆布线系统传输性能现场测试规范》于 1995 年 10 月被正式通过，是由美国国家标准协会（EIA/TIA）的专家经过数年的编写与修改而制定的。它比较全向地定义了电缆布线的现场测试内容、方法以及对测试仪器的要求。

一个符合 TSB-67 标准的非屏蔽双绞线网络不但能满足当前计算机网络的信息传输要求，还能支持未来高速网络的需要。按照发达国家的经验，网络上设备的生命周期通常为 5 年，即一个设备使用 5 年就可能被淘汰，而网络布线系统却可以支持 15 年以上。当然，这样的布线系统必须符合 TSB-67 标准。TSB-67 标准包含主要内容如下。

（1）两种测试模型的定义。

（2）要测试的参数的定义。

（3）为每一种连接模型及二类、三类和五类链路定义 PASS 或 FAIL 测试极限。

（4）减少测试报告项目。

（5）现场测试仪的性能要求和如何验证这些要求的定义。

（6）现场测试与实验室测试结果的比较方法。

TSB-67 虽然是为测试非屏蔽双绞电缆的链路而制定的，但在测试屏蔽双绞电缆的通道时，也可参照执行。

2. TSB-67 测试模型

TSB-67 定义了两种标准的测试模型：基本链路（Basic Link）和通道（Channel）。

基本链路用来测试综合布线中的固定链路部分。由于综合布线承包商通常只负责这部分的链路安装，所以基本链路又被称为承包商链路。它包括最长 90m 的水平布线，两端可分别有一个连接点以及用于测试的两条各 2m 长的跳线。基本链路测试模型如图 10-1 所示。

通道用来测试端到端的链路整体性能，又被称为用户链路。它包括最长 90m 的水平电缆，一个工作区附近的转接点，在配线架上的两处连接，以及总长不超过 10m 的连接线和配线架跳线。通道测试模型如图 10-2 所示。

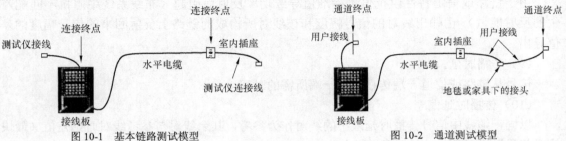

图 10-1　基本链路测试模型　　　　　　　　　　　图 10-2　通道测试模型

两者的最大区别在于，基本链路测试模型不包括用户端使用的电缆（这些电缆是用户连接工作区终端与信息插座或配线架及交换机等设备的连接线），而通道是作为一个完整的端到端链路定义的，包括连接网络站点、集线器的全部链路，其中用户的末端电缆必须是链路的一部分，必须与测试仪相连。

基本链路测试是综合布线施工单位必须负责完成的。通常综合布线施工单位完成工作后，所要连接的设备、器件还没有安装，而且并不是所有的线缆都连接到设备或器件上，所以综合布线施工单位只能向用户提出一个基本链路的测试报告。

工程验收测试一般选择基本链路测试。从用户的角度来说，用于高速网络的传输或其他通信传输时的链路不仅要包含基本链路部分，而且还要包括用于连接设备的用户电缆，所以他们希望得到一个通道的测试报告。

无论是哪种报告都是为认证该综合布线的链路是否可以达到设计的要求，二者只是测试的范围和定义不一样，就好比基本链路是要测试—座大桥能否承受 100km/h 的速度，而通道测试不反要测试桥本身，而且还要看加上引桥后整条道路能否承受 100km/h 的速度。在测试中选用什么样的测试模型，一定要根据用户的实际需要来确定。

10.1.4　认证测试需要注意的问题

布线工作完成之后要对各信息点进行测试检查。一般可采用 FLUKE 等专用仪器进行测试，根据各信息点的标记图进行一一测试，若发现有问题则可先做记录，等全部测完之后对个别有问题的地方进行再检查。测试的同时做好标号工作，把各点号码在信息点处及配线架处用标签纸标明并在平面图上注明，以便今后对系统进行管理、使用及维护。一般验收都是在两头发现问题，这可能是配线架没做好，也可能是模块没做好，还有一种可能就是安装面板时螺丝钻入网线造成短路现象。

全部测试完成之后，把平面图进行清理，最后做出完全正确的标号图，以备查用。布线实施过程中一定要注意把好产品关，要选择信誉良好、有实力的公司的产品。为了便于施工、管理和维护，线缆、插头、插座和配线架等最好选同一个厂商的产品，并从正规渠道进货。施工单位在工程开始前，应该将所使用材料样品交网络建设机构作封样。施工单位开启材料包装时，应该将包装内的质保书与产品合格证留存并交建网机构备档。使用前一定要对产品进行性能抽测。布线实施中必须做到，一旦发现假冒伪劣产品应及时返工。

10.2　测试仪器选择与使用

进行综合布线系统工程的测试必须选择适当的测试仪器，一般要求测试仪器具有认证测试和故障定位功能，在确保准确测试各项认证测试参数的基础上，能够快速准确地进行故障定位，而且操作简单。国家标准 GB 50312—2007 规定，双绞线及光纤布线系统的现场测试仪应符合下列要求。

（1）应能测试信道与链路的性能指标。

（2）应具有针对不同布线系统登记的相应精度，应考虑测试仪的功能、电源、使用方法等因素。

（3）测试仪精度应定期检查，每次现场测试前仪表厂家应出示测试仪的精度有效期限证明。

（4）测试仪表应具有测试结果的保存功能并能提供输出端口，将所有存储的测试数据输出到计算机或者打印机，测试数据必须不被修改，并进行维护和文档管理。

（5）测试仪表应提供所有测试项目的概要和详细报告。

（6）测试仪表宜提供汉化的通用人机界面。

10.2.1　Fluke 测试仪组成

DTX 系列 Cable Analyzers 如图 10-3 所示，Fluke（福禄克）网络公司最新推出的 DTX 系列电缆认证分析仪是既可满足当前要求而又面向未来技术发展的高技术测试平台。通过提高测试过程中各个环节的性能，这一革新的测试平台极大地缩短了整个认证测试的时间。Cat6 链路测试时间仅 9s，满足 TIA-568-C 和 ISO 11801:2002 标准对结构化布线系统的认证要求，DTX 系列还具有 IV 级精度、无可匹敌的智能故障诊断能力、900MHz 的测试带宽、12h 电池使用时间和快速仪器设置，并可以生成详细的中文图形测试报告。它是一种坚固耐用的手持仪器，可用于认证、排除故障、及记录双绞线及光纤布线安装。测试仪包含以下特性。

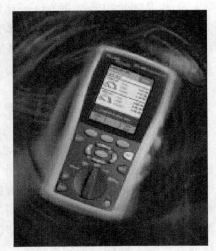

图 10-3　DTX 系列 Cable Analyzers

（1）DTX-1800 可在不到 45s 内认证至 F 等级极限值（600 MHz）双绞线布线以及在不到 12s 内认证第六类布线。符合 III 等级及建议的 IV 等级准确性规定。

（2）DTX-1200 可在不到 12s 内认证第六类双绞线布线 DTX-LT 可在不到 30s 内认证第六类布线两者均符合第 III 等级及建议的第 IV 等级准确性规定。

（3）智能远端连可选的光缆模块可用于 Fluke Networks OF-500 OptiFiber 认证光时域反射计（OTDR）来进行损耗/长度认证。

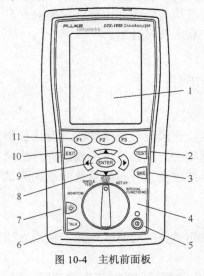

图 10-4　主机前面板

（4）LinkWare 软件可用于将测试结果上载至 PC 并建立专业水平的测试报告。"LinkWare Stats"选件产生缆线测试统计数据可浏览的图形报告。

（5）自动诊断报告至常见故障的距离及可能的原因。

（6）声频信号调谐器特性帮助用户找到插座及在检测到信号声时自动开始"自动测试"。

（7）可选的光缆模块可用于认证多模及单模光纤布线。

（8）可于内部存储器保存至多 250 项六类自动测试结果，包含图形数据。

（9）DTX-1800 及 DTX-1200 可于 16 MB 可拆卸内存卡上保存至多 500 项六类自动测试结果，包含图形数据。

DTX 系列电缆认证分析仪功能介绍如下。

1. DTX-1800 电缆分析仪

主机面板如图 10-4 所示，各按键的功能说明对应表 10-1。

表 10-1 主机功能说明

项　目	功　能　部　件	说　　明
1	液晶屏	带有背光及可调整亮度的 LCD 显示屏幕
2	(TEST)（测试）	开始目前选定的测试如果没有检测到智能远端，则启动双绞线布线的音频发生器。当两个测试仪均接妥后，即开始进行测试
3	(SAVE)（保存）	将"自动测试"结果保存于内存中
4	旋转开关	旋转开关可选择测试仪的模式。MONITOR 为<监测>，SINGLETEST 为<单一测试>，AUTOTEST 为<自动测试>，SETUP 为<设置>，及 SPECIAL FUNCTIONS 为<特殊功能>
5	(⏻)（开 / 关）	开关测试仪
6	(TALK)（对话）	按下此键可使用耳机来与链路另一端的用户对话
7	(☀)（背光）	按下此键来打开或关闭显示屏背光。按住 1s 来调整显示屏的对比度
8	◁ ▷ ▲ ▼	箭头用于导览屏幕画面并递增减字母数字的值
9	(ENTER)（输入）	"输入"键可从菜单内选择突显的项目
10	(EXIT)（退出）	退出当前的屏幕画面而不保存更改
11	(F1) (F2) (F3)	软键提供与当前的屏幕画面有关的功能。功能显示于屏幕画面软键之上

（1）测试仪侧面及顶端面板（见图 10-5），功能说明（见表 10-2）。

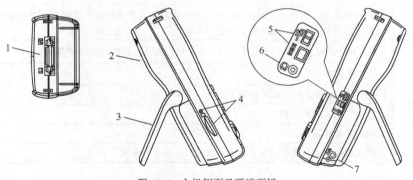

图 10-5　主机侧面及顶端面板

表 10-2 主机侧面及顶端功能说明

项　目	功　能　说　明
1	双绞线接口适配器连接器
2	模块托架盖。推开托架盖来安装可选的模块，如光缆模块
3	底座
4	DTX-1800 及 DTX-1200:可拆卸内存卡的插槽及活动 LED 指示灯。若要弹出内存卡，朝里推入后放开内存卡
5	USB 及 RS-232c 端口可用于将测试报告上载至 PC 并更新测试仪软键
6	用于对话模式的耳机插座
7	交流适配器连接器。将测试仪连接至交流电视，LED 指示灯会点亮

（2）智能远端外观（见图 10-6），功能说明（见表 10-3）。

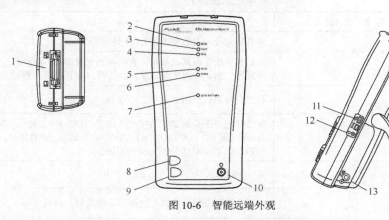

图 10-6　智能远端外观

表 10-3　　　　　　　　　　　　智能远端功能说明表

项　　目	功能部件说明
1	双绞线接口适配器的连接器
2	当测试通过时，"通过" LED 指示灯会亮
3	在进行缆线测试时，"测试" LED 指示灯会点亮
4	当测试失败时，"失败" LED 指示灯会亮
5	当智能远端位于对话模式时，"对话" LED 指示灯会点亮按 TALK 键来调整音量
6	当您按 TEST 键但没有连接主测试仪时，"信号声" LED 指示灯会点亮，而且音频发生器会开启
7	当电池电能不足时，"低电量" LED 指示灯会点亮
8	TEST：如果没有检测到主测试仪，则开始目前在主机上选定的测试将会激活双绞线布线的音频发生器。当连接两个测试仪后便开始进行测试
9	TALK：按下此键使用耳机来与链路另一端的用户对话。再按一次来调整音量
10	⓪ 开/关按键
11	用于更新 PC 测试仪软键的 USB 端口
12	用于对话模式的耳机插座
13	交流适配器连接器
14	模块托架盖。推开托架盖来安装可选的模块，如光缆模块

2. DTX 系列光缆模块

DTX 系列电缆分析仪背插光缆模块包括 DTX-MFM2、DTX-GFM2 和 DTX-SFM2 等 3 种。3 种模块模块都可与 DTX 系列 Cable Analyzers 电缆分析仪配套使用，用于测试和认证光缆布线安装。DTX-MFM2 可在 850 nm 和 1300 nm 波长下测试多模布线。DTX-SFM2 则可在 1310 nm 和 1550 nm 波长下测试单模布线。DTX-GFM2 具有一个 VCSEL 光源，可在 850 nm 和 1310 nm 波长条件下测试千兆以太网应用中的多模布线。每个模块可传输两种波长（850 nm 和 1300 nm：850 nm 和 1310 nm 或 1310 nm 和 1550 nm）。

DTX-MFM2 光缆模块的物理特性如图 10-7 所示。

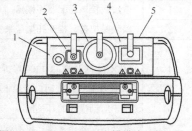

图 10-7　DTX-MFM2 光缆模块的物理特性

（1）用于激活视频故障定位器（2）及输出端口（4）的按钮。

（2）用于视频故障定位器输出端口的通用光缆连接器（有防尘罩）。连接器可接受 2.5mm 套圈。连接器之下的 LED 指示灯说明定位器的模式（持续或闪烁）。

（3）带防尘盖的输入端口连接器。适用于损耗、长度及功率测量的光学信号接收。用户可以根据被测光缆上的连接器类型更换连接适配器，如图 10-8 所示。

（4）有防尘罩的 SC 输出端口连接器。适用于损耗及长度测量的光学信号传输。连接器下方的 LED 指示灯在输出端口传输模块的较短波长时亮红灯，传输较长的波长时亮绿灯。

（5）激光安全标签，如图 10-9 所示。

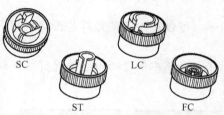

图 10-8　SC、ST、LC 和 FC 连接适配器　　　　　图 10-9　激光安全标签

3．OTDR 测试仪

福禄克公司的 OptiFiber 光缆认证（OTDR）分析仪如图 10-10 所示，这是第一台特别为局域网和城域网光缆安装商设计、可以满足最新光缆认证和测试需求的仪器。它将插入损耗和光缆长度测量、OTDR 分析和光缆连接头端接面洁净度检查集成在一台仪器中，提供更高级的光缆认证和故障诊断。随机附带的 LinkWare PC 软件可以管理所有的测试数据，对它们进行文档备案、生成测试报告。

OptiFiber 提供了多种洞察光纤布线系统的方法以全面洞察关键业务光纤链路以确保其性能稳定。具体特性如下。

图 10-10　OptiFiber 光缆认证分析仪

（1）查看通道图，如图 10-11 所示，包括跳线。确保链路连接了整个校园，并确定通道中全部接头的数量和位置。

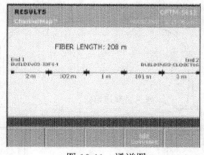

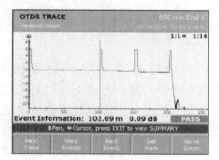

图 10-11　通道图　　　　　　　　　　　　　图 10-12　OTDR

（2）查看光纤链路的迹线，如图 10-12 所示。利用"迹线重叠"功能对比两条光纤。放大以便更清楚地观察事件。快速移到感兴趣的区域。确定可疑的光事件，如高损耗连接。

（3）OptiFiber 的事件表分析功能，如图 10-13 所示，会自动分析损耗和反射，并将它们与用户定义的极限值进行比较。结果将显示在简单易读的表格中。

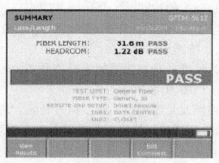

图 10-13　事件表

图 10-14　损耗/长度认证

（4）通过/失败光纤损耗分析功能，如图 10-14 所示，可以轻松认证光纤是否符合相应的业界标准要求，并能够以清晰易懂的格式呈现数据。

（5）便携式视频显微镜，如图 10-15 所示，提供了高分辨率的 250/400 倍光纤接头端面图像。缩放图像。保存图像，并将其提供给客户。

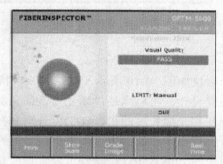

图 10-15　便携式显微镜

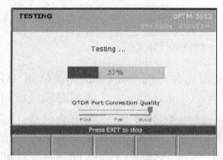

图 10-16　OTDR 端口质量检查

（6）OptiFiber 集成了自动端口质量检查功能，如图 10-16 所示，这项功能会在 OTDR 端口变脏或被污染时向用户发出警告。

10.2.2　电缆测试方法

1. 设置基准

基准设置程序可用于设置插入耗损及 ELFEXT 测量的基准。在下面时间需运行测试仪的基准设置程序：当你想要将测试仪用于不同的智能远端，你可将测试仪的基准设置为两个不同的智能远端，时间间隔为 30 天。这样做可以确保取得准确度最大的测试结果。若要设置基准，请执行下面的步骤。

（1）连接永久链路及通道适配器，然后按图 10-17 所示进行连接。

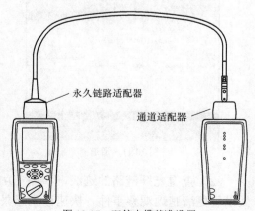

永久链路适配器

通道适配器

图 10-17　双绞电缆基准设置

（2）将旋转开关转至 SPECIAL FUNCTIONS，然后开启智能远端。

（3）等候 1min，然后开始设置基准（只有测试仪已经达到 10～40℃的温度时才能设置基准）。

（4）突出显示设置基准；然后按 ENTER 键如果同时连接了光缆模块及铜缆适配器，接下来选择链路接口适配器。

（5）按 TEST 键。

2. 设置值

设置值先将旋转开关转至 SETUP，用 ▽ 来突出显示双绞线；然后按 ENTER 键。具体设置如表 10-4 所示。

表 10-4　　　　　　　　　　　　双绞线测试设置值

设置值	说明
SETUP>双绞线>缆线类型	选择一种适用于被测缆线的缆线类型。缆线类型按类型及制造商分类
SETUP>双绞线>测试极限	为测试任务选择适当的测试极限
SETUP>双绞线>NVP	NVP 可用于测得的传播延迟来决定缆线长度。选定的缆线类型所定义的默认值代表该特定类型的典型 NVP。如果需要，可以输入另一个值。若要决定实际的数值，更改 NVP，直到测得的长度符合缆线的已知长度。使用至少 15m（50 英尺）长的缆线。建议的长度为 30m（100 英尺）。增加 NVP 将会增加测得的长度
SETUP>双绞线>插座配置	输出配置设置值决定测试哪一个缆线对以及将哪一个线对号指定给该对
SETUP>仪器设置值>存储绘图数据	是：测试仪会显示与保存基于频率的测试的绘图数据，如 NEX 丁、回波损耗、及衰减。用于在以 LinkWare 软件建立的测试报告中包含绘图。 否：不会显示或保存绘图数据，以便保存更多的测试结果
SPECIAL FUNCTIONS>设置基准	首次一起使用两个装置时，必须将测试仪的基准设置为智能远端。亦需每隔 30 天设置基准一次
用于保存测试结果的设置值	选择内部存储器或内存卡（如果有的话）。选择一个现有的资料夹，或按 F3 建立资料夹键来建立一个新的资料夹，从仪器设置值菜单中，按 $\triangleright$ 键来显示操作员、地点、及公司名称选项卡。若要输入一个名称，请将它选中；然后使用软键 $\triangleleft$ $\triangleright$ $\triangle$ $\triangledown$ 以及 ENTER 键来加以编辑完成后按 SAVE 键

3. 自动测试

自动测试时最常用的功能。自动测试会运行认证所需的所有测试。测试完毕，所有测试和测试结果全部列出，以便查看每项测试的详细结果。结果可以保存打印或传至电脑。

（1）将适用于该任务的适配器连接至测试仪及智能远端。

（2）将旋转开关转至设置，然后选择双绞线。从双绞线选项卡中设置以下设置值。首先选择一个缆线类型列表;然后选择要测试的缆线类型；最后选择执行任务所需的测试极限值。屏幕画面会显示最近使用的 9 个极限值。按 F1 更多键来查看其他极限值列表。

（3）将旋转开关转至 AUTOTEST，然后开启智能远端。按照图 10-18 所示的永久链路连接方法或按照图 10-19 所示的通道连接方法，连接至布线。

（4）按测试仪或智能远端的 TEST 键。若要随时停止测试，请按 EXIT 键。

（5）测试仪会在完成测试后显示"自动测试概要"屏幕。若要查看特定参数的测试结果，使用 △ ▽ 键来突出显示该参数；然后按 ENTER 键。

（6）如果自动测试失败，按 (F1) 错误信息键可以查看可能的失败原因。

（7）若要保存测试结果，按 (SAVE) 键选择或建立一个缆线标识码，然后再按一次 (SAVE) 键。

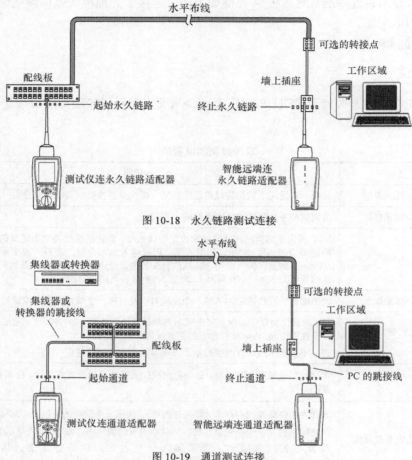

图 10-18　永久链路测试连接

图 10-19　通道测试连接

4.　自动测试概要结果（见图 10-20）

（1）通过：所有参数均在极限范围内。

失败：有一个或一个以上的参数超出极限值。

通过*/失败*：有一个或一个以上的参数在测试仪准确度的不确定性范围内，且特定的测试标准要求"*"注记。

（2）按 (F2) 或 (F3) 键来关闭屏幕画面。

（3）如果测试失败，按 (F1) 键来查看诊断信息。

（4）屏幕画面操作提示。使用 ⬆ ⬇ 键来突出显示某个参数，然后按 (ENTER) 键。

（5）✔：测试结果通过。

ℹ：参数已被测量，但选定的测试极限内没有通过/失败极限值。

✗：测试结果失败。

：参见图 10-20 的"通过/失败*结果"。

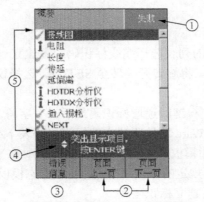

图 10-20　双绞线布线自动测试概要

5. 自动诊断

　　如果自动测试失败，按 (F1) 错误信息键以查阅有关失败的诊断信息。诊断屏幕画面会显示可能的失败原因及建议你可采取的行动来解决问题。测试失败可能产生一个以上的诊断屏幕。这种情况下，按 (F2) 键来查看额外的屏幕，如图 10-21 所示。

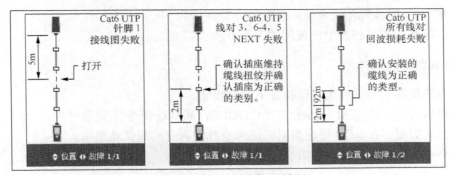

图 10-21　自动诊断屏幕画面实例

6. 通过*/失败*结果

　　标有星号的结果表示测得的数值在测试仪准确度的不确定性范围内，且特定的测试标准要求"*"注记。这些测试结果被视作勉强可用的。勉强通过及接近失败结果分别以蓝色及红色星号标注。对于通过*（PASS）的测试结果，应寻求改善布线安装的方法来消除勉强的性能失败*（FAI L）的测试结果应视作完全失败，如图 10-22 所示。

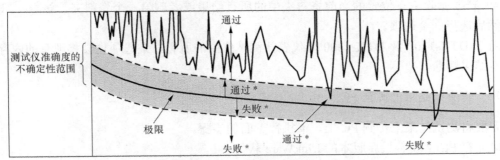

图 10-22　通过*/失败*结果

7. 缆线标识码

每次测试后可从预先产生的列表选择缆线标识码或者建立一个新的标识码。

若要选择缆线标识码来源，将旋转开关转至 SETUP，选择仪器设置值，选择缆线标识码来源；然后选择一个来源。

（1）自动递增：每当你按 SAVE 键时递增标识码最后一个字符。

（2）列表：允许使用 LinkWare 软件所建立的标识码列表下载至测试仪。

（3）自动序列：令你使用由模板产生的序列标识码列表。水平、主干及园区网模板均需遵循 ANSI/TIA/EIA-606-A 标准所规定的标识码格式。自由形态模板令你建立自己的格式。

（4）无：每一次按 SAVE 键后建立标识码。

若要建立序列标识码列表，可执行下面的步骤。

（1）从自动序列屏幕中，选择一个模板。

（2）从自动序列屏幕中，选择开始标识码。使用软键 ◁ ▷ ▲ ▼ 及 ENTER 键，在顺序表中输入第一个标识码。完成后按 SAVE 键。

（3）选择停止标识码。使用软键 ◁ ▷ ▲ ▼ 及 ENTER 键，在顺序表中输入最后一个标识码。完成后按 SAVE 键。

（4）按 F3 样本列表键来查看顺序表。

（5）在缆线标识号列表中已使用的表示号以"$"标示。

8. 查看测试结果

若要查看保存的测试结果，请执行下面的步骤。

（1）将旋转开关转至 SPECIAL FUNCTIONS；然后选择查看/删除结果。

（2）如果需要，按 F1 更改资料夹键来查找想查看的测试结果。

（3）突出显示测试结果，然后按 ENTER 键进入。

9. 移动和删除测试结果

若要删除测试结果或资料夹，执行下列步骤。

（1）将旋转开关转至 SPECIAL FUNCTIONS；然后选择查看/删除结果。

（2）如果需要，按 F1 更改资料夹键来查找想删除的测试结果。

（3）执行下面其中一个步骤。

① 若要删除一个结果，突出显示该结果，按 F2 删除键；然后按 F3 删除键。

② 若要删除所有位置的当前资料夹中的所有结果或者删除一个资料夹，按 F2 Delete 键；然后选择一个选项。

对于 DTX-1200 及 DTX-1800 型仪表，测试仪中的所有结果选项也会将现有的内存卡上的所有结果删除。

10. 将测试结果上传至 PC

若要将测试结果上传到 PC 上，请执行下面的步骤。

（1）在 PC 上安装最新版本的 LinkWare 软件。

（2）开启测试仪。

（3）用随附的 USB 缆线或可用从 Fluke Network，购得的 DTX 串口缆线来将测试仪连接至 PC 或者将含有测试结果的内存卡插入 PC 的内存卡阅读器。

（4）启动 PC 的 LinkWare 软件。

（5）单击 LinkWare 工具栏的导入 ⬇ 键从列表中选择测试仪的型号或者选择 PC 的内存卡或资料夹。

（6）选择要导入的数据记录；然后单击确定。

10.2.3　光缆测试方法

利用福禄克公司的 DTX 系列电缆分析仪加上背插式光缆模块 DTX-MFM2 来认证光缆布线系统。

光缆测试结果概要如下。

为了取得可靠的光缆测试结果，你需遵循适当的清洁及基准设置程序，且在有些情况下，在测试期间还需使用心轴。

（1）清洁光缆测试的相关配件。

① 清洁连接器及适配器。连接前须先清洁并检视光纤连接器。使用纯度 99%的异丙醇及光学拭布或棉签，使用 2.5mm 泡沫棉签清洁测试仪的光学连接器。将泡沫棉签头醮湿酒精；然后用棉签碰触一块干燥的拭布。用新的干燥的棉签碰触拭布上的异丙醇。将棉签推入接头；沿端面绕 3～5 圈，然后将棉签取出后丢弃。用干燥的棉签在接头内绕 3～5 圈来擦干接头。在进行连接前，用光纤显微镜检视连接器，如 FlukeNetworks FiberInspector 视频显微镜。

② 清洗连接适配器和光缆适配器。定期用棉签和酒精清洁连接适配器和光缆适配器。使用前先用干燥的棉签擦干。

③ 清洗连接器端头。用棉签或沾湿异丙醇的拭布擦拭套圈端头。用干燥的棉签或拭布擦干。用防尘盖或插头覆盖未使用的连接器。定期用棉花棒或拭布及异丙醇清洁防尘插头。

（2）设置基准。

基准可作为损耗测量的基准电平。定期设置基准有助于察觉到电源及连接的完整性所产生的微小变化。同时，由于基准是测量的基本指标，设置基准期间所用的基准测试线和适配器的损耗不包含在测试结果中。通常在下面的情况下设置基准。

① 在每天开始前，使用当天要用的远端设置。

② 任何时候你重新将基准测试线连接到模块的输出端口或其他信号源。

③ 任何时候测试仪警告你基准值已过期。

④ 任何时候你看到负损耗测量。

⑤ 任何时候你更换测试仪或智能远端的光缆模块。

⑥ 任何时候你用不同的远端测试仪开始测试。

⑦ 任何时候你更改"设置"中的测试方法。

⑧ 先前设置基准之后 24 小时。

在设置基准后，不要将基准测试线与测试仪的输出端口断开。因为这样做会改变发射到光缆中的光功率，从而导致基准无效。基准值每天的变动不应超过十分之几分贝。变动过大可能代表基准测试线或连接有问题。

（3）测试基准测试线。

DTX 光缆模块配备了高质量的基准测试线，应在每次工作前检测基准测试线。用另一组已经完好的基准测试线来设置基准，并在每根线上运行自动测试。用"智能远端"模式来同时测试两根基准测试线，或者用"环回"模式来测试一根线。

（4）用心轴测试多模光纤。

使用 DTX-MFM2 光缆模块测试多模光缆时应使用心轴。心轴可以改善测量结果的可重复性及一致性。心轴还允许使用 LED 指示灯信号源来认证 50μm 及 62.5μm 光缆链路以用于当前与日后的高比特率应用，如吉比特以太网（GigabitEthernet）和 10 吉比特以太网（10 GigabitEthernet）。如图 10-23 所示，在心轴上盘绕基准测试线。DTX-MFM2 随附的灰色心轴符合 TIA/EIA-568-B 规格，可用于带 3mm 包覆层的 62.5μm 光缆。表 10-5 显示了 TIA 及 ISO 标准针对心轴要求的部分列表。

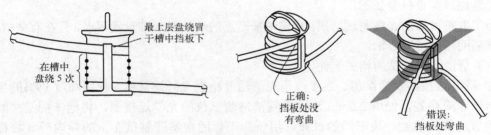

图 10-23　在心轴上盘绕基准测试线

表 10-5　　　　　TIA/EIA-568-B.1 及 ISO/IEC TR 14763-3 心轴要求

光纤核心尺寸	标准	盘绕心轴	用于 250μm 缓冲光纤的心轴直径	用于 3mm（0.12 英寸）护套缆线的心轴直径
50μm	TIA/EIA-568-B.17.1	5	25μm（1.0 英寸）	22μm（0.9 英寸）
	ISO/I EC TR 14763-36.22	5	15μm（0.6 英寸）	15μm（0.6 英寸）
62.5μm	TIA/EIA-568-B.17.1	5	20μm（0.8 英寸）	17μm（0.7 英寸）
	ISO/I EC TR 14763-36.22	5	20μm（0.8 英寸）	20μm（0.8 英寸）

（5）光纤测试设置值。

光纤测试设置值如表 10-6 所示。

表 10-6　　　　　　　　　　　　　光纤测试设置值

设 置 值	说　明
SETUP>光纤损耗>光纤类型	选择一种适用于被测光缆的光纤类型。选择 Custom（自定义）可创建光缆类型
SETUP>光纤损耗>测试极限	为测试任务选择适当的测试极限。测试仪将光纤测试结果与所选的测试极限相比较，以产生通过或失败的测试结果。选择 Custom 可创建测试极限值
SETUP>光纤损耗>远端端点设置	用智能远端模式来测试双重光纤布线。用环回模式来测试基准测试线与光缆绕线盘。用远端信号源模式及光学信号源来测试单独的光纤
SETUP>光纤损耗>双向	在"智能远端"或"环回"模式中启用"双向"时，测试仪提示要在测试半途切换测试连接。在每组波长条件下，测试仪可对每根光缆进行双向测量（850 nm/1300 nm，850 nm/1310 nm 或 1310 nm/1550 nm）

续表

设　置　值	说　　明
SETUP>光纤损耗>适配器数目 SETUP>光纤损耗>拼接点数目	如果所选的极限值使用计算的损耗极限值，输入在设置参考后将被添加至光纤路径的适配器数目。图 10-24 显示了如何决定适配器数目设置值的实例。 仅有每公里损耗、每连接器损耗、及每拼接点损耗最大值的极限值，使用计算极限值作为总损耗。例如，光缆主干的极限值会使用计算损耗极限
SETUP>光纤损耗>连接器类型	选择用于布线的连接器类型。此设置值仅会影响所示的作为基准连接的图表。若未列出布线连接器类型，请选用通用类型
SETUP>光纤损耗>测试方法>方法 A，B，C	损耗结果包含设置基准后添加的连接。基准及测试连接可决定将哪个连接包含于结果当中。测试方法指所含端点连接数。 方法 A：损耗结果包含链路一端的一个连接。 方法 B：损耗结果包含链路两端的连接。 方法 C：损耗结果不包含链路各端的连接。仅测量光纤损耗。 此设置值不会影响损耗的测试结果。它将与测试结果一同保存来记录你所用的方法。此设置值不会影响测试仪显示屏中显示的基准和测试连接示意图
SETUP>光纤损耗>折射率来源（n）>用户定义或默认值	测试仪使用目前选定的光纤类型（默认值）所定义的折射率（n）或你所定义的值（用户定义）。选定的光纤类型所定义的默认值代表该特定光纤类型的典型值。如果需要，可以输入另一个值。若要决定实际的值，更改折射率，直到测得的长度符合光纤的已知长度。增加折射率将会缩短测得的长度
SPECIAL FUNCTIONS>设置基准跳接线长度（查看连接屏幕上的软键）	设置基准可以设置损耗测量的基准电平。 在你设置基准后，可输入所用的基准测试线的长度。长度包含于已保存的自动测试结果内以便满足光纤测试结果的报告要求
用于保存测试结果的设置值	有关准备保存测试结果的详细说明，请参见 DTX 系列 CableAnalyzer 用户手册或技术参考手册

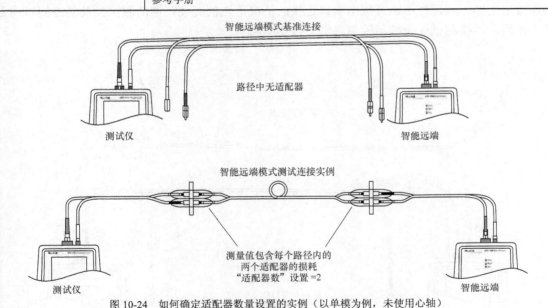

图 10-24　如何确定适配器数量设置的实例（以单模为例，未使用心轴）

（6）认证光缆布线。

自动测试可运行必要的测试来认证光纤布线符合特定的标准。取决于所进行的是双工布线、光缆绕线盘、基准测试线或单一光纤布线测试，自动测试有"智能远端""环回"和"远端信号源" 3 种测试模式。

① 智能远端模式进行自动测试。用"智能远端"模式来测试与验证双重光纤布线。在此模式中，测试仪以单向或双向测量两根光纤上两个波长的损耗、长度、及传播延迟。具体步骤如下。

第一步：开启测试仪及智能远端，等候 5min。如果模块使用前的保存温度高于或低于环境温度，则等待更长时间使模块温度稳定。

第二步：将旋转开关转至设置，然后选择光纤损耗。设置光纤损耗选项卡下面的选项（按键来查看其他选项卡）。

光缆类型：选择待测的光纤类型。

测试极限：选择执行任务所需的测试极限值。按 J 更多键来查看其它极限值列表。

远端端点设置：设置为智能远端。

双向：如果你需要双向测试光纤，启用此选项。

适配器数目及熔接点数：输入将在设置参考后被添加至光纤路径的每个方向的适配器及熔接数。

连接器类型：选择用于待测布线的连接器类型。若未列出实，请选择常规。

测试方法：指包含在损耗测试结果中的适配器数目。

第三步：将旋转开关转至 SPECIAL FUNCTIONS；然后选择设置基准。如果同时连接了光缆模块和双绞线适配器或同轴电缆适配器，接下来选择光缆模块。

第四步：设置基准屏幕画面会显示用于所选的测试方法的基准连接。图 10-25 显示了用于"方法 B"的连接。"方法 B"结果包含光缆的损耗及链路两端连接的损耗。为了确保测试结果准确，切勿在设置基准后断开光缆模块输出端口的连接。使用与被测光缆连接器匹配的连接适配器，就可在不断开输出端口连接的情况下连接光缆。清洁测试仪及基准测试线上的连接器，连接测试仪及智能远端，然后按 (TEST) 键。

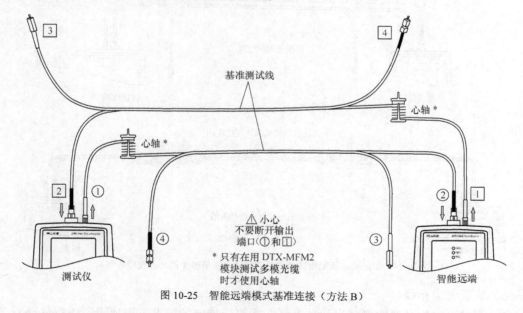

图 10-25　智能远端模式基准连接（方法 B）

第五步：清洁待测布线上的连接器；然后连接到链路。测试仪显示用于所选测试方法的测试连接。图 10-26 显示了用于"方法 B"的连接。

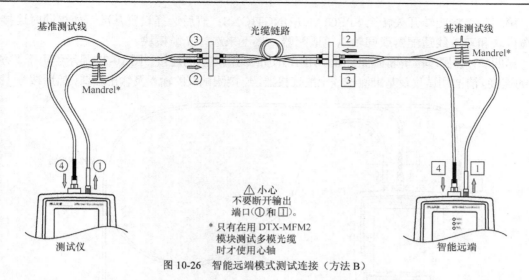

图 10-26 智能远端模式测试连接（方法 B）

第六步：将旋转开关转至 AUTOTEST。确认介质类型设置为光纤损耗。如果需要，按 F1 键更换介质来更改。

第七步：按测试仪或智能远端的 TEST 键。

第八步：如果显示为开路或未知，请尝试下面的步骤。

确认所有连接是否良好、确认另一端的测试仪已开启、（测试仪无法通过光纤模块激活远端的休眠中或电源已关闭的测试仪。）在配线板上尝试各种不同的连接、尽量在一端改变连接的极性、请用视频错误定位器来确定光纤连通性问题。

第九步：如果启用了双向测试，测试仪提示要在测试半途切换光纤。切换布线两端点的配线板或适配器（而不是测试仪端口）的光纤。

第十步：要保存测试结果，按 SAVE 键，选择或建立输入光线的光纤标识码；然后按 SAVE 键。选择或建立输出光线的光纤标识码；然后再按一下 SAVE 键。

② 环回模式。用"环回"模式可以测试光缆绕线盘、未安装光缆的线段及基准测试线。在此模式中，测试仪以单向或双向测量两个波长的损耗、长度、及传播延迟。具体步骤如下。

第一步：开启测试仪及智能远端，等候 5min。如果模块使用前的保存温度高于或低于环境温度，则等待更长时间使模块温度稳定。

第二步：将旋转开关转至设置，然后选择光纤损耗。设置光纤损耗选项卡下面的选项（按 键来查看其他选项卡）。

光缆类型：选择待测的光纤类型。

测试极限：选择执行任务所需的测试极限值。

远端端点设置：设置为环回模式。

双向：如果你需要双向测试光纤，启用此选项。

适配器数目及熔接点数：输入将在设置参考后被添加至光纤路径的每个方向的适配器及熔接数。

连接器类型：选择用于待测布线的连接器类型。若未列出实际的连接器类型，请选择常规。

测试方法：指包含在损耗测试结果中的适配器数目。

第三步：将旋转开关转至 SPECIAL FUNCTIONS；然后选择设置基准。如果同时连接了光缆模块和双绞线适配器或同轴电缆适配器，接下来选择光缆模块。

第四步：设置基准屏幕画面会显示用于所选的测试方法的连接。图 10-27 显示了用于"方法 B"的连接。清洁测试仪及基准测试线上的连接器，连接测试仪的输入及输出端口；然后按 TEST 键。

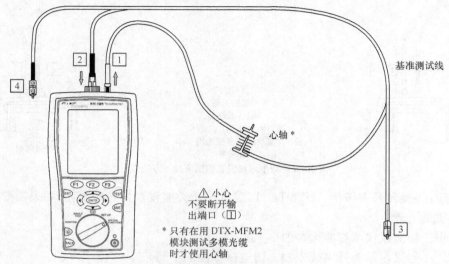

图 10-27 环回模式基准连接（方法 B）

第五步：清洁待测布线上的连接器；然后连接至布线。测试仪会显示用于所选测试方法的连接。图 10-28 显示了用于"方法 B"的连接。

第六步：将旋转开关转至 AUTOTEST。确认介质类型设置为光纤损耗。如果需要，按 F1 键更换介质来更改。

第七步：按 TEST 键。

第八步：如果启用了双向测试，测试仪会提示要在测试半途切换光纤。切换适配器（而不是测试仪端口）的光纤。

第九步：要保存测试结果，按 SAVE 键，选择或建立光纤标识码；然后再按一下 SAVE 键。

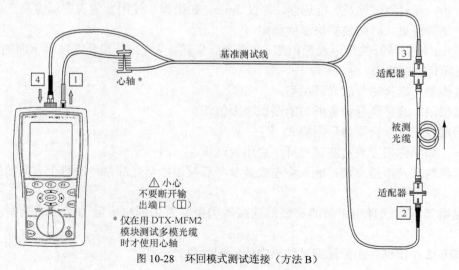

图 10-28 环回模式测试连接（方法 B）

③ 远端信号源模式。

第一步：开启测试仪及智能远端，等候 5min。如果模块使用前的保存温度高于或低于环境温度，则等待更长时间使模块温度稳定。对于其他信号源，根据制造商的建议决定预热时间。

第二步：将旋转开关转至设置，然后选择光纤损耗。设置光纤损耗选项卡下面的选项。

光缆类型：选择待测的光纤类型。

测试极限：选择执行任务所需的测试极限值。

远端端点设置：设置为远端信号源模式。

双向：不适用于"远端信号源"模式。

Number of Adapters（适配器数量）和 Number ofSplices（绞接数量）：对远端光源模式不适用。

连接器类型：选择用于待测布线的连接器类型。

测试方法：指包含在损耗测试结果中的适配器数目。

第三步：在 850 nm（DTX-MFM2/GFM2）或 1310 nm（DTX-SFM2）波长条件下，按住智能远端光缆模块上的按钮 3s 来启动输出端口。再按一次可切换至 1300 nm（DTX-MFM2）、1310 nm（DTX-GFM2）或 1550 nm（DTX-SFM2）。

对较短的波长 LED 指示灯亮红灯，较长的波长则亮绿灯。对于其他信号源，确认输出信号源已设置为正确的波长及持续信号波模式。

第四步：将旋转开关转至 SPECIAL FUNCTIONS；然后选择设置基准。如果同时连接了光缆模块和双绞线适配器或同轴电缆适配器，接下来选择光缆模块。

第五步：设置基准屏幕画面显示用于所选的测试方法的连接。图 10-29 显示了用于"方法 B"的连接。清洁测试仪、基准测试线及信号源上的连接器，连接测试仪及信号源，然后按 (TEST) 键。

第六步：清洁布线上的待测连接器；然后将测试仪及信号源连接至布线。测试仪显示用于所选测试方向的连接。图 10-30 显示了用于"方法 B"的连接。

第七步：将旋转开关转至 AUTOTEST，按 (TEST) 键，然后选择智能远端上的波长组。

第八步：要保存测试结果，按 (SAVE) 键，选择或建立光纤标识码；然后再按一下 (SAVE) 键。

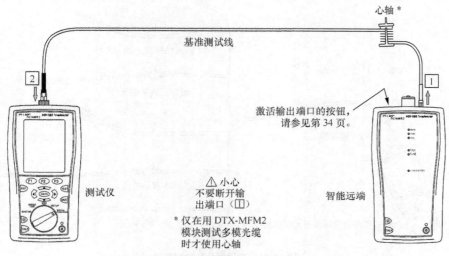

图 10-29　远端信号源模式基准连接（方法 B）

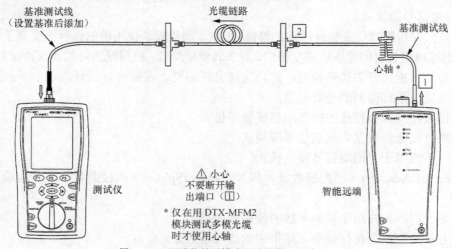

图 10-30　远端信号源模式测试连接（方法 B）

（7）视频故障定位器。

光缆模块包含一个视频故障定位器，帮助你快速检查光纤连通性、描记光纤曲线图并找到光纤及连接器沿线上的故障问题。视频故障定位器端口可接受带 2.5mm 套圈（SC、ST 或 FC）的连接器。若要连接其他尺寸的套圈，在布线一端使用有适当连接器的跳接线，在测试仪端使用 SC、ST 或 FC 连接器。具体使用操作如下。

① 清洁基准测试线（如果使用）及待测光缆上的连接器。

② 将光缆直接连接至测试仪的 VFL 端口或使用基准测试线连接。

③ 通过按靠近 VFL 连接器的按钮，开启视频故障定位器，如图 10-31 所示。再按一下则切换至闪烁模式。再按一下即可开启定位器。

④ 查看红色指示灯，找到光纤或故障，如图 10-31 所示。

若要检查连通性或描记光纤连接，查看光纤端点的红色指示灯。可将一张白纸或卡片放在发出光的光缆连接器前间接观看 VFL 的光线。

若要找到故障，从一端沿着光纤移动，查看穿透光纤包覆层或连接器护套的红色闪光。

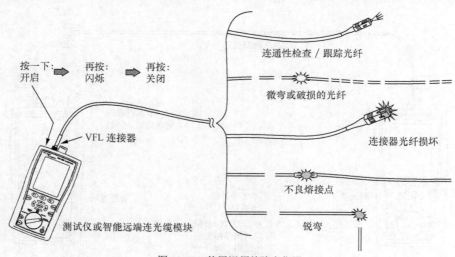

图 10-31　使用视频故障定位器

（8）监控光学功率。

功率计可用于监控如光学网络接口卡或光学测试装置等信源所产生的光学功率。

测试仪提供如下两种不同的功率计功能。

① 单次测试（SINGLE TEST）模式：测量当前远端端点置的功率（以"智能远端""环回"或"远端信号源"模式进行测试）。在 850 nm 和 1300 nm（DTX-MFM2）、850 nm 和 1310 nm（DTX-GFM2）或 1310 nm 和 1550 nm（DTX-SFM2）波长条件下分别进行一次功率测量。你可以保存该模式下的功率测值。

② 监控（MONITOR）模式：你可连续监控 850nm、1300nm、1310nm 或 1550nm 波长下的功率。但不能保存测量值。

监控光学功率的具体操作如下。

① 清洁测试仪的输入端口以及基准测试线和信号源连接器。

② 用基准测试线将信号源连接至测试仪的输入端口，如图 10-32 所示。打开信号源。

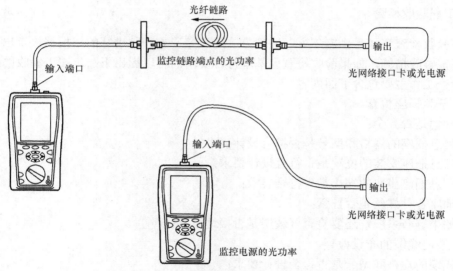

图 10-32　监控光学功率连接

③ 将旋转开关转至 Monitor，然后选择功率计。如果媒介类型未设为 Fiber Loss（光纤损耗），按 F1 ChangeMedia（更改媒介）来更改它。

④ 选择 Power Meter（功率计）。无需选择光纤类型或测试极限值。

⑤ 选择正确的波长，然后按 TEST 键。若要在开始测试之后更改波长，按 F3 更改波长。

10.3　工程验收

10.3.1　综合布线工程验收方法

根据综合布线工程施工与验收规范的规定，综合布线工程验收主要包括 3 个阶段，即工程验收准备、工程验收检查、工程竣工验收。工程验收工作主要由施工单位、监理单位、用户单位三方一起参与实施的。

1．工程验收准备

工程竣工完成后，施工单位应向用户单位提交一式三份的工程竣工技术文档，具体应包含以下内容。

（1）竣工图纸。竣工图纸应包含设计单位提交的系统图和施工图，以及在施工过程中变更的图纸资料。

（2）设备材料清单。它主要包含综合布线各类设备类型及数量，以及管槽等材料。

（3）安装技术记录。它包含施工过程中验收记录和隐蔽工程签证。

（4）施工变更记录。它包含由设计单位、施工单位及用户单位一起协商确定的更改设计资料。

（5）测试报告。测试报告是由施工单位对已竣工的综合布线工程的测试结果记录。它包含楼内各个信息点通道的详细测试数据以及楼宇之间光缆通道的测试数据。

2．工程验收检查

工程验收检查工作是由施工方、监理方、用户方三方一起进行的，根据检查出的问题可以立即制定整改措施，如果验收检查已基本符合要求的可以提出下一步竣工验收的时间。工程验收检查工作主要包含下面内容。

（1）信息插座检查。

① 标记是否齐全；

② 信息插座的规格和型号是否符合设计要求；

③ 信息插座安装的位置是否符合设计要求；

④ 信息插座模块的端接是否符合要求；

⑤ 插座各种螺丝是否拧紧；

⑥ 如果屏蔽系统，还要检查屏蔽层是否接地可靠。

（2）楼内线缆的布设检查。

① 线缆的规格和型号是否符合设计要求；

② 线缆的布设工艺是否达到要求；

③ 管槽内布设的线缆容量是否符合要求。

（3）管槽施工检查。

① 安装路由是否符合设计要求；

② 安装工艺是否符合要求；

③ 如果采用金属管，要检查金属管是否可靠地接地；

④ 检查安装管槽时已破坏的建筑物局部区域是否已进行修补并达到原有的感观效果。

（4）线缆端接检查。

① 信息插座的线缆端接是否符合要求；

② 有线设备的模块端接是否符合要求；

③ 各类跳线规格及安装工艺是否符合要求；

④ 光纤插座安装是否符合工艺要求。

（5）机柜和配线架的检查。

① 规格和型号是否符合设计要求；

② 安装的位置是否符合要求；

③ 外观及相关标志是否齐全；

④ 各种螺丝是否拧紧；

⑤ 接地连接是否可靠。

（6）楼宇之间线缆布设检查。

① 线缆的规格和型号是否符合设计要求；

② 线缆的电气防护设施是否正确安装；

③ 线缆与其他线路的间距是否符合要求；

④ 对于架空线缆要注意架设的方式以及线缆引入建筑物的方式是否符合要求，对于管道线缆要注意管径、入孔位置是否符要求，对于直埋线缆注意其路由、深度、地面标志是否符合要求。

3．工程竣工验收

工程竣工验收是由施工方、监理方、用户方三方一起组织人员实施的。它是工程验收中一个重要环节，最终要通过该环节来确定工程是否符合设计要求。工程竣工验收包含整个工程质量和传输性能的验收。

工程质量验收是通过到工程现场检查的方式来实施的，具体内容可以参照工程验收检查的内容。由于前面已进行了较详细的现场验收检查，因此该环节主要以抽检方式进行。传输性能的验收是通过标准测试仪器对工程所涉及的电缆和光缆的传输通道进行测试，以检查通道或链路是否符合 ANSI/TIA/EIA TSB-67 标准。由于测试之前，施工单位已自行对所有信息点的通道进行了完整的测试并提交了测试报告，因此该环节主要以抽检方式进行，一般可以抽查工程的 20%信息点进行测试。如果测试结果达不到要求，则要求工程所有信息点均需要整改并重新测试。

10.3.2　建立文档

工程竣工文档为项目的永久性技术文件，是建设单位使用、维护、改造、扩建的重要依据，也是对建设项目进行复查的依据。在项目竣工后，项目经理必须按规定向建设单位移交档案资料。

竣工文档应包括项目的提出、调研、可行性研究、评估、决策、计划、勘测、设计、施工、测试、竣工的工作中形成的所有文件材料。

竣工文档一般包含以下文件。

（1）竣工决算编制说明主要内容；

（2）项目建设的依据；

（3）工程概算及概算修正情况，资金来源情况分析，投资完成情况及分析，固定资产投资计划下达情况，设备、器材明细表，交付使用资产情况，工程建设财务管理的经验教训；

（4）竣工图纸为施工中更改后的施工设计图；

（5）工程变更、检查记录及施工过程中，需更改设计或采取相关措施，由建设、设计、施工等单位之间的双方洽商记录；

（6）测试记录，验收工作的情况说明，验收时间及验收部门；

（7）工程遗留问题及处理意见的落实情况；

竣工技术文件要保证质量，做到外观整洁，内容齐全，数据准确。

在验收中发现不合格的项目，应由验收机构查明原因，分清责任，提出解决办法。

综合布线系统工程如采用计算机进行管理和维护工作，应按专项进行验收。

10.3.3 验收标准与现场验收

1. 验收标准

综合布线系统工程的验收应中华人民共和国国家标准《建筑与建筑群综合布线系统工程验收规范》GB 50312—2007 的规定并结合现行国家标准《建筑与建筑群综合布线系统工程设计规范》GB 50311—2007 来执行。若要求采用国际标准时，应采用不低于 GB 50312—2007 的标准，以下标准可供参考。

（1）国际商务建筑布线标准（TIA/EIA 568A 与 TIA/EIA 568B）。

（2）国际商务建筑通信基础管理标准（TIA/EIA 606）。

（3）国际商务建筑通信设施规划和管路铺设标准（TIA/EIA 569）。

（4）ISO/IEC 11801 系列标准。

（5）综合布线系统电气特性通用测试方法（国家通信行业标准 YD/T 1013—1999）。

2. 现场验收

国家标准 GB 50312—2007 规定，对综合布线系统工程进行现场验收，应从环境检查、设备安装验收、缆线的敷设和保护方式检查、缆线终接、管理系统验收、工程电器测试和工程验收等方面进行验收。

现场验收由施工方、用户方、监理方 3 个单位分别组织人员参与验收工作。主要验收工作区子系统、水平子系统、主干子系统、设备间子系统、管理子系统、建筑群子系统的施工工艺是否符合设计的要求，检查建筑物内的管槽系统的设计和施工是否符合要求，检查综合布线系统的接地和防雷设计、施工是否符合求。现场验收的具体内容可以参照综合布线系统的相关验收规范要求。

在验收过程发现不符合要求的地方，要进行详细记录，并要求限时进行整改。

习　　题

一、选择题

1. 新的 TIA-568-C 版本系列标准分为 4 个部分，下列哪个标准光纤布线和连接硬件标准？（　　　）

    A．TIA-568-C.0   B．TIA-568-C.1

    C．TIA -568-C.2   D．TIA-568-C.3

2. TSB-67 标准是为测试（　　　）的链路而制定的。

    A．屏蔽双绞电缆   B．非屏蔽双绞电缆

    C．光缆   D．同轴电缆

3. 通道用来测试端到端的链路整体性能，又被称为用户链路。下列哪项不属于用户链路？（　　　　）

    A．90m 的水平电缆   B．一个工作区附近的转接点

    C．在配线架上的两处连接   D．总长超过 10m 的连接线和配线架跳线。

4. 一般要求测试仪器在确保准确测试各项认证测试参数的基础上，还要能够快速准确地进行（　　　　）。

    A．故障定位   B．故障恢复

    C．数据分析   D．数据恢复

5. 工程验收重要由哪些单位一起参与实施？（　　　　）

    A．施工单位、监理单位、设计单位

    B．施工单位、监理单位、用户单位

    C．设计单位、施工单位、监理单位

    D．设计单位、监理单位、用户单位

二、填空题

1. 对于综合布线的施工方来说，测试主要有两个目的，一是＿＿＿＿；二是向用户证明他们的投资得到了应有的质量保证。

2. 从工程的角度，可将综合布线工程的测试分为两类，即＿＿＿＿和认证测试。

3. 按照发达国家的经验，网络上设备的生命周期通常为＿＿＿＿年，而网络布线系统却可以支持＿＿＿＿年以上。

4. TSB-67 定义了两种标准的测试模型：基本链路（Basic Link）和＿＿＿＿。

5. 基本链路测试是＿＿＿＿必须负责完成的。

三、简答题

1. 简要说明基本链路测试模型和通道测试模型的区别。

2. 简述使用某种电缆测试仪测试一条超五类链路的过程。

3. 光纤传输系统的测试主要包含哪些内容？应该使用什么仪器进行测试？

4. 简要说明工程测试报告应包含的内容。使用什么方法生成测试报告？

5. 简要说明工程验收文档应包含哪些内容。

第11章　系统集成与综合布线工程监理

随着国家对信息化建设的高度重视，政府和企业对信息化工程的投资日益增加，开工项目越来越多，规模越来越大，由此带来的问题也越来越多，许多工程不能保证按期完成，不能达到预期的效果和效益。

在计算机网络工程建设过程中，承担建设工作的是业主单位和承建单位。为了确保基本工程的顺利实施，需要引入第三方监理单位，对计算机网络工程的全过程（需求分析、设计、实施、验收与交付使用）进行监理。监理单位通过质量控制、进度控制、投资控制、信息管理、组织协调，与工程建设的双方单位一起实现网络工程的建设目标，达到用户满意。

11.1　网络工程监理概述

网络工程监理是工程监理的一部分。二者有很多相似之处。

11.1.1　工程与监理

工程是指系统地、有选择性地将科学、理论和技能应用于实际，并满足总体需求的过程。

监理，意即"监督管理""监督理顺"，它是指执行者根据一定的行为准则，对某些行为的有关主体进行监督管理，并采取组织、协调和沟通等方式，使这些行为符合准则要求，并协助行为主体实现其预期的目的。

工程监理是工程建设项目监理的简称。工程监理通常是指对工程建设的监理活动，即由具有相应资质的工程监理单位接受建设单位的委托，承担其项目管理工作，并代表建设单位对承建单位的建设行为进行监控的专业化服务活动。

根据我国工程建设项目的性质和分类，工程监理目前分为建设工程监理、信息系统工程监理和设备工程监理。

11.1.2　网络工程监理及其特点

原信息产业部《信息系统工程监理暂行规定》第四条："信息系统工程监理是指依法设立且具备相应资质的信息系统工程监理单位，受业主委托，依据国家有关法律法规、技术标准和信息系统工程监理合同，对信息系统工程项目实施的监督管理。"

21世纪初，信息系统工程监理才作为一个单独的概念被正式提出来并开始实施。2002年，北京市发布的《北京市信息系统工程监理管理办法（试行）》是我国较早的一部关于信息系统工程监理的地方性法规。同年, 原信息产业部发布了《信息系统工程监理暂行规定》, 并开始实施。2003 年又发布了《信息系统工程监理单位资质管理办法》和《信息系统工程监理工程师资格管理办法》, 并实施。这些是我国关于信息系统工程监理的第一批法规。

计算机网络工程主要是指计算机网络系统的集成工程。计算机网络工程监理属于工程监理中信息系统工程监理的一部分。由上述定义可以看出, 计算机网络工程监理就是在网络工程建设项目实施过程中, 为保障工程项目顺利进展, 促使工程项目建设进度、投资和质量按合同完成, 对参与项目的各方组织协调, 促进交付的网络工程达到系统设计要求、用户满意、工程项目建设取得最大投资效益的目的而开展的监理工作。

网络工程监理的许多方法源于工程监理, 但与传统的工程监理相比, 又有其自身独有的特点。

1. 发展周期短, 技术进步快

网络工程是新兴产业, 属于高科技领域, 技术发展迅速, 开发工作量大, 不确定的因素较多, 形势变化也快, 可借鉴的经验又相对较少, 因此对监理工作人员的素质要求较高, 这些都加大了监理工作的难度。

2. 科技含量高

网络信息工程本身就是高技术产业, 产品技术更新换代频繁, 对从业人员的技术要求很高, 要求工程监理人员不但要具备相应的监理知识, 更要有高超的专业技术能力。

3. 监理对象具有很高的无形虚拟成分

对于传统建筑工程监理来说, 监理对象是看得见、摸得着的东西, 相对来说工作容易进行。而网络工程监理的对象既有实体, 也有相当部分的无形软件, 是一种虚拟的产品。对这样的产品, 无法进行现场监督, 监理人员必须通过过程测试、运行效果检查、文档审查等方法进行监理。这完全有别于传统的监理模式。

4. 涉及的专业技术领域多, 行业覆盖面广

网络信息工程不仅涉及到计算机和网络知识, 在实施过程中还会涉及到如通信、电子、安全、保密和建筑等领域, 这就要求监理人员要具有更高、更广的知识结构, 才能胜任监理工作。

5. 从设计到施工全程监控

普通工程的设计和施工一般是由两个单位分别进行, 监理工作一般只针对施工过程。而网络信息工程大多数是设计与实施是由同一单位负责的, 这就要求工程监理从开始设计阶段就要介入工作, 并对设计与实施全程进行监控。

6. 对系统的输出测试必不可少

对于网络工程来说, 系统最终输出结果的测试是检验系统性能的一项重要指标。对于工程的每一实施步骤的监理并不等于整个系统的监理, 整个系统的测试是必不可少的。

11.1.3 我国网络工程监理的现状和实施的必要性

1. 我国网络工程监理的现状

目前，我国的信息系统工程监理正处于探索时期，还没有制订出一套系统的、规范化的法律、法规、行业标准和管理方法。以美国为代表的多个信息发达国家，已开展了信息系统工程监理的研究，正在探索着推行信息系统工程监理工作。

2002 年 11 月 28 日，原信息产业部发布的《信息系统工程监理暂行规定》第三条指出："信息系统工程是指信息化工程建设中的信息网络系统、信息资源系统和信息应用系统的新建、升级和改造工程。信息网络系统是指以信息技术为主要手段建立的信息处理、传输、交换和分发的计算机网络系统。信息资源系统是指以信息技术为主要手段建立的信息资源采集、存储、处理的资源系统。信息应用系统是指以信息技术为主要手段建立的各类业务管理的应用系统。"

这 3 种类型的信息系统都强调了以信息技术为主要手段，它们之间存在着交集，而它们的并集涵盖了信息系统的所有类型。

我国信息化工程监理行业发展几年来，工业和信息化部已将信息工程监理作为保证我国信息系统工程建设健康发展的重大举措，虽然取得了一定成绩，但在思想认识、管理体制、法规建设及实际操作中仍存在许多问题，信息系统工程监理理论和实践均处于初始阶段，还没建立起一套成熟完善的监理体系框架与技术规范。

计算机网络工程监理作为信息工程监理的一部分，目前的理论研究和实践存在两种倾向：一部分学说和实践生搬硬套建筑工程监理的理论和模式，而对网络工程与建筑工程的区别和差异认识不足；另一部分学说因网络工程与建筑工程表面的巨大差异，或由于对建筑工程建设过程缺乏全面的认识，而否定建筑工程监理理论和实践经验的借鉴作用。

监理市场的逐步建立，更需要建立与之相适应的、可操作性更强的实施细则来规范具体的监理行为，从而形成一套比较完备的监理制度体系，这是监理行业能够持续发展并获得认可的根本保证。

目前，国内的信息系统工程监理研究主要集中在信息系统监理概念和基础理论两个方面，缺乏对信息工程监理多层次的研究，对信息系统工程监理运作实践等方面的研究尚处在探索阶段，对基于建设单位实际情况和需求的信息系统建设的工程监理模式研究，还没有形成系统的理论。

在信息系统工程监理的实际工作中，也存在着实际操作方面的各种问题。从目前国内信息系统工程监理行业来看，由于信息系统工程本身就属于新科技、新技术不断涌现，产品技术更新换代频繁，其监理工作又是一门新兴的产业，同时对监理工作的要求也更高。这一切，都决定了信息系统工程监理工作并不是一帆风顺的，必然会出现各种各样的问题，总地来说，主要有以下几方面的现象。

（1）企业缺乏对第三方监理的认同。

信息系统工程监理虽然看起来市场巨大，但是现在这项制度才开始运行，市场的需求还没有真正表现出来。曾经有机构做了一个关于监理的调查报告，选择了国内信息系统工程应用程度较高的行业部门，如银行、证券、保险、气象、社保、旅游等，以及一些大型企业作为调查对象。调查数据显示，只有 30%的被调查者表示在某些信息系统工程项目中使用过监理服务，在 70%未使用过监理的被调查者中，只有 5%表示听说过监理。一些政府部门、企业对信息系统工程实施监理的重要性和必要性认识不足，需要深入宣传，不断加深认识，才能被扩大推广。

（2）信息系统工程监理的执行标准有待完善。

与建筑等其他发展很成熟的行业的监理相比，对信息系统工程项目的监理要难得多。项目监理执行标准要做到公正和科学，项目监理工作流程的规范，都需要不断尝试。信息系统工程缺少详细的建设规范和成套标准，软件工程更是如此，监理人员对项目的控制可以参照的依据和标准很少，现有标准也大多为推荐标准。标准的制定大大落后于信息技术的发展，在实际中的可操作性大打折扣，因此执行时缺乏力度。

（3）信息系统工程监理工作的内容和范围有待于规范。

由于缺少信息系统工程监理工作的规范，许多建设单位和承建单位分不清监理和自己的工作责任。目的不清、职责不明，从而造成出现问题，互相推卸责任的情况，这不利于信息系统建设的顺利进行。

（4）监理服务提供商水平不高、不中立。

我国信息系统工程监理业尚处于起步阶段，监理公司和监理人员数量少、整体水平不高。大部分监理人员的素质距离监理工程师的要求尚有差距。技术水平高、管理经验丰富的复合型人才缺乏，有领导才能、具有监理工程师素质的人才更是难得。由于监理人员的整体素质与所承担的监理任务在很多方面不相适应，难免造成工程项目的监理失控，甚至难以完成建设单位所委托的监理任务，影响了社会信誉，形成建设单位乃至社会上各阶层人员对监理的认识误区。监理人员的整体素质提高缓慢，在一定程度上也制约着信息系统工程监理业的发展。

上述信息系统工程监理工作中存在的理论和实际操作问题，都决定了必须重视和认真实行监理工作，保障工程项目顺利进展，促使工程项目建设进度、投资和质量按合同实现，以使工程项目建设获得最大投资效益，达到预期的目标。

2．实施网络工程监理的可行性和必要性

对于信息系统工程这样一个飞速发展的行业，必然会存在着各种各样的问题，要想解决这些问题，就必须引入信息系统工程监理。同时，我国现阶段也具备了实行信息系统工程监理的基础和条件。

（1）我国已颁布并实施了《信息系统工程监理暂行规定》等一系列相关的法律、法规和管理办法，可以做到有法可依。确立了监理的准入条件，明确了从业人员的进入资格，可以确保监理人员的职业素质和能力。

（2）信息系统工程监理的参与可降低与规避信息系统工程的主观与客观风险。充分利用监理单位所具备的信息量与信息处理的能力，可以弥补委托人与代理人之间的信息不对称现象，降低与规避信息系统工程的主观风险。监理单位依靠其信息量支持能力，"迫使"承建单位"尽量说真话"，监理单位帮助建设单位判断承建方"说的是否是真话"。同时，可以弥补委托人与代理人本身信息量与信息处理能力的不足，降低与规避信息系统工程的客观风险，包括建设单位的风险、承建单位的风险与双方协作的风险。

（3）作为信息系统工程的完整组成部分，信息系统工程监理本身也必须得到建设和完善，包括行业准入制度、行业自律、职业道德准则等方面的制度建设。监理单位本身是社会中介机构，它也是以自身效用最大化为目标的，所以如果对其没有很好的治理，监理单位本身也存在着危害委托人及其他代理人的风险。

（4）信息系统工程监理制作为中间环节，使建设单位和承建单位联系起来，形成一个有机整体，对发挥市场机制作用是有利的。近年来我国的信息技术飞速发展，信息系统工程项目越来越多，信息系统工程质量的提高仅仅靠政府主管部门来管理监督市场、规范行业管理是远远不够的，这就需要在信息系统工程建设中引入有效的管理机制。我国信息系统工程市场的格局也开始发生结构性变化，以建设单位为主的发包体系、以承建单位为主的建设体系共同构建的信息系统工程市场体系正在形成。

（5）建设单位迫切需要信息系统工程监理单位来弥补一些不足。由于信息系统工程本身具有科技含量高、工程建设复杂等特点，同时建设单位在经验、技术、知识、精力和信息资源等诸多方面又严重不足，主管人员不可能具有信息系统工程所需的各方面的知识与经验，而这些方面的缺欠，都可以通过引入具有多方面人才的监理部门来解决。

（6）信息系统工程监理广泛推行的时机已经成熟。一方面，监理单位的介入，可以指导和监督承建单位严格履行合同，对于承建单位加强内部管理、提高企业综合素质，无疑起着直接的推动作用。另一方面，监理单位的介入可以督促建设单位，帮助承建单位解决一些具体困难和问题，可以成为供需双方沟通的纽带桥梁。因此在信息系统工程建设体系内部，信息系统工程监理很容易获得支持。

（7）信息系统工程监理的出现，有利于我国信息系统工程建设的发展。随着我国改革开放步伐的加大，外资、中外合资、国外贷款和国内较大规模投资的信息系统工程逐步增多。这些项目都需要实施工程招标，聘请监理师实施监理。

（8）信息系统工程监理是实现政企分开的一项必要措施，是政府职能转变后抓好信息系统工程建设的一个新手段，是在信息系统工程建设领域加强法制和经济管理的重要措施。

（9）有利于与国际接轨、开拓国际市场建设监理制。信息系统工程咨询制是国际上通行的做法，推行信息系统工程监理有利于引进国外监理咨询公司的先进管理技术，又有利于国内公司熟悉国际通行做法、提高竞争力。

（10）有利于促进我国信息化建设的健康发展。现在一些信息系统工程中存在着腐败现象和不正当的竞争。信息系统工程监理的介入，能监督资金的合理使用，可以在一定程度上防止腐败的发生，净化社会风气。信息系统工程监理的介入，还有利于提高信息工程质量、保障工期、控制投资和增进效益，是信息系统工程建设领域中实现速度和效益、数量和质量有机结合的重要途径，将促进我国信息化建设的健康发展。

当前，在信息化建设项目的市场中，不论是项目的业主方，还是项目的承建方，都希望有一个公平、公正和守信用的第三方介入。业主方希望有一个第三方组织来协助自己对信息化建设的过程进行监控，以保护自己的利益；承建方也希望在项目中能有一个第三方的组织来主持公道，以免发生项目已经完成，但对方却以各种理由拖欠款。在信息系统工程中引入监理机制，有助于对项目的可行性进行深层次的充分论证，减少信息不对称对项目建设带来的负面影响，是回避信息系统工程项目风险的较好的管理方法。

信息系统工程监理的出现，使信息系统建设行业由两元结构（即业主与承包商）变为三元结构，形成一种业主、监理和承包商三方相互协作、相互制约的新机制，降低了信息系统工程建设中的风险，有效地保证了信息系统工程的质量、进度和投资，保障了业主方和承建方双方的利益。

由前所述，在我国实行信息系统工程监理是完全可行的。

11.2　系统集成监理

对于网络系统集成，人们从各自不同的出发点分别提出了各种不同的定义。

美国信息技术协会（Information Technology Association of America，ITAA）对系统集成的定义是：根据一个复杂的信息系统或子系统的要求，把各种产品和技术验明并连接入一个完整的解决方案的过程。

集成是由部分构成整体、由单元构成系统的主要途径。集成就是通过接口实现不同功能系统之间的数据交换和功能互连。集成意味着将分布的部件联合在一起，形成一个协同的整体，从而实现更强的功能，以发挥整体效益，达到整体优化的目的，完成各个部分独自不能完成的任务。如果集成的各个分离部分原本就是一个个分系统，则这种集成就是系统集成。

系统集成监理就是指在系统集成的设计、招标、设备选型、安装实施、测试、验收等全过程中提供全面、系统的服务，以构成一个性价比最优的系统。

11.2.1　需求分析阶段的监理

需求分析阶段是工程的开始，是整个工程建设的基石。据统计，在以往失败的项目中，大约有 80%的项目是由于需求分析不明确而造成的。因此，一个项目成功的关键因素之一，就是对需求分析的把握程度。项目的整体风险往往表现在需求分析不明确、业务流程不合理、用户不习惯或不愿意使用承建方完成的集成系统。作为第三方的监理部门，必须提醒和要求客户方、承建方重视需求分析的重要性，采用必要的手段和方法进行需求分析。同时，监理部门也要深入具体的需求分析中去，把握住用户的需求和方向，以充分发挥监理职能。

1.　需求分析阶段的工作

需求分析是项目建设的基石，需求分析阶段的工作内容有以下几个方面。

（1）与用户方的有关人员进行沟通，了解用户的需求方向和趋势，详细地了解用户建网的目的和业务运行情况，调查网络应用需求、性能需求、网络运行环境、通信条件、基础设施等情况，可通过发放调查问卷、进行面对面访谈、进行实地考察等形式来进行这部分的工作。必须通过全面、细致、具体的调查了解，才能全方位地了解掌握用户的需求，设计出符合用户实际需求的网络系统。

（2）在了解掌握用户需求的基础上，确定网络系统应实现的功能、网络性能、网络拓扑等方面的总体需求，做好网络总体方案设计的准备工作。在此基础上，计算出网络数据负载、信息流量等元素，确定网络带宽需求，从而确定网络总体需求。

（3）在完成以上工作后，需要对具体的流程细化，对数据进行确认。根据前两个阶段的工作，承建方应草拟出一份需求分析报告，与建设方进行进一步的讨论，最终确定一份网络系统需求分析报告。

需要指出的是，在系统建设的过程中，特别在生命周期法的开发模式中，需求分析的工作需一直进行下去，在后期的需求改进中，工作则主要集中在后两个阶段中。

2. 需求分析阶段的监理工作

需求分析阶段的监理工作重点为：监督和沟通。

监督的目标是在工作质量、进度和投资上进行控制，监督工作主要包括对需求分析阶段的各种文档的保管监督、对承建方的访谈活动的监督，并确认承建方是否按要求编写需求分析报告及原型演示系统等。

沟通的目标是建设方与承建方信息对等，沟通的手段是定期或不定期召开工作会议，沟通的作用尤其表现在当建设方和承建方由于知识背景不同而在谈判过程中沟通不顺畅的时候，监理方应利用自身优势使得双方互相理解对方。

需求分析阶段是供需双方需要密切联系的一个阶段，在这一阶段，监理方作为"第三方"和"纽带桥梁"，具有重要的沟通双方的作用。

这时期介入工程，可以从项目初始就把握住工程的脉络，并为以后各个阶段的监理工作打下基础、创造条件和积累资料。

监理方在需求分析阶段应以尊重承建方的项目管理和项目分析能力为前提，在具体的任务开展上不深入、不干扰承建方的自主权。

（1）协调、监督开展需求分析工作。

在这一阶段，监理方应协调、监督承建方开展需求分析工作，关注工作的广度和深度，协调供需双方的沟通，以保证完全、深入了解需方的需求、意图。并协助需方完善自身的需求。在这一阶段，监理方的沟通、协调作用更为突出，这也是促进双方合作的条件之一。

（2）对需求分析结果进行审查。

这一阶段的工作目标是得出完整、全面、合理、可行的需求分析报告，监理工作应对需求分析报告进行严格、细致、科学地审查，以确保报告的质量。报告的审查主要应注意以下几个方面。

① 分析报告是供需双方共同认可的文件依据，文字表达应准确、简练、通俗易懂。

② 报告内容应真实、准确、详尽。

③ 内容分析应科学、合理、可行。

④ 方案应全面、到位，既体现出先进性，又要符合实际，可行。

这个阶段监理方应提交的文档包括：在需求分析进行前提交需求分析阶段监理细则、监理日志、在需求分析结束后提交需求分析阶段总结报告。

11.2.2 系统设计阶段的监理

设计阶段是系统集成工程质量的关键环节。系统设计的好坏直接决定整个网络系统的质量。设计的高质量是实现高质量网络系统的前提。监理方要在需求分析报告的基础上，全面、细致把握设计的脉络和思想，达到优质设计的目标。

1. 设计阶段的工作

（1）网络系统的设计应遵照以下的总体原则。

① 四高：高带宽、高可靠、高性能、高安全性。

② 三易：易管理、易扩充、易使用。

③ 两支持：支持虚拟局域网、支持多媒体应用

（2）网络系统的设计原则。

① 先进性和实用性；

② 可持续发展和经济性；

③ 开放性和可扩展性；

④ 可靠性和可维护性。

（3）网络系统工程设计工作的几个方面。

① 网络系统总体设计。网络系统总体设计主要由拓扑结构与总体规划、主干网络设计、分布层/接入层设计、服务器技术方案、网络存储系统方案和设备选型方案等多项内容。

② 网络设备选型。在网络集成系统的设计方案中，设备的选型占有重要的地位，对网络集成系统的质量有直接的影响。

网络系统中的设备一般分为两大类：网络通信设备和网络资源设备。网络通信设备主要包括路由器、交换机、集线器、调制解调器和网卡等，网络资源设备主要包括服务器、存储设备、PC 和打印机等。

③ 网络系统详细设计。在网络系统总体设计方案和设备选型方案确定以后，就要进行网络系统的详细设计，详细设计的质量直接影响后续施工的质量和进度。详细设计包括以下几个方面：IP 地址规划、VLAN 管理规划、设备配置规划、交换机（路由器）端口接线规划。

2. 设计阶段的监理工作

设计阶段的监理工作主要是系统总体设计方案的论证、设备选型的论证、网络安全体系设计的论证和系统设计文档的审核等。

（1）系统总体设计方案的论证。

监理机构应协助用户对承建方提交的网络系统总体设计方案进行论证，网络系统总体设计方案论证应遵循以下原则。

① 先进性和实用性。总体设计方案要综合考虑系统的先进性和实用性。过于先进，可能会造成价格过高、技术不稳定等；过于实用则无法满足增长的需求，短期内会落后于形势。应尽可能地采用当前先进而成熟的技术，先进的体系结构和技术方案，符合网络发展的方向，能在较长的时期内满足用户不断增长的需求，具有较长的生命周期。同时，设计方案要切实符合用户的实际需求，满足用户的实际需要。

② 可持续发展和经济性。网络技术是个发展飞速的领域，方案设计在满足当前需求的前提下，充分利用现有资源，为网络的进一步发展留有余地，以保持良好的扩展性，既不能过高的配置造成浪费，又要防止配置不足，扩展能力不够无法满足未来的需求。

③ 开放性和可扩展性。开放性是指方案应采用开放的标准和技术，并符合技术发展的潮流，使系统具有良好的兼容性，以保证具备较强的互连能力，保持良好的开放性和扩展能力。

④ 可靠性和可维护性。系统必须具有较高的工作可靠性，同时应利于维护。成熟的技术和产品是保证系统可靠性和可维护性的有效手段。

⑤ 安全性。系统必须具备相应的安全性，以确保网络系统和数据的安全，防范内部和外部的攻击。

（2）设备选型论证。

设备是网络系统的基础，对于以系统集成方式进行设计和构建的网络系统，由于设备性

能的交叉和覆盖，可能造成网络集成系统性能出现偏差，这就要求在设备选型时应给予足够的重视。设备选型时主要应注意以下几个方面。

① 实用性和可扩展性。设备选型应主要满足实际需求，同时要考虑到以后的升级换代，保有一定的扩展性。

② 可靠性和安全性。网络系统的可靠性是由设备的可靠性体现出来的，要选择可靠性高的产品，同时要注重设备的安全性，以提高网络的安全性。

③ 可管理性。设备要有可监控和管理的接口，可提供诊断等功能。

④ 容错冗余性。设备要具有支持热插拔、备份装置和自动切换等功能。

⑤ 价格、服务和品牌意识。要关注设备的性价比，注重售后服务的质量及是否是可靠的品牌等。

总之，设备选型要综合评价各种因素后才能确定。

（3）网络安全体系设计论证。

网络安全体系设计的重点是根据安全设计的基本原则，制定网络各层次的安全策略和措施确定安全产品。对安全体系设计进行论证的原则如下。

① 网络是一个很复杂的集成系统，在各个层面上的隐患和漏洞对系统的安全都有影响，任何一点都可能是被攻击点。因此，要全面地对系统的安全设计进行论证。

② 网络安全体系方案应包括 3 个方面的机制：安全防护机制、安全监测机制、安全恢复机制。这 3 方面的机制共同成为系统的安全屏障，应对其进行整体性的论证评估。

③ 有效性和实用性。采用安全措施，就会增加成本，影响系统的运行，要采用适当的安全措施，在保证安全的基础上，减少对系统的影响。

④ 安全性。网络系统中不同层次有不同的安全要求，应对各层次采用不同的安全措施。

⑤ 性价比。在保证安全的前提下，要尽量减少成本的支出。

（4）系统设计文档的审核。

系统设计文档是开展各方面工作的依据，要确保文档的完整、正确和规范，符合文档设计的要求。

11.2.3 工程实施阶段的监理

在工程实施阶段，监理方主要负责审查承建方提供的产品和服务是否符合相关的法律和法规和合同的要求，监督工程进展情况，掌握工程进度，按期对工程进行验收，保证工程按期、高质量地完成。

1. 工程实施阶段的工作

（1）工程实施准备工作。

工程实施准备工作主要包括编制工程实施方案、工程实施进度计划、设备安装调试计划和系统集成联动测试计划等。

（2）设备采购、验收。

按设备选型要求，及时订货。设备到货后开箱检验，并进行单机测试。

（3）设备安装调试。

设备验收后，按照设计要求进行安装和调试，并与网络系统连接，进行联调。

2．工程实施阶段的监理工作

在工程实施阶段，监理工作主要是现场监理。监理方应将监理工程分解细化，做好整体监理规划，实行分工监理、统一协调。工程实施阶段的监理工作主要有以下内容。

（1）工程实施前的监理工作。

① 对承建方的工程实施方案进行审查，充分发挥"第三方"和"纽带桥梁"的作用，组织供需双方对施工方案进行研究和讨论，以促进施工方案的完美、可行。

② 监督设备采购过程，审核设备供应商的各方面资质。

③ 监督网络通信设施的落实情况。

④ 监督需方提供施工条件，以按时进行工程施工。

（2）工程实施中的监理工作。

① 对设备进行检查和检验。对设备必须进行严格和细致的检验，确保设备符合订货合同的规定，避免设备出现不符合现象。必要时应进行设备的现场抽检工作。

② 对设备的安装调试过程进行监理。监理方应在设备安装现场对整个的安装调试过程进行监督，对安装调试过程中出现的问题提出监理方的意见，督促过程的改进。

③ 要进行更改控制。对于工程实施过程中由于各种原因出现的设计更改，应谨慎处理。详细了解更改的原因，及时协调双方的立场，并进行详尽的记录。

11.2.4　系统验收交付阶段的监理

系统验收阶段是控制网络系统工程质量的最后一个关键点。在系统验收交付阶段，由需方组织制定系统验收计划，负责整个工程的验收。承建方负责对验收提供使用方面的帮助，配合完成验收交付工作。这一阶段的监理工作主要是监督验收过程是否合理、科学和全面，系统集成部门提供的产品和服务是否符合合同要求，培训是否完成，并完成所有的相关文件记录。

1．系统验收交付阶段的工作

系统验收交付阶段的工作主要有以下几个方面。

（1）初验收。

系统初验收的工作重点是网络系统的测试。需进行 3 方面的测试。

① 网络设备测试；

② 网络系统集成测试；

③ 网络应用测试。

（2）试运行。

网络系统工程要设置一个试运行期。这一阶段一般为 3 个月，其中，不间断运行不少于 2 个月。在试运行期间应对整个系统进行全方位的测试，充分发现问题，进行整改。试运行应是一个"测试→整改→测试"的循环过程。

（3）终验收。

终验收一般由验收测试和验收会议组成。验收测试一般是依据测试标准对整个网络系统进行抽样检测，并形成检测报告，并由需方组织验收会议，对整个网络系统工程进行评价，形成完整的验收意见。

（4）工程交接。

工程交接主要分为系统交接和资料交接两个方面。系统交接中，承建方要负责对需方的相关人员进行培训，使其掌握系统的使用。资料交接中，承建方要将工程实施过程中所产生的所有技术文件资料移交给需方，并形成相关移交清单。

2. 系统验收交付阶段的监理

系统验收交付阶段的监理工作主要有以下几方面的内容。

（1）初验收的监理工作。

① 检查工程完成情况。

② 组织形成初验的验收方案。

③ 重点监控系统测试工作的进行，并及时协调双方对测试过程进行审查。

④ 监督检查出现的问题是否已得到解决。

⑤ 协调双方对测试结果的认定。

（2）试运行的监理工作。

① 监督系统试运行的过程，及时协调双方的意见。

② 监督检查出现的问题是否已得到解决。

③ 协调双方对测试结果的认定。

（3）终验收的监理工作。

① 组织形成终验收的验收方案。

② 协调双方对终验收抽样测试过程进行监督，及时协调双方的意见。

③ 监督检查出现的问题是否已得到解决。

④ 协调双方对测试结果的认定。

⑤ 协调双方共同形成终验收意见。

（4）工程交接的监理工作。

工程交接阶段的监理工作是重点监督资料的移交，检查承建方的文件资料是否完整，是否已全部移交给需方。

11.3　综合布线工程监理

综合布线系统是指按标准的、统一的和结构化的方式安排和布置各建筑物（或建筑群）内各种系统的通信线路，包括网络系统、电话系统、监控系统、电力及照明系统等。这样由各个子系统构成的综合布线系统可满足系统扩展和移动的需要。

综合布线工程监理，即是对整个综合布线工程的设计、实施和验收等全过程提供全面、系统的服务，以建成一个安全、实用和先进的综合布线系统。

综合布线工程监理包括 3 个阶段，即设计阶段监理、实施阶段监理和验收阶段监理。

11.3.1　系统工程设计阶段的监理

综合布线工程设计阶段的监理，主要是依据相关的法律法规、标准及用户需求，对承建方的系统设计方案进行审查。

1. 对承建方的系统设计方案进行审查的原则

（1）兼容性，综合布线系统是全开放式的布线系统，设计方案应符合相应的标准规范，并能与大多数产品兼容，有利于系统的升级换代。

（2）先进性，系统在满足用户当前需求前提下，同时要能够支持多种多媒体业务的需要，在相当长的一段时期内，能适应技术和业务的发展需求。

（3）可靠性，系统设计首先要满足用户的使用需求，采用标准的设计指导思想、产品和成熟稳定的技术，尽量减少故障的发生率。

（4）可维护性，系统的设计布局应充分考虑到运行维护和故障检修的方便。

（5）灵活性，整个系统的设计布局，在不新增和改变布线结构的情况下，应能适应多种设备和产品接入和移动，并随时能够适应新的接入要求。

2. 系统工程设计阶段监理工作

综合布线工程设计主要包括走线方式的选择、线路走向、线体选型、布线系统标记和编码设计等。设计过程一般按 6 个子系统进行分别设计，然后再集成的原则进行。6 个子系统分别是工作区子系统、配线子系统、干线子系统、设备间子系统、管理子系统和建筑群子系统。

设计的监理方应分别对 6 个子系统的设计方案进行审查，以确定其设计方案是否符合国家相关的法律法规、相关标准、客户的需求及合同内容，及时协调供需双方的意见沟通，确保设计方案的科学性、完整性、实用性及安全性。

11.3.2 工程实施阶段的监理

在工程实施阶段，监理方主要负责审查承建方提供的产品和服务是否符合相关的法律法规，是否符合合同的要求，监督工程进展情况，掌握工程进度，按期对工程进行验收，保证工程按期、高质量地完成。

1. 工程实施阶段的工作

（1）工程实施准备工作。

工程实施准备工作，包括编制工程实施方案、工程实施进度计划、设备安装计划和产品设备采购计划等。

（2）工程实施过程中的工作。

工程实施过程中的工作，主要是产品设备的进入、设备安装、铺放线路和缆线端头接装等。

2. 工程实施阶段的监理工作

在工程实施阶段，监理工作主要是现场监理。在工程实施前，审查工程实施组织方案，督促承建单位进行设备订购，跟踪设备采购过程，落实网络通信条件和施工条件。工程实施中对到货的设备进行检验，督促设备的安装调试等。

对于综合布线系统工程的施工过程，由于其拥有多个子系统，各个子系统可能会同时开展施工。这时，监理方应将监理工程分解细化，做好整体监理规划，依据国家相关的法律法规、相关标准、客户的需求及合同内容，实行分工监理、统一协调。工程实施阶段的监理工作主要有以下内容。

（1）工程实施准备工作监理。

① 对承建方的工程实施方案进行审查，充分发挥"第三方"和"纽带桥梁"的作用，组织供需双方对施工方案进行研究和讨论，以促进施工方案的完美、可行。

② 监督设备采购过程，审核设备供应商的各方面资质。

③ 监督需方提供的施工条件，以按时进行工程施工。

（2）工程实施中的监理工作。

① 对设备进行检查检验。对设备必须进行严格、细致的检验，确保设备符合订货合同的规定，避免设备出现不符合现象。必要时应进行设备的现场抽检工作。

② 对施工过程进行监理。监理方应在施工现场对整个的施工过程进行监督，对施工过程中出现的问题提出监理方的意见，督促过程的改进。

③ 要进行更改控制。对于工程实施过程中由于各种原因出现的设计更改，应谨慎处理。详细了解更改的原因，及时协调双方的立场，并进行详尽的记录。

11.3.3　系统验收阶段的监理

作为监理方，与需方、承建方共同组织实施工程的验收和交接工作是一项重要的工作。验收由需方、承建方和监理方组成验收组共同进行，主要任务是事先审核测试及验收方案，事中监督测试及验收过程，事后审核测试及验收结果，协助业主单位把好质量关。主要包括现场验收和文件验收两部分。

1. 现场验收

现场验收主要是对环境、设备安装和产品设备等进行验收，可采用分别对各个子系统进行验收的方法。其中，设备验收可在验收阶段进行，也可以在施工阶段进行。

（1）环境验收。

① 应检查各土建工程是否已全部完工，施工质量是否符合要求。

② 各处预埋设施的位置、数量是否符合要求。

③ 各种防护措施是否到位，是否符合设计要求。

④ 各处供电设施是否齐全。

⑤ 有环境参数（温度、湿度等）要求的区域，其环境参数是否符合要求。

（2）设备安装验收。

① 各种设备的安装要整齐、牢固。

② 设备的保护、屏蔽措施要齐备、良好、完整。

③ 设备的连接必须牢固、规范。

④ 各种设施的安装应整齐、牢固、表面平整。

⑤ 各设备和设施的连接不能有断点。

（3）设备的验收。

① 设备应符合合同要求。

② 设备应带有出厂合格证明材料。

③ 设备应无损伤，性能良好，必要时应进行现场测试。

④ 备件、附件齐全完好。

2. 文件验收

工程验收后，监理方应监督承建方将全部技术文件进行整理并归档，移交给需方。文件资料应完整、真实和齐全。需移交的文件资料主要有以下内容。

（1）工程总体说明；

（2）工程量；

（3）设备、材料明细；

（4）最终的设计图纸；

（5）各种测试记录、测试报告；

（6）工程更改记录、检查记录、双方洽谈记录；

（7）工程决算。

11.4 建设单位、监理单位、承建商之间的关系

1. 建设单位与监理单位的关系

建设单位和监理单位之间的关系是委托与被委托的合同关系，具体表现如下。

（1）项目监理机构向建设单位提供监理服务，服务的内容包括监理合同所约定的服务内容和及时向建设单位报送有关报告和资料。

（2）建设单位向监理机构提供必要的工作条件，包括授权和及时提供有关技术资料。如设计文件及图纸、勘察报告、工程实施的各种合同等；提供合同约定的办公、通信、交通和生活设施；组织设计交底、技术交底会和第一次工地会议；支持项目监理机构在职权范围内的监理工作，维护监理人员的威信。

（3）建设单位与监理机构在项目管理中职责分工不同，但目标是一致的，决定了相互配合工作的关系。

2. 项目监理机构和承建商的关系

（1）项目监理机构与承建商在项目建设中是平行平等的关系。

（2）项目监理机构与承建商是在项目监理机构与建设单位签订的监理合同和承建商与建设单位签订的施工承包合同关系上建立起来的监理与被监理的关系。

（3）承建商有义务向项目监理机构报送有关建设方案。承包单位在完成隐蔽工程施工和材料进场时应报请项目监理机构现场进行验收，这是项目监理机构的权力和义务，也是保证监理成效的重要手段。

（4）承建商应接受项目监理机构的指令。对总监或总监代表或专业监理工程师发出的监理指令，若承建商认为不合理时，应在合约时间内书面要求监理工程师进行确认或修改。如果监理工程师仍决定维持原指令，承建商应执行原指令。

3．项目监理机构与设计单位的关系

项目监理机构与设计单位没有合同关系，也没有建设单位所授权的监理关系，是一种需要相互配合工作的关系。

（1）设计单位应对设计文件进行技术交底，监理应领会设计文件的意图。

（2）监理在工作中发现设计文件中存在缺陷或错误时，有义务通过建设单位向设计单位提出。

（3）工程需要进行设计变更时，经监理审核同意后，应通过建设单位提交设计单位修改设计或出版工程变更设计。

习　题

一、选择题

1．与传统工程相比，下列哪些不是网络工程监理的特点？（　　　）

　　A．发展周期短，技术进步快

　　B．科技不算高

　　C．监理对象具有很高的无形虚拟成分

　　D．涉及的专业技术领域多，行业覆盖面广

2．下列哪项不是网络系统的设计应遵照的总体原则？（　　　）

　　A．四高：高带宽、高可靠、高性能、高安全性

　　B．三易：易管理、易扩充、易使用

　　C．两支持：支持虚拟局域网、支持多媒体应

　　D．两个中心：以安全为中心，为速度为中心

3．建设单位和监理单位之间的关系是（　　　）的合同关系。

　　A．委托与被委托　　　　　　　　　B．服务与被服务

　　C．监管与被监管　　　　　　　　　D．审查与被审查

4．项目监理机构与设计单位是一种（　　　）的关系。

　　A．委托与被委托　　　　　　　　　B．服务与被服务

　　C．需要相互配合工作　　　　　　　D．监理与被监理

5．下列哪一项不属于现场验收？（　　　）

　　A．环境验收　　　　　　　　　　　B．文件验收

　　C．设备安装验收　　　　　　　　　D．设备验收

二、填空题

1．根据我国工程建设项目的性质和分类，工程监理目前分为建设工程监理、_____和设备工程监理。

2．美国信息技术协会对系统集成的定义是：根据一个复杂的信息系统或子系统的要求，把各种产品和_____并连接入一个完整的解决方案的过程。

3．需求分析阶段是供需双方需要密切联系的一个阶段，在这一阶段，_____作为"第三方"和"纽带桥梁"，具有重要的沟通双方的作用。

4．网络安全体系设计的重点是根据安全设计的基本原则，制定网络各层次的_____和措施确定安全产品。

5．综合布线工程监理包括 3 个阶段，即设计阶段监理、实施阶段监理和_____。

三、简答题

1．简述工程监理与网络工程监理有什么不同。

2．什么是系统集成监理？系统集成监理的主要任务有哪些？

3．什么是信息系统工程？简述信息网络系统、信息资源系统和信息应用系统有什么异同。

4．简述网络设计阶段监理的主要工作。

5．简述网络实施阶段监理的主要工作。

第 12 章　网络系统集成与综合布线典型案例

为了能了解完整的网络系统集成与综合布线过程，本章列举了在各行业中具有代表性的4组案例，系统地介绍了从用户需求分析到工程验收完整的组网过程。在综合布线方面，每组案例过程基本一致，所以本章只对第一组校园网组建案例进行工程布线的详细说明，其他案例不再介绍布线施工过程。

12.1　某大学校园网的组建方案

从整体上看，校园网不仅是一个集多种应用于一体的大型网络通信平台，而且是具有强大的资源管理和安全防范机制的综合服务体系。它的应用范围可以涵盖多媒体教学、远程教育、Internet 接入、办公自动化、校园 IP 电话、图书查询管理、教学、科研、人事和各类资源管理等。

随着网络远程教育的逐步发展和实施，建立良好、稳定且可靠的通信网络更显得非常重要了。各高校、中小学需要不断加强校园网络中心的硬件基础设施建设，以适应未来网络发展的需要。与此同时，加强支撑平台软件和应用软件的开发与维护，保证校园网络的同步协调发展，来更大地提高网络综合投资效益。校园网设计的步骤大致如下。

（1）进行需求分析。根据学校的性质、特点和目标，对学校的信息化环境进行准确的描述，明确系统建设的需求和条件。

（2）在应用需求分析的基础上，确定学校网络架构类型，网络拓扑结构和功能，确定系统建设的具体目标，包括网络设施、站点设置、开发应用和管理等方面的目标。

（3）根据应用需求、建设目标和学校主要建筑分布特点，进行具体的系统分析和设计，从整体细化到局部。

（4）制订在技术选型、布线设计、设备选择、软件配置等方面的标准和要求。

（5）规划安排校园网建设的实施步骤，进行具体布线施工。

图 12-1 所示的是一个典型的校园网结构示意图。

12.1.1　需求分析

1. 环境需求

通过对该大学整体校园网络环境的分析，该大学网络节点需要覆盖整个校园，其用户数目、分布和站点地理环境如表 12-1 所示。

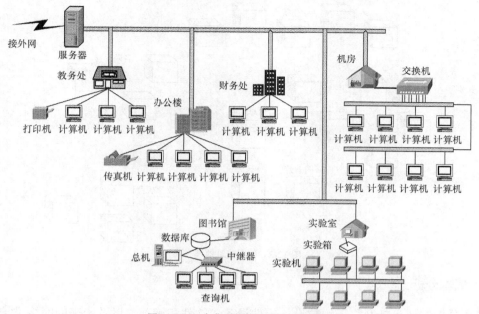

图 12-1　一个典型的校园网结构示意图

表 12-1　　　　　　　　　　　　　　　校园网络环境需求

地　点	节 点 数 目	用 户 数 目	位　置
网络信息中心	6	50	距离信息中心 0m
各院系楼	20	上百用户	各院系距离信息中心 100～400m 不等
各教学楼	30	50 以上	各教学楼距信息中心 100～400m 不等
图书馆	12	60	距离信息中心 200m
学生宿舍	较多	上千用户	各学生宿舍距离信息中心 300～600m 不等
教师宿舍	较多	上百用户	各教师宿舍距离信息中心 500～700m 不等
食堂	5	15	各食堂距离信息中心 200～400m 不等
实验室机房	12	上百用户	距离信息中心 150m

由于校园比较大，建筑楼群又多，因此布局相对比较分散。对于学生宿舍、教师宿舍、图书馆和机房这几个地点来说，信息流量比较大，所以需要考虑到网络速度问题，尽可能不要出现网络拥塞现象，在各办公地点还要注意网络的稳定性和安全性问题。校园建筑具体地理分布如图 12-2 所示。

2. 设备需求

校园主干网络采用光纤通信介质，覆盖教学区和学生区的主要建筑物。校园网分布范围较广，在核心交换机到分布层交换机之间，线缆以多模光纤为主；如果距离超过多模光纤的极限，则采用单模光纤。考虑到该校园网络规模较大，应该采用可管理型的交换机。

3. 网络功能

该校园网络应用范围较广，传输的数据主要包括图像、语音、文本等多种数据类型。应该保证 1 000Mbit/s 主干网带宽，以及 100Mbit/s 带宽接入各个信息点。

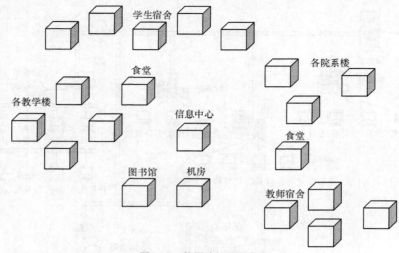

图 12-2　校园建筑地理布局

4. 成本分析

成本分析主要包括网络干线敷设、硬件设备、软件和施工，以及未来的网络维护费用、维持网络运行费用和必要配件的费用等，同时还要考虑到网络的升级费用等。

5. 建设目标

该校园网的建设目标是达到一个满足数字、语音、图形图像等多媒体信息，以及综合教学、科研和管理信息传输和处理需要的综合数字网。

（1）教学环境：为师生提供教学演播环境和交互式学习环境，提高教学质量，促进学生自主学习，改革课堂教学模式。例如，学生可以在自己的计算机屏幕上看到教师的计算机屏幕内容，教师的所有操作都将同步显示在学生的屏幕上，完成常规教学的演示功能。

（2）数据库：储备大量的多媒体课件、教学相关内容，支持 100 兆以上数据文件的管理、检索和存储等。

（3）教学科研管理：支持教学活动信息查询、统计和汇总等功能，通过分析信息，给管理人员提供详实的资料，方便制定教学工作计划。

（4）办公自动化：提高办公效率，节约成本，实现无纸化办公。

（5）网络互连：建立校园信息发布窗口，如学校主页、教师主页、电子信箱和学生网站等，实现校园网与校园网和校园网与 Internet 的信息共享和高效互联。

12.1.2　总体方案

（1）确定网络拓扑结构、传输设备和路由协议等。

通过需求了解到该校园网规模比较大，接近城域网的规模。根据规模就可以决定组网的拓扑结构、传输设备和路由协议等。

校园网络拓扑结构，该校园网络拓扑结构可以划分为 3 层。

第 1 层是核心层，即信息中心。中心布置了校园网的核心设备，如路由器、交换机、服务器等，并预留了将来与本部以外的几个园区的通信接口。

　　第 2 层是分布层，包括建筑群的主干节点。校园网按地域设置了几条干线光缆，从网络中心辐射到几个主要建筑群，并在第 2 层主干节点处端接。在主干网节点上安装交换机，它向上与网络中心的主干交换机相连，向下与各楼层的接入交换机相连。校园网主干带宽全部为 1 000Mbit/s。

　　第 3 层是接入层，包括建筑物楼内的交换机。第 3 层节点主要是指直接与服务器、工作站或 PC 连接的局域网设备。

　　（2）综合布线。

　　从综合布线的角度看，校园网的楼群主干子系统之间采用光缆连接，可提供吉比特带宽，并有很高的可扩展性。垂直子系统则位于校内建筑物的竖井内，可采用多模光缆或大对数双绞线。各个子系统内部楼栋之间，可采用多设备间的方法。分为中心设备间和楼栋设备间部分，中心设备间是整个局域网的控制中心，配备通信的各种网络设备（交换机、路由器、视频服务器等），中心交换机通过地下直埋的光缆与中心设备间的交换设备相连，中心设备间与楼栋设备间相连。各个设备间放置布线的线架和网络设备，端接楼内各层的主干线缆，中心设备间端接连到网络中心的光缆。

　　（3）设计网络总体系统结构。

　　整个信息传输的主干线包括了信息中心、教学楼、院系楼、学生、教师宿舍、图书馆和机房，它们组成了主干网，如图 12-3 所示。主干网的可靠性必须要高，所以采用了全连接冗余设计的方式，这样在发生故障时可以切换到另一条冗余线路上。例如，学生宿舍的主干网出现断网时，就可以把线路切换成从院系楼转到学生宿舍。

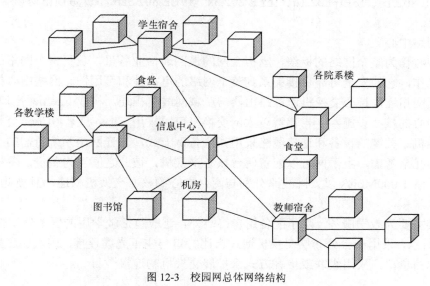

图 12-3　校园网总体网络结构

12.1.3　具体设计方案

1. 校园网划分

（1）主干网。

校园主干网采用具有三层交换功能的吉比特以太网交换机，满足校园用户的各种要求。分布层由 6 台 1 000Mbit/s 交换机和多模光纤组成，网络中心由一台高性能吉比特以太网交换机与教学楼、院系楼、学生/教师宿舍、图书馆和机房 6 个地点的 6 台交换机以全连接的方式连接为主干网，如图 12-4 所示。

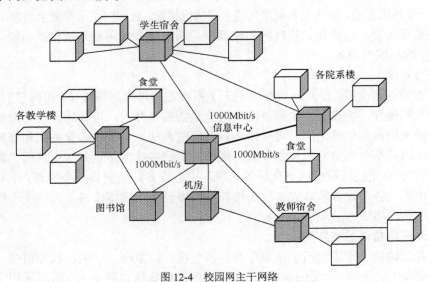

图 12-4　校园网主干网络

吉比特位以太网除了提供高带宽，还支持与以太网的服务类型和服务质量保证相关的协议，如 IEEE 802.1p、IEEE 802.1q、IEEE 802.3x、IEEE 802.3ab 和资源预留协议（RSVP）的等关键协议。

（2）网络中心。

网络中心作为整个网络的枢纽，承担全网的最高通信业务量，负责整个网络的运行、管理和维护工作，它的安全可靠直接关系到整个网络的可靠性和可用性。网络中心机房通过光缆分别与子网相连，核心交换机通过路由器与广域网线路相连，构成 Internet 出口。

网络中心的核心设施——吉比特以太网交换机可以采用 Cisco 或者 3Com 公司等品牌的吉比特交换机。关键的设备和连接线路采用冗余备份方式，保证网络系统所需的高可靠性和可用性。为冗余考虑，主干网可以配备两台核心交换机，彼此之间互为备份。各楼分布层交换机通过两条 1 000Mbit/s 以太网线路分别与两台中心的核心交换机相连，且彼此互为备份。

（3）教学楼。

教学楼主要为教学服务，除了配备用户终端外，还应包括教学用的服务器、终端 PC 等，如图 12-5 所示，采用一台分布层交换机通过吉比特口与主干光缆连接。接入层交换机 100 兆口连接其他信息口，采用级联或堆叠方式来扩展交换机的连接数目。

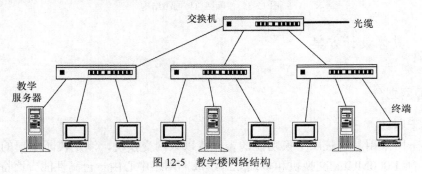

图 12-5　教学楼网络结构

食堂节点的用户相对较少，根据地理位置应分别属于教学楼和院系楼两个子系统。如果学校食堂比较集中，则可直接划分到两个子系统当中。

（4）院系楼。

院系楼网络多用于办公和会议，和教学楼的网络拓扑结构相似，但终端还需要增加打印机和服务器，如图 12-6 所示。

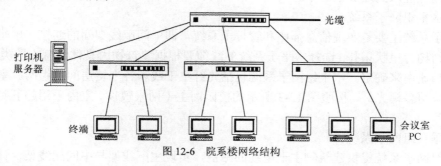

图 12-6　院系楼网络结构

（5）教师宿舍。

通过 1 000Mbit/s 光纤直接接入到宿舍主设备间，各宿舍的主设备间通过 1 000Mbit/s 交换机连接到主设备间，各个宿舍连接到各栋或各层楼的交换机，如图 12-7 所示。

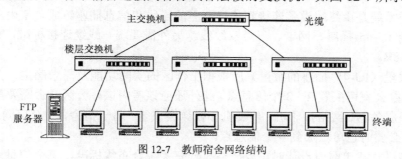

图 12-7　教师宿舍网络结构

（6）学生宿舍。

学生宿舍网络情况和教师宿舍相同，也是通过 1 000Mbit/s 光纤直接接入到宿舍主设备间，各宿舍的设备间通过 1 000Mbit/s 交换机连接到主设备间，各个宿舍连接到各栋或各层楼的交换机。

2.　综合布线

校园网布线采用综合布线方式，根据结构化综合布线标准，网络由设备间子系统、建筑群子系统、水平组网子系统、垂直组网子系统和工作区子系统组成。

（1）设备间子系统。

设备间子系统由设备室的电缆、连接器和相关支持硬件组成，把各种公用系统设备互相连接起来。本校园网采用多设备间子系统，包括网络中心机房、教学楼、院系楼、教师宿舍和学生宿舍设备间子系统。

网络中心机房设备间配线架、交换机安装在标准机柜中，光纤连接到机柜的光纤连接器上。

教学楼、院系楼、教师宿舍和学生宿舍等设备间子系统配备标准机柜，柜中安装光纤连接器、配线架和交换机等，通过水平干线线缆连接到相应网络机柜的配线架上，通过跳线与交换机连接。

（2）建筑群子系统。

建筑群子系统主要是实现建筑之间的相互连接，提供楼群之间通信设施所需的硬件。由连接网络中心和各个设备间子系统的室外电缆组成了校园网建筑群子系统。有线通信线缆中，建筑群子系统多采用 62.5/125μm 多模光纤，其最大传输距离为 2km，满足校园网内的距离需求，并把光纤埋入到地下管道中。

（3）水平组网子系统。

水平子系统主要是实现信息插座和管理子系统，即中间配线架间的连接。水平子系统指定的拓扑结构为星状拓扑。选择水平子系统的线缆要根据建筑物内具体信息点的类型、容量、带宽和传输速率来确定。水平组网子系统包括光纤主干线和各个楼层间的组网。室外主干的光纤电缆采用多模光纤，按照图 12-3 所示的校园网主干网来敷设。室内采用超五类非屏蔽双绞线。

（4）垂直组网子系统。

垂直组网子系统提供建筑物主干电缆的路由，实现主配线架与中间配线架、计算机、控制中心与各设备间子系统间的连接。垂直组网在各栋楼中从配线架通过楼道上的桥架连接到设备间。注意，如支持 1 000Base-TX 则必须使用六类双绞线。

（5）工作区子系统。

工作区子系统是由终端设备连接到信息插座的连线和信息插座组成。室内房间的一系列设备包括标准 RJ-45 插座、网卡、五类双绞线。另外需要统一线缆连接标准，EIA/TIA568A 或 EIA/TIA568B。

信息点数量（RJ-45 插座的数量）应根据工作区的实际功能及需求确定，并预留适当数量的冗余。如办公室可配置 2～3 个信息点，此外还应该考虑该办公区是否需要配置专用信息点用于工作组服务器、网络打印机、传真机和视频会议等。对于宿舍，一个房间通常配备 1～2 个信息点，必要时也可增加到 4 个信息点。

注意，在进行建筑弱电设计时，要严格执行有关综合布线标准，每个信息点到设备间的图纸距离应在 70m 内，因此，楼宇中的设备间的选择以位于或者尽可能地位于本建筑物的地理中心为宜。

12.1.4 施工

1. 标准化

结构化布线有着严格的规定和一系列规范化标准，如国际商务建筑布线标准（TIAIEIA 568A 与 TIAIEIA 568B）、综合布线系统电气特性通用测试方法（国家通信行业标准 Y1J/T 1013—1999）、建筑与建筑物综合布线系统工程设计规范等。这些标准对结构化布线系统的各个环节都做了明确的定义，规定了其设计要求和技术指标，施工时要严格按照规范化标准来进行施工。

2. 施工计划表

根据前面对系统的设计确定施工计划，制定施工计划表如表 12-2 所示。

表 12-2 　　　　　　　　　　　　　　施工计划表

施 工 时 间	施 工 任 务	负 责 人	施 工 地 点	联 系 方 式	测 试 时 间	备　注

3. 材料

布线实施设计中的选材用料对建设成本有直接的影响，需要的主要材料如下：

（1）多模光纤；

（2）五类双绞线，在布线实施时，应该尽可能考虑选用防火标准高的线缆。

（3）各种信息插座，RJ-45 等；

（4）电源；

（5）塑料槽板；

（6）PVC 管；

（7）供电导线；

（8）配线架；

（9）集线器、交换机等设备；

4. 施工配合

结构化布线工程是一项综合性工程，布线施工涉及多方面因素，常常与建筑物的室内装修工程同时进行。布线施工应该注意各方面的协调，争取尽早进场，布线用的材料要及时到位，布线施工部门与室内装修部门要及时沟通，使布线实施始终在协调的环境下进行。

5. 铺设线缆和管道

建筑物外的光纤和电缆铺设方式基本相同。光缆应以在地下电信管道中铺设为主，以实现地下化和隐蔽化。铺设过程会采用挖沟、钻洞，使用小型挖掘机等。建筑物内部采用暗铺管路或线槽内布设，一般不采用明铺。在布线施工进行管道预埋时一定要留够余地。要注意选用口径合理的管道，在转弯较多的情况下尽量留出空隙，充分考虑后续工序的施工难度，在经过路面时，管道应选用硬质金属管。弱电沟底部应铺一定量的沙子，以防地下地质变化造成管道折断。

6. 搭建配线架

配线架在布线系统中起着非常重要的中间枢纽作用。它是网络设备和用户计算机互相连接所不可缺少的部件。配线架是一种机架固定的面板，内含连接硬件，用于电缆组与设备之间的接插连接。所以配线架是用于终结双绞线缆，为双绞线与其他设备的连接提供接口，使综合布线系统变得更加易于管理。

配线架端口可按需要选择，主要有 24 口和 48 口两种形式。交换设备或其他配线架的 RJ-45 端口连接到配线架前面板，而后面板用于连接从信息插座或其他配线架延伸过来的双绞线。配线架所使用的用途也有区别，作为主配线架的用于建筑物或建筑群的配线，作为中间配线架的用于楼层的配线。中间配线架起桥梁作用，在水平子系统中的一端为信息插座，另一端为中间配线架，同时在垂直主干子系统中，一端为中间配线架，另一端为主配线架。

布线系统的配线规则可以是 568A 或 568B，目前最常见的是 568B。配线架的布线面板安装要求采用下走线方式时，架底的位置应与电缆上线孔相对应；各列垂直倾斜误差应不大于 3mm，底座水平误差每平方米应不大于 2mm；接线端各种标记应齐全；交接箱或暗线箱宜设在墙体内。安装机架、配线设备接地应符合设计要求，并保持良好的电器连接。

12.1.5　测试验收

布线施工完成后，就要进行测试验收。布线系统是否达到标准，除了测试所有的线路是否能够正常工作，所有设备工作是否正常外，还必须使用专门的网络测试仪器进行全面测试。常用的测试仪器为专用数字化电缆测试仪，可测试的内容包括线缆的长度、接线图、信号衰减和近端串扰等。参考标准有建筑及建筑群结构化布线系统工程验收规范、综合布线系统电气特性通用测试方法（国家通信行业标准 YD/T 1013—1999）等。

12.2　中国教育与科研网地区核心主干节点的校园网建设方案

本案例在具有典型校园网的基础上，还是该地区的教育网核心主干节点，具有典型的城域网特点。

12.2.1　用户需求分析

某大学作为国际著名的院校，同时又是地区性教育科研计算机网络的核心主干节点之一。校园网建设的最终目标是：连接此大学系统范围内的所有应用节点，并实现与城域网的互连，建立大学信息资源服务体系。在满足本校系统内信息化需求的同时，向教育单位和社会提供信息资源服务。在校园网络建设的技术选择方面应适当地超前，以保持现代化教育技术的优势，由于校园网主干技术和设备的选择关系到校园网的建设应用和发展方向，也应具有一定的超前性。

12.2.2　设备选择

为了能够满足本高校网络需求，选择设备如下。
（1）Quidway NE80 路由器。
（2）S8016 交换机。
（3）S6506 交换机。
（4）S3000 系列交换机。
（5）S2000 系列交换机。

12.2.3　网络建设方案设计

1. 第一阶段组网方案

此大学的校园网，按照校区位置，分为西院网络中心、西院科研楼和东院 3 个主要的网络区域。考虑到今后还要与各关系单位进行网络互连，建设校园城域网，因此采用环形组网方式，在保证带宽、可靠性的同时，提供灵活的可扩展性。网络拓扑图如图 12-8 所示。

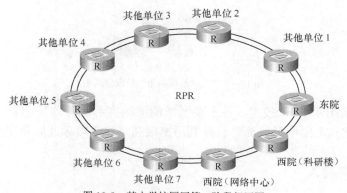

图 12-8　某大学校园网第一阶段组网图

校园城域网核心层由 3 台核心路由器 NE80 通过 RPR 2.5G 互连组成环网。NE80 具有强大的路由能力、2.5G 线速转发能力和电信级可靠性，RPR 具有良好的保护特性、灵活、高带宽以及高利用率等特点。核心层主要作用是实现校园城域网各大区域的互连。

校园城域网汇聚层由核心交换机组成，分别通过吉比特以太网接口接入核心路由器。具体组网如下：西院网络中心采用 S8016 核心交换机，西院科研楼区域采用 S6506。汇聚层主要实现接入层以太网的流量汇聚，完成各区域内部互连。

校园城域网接入层采用接入交换机，在各大楼放置 S3026 接入交换机，上行提供 GE（吉比特以太网接口）方式连接到汇聚层，下行提供 FE（100 兆以太网接口）连接各楼层接入交换机。各楼层接入交换机下行提供 10/100Mbit/s 连接，实现桌面主机接入。

此校园网方案采用多出口，连接到本地教育科研网、本地科技网以及运营商网络中心。出口部分设置防火墙、边缘路由器，防火墙主要实现安全过滤和地址转换功能，边缘路由器提供出口功能。

2. 第二阶段组网方案

随着校园网业务的发展以及各单位信息化程度的提升，网络规模将进一步扩大，校园网发展成为校园城域网。在校园城域网中把其他相关单位接入，实现新校园城域网的组网。新的校园城域网，一方面方便了网上节点共享和交流信息，另一方面也为这些节点提供了网络业务运营的商机。

采用 RPR 技术，可以很灵活地扩张校园城域网，延伸覆盖范围，图 12-9 所示是扩建后的校园城域网组网图的核心层部分。

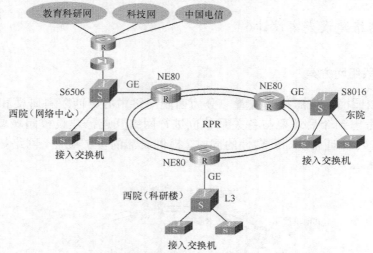

图 12-9　某大学校园网第二阶段组网图

核心层由于采用了 RPR 技术，各主要区域能够很容易地加入环网新节点，实现平滑扩展。这种组网的优点非常明显，光纤资源利用率极高、稳定可靠并且带宽充裕。

13.2.4　方案特点

（1）层次分明、结构清晰，适用于大规模校园城域网。

核心层设备负责各区域之间的互连以及各区域内部大楼之间的互连，接入层负责大楼内部楼层之间互连以及接入到桌面的能力。结构简单，各司其职，便于管理维护。

（2）可靠性高。

在这个方案中，核心层采用 RPR 环组网，可以实现目前网络最高的保护特性，即小于 50ms 的环切换保护，而且核心路由器具有冗余热备份和不间断路由转发能力，整个网络可靠性非常高。

（3）可平滑扩展，适应校园城域网大规模发展的要求。

核心层采用 RPR 环组网，容易在环上增加新节点，扩大核心层规模，覆盖新的区域。区域内部规模扩大后，很容易地增加新的核心交换机，而不会影响核心层结构，可以用于未来的校园城域网扩建。

（4）效率高，带宽充裕。

核心层有 2.5Gbit/s 共享带宽，今后还可以扩展到 10Gbit/s。汇聚层到接入层采用 GE，接入层下行采用 FE，带宽充裕。而且核心层采用空间重用和公平共享等技术进一步提供带宽利用率。整个网络效率很高，可以满足今后几年内的带宽需求。

（5）业务能力强。

核心层设备提供功能强大的 MPLS VPN、组播和 QoS 等业务，这些业务可以组合起来，与 RPR 结合一体，便于各种业务的开展并提供服务质量的保障，如实现 VPN 用户的带宽保证、传输质量保证和时延抖动控制等。

（6）可管理性强。

网络产品支持统一的网络管理平台，可以对全网设备实施及时、专业的网元级管理（拓扑、告警、性能、安全日志和配置）。

12.3　民航信息化网络建设方案

本案例是一个典型的大型企业网络建设方案，在这个方案中，包括了广域网、局域网以及 VPN 网络的建设方法。

12.3.1　用户需求分析

民航信息化主要包括 3 个层次：网络平台、业务平台和业务应用系统。业务应用系统如订座系统、代理人系统、离港系统、货运系统、收入结算系统、空管信息管理系统、航空公司综合管理系统、机场综合信息系统和民航管理信息系统等，以上系统都构建在网络平台之上。网络平台必须能够同时满足以上业务系统对实现数据、话音、视频和电子商务等多种业务的需求。

12.3.2　设备选择

为了能够满足民航系统网络需求，选择设备如下。

（1）广域网选择 Quidway NE40 交换路由器、Quidway NE16E/08E 路由器、Quidway R3600E/2600E 路由器。

（2）园区网选择 NE40/NE20 路由器、Quidway S8000/6500 系列吉比特三层换机、Quidway S3000/S2000 系列交换机。

12.3.3　方案设计

1.　民航系统广域网方案设计

广域网解决方案如图 12-10 所示。骨干链路可以选择 DDN/SDH/FR 作为主干，采用 Internet VPN 或 PSTN/ISDN 作为备份链路。民航总局可以采用高安全、高可靠、高性能的 Quidway NE40 通用交换路由器（USR）作为核心路由器，各管理局可选择 Quidway NE16E/08E 系列高端路由器，各航站、机场可选择可灵活扩展的 Quidway R3600E/2600E 系列中端路由器。以上路由器可根据用户组网需要选配适当接口模块，以满足 POS、SDH、DDN、帧中继、PSTN、ISDN 等各种组网需求，并可提供 VPN 功能。中端模块化路由器还可提供 FXS/FXO/E&M/E1 中继等语音模块，可以同时作为备份路由器和 VOIP 网关。

2.　民航园区网方案设计

园区网解决方案如图 12-11 所示。园区网可以采用分层化体系设计，核心层选用华为公司核心路由器 NE40/NE20 组建 RPR 环形组网，提供 50ms 的电信级保护。汇聚层采用华为公司 Quidway S8000/6500 系列核心吉比特三层换机；接入层选用 Quidway S3000/S2000 系列高性价比以太网接入交换机，全网提供端到端的高品质 QoS、可控组播及丰富的业务支持能力，同时提供功能强大操作简单的网管系统。

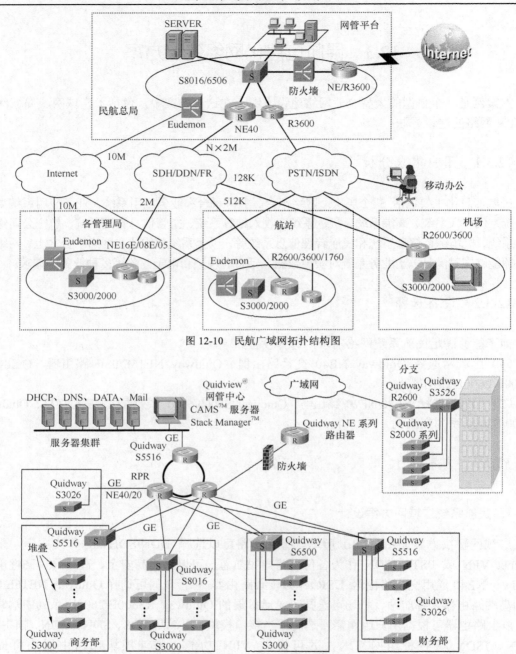

图 12-10　民航广域网拓扑结构图

图 12-11　园区网拓扑结构图

3．Access VPN 方案设计（适用于出差、远程办公员工）

Access VPN 最适用于公司内部经常有流动人员远程办公的情况。例如，公司的外地出差员工需要从公司总部提取一定的关于客户的重要资料，一般情况就只能通过 Modem 拨号方式连入公司的 Intranet，利用 HTTP、FTP 或是其他网络服务获得资料。这种情况下，企业需要负担昂贵的长途电话费，同时这些客户资料的安全性得不到有力的保证，容易在传输的过程被截获。

如果采用 Access VPN 的组网模式就可以很好的解决这个问题，如图 12-12 所示。出差员工可以和公司的 VPN 网关建立私有的隧道连接，RADIUS 服务器可对员工进行验证和授权，保证连接的安全，同时负担的电话费用大大降低。

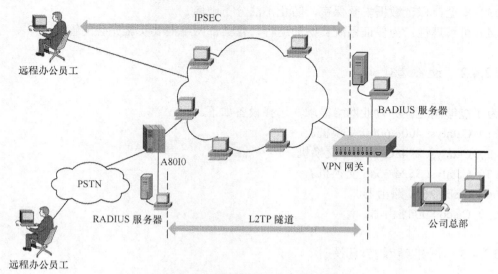

图 12-12　Access VPN 拓扑结构图

12.3.4　本方案的主要特点

本设计方案具有如下特点。

（1）业务全：全面满足数据、IP 语音、IP 视频业务传送需要。

（2）安全性高：提供完整的安全体系结构，覆盖了系统的各个层面，采用了包括 ASPF、认证、授权、安全 VPN、端口绑定等系列的安全措施，确保网络的安全性。

（3）效率高：提供高品质 QoS 保证，为语音和数据业务提供不同优先级服务，根据优先级确定带宽，保证了整个数据传送的高效率。

（4）可靠性高：通过高品质产品、冗余网络设计及端到端可管理技术、满足全网应用安全、稳定运行要求。

（5）管理维护方便：通过堆叠、集群、HGMP、统一网管等技术实现统一配置、批量配置，网络维护管理简单方便。

12.4　证券行业网络系统集成解决方案

12.4.1　用户需求

证券行业对网络的可靠性、安全性、高效性、可管理性要求很高。证券行业的网络应用主要分为两大方面：营业部网络和证券公司广域网。前者实现了各营业部的基本工作职能，侧重于局域网建设；后者则满足了大型跨地域证券公司的网络互连需求和增值服务的实现。

作为证券网络的核心组成部分，证券营业部网络通常要满足以下要求。

（1）可靠，不停机：系统有一定的冗余和备份，故障恢复迅速。

（2）高速：在用户数据较多、突发流量大的情况下，不容许出现网络瓶颈，阻碍正常交易。

（3）安全：保证数据安全保密，防止不法分子破坏。

（4）可管理性：为保证系统良好的运行，营业部网络需要实施完善的管理。

12.4.2　设备选择

为了能够满足证券行业网络需求，选择设备如下。

（1）Catalyst 4006/6000 交换机。

（2）Catalyst 2948G/2980G 交换机。

（3）Catalyst 3524/3548 交换机。

（4）Cisco 2600 路由器。

（5）Cisco 800 路由器。

12.4.3　网络建设方案设计

通过对证券行业对网络的需求分析，提出如下设计方案。

如图 12-13 所示，这套方案为双主干互备份，级联多个二级交换机的结构。核心层交换机采用两台 Catalyst 6000（12 个吉比特端口），以 GEC 技术构造 4Gbit/s 高速主干，足以负担沉重的数据传输量；分布层交换机采用 Catalyst 2948G/2980G，同时与两主干交换机实现吉比特上联，并为工作站提供 48/80 个 10/100Mbit/s 接入端口；若某些分布层网点要求的用户数更多，则可采用多台 Catalyst 3500 交换机，Catalyst 3500 交换机具有独特的 GigaStack 堆叠技术，采用价格低廉的铜缆以菊花链方式构成 1G 的堆叠总线，每个堆叠最多可支持 8 台 Catalyst 3524/3548，提供多达 300 多个 10/100Mbit/s 工作站接入端口。该方案充分考虑到系统的高可靠性、高安全性、高速率和可管理性。

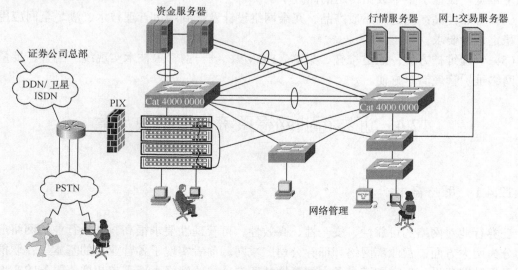

图 12-13　证券行业网络拓扑结构图

12.4.4　本方案的主要特点

（1）系统全套备份，稳定可靠，独特的堆叠技术能够在网络中构造冗余，在堆叠之外每个二级网点和服务器仍同时与两台主干交换机做吉比特双链路连接，保障系统运行的可靠性。

（2）高性能全交换，吉比特主干，并采用吉比特以太网通道技术扩充带宽，能满足大负荷网络运行需求；第三层交换技术，能够使两个网段在进行数据交换时，可以根据同的应用有选择地进行，提高了带宽资源的利用率。VLAN 技术的引入也使得系统资源能够被更有效地利用。

（3）系统安全，保密性高。采用先进的虚拟局域网技术，它依靠用户的逻辑设定将原来物理上互连的一个局域网络划分为多个虚拟网段，同一虚网内数据可自由通信，而不同虚网间的数据交流则需要通过路由来完成，从而提高了系统的安全性。

（4）可选用功能相对强大的专业网管系统，使网络管理从单纯的配置管理扩展到设备配置和网络健康状况管理等多个方面，管理界面友好，使用灵活方便。

附录 A　需求分析报告样例图

A1. 文档封面样式

XX 校园网络工程项目

需求分析报告

XX 网络系统集成公司
2015 年 12 月

图 A-1　"XX 校园网络工程项目需求分析报告" 封面

A2. 文档目录样式

XX 校园网络工程项目需求分析报告

目　录

图 A-2 “XX 校园网络工程项目需求分析报告”文档目录

A3．文档正文样式

XX 校园网络工程项目需求分析报告

1．前言

校园网是利用网络设备、通信介质和适宜的网络技术与协议以及各类系统管理软件和应用软件，将校园内计算机和各种终端设备有机地集成在一起，并用于教学、科研、学校管理、信息资源共享和远程教育等方面工作的计算机局域网络系统。XX 学校作为一所本二学校，建立校园网络已经成为学校的一项基础建设工作，它直接关系到学校的教学和科研工作的质量水平，关系到学生在人才市场上的受欢迎程度，关系到学校的生存与发展。

2．用户目标分析

2．1 用户的一般情况分析

根据我公司对贵校基本情况的了解，用户信息点在 1000 个以下，地理分布范围在一个区域内,即一个校区，主要用于学校内部网络通信，也会利用因特网进行外部业务活动，但是，网络流量主要集中于企业内部，因此对网络交换能力要求较高，校园网上网会有多媒体教学，视频点播等多种带宽应用。是一个典型的校园网案例。

2．2 用户的业务目标分析

2．2．1 信息交流功能

信息交流功能主要有两个方面的服务功能：互联网信息服务和校内信息服务。

互联网信息服务可以使任何一个办公室的计算机都能实现网上浏览、查询信息的功能，使教师能够拓宽视野，充分利用互联网上的资源辅助教学，提升教学理念，提高教师的教学能力、教学水平和科研能力。

可以充分利用互联网资源来宣传学校，展示学校的办学能力与办学水平，展示教师的教学能力与科研能力，提升学校的办学形象。

校内信息服务能为教育教学和管理决策提供各项信息服务，能为全校师生提供相互交流、相互学习的平台。

图 A-3 “XX 校园网络工程项目需求分析报告”文档正文

A4. 文档结构样式

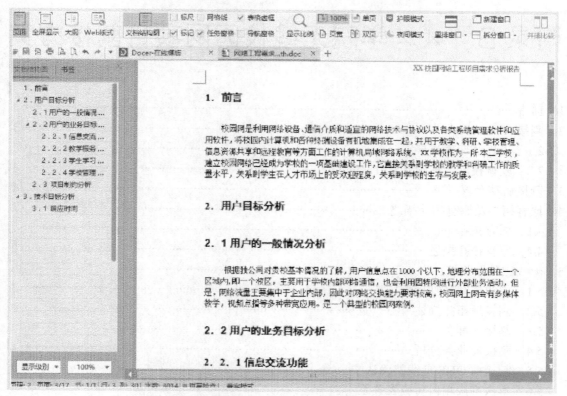

图 A-4 "XX 校园网络工程项目需求分析报告"文档结构

附录 B ××学院无线校园网项目割接方案

参 考 文 献

［1］陈鸣. 网络工程设计教程（第3版）. 北京：机械工业出版社，2014.

［2］易建勋. 计算机网络设计（第2版）. 北京：人民邮电出版社，2014.

［3］吴达金. 综合布线系统工程安装施工手册. 北京：中国电力出版社，2007.

［4］Priscilla Oppenheimer，Top-Down Network Design. 北京：人民邮电出版社，2014.

［5］［美］Frank Derfler，LesFreed. 实用网络布线教程. 薛淑良，等译. 北京：清华大学出版社，2014.

［6］王达. 网管员必读——网络组建. 北京：电子工业出版社，2007.

［7］胡金良，张庆彬. 综合布线系统施工. 北京：电子工业出版社，2006.

［8］张宜. 综合布线系统应用技术. 北京：电子工业出版社，2007.

［9］程控，金文光. 综合布线系统工程. 北京：清华大学出版社，2005.

［10］张海涛，黄志强等. 综合布线实用指南. 北京：机械工业出版社，2006.

［11］张维. 实战网络工程案例. 北京：北京邮电大学出版社，2005.

［12］彭祖林. 网络系统集成需求分析与方案设计. 北京：国防工业出版社，2004.

［13］叶明芷. IT工程监理实务. 北京：电子工业出版社，2005.

［14］李大友. 网络管理技术（网络管理员级）上册. 北京：电子工业出版社，2005.

［15］李大友. 网络管理技术（网络管理员级）下册. 北京：电子工业出版社，2005.

［16］黄叔武，杨一平. 计算机网络工程教程. 北京：清华大学出版社，2000.

［17］杨闰. 网络规划与实现. 北京：高等教育出版社，2004.

［18］陈向阳，肖迎元，陈晓明，余小鹏. 网络工程规划与设计. 北京：清华大学出版社，2007.

［19］陈鸣. 网络工程设计教程——系统集成方法，北京：北京希望电子出版社，2002.

［20］傅连仲. 计算机网络系统集成与实践. 北京：电子工业出版社，2005.